システム制御情報ライブラリー

1

新版 ロボットの力学と制御

Robot Dynamics and Control

システム制御情報学会編

有本　卓 著

朝倉書店

まえがき

本書の旧版は1990年に出版された．そのときの原稿は，1985年6月から1986年4月の間に隔月刊で会誌「システムと制御」に掲載された講義シリーズを骨格にした．第6章と第7章は，1980年代の後半に行われた研究成果をまとめて1989年前後に書き加えたものである．しかし，ロボットの制御に関する研究が成熟したと思われた1995年前後には，旧版で書かれた第4章と第6，7章については，いまからみると無駄な議論や少し瑣末的な事項に及んでいるなど，欠点が目立ち，筆者にとっては忸怩たる思いがつのっていた．他方で，1990年代後半から2000年代にかけて筆者のグループで手懸けたインピーダンス制御や柔軟2本指による安定把持の研究は，ロボットの力学や制御の考え方を再び変えていくかもしれない，と自覚しつつあった．

本来，科学技術の基礎を大学の学部レベルで教授し，テキストを作成するには，その分野がある程度成熟し，体系化ができあがっていないと，難しいものがある．ロボティクスが科学技術として本格的に研究されるようになったのは1970年代に入ってからであり，わずか30年の歴史しかもたない．したがって，科学技術としての成熟にはとても到達していようはずがない．また，ロボティクスは周辺の沢山の科学技術に関連したシステム統合化技術ともみなし得るので，体系化がとても難しいものがある．しかし，ロボットの運動はニュートンの法則に従い，そのダイナミクスは解析力学によって取り扱いできる典型例に相当している．したがって，ロボットの力学はもう体系化が終わってしまっているような印象を与える．ところが，いままで出版された解析力学の教科書をひもといてみるとわかるように，そこにはロボットを対象にした章や節がたてられたことはなく，例題すらほとんどみられない．解析力学は，あくまでも物理学の一分野であることを意識して書かれていたのである．ロボットは剛体リンクの連鎖からなるので，多自由度であり，しかもロボットハンドの作業に典型的にみられるように，対象物体や作業環境と物理的に接触し，相互作用するので，様々な幾何拘束が起こる．解析力学は拘束のある力学系を扱うので，実は，ロボットも解析力学の格好の対象となるはずなのに．

第1章から第3章では旧版の内容をほとんど踏襲している．第2章はロボティクスの力学と制御に最低限必要になるニュートン力学と剛体力学をまとめている．ここでは，解析力学に深入りしないで，ニュートン力学に関する最小限の知識のもとに，ハミルトンの原理とラグランジュの運動方程式が導出できることを述べる．解析力学をすでに学んでいる学部生なら，第2章は飛ばしてよいが，ロボットで必要になる解析力学の基本事項は実はこの2.9～2.11節に集約してあることに注目していただきたい．解析力学の講義を受けていない学生諸君でも，何とかラグランジュの運動方程式にたどりつけるよう苦心してまとめた．

第4章から第8章は大幅に改訂した．上で述べたように，ロボットのダイナミクスは解析力学によって導出できるが，制御法についてはまったく別であり，いままでの解析力学はまったく取り扱わなかった．ロボット制御は物理学者ではなく，工学系の研究者が研究対象としたからである．本書では，いままでの解析力学では注目されることのなかったエネルギー保存則と同等な“passivity”(受動性)という性質に基づく制御法を中心にして記述する．ロボットのダイナミクスは，多くの場合，非線形になるが，受動性に着目すると，線形のセンソリーフィードバックが有効になることがわかる．多くの場合，フィードバック信号は重ね合せできるが，それは，解析力学の重要な概念であるD'Alembertの原理と“passivity”が成立することからくる．改訂版では，このような考え方によってロボット制御が体系化できるよう，意識的に書き改めた．

旧版の執筆では，筆者が大阪大学在籍中に一緒になってロボット研究に取り組んだときの卒業生達との議論が大きく寄与したことを述べた．本改訂版では，また，筆者が立命館大学で担当した「ロボット運動制御」の講義経験とともに，東京大学と立命館大学においても多くの卒業生と協同研究できたことが大いに役立った．併せてすべての卒業生，在学生に感謝の意を捧げる．

2002年1月

有本　卓

目　　次

1

ロボティクス入門

本章では，1) 産業用ロボットの発展の歴史をまとめ，2) ロボットの，特に人間の腕に相当するマニピュレータの機構と力学の入門編を用意するとともに，3) 本論で必要とするベクトル解析や微分方程式論の基礎事項をまとめる．

1.1 産業用ロボットの発展

ロボット (robot) の語源は，いまやよく知られているように，チェコの劇作家カレル・チャペック (K. Čapek) の戯曲「ロッサム万能ロボット製造会社 (RUR)」(1921 年) において人造人間を意味してつくられた造語に由来する．産業用ロボットの概念は，アメリカのジョージ・デボル (George C. Devol) が 1954 年に出願した特許「Programmed Article Transfer」(1961 年特許登録) にあるといわれる．この特許は現在のロボットの制御方式として主流をなしている教示/再生 (teaching/playback) の概念に関するものであり，具体的に設計しかつ製作されたのは，1962 年アメリカのユニメーション社と AMF 社によるユニメート (UNIMATE) とバーサトラン (VERSATRAN) が始まりだといわれる．

日本での教示/再生方式のロボットの実用化は，1967 年に AMF 社のロボット "バーサトラン" が輸入されたときから始まった．翌 1968 年 (昭和 43 年) からは技術導入によってはやくも国産化が始まる．この 1960 年代後半をロボットの黎明期とすれば，1970 年代はロボットの実用化が急であった時代であり，1980 年代は本格的な普及期であった．日本では 1980 年を "ロボット普及元年" と称し，以来，日本のロボットの普及台数は諸外国に比べて際立ったものになっている．

しかし，21 世紀を迎えロボットの高性能化や高知能化については期待したほどの成果が得られていなかったことも指摘されている．産業用ロボットの普及のきっかけは，自動車工場のスポット溶接に大量に投入されたことにあるが，その後，用途はアーク溶接，塗装，組立て，マテリアルハンドリングに拡大されはした．しかし，いまだに環境変動などに対する柔軟性と自律性に欠け，作業現場の拡大は急速には進まなくなっている．他方，21 世紀を迎えて産業の現場では労働生産性の一層の向上と高コスト工場体制の改善を急ぐため，人手に頼っていた高度技能を要する作業でさえも，ロボット化を企図しなければならない事情が出ている．すでに建設現場や土木作業現場へのロボットの普及は不可避であり，プラントの保守点検や警備，監視などの単調ではあるが高度の認識能力と自律機能を必要とする分野にもロボット化の要求は高まっている．

ロボットの普及は，このように一面では社会の要請によるが，技術の発展がこれにこたえられないかぎりその進展ははかれない．2000 年紀の前後，日本では産業用ロボットと異なるパーソナルロボットが登場し，ヒューマノイド研究が盛んになったが，科学技術の本質的な面では画期的な技術革新があったわけではない．人がもつ“sensory-motor coordination”(感覚受容器から運動ニューロンに至る協同現象) の能力はこれらのロボットには不十分にしか実現されておらず，むしろ地道な技術開発を今後とも積み上げる必要性を示してさえいる．それらの技術のいくつかはロボットの力学と制御の基礎学問の上に築かれるはずである．それゆえに，1990 年代末までに確立したロボットの力学と制御の基礎的学問体係をここでまとめておくことは決して無意味なことではあるまい．

1.2　ロボットの関節

ロボットアーム (マニピュレータ) とは，一般にいくつかの剛体リンクを自由にスライドするか，回転することのできる関節によって結合されたリンク機構か

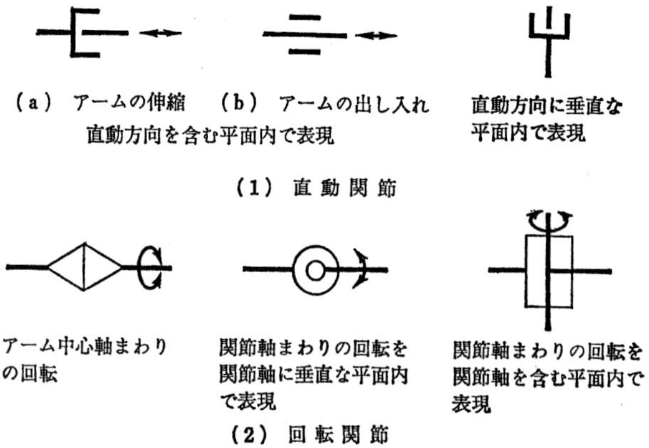

図 1.1　ロボットの関節の表現法

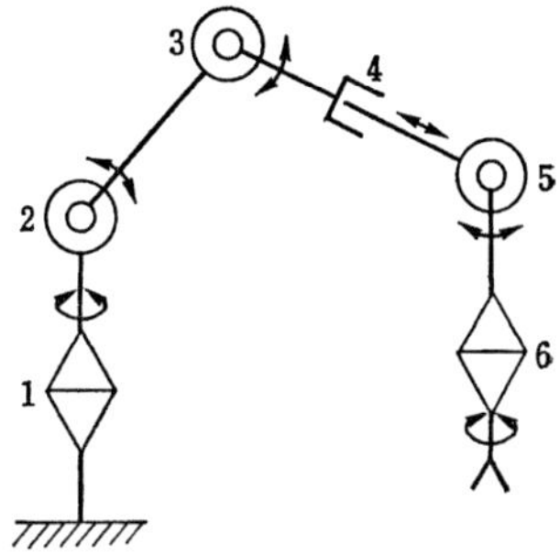

図 1.2 ロボットマニピュレータの関節構成例

らなり，その先端部には作業に合ったハンド(手先効果器という)を取りつけたものをいう．ロボットの関節は大別すると回転と直動の2種類があり，図1.1のように表現される．ボールジョイントのように一つの関節で自由に駆動できる軸が二つ以上あるものも存在するが，その場合も複数個の対応する関節が組み合わさっていると考える．

ロボットの自由度とは，空間内でロボットを動作させるときに独立に駆動，制御できる関節軸の数をいう．ロボットアームで物体を可動範囲内で任意の位置に移動させ，任意の姿勢をとらせるためには，六つの自由度が必要となる．自由度6のマニピュレータの関節構成の代表的な例を図1.2に示す．このモデルでは，第1から第3関節までと第5,6関節が回転の自由度，第4関節が直動の自由度をもつ．各関節を回転，直動のいずれのタイプにするか，関節軸をどのような方向にするか，また関節をどのように配置するかなどによって様々なアームが構成できる．これら多数の候補の中から指定した自由度をもつアームを選ぶには，動作の容易さ，作業領域の範囲，作業のしやすさなどの機構的評価だけでなく，制御のしやすさ，制御性能といったロボットの知能部と関連した評価も重要になる．

1.3 ロボットアームの機構

現在，ロボットアームは，その機構上の特徴から次の四つのタイプに分けられている(図1.3参照)．

(1) 直交座標ロボット (cartesian coordinates robot)

(2) 円筒座標ロボット (cylindrical coordinates robot)

(3) 極座標ロボット (polar coordinates robot)

(4) 多関節ロボット (articulated robot)

直交座標ロボットは，その各要素の運動方向(x, y, z 方向)が互いに直交するように構成されており，したがって運動方程式はそれぞれ独立に扱えるうえに線形になるので，最も制御しやすいものとなる．また，位置決めの精度も姿勢によらず一定になるので，高精度を出しやすい．逆に欠点としては，作業空間が狭いわりにアームの占有空間が大きく(たとえば，アームを引くとその他端が突き出

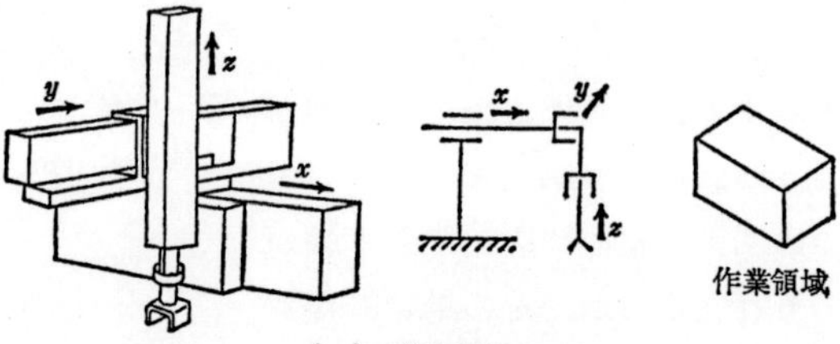

（a）　直交座標ロボット

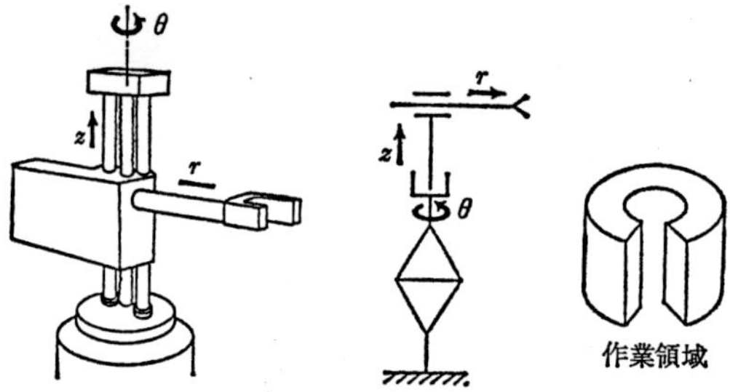

（b）　円筒座標ロボット

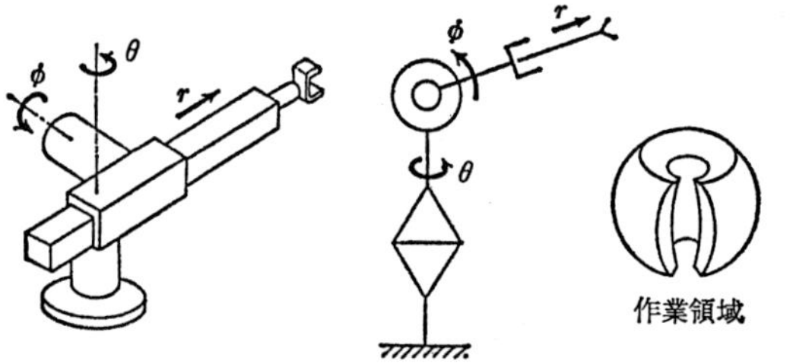

（c）　極座標ロボット

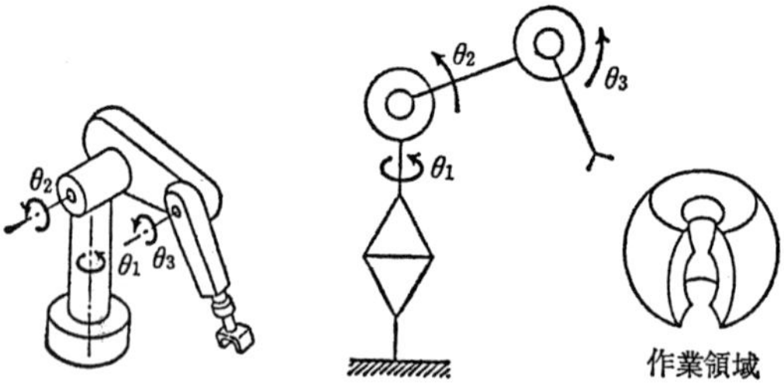

（d）　多関節ロボット

図 1.3　産業用ロボットの自由度構成

ることなど)，また，動作速度を大きくとれないことがあげられる．

円筒座標ロボットは，x, y 平面の直交運動の代わりに，基底部の垂直軸まわりの回転と水平方向の突き出し（直動軸）によって極座標(θ, r)の運動を実現させたもので，これによって作業領域を広くとることが可能になっている．

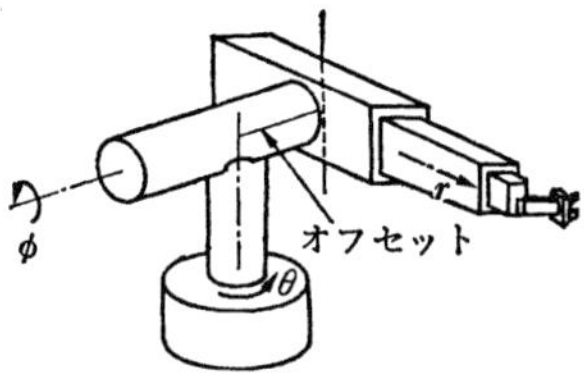

図 1.4　オフセットのある極座標ロボット

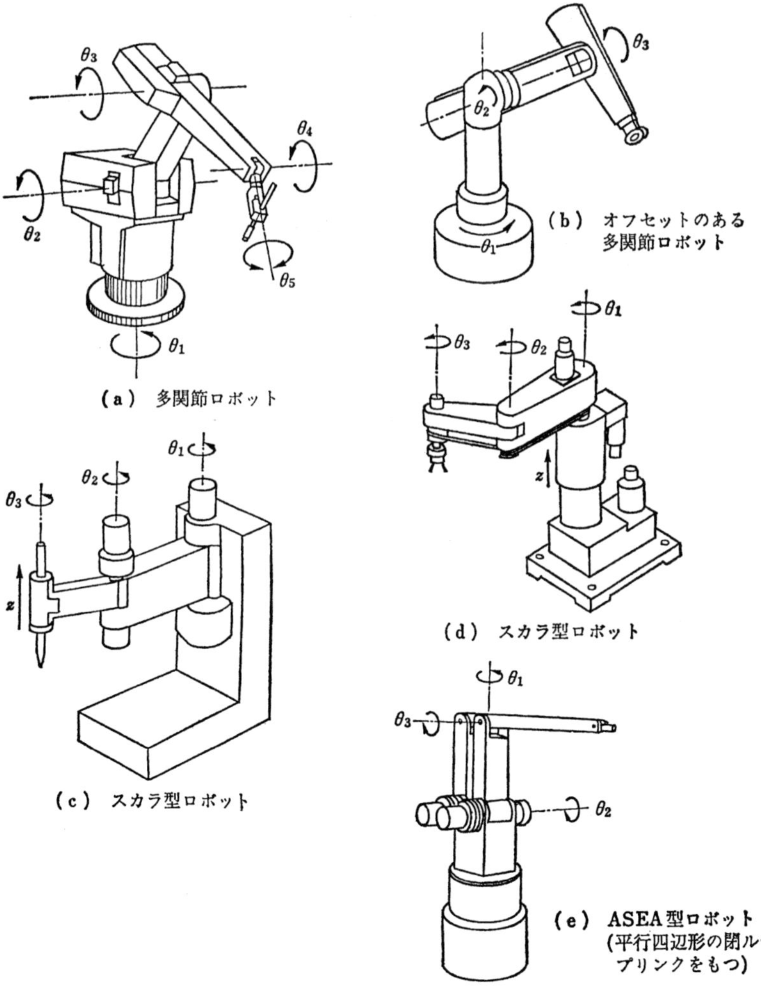

図 1.5　多関節ロボットのいろいろ

極座標ロボットは，さらに第2軸も回転軸としたもので，第3リンクの先端位置(θ, ϕ, r)はちょうど3次元極座標に基づく運動で表されることになる．なお，直動軸(r軸)とθ軸との間に適当な距離(これをオフセットという)をとると，第3リンクを360°いっぱいに自由に動かすことができ，回り込み作業などが可能になる(図1.4参照).

さらに，第3軸を回転にとった構造のアームを一般に多関節ロボットというが，これには図1.5に示すようにいくつかのタイプがある．多関節ロボットは，一般に最も自由な3次元運動が可能であるとされている．また，図1.5(b)に示すように，オフセットをとると回り込み作業も可能になる．しかし，位置決めの精度を高めるのは他のタイプのものより難しい．なぜなら，一般に作業精度はアームの先端の位置決めの精度に依存するが，回転角の測定は対応する関節で行われ，それらの関節角の各測定誤差が積み重なった値が先端部の位置決めの誤差となり，誤差の拡大が起こりやすいからである．剛性も他のタイプのものより落ちるが，その欠点を補う工夫がされたものに図1.5(c)，(d)のスカラ(Selective Compliance Assembly Robot Arm : SCARA)型ロボットと(e)の平行リンク方式のASEA型ロボットがある．前者は三つの回転軸を鉛直方向にとった構造をもち，このおかげで垂直方向の剛性が高く，水平方向の動きが柔らかいという特徴をもつ．この利点から，上方向からの組みつけ，部品挿入，締めつけなどの作業に適しており，組立て作業の現場に数多く導入されるに至っている．

図1.3～1.5では，第3リンクの先端は3次元空間のある領域で自由な動きがとれるよう設計されている．ロボットアームは一般に先端部にハンドを取りつけるが，これ自身も自由な姿勢がとれるように設計されている．3次元の空間領域で先端部が任意の位置をとるには少なくとも3自由度が必要である．さらに手先の効果器の姿勢を決めるには3自由度が必要であり，こうして手先効果器が任意の位置で任意の姿勢をとるには6自由度が必要になる．人間の腕は肩に3自由度，肘に2自由度，手首に2自由度の合計7自由度をもち，自由度が1だけ余っている勘定になる．産業用ロボットの場合にも，このような冗長自由度をもたせた構成もみられるが，特別の目的をもった場合を除いて，普通は必要最小限の自由度をとっているようである．

1.4　ベクトルの内積と外積

ロボットの姿勢は図1.6のようにいくつかの関節の変数で表すか，あるいは手先の位置と姿勢で表す．ロボットのダイナミクスはその姿勢の時間変動を支配する運動方程式として表す．関節変数は，関節の軸が回転軸の場合は角度(単位はラディアン)であり，直動軸(スライド軸)の場合は直線的移動量(単位はメートル)である．いずれをとるか規定しないとき，関節変数を一般に q_i で表す．また，それらを集めたものを

$$\boldsymbol{q}=\begin{bmatrix} q_1 \\ q_2 \\ \vdots \\ q_n \end{bmatrix} \tag{1.1}$$

と表し，これを関節変数ベクトルという．本書ではベクトルは原則として縦ベクトル(column vector)表示に従うものとするが，紙面の節約のため，文中では

$$\boldsymbol{q}=(q_1, q_2, \cdots, q_n)^{\top} \tag{1.2}$$

あるいは，

$$\boldsymbol{q}^{\top}=(q_1, \cdots, q_n) \tag{1.3}$$

のように，肩に転置の記号“⊤”を付すことにする．また，$\boldsymbol{q}$ が時間 t とともに変化するとき，$\boldsymbol{q}(t)=(q_1(t), \cdots, q_n(t))^{\top}$ と書き，また，その時間微分を $\dot{\boldsymbol{q}}(t)=\mathrm{d}\boldsymbol{q}(t)/\mathrm{d}t=(\mathrm{d}q_1(t)/\mathrm{d}t, \cdots, \mathrm{d}q_n(t)/\mathrm{d}t)^{\top}$ と書くことにする．行列は，なるべく大文字 A, B, I, J, S, R などで表すこととする．ベクトル $\boldsymbol{q}=(q_1, \cdots, q_n)^{\top}$ と $\boldsymbol{p}=(p_1, \cdots, p_n)^{\top}$ の内積を次式で定義する．

$$\boldsymbol{p}^{\top}\boldsymbol{q}=\sum_{i=1}^{n} p_i q_i \tag{1.4}$$

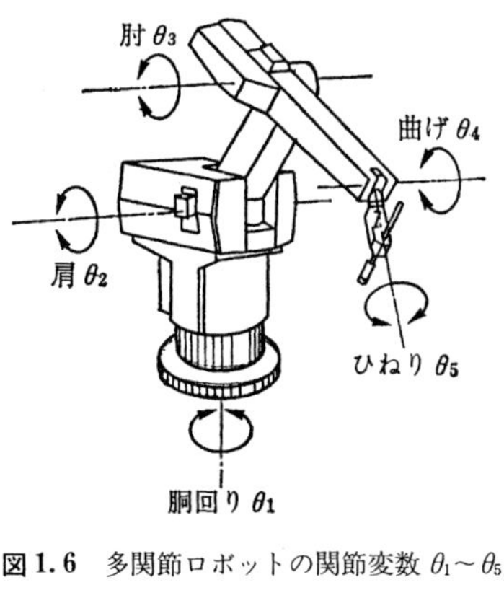

図1.6　多関節ロボットの関節変数 $\theta_1 \sim \theta_5$

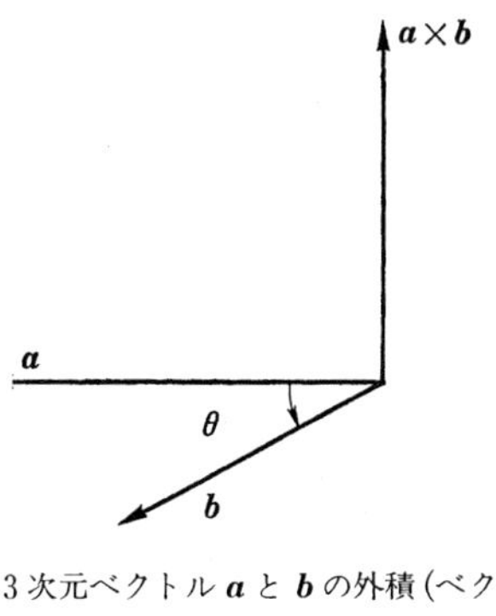

図1.7　3次元ベクトル $\boldsymbol{a}$ と $\boldsymbol{b}$ の外積(ベクトル積)

3次元ユークリッド空間のベクトル $\boldsymbol{a}$ は，互いに直交する単位ベクトル $\boldsymbol{e}_x, \boldsymbol{e}_y, \boldsymbol{e}_z$ を用いて，

$$\boldsymbol{a}=a_x\boldsymbol{e}_x+a_y\boldsymbol{e}_y+a_z\boldsymbol{e}_z \tag{1.5}$$

と表せるとき，$\boldsymbol{a}=(a_x, a_y, a_z)^\top$ と書く．別の3次元ベクトル $\boldsymbol{b}=(b_x, b_y, b_z)^\top$ があるとき，これら二つのベクトルによって定義されるベクトル

$$\boldsymbol{a}\times\boldsymbol{b}=(a_yb_z-a_zb_y)\boldsymbol{e}_x+(a_zb_x-a_xb_z)\boldsymbol{e}_y+(a_xb_y-a_yb_x)\boldsymbol{e}_z \tag{1.6}$$

を $\boldsymbol{a}$ と $\boldsymbol{b}$ の外積（あるいはベクトル積）という．ベクトル $\boldsymbol{a}$ と $\boldsymbol{b}$ のなす角を θ とすると，外積 $\boldsymbol{a}\times\boldsymbol{b}$ の大きさは $\boldsymbol{a}^\top\boldsymbol{b}\sin\theta$，向きは $\boldsymbol{a}$ を $\boldsymbol{b}$ の方へ重ねるように角度 θ だけ回したときの右ねじの進む方向にとる（図1.7参照）．この定義から次の性質が成立する．

$$\boldsymbol{a}\times\boldsymbol{b}=-\boldsymbol{b}\times\boldsymbol{a} \tag{1.7}$$

$$\boldsymbol{a}\times(\boldsymbol{b}+\boldsymbol{c})=\boldsymbol{a}\times\boldsymbol{b}+\boldsymbol{a}\times\boldsymbol{c}=-(\boldsymbol{b}+\boldsymbol{c})\times\boldsymbol{a} \tag{1.8}$$

$$\boldsymbol{a}\times\boldsymbol{a}=\boldsymbol{0},\quad \boldsymbol{a}\times\lambda\boldsymbol{a}=\boldsymbol{0}\quad (\lambda\text{はスカラ}) \tag{1.9}$$

$$\boldsymbol{a}\times(\boldsymbol{b}\times\boldsymbol{c})=(\boldsymbol{a}^\top\boldsymbol{c})\boldsymbol{b}-(\boldsymbol{a}^\top\boldsymbol{b})\boldsymbol{c} \tag{1.10}$$

また，直交する単位ベクトルについては

$$\boldsymbol{e}_x\times\boldsymbol{e}_y=\boldsymbol{e}_z,\quad \boldsymbol{e}_y\times\boldsymbol{e}_z=\boldsymbol{e}_x,\quad \boldsymbol{e}_z\times\boldsymbol{e}_x=\boldsymbol{e}_y \tag{1.11}$$

の関係がある．なお，(1.6)式を行列式形式を用いて，

$$\boldsymbol{a}\times\boldsymbol{b}=\begin{vmatrix}\boldsymbol{e}_x & \boldsymbol{e}_y & \boldsymbol{e}_z\\ \boldsymbol{a}_x & \boldsymbol{a}_y & \boldsymbol{a}_z\\ \boldsymbol{b}_x & \boldsymbol{b}_y & \boldsymbol{b}_z\end{vmatrix} \tag{1.12}$$

と表しておくと便利がよい．

1.5　ロボットダイナミクスの特徴づけ

ロボットアームの運動方程式は，一般に次のような複雑な微分方程式に従う．

$$\{J+R(\boldsymbol{q})\}\ddot{\boldsymbol{q}}+\frac{1}{2}\dot{R}(\boldsymbol{q})\dot{\boldsymbol{q}}+S(\boldsymbol{q}, \dot{\boldsymbol{q}})\dot{\boldsymbol{q}}+B_0\dot{\boldsymbol{q}}+\boldsymbol{g}(\boldsymbol{q})=D\boldsymbol{v} \tag{1.13}$$

この式の導出は3章で行い，(3.90)式として導かれるのであるが，ここではその特徴をまとめておこう．なお，この式は $\boldsymbol{q}=(q_1, \cdots, q_n)^\top$ を関節変数としてアクチュエータに直流サーボモータを用い，その入力電圧を $\boldsymbol{v}=(v_1, \cdots, v_n)^\top$ とし，手先が拘束を受けないとして導いたものである．$R(\boldsymbol{q})$ は慣性行列と呼び，直交型以外のロボットでは普通は姿勢 $\boldsymbol{q}$ によって変動する．しかし，その定義から $R(\boldsymbol{q})$ は，$\boldsymbol{q}$ の考えうるすべての値に対して実対称正定行列になる．慣性行列

$R(\boldsymbol{q})$ が $\boldsymbol{q}$ に依存することから，(1.13) 式の左辺の第 2 項や第 3 項が生じ，非線形項を構成する．この第 2 項と第 3 項をまとめて，遠心力とコリオリ (Coriolis) 力の項と呼ぶ．$\boldsymbol{g}(\boldsymbol{q})$ はポテンシャル項，あるいは重力項と呼ぶが，これはロボットが重力場にあることから生ずる．もちろん，これも非線形項であるが，重力バランスを考慮した機構設計ではこの項が優勢にならないように工夫してある．これらの各項の中味の詳細は 3.9 節にゆずり，以下に運動方程式の大まかな特徴をまとめておく．

C_1) ロボットの運動方程式 (1.13) 式は逆転可能 (invertible) である．すなわち，入力を $\boldsymbol{v}$，出力を $\boldsymbol{y}=\dot{\boldsymbol{q}}$ (速度ベクトル) とみたとき，任意の時間区間 $[0, T]$ で与えた任意の滑らかな出力 $\boldsymbol{y}(t)$ に対して，これを実現する入力 $\boldsymbol{v}(t)$ が生成できる．

C_2) ロボットの主要なパラメータは，たとえば手先がもつペイロードの質量は運動方程式の中で線形的に現れる．

C_3) ロボットの運動方程式は，速度出力 $\boldsymbol{y}=\dot{\boldsymbol{q}}$ に関して受動的である．

C_4) 運動エネルギと位置のエネルギを合わせた全エネルギはリアプノフ関数としての役割を演ずる．また，目標位置 $\boldsymbol{q}^0$ を与え，位置のフィードバック $\boldsymbol{v}=K_1(\boldsymbol{q}^0-\boldsymbol{q})$ を与えたときにも，人工的にポテンシャル項を加えることによりリアプノフ関数を構成することができる．

これらの四つの特徴づけのうち，1970 年代に意識されていたのは C_1) であった．もっとも，この特徴は当り前すぎて見過ごしがちであったのだが，1980 年代に入って発表された高速演算法に基づく計算トルク法 (逆ダイナミクス法ともいう) から，むしろ前面に出して強く意識されるようになったのである．特に，関節のアクチュエータに用いる減速機の柔軟性を考慮したダイナミクスでは逆転可能性が成立しなくなることが指摘され，この対比から，この特徴づけの重要性が浮かび上がった．

C_2) から C_4) の三つの特徴づけの発見は日本からの貢献が大きいが，C_2) の性質を頼りに Slotine と Li [3] によるモデルベース適応制御法が考案された．C_3) と C_4) は (1.13) 式の非線形項の中に現れる行列 $S(\boldsymbol{q}, \dot{\boldsymbol{q}})$ の歪対称性が鍵となった ([4]～[6])．特に C_3) の受動性は手先が拘束を受けるときも成立し，1990 年代以後，ロボットダイナミクスを特徴づける最も重要な性質として意識されるようになった．

2

運動学と動力学の基礎

ロボットの運動は，たとえそのメカニズムが複雑であってもニュートンの法則に従う．ここでは運動の幾何学的側面を扱う“kinematics”(運動学) と，機械システムの力学的挙動を扱う“dynamics”(動力学) の基礎を述べ，本論の入門とする．

2.1 質点の運動学

固定した座標系 O-XYZ で質点の運動を考える (図 2.1 参照)．質点は点 P で表示され，その位置はベクトル $\boldsymbol{r}=\overrightarrow{OP}$ によって表される．質点が動いているとき，位置は時間関数 $\boldsymbol{r}(t)$ で表される．質点の速度 (velocity) はこの位置の変化率 (time rate)

$$\boldsymbol{v}=\frac{\mathrm{d}}{\mathrm{d}t}\boldsymbol{r}=\lim_{\Delta t\to 0}\frac{\Delta\boldsymbol{r}}{\Delta t} \tag{2.1}$$

で定義される．ここに $\Delta\boldsymbol{r}=\boldsymbol{r}(t+\Delta t)-\boldsymbol{r}(t)$ と定義され，これを時間区間 Δt における質点の変位と呼ぶ．ベクトル $\boldsymbol{v}$ の大きさを速さ (speed) という．点 P における $\boldsymbol{v}$ の方向は運動経路の接線方向になる (図 2.2 参照)．

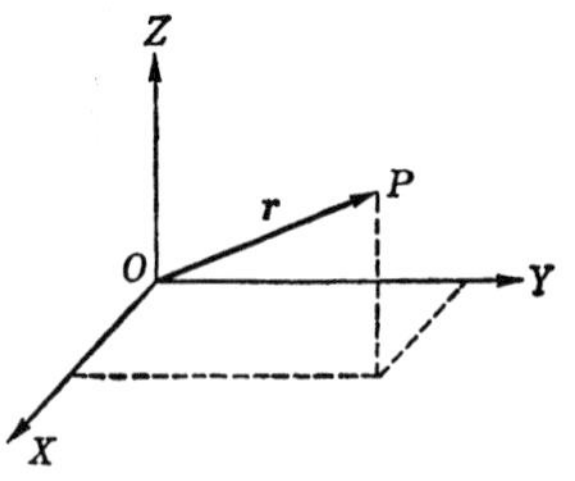

図 2.1
固定した座標系 O-XYZ における質点 P の位置は位置ベクトル $\overrightarrow{OP}$ によって表される．

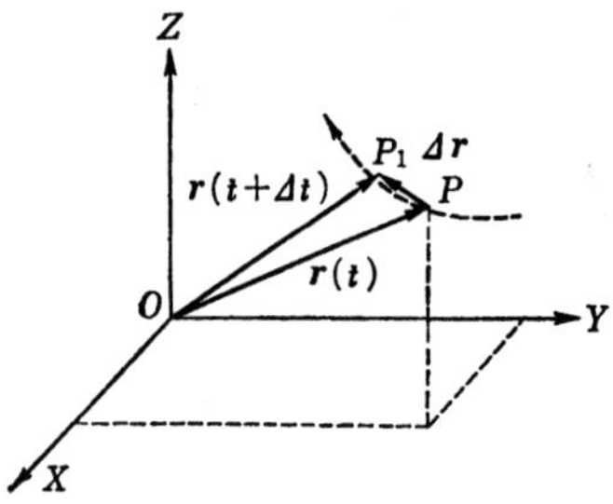

図 2.2
微小時間区間 Δt における質点の変位は $\Delta\boldsymbol{r}=\boldsymbol{r}(t+\Delta t)-\boldsymbol{r}(t)$ と定義される．

速度 $\boldsymbol{v}$ が時刻とともに変わるとき，すなわち $\boldsymbol{v}=\boldsymbol{v}(t)$ のとき，$\boldsymbol{v}(t)$ の変化率

$$\boldsymbol{a}=\frac{\mathrm{d}}{\mathrm{d}t}\boldsymbol{v}=\frac{\mathrm{d}^2}{\mathrm{d}t^2}\boldsymbol{r} \tag{2.2}$$

を質点の加速度と呼ぶ．

質点の位置，速度，加速度はベクトルで表される．なお，ベクトルの和や差，スカラ倍，微分，積分などは普通のベクトル演算に従うものする．

質点の運動は直交座標系で

$$\boldsymbol{r}(t)=x(t)\boldsymbol{u}_x+y(t)\boldsymbol{u}_y+z(t)\boldsymbol{u}_z \tag{2.3}$$

と与えることもある．ここに，$\boldsymbol{u}_x$, $\boldsymbol{u}_y$, $\boldsymbol{u}_z$ は図 2.1 の固定座標系の X, Y, Z 方向の単位ベクトルである．このとき，質点の速度は

$$\boldsymbol{v}(t)=\dot{\boldsymbol{r}}(t)=\dot{x}(t)\boldsymbol{u}_x+\dot{y}(t)\boldsymbol{u}_y+\dot{z}(t)\boldsymbol{u}_z \tag{2.4}$$

と表され，加速度は

$$\boldsymbol{a}(t)=\dot{\boldsymbol{v}}(t)=\ddot{x}(t)\boldsymbol{u}_x+\ddot{y}(t)\boldsymbol{u}_y+\ddot{z}(t)\boldsymbol{u}_z \tag{2.5}$$

と表される．

質点の運動を最も一般的に取り扱うために，図 2.3 のように質点がある曲線上を運動している場合を考える．いま，質点はこの曲線上の点 P にあるとする．この曲線の点 P における接線上に単位ベクトル $\boldsymbol{u}_t$ をとる．ただし，$\boldsymbol{u}_t$ の方向は運動の方向にとる．また，ベクトル $\boldsymbol{u}_t$ と点 P の近傍における曲線とがつくる平面上で $\boldsymbol{u}_t$ に垂直に，かつ方向が曲線から内向きになるように単位ベクトル $\boldsymbol{u}_n$ をとる．$\boldsymbol{u}_t$ と $\boldsymbol{u}_n$ をそれぞれ点 P における接線ベクトル，主法線ベクトルと呼

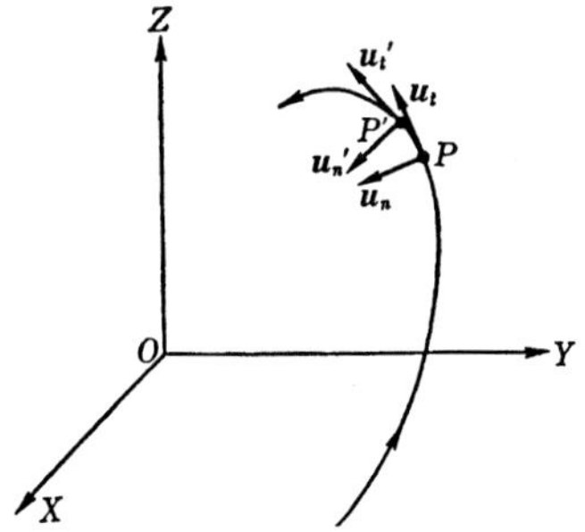

図 2.3 空間中の曲線上を運動する質点

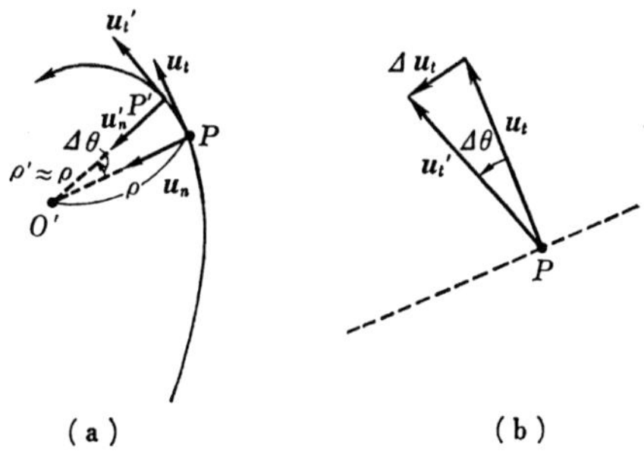

図 2.4
(a) 接線ベクトル $\boldsymbol{u}_t$, $\boldsymbol{u}_t'$ と主法線ベクトル $\boldsymbol{u}_n$, $\boldsymbol{u}_n'$ は $\Delta t \to 0$, $\Delta\theta \to 0$ のとき同じ平面上にある．このとき，O' は点 P での曲率中心に収束する．
(b) ベクトル $\Delta\boldsymbol{u}_t$ は，$\boldsymbol{u}_n$ とほとんど同じ方向に向いている．

ぶ．さて，微小時間 Δt のあと，質点は曲線上の P' に到達したと仮定する（図 2.3 参照）．そして，点 P' においても接線ベクトル $\boldsymbol{u}_t'$，主法線ベクトル $\boldsymbol{u}_n'$ を定義する．もし Δt が十分小さいと，四つのベクトル $\boldsymbol{u}_t, \boldsymbol{u}_n, \boldsymbol{u}_t', \boldsymbol{u}_n'$ はほとんど同一平面上にあるとみなせる．ここで，O' を $\boldsymbol{u}_n, \boldsymbol{u}_n'$ を引きのばしてつくられる二つの直線の交点とする（図 2.4 参照）．なお，点 O' は $\Delta t \to 0$ のとき曲線の点 P における曲率中心となることに注意しておく．この曲率半径を記号 ρ で表す．また，点 P' の曲率半径 ρ' も ρ で近似できることにも注意しておく．

さて，曲線上を運動する質点の速度と加速度を上述の接線ベクトルと主法線ベクトルで表してみよう．明らかに $\boldsymbol{u}_t$ の方向が速度の方向なので，速度は次のように表される．

$$\boldsymbol{v}=\lim_{\Delta t\to 0}\frac{\rho\Delta\theta}{\Delta t}\boldsymbol{u}_t=\rho\dot{\theta}\boldsymbol{u}_t \tag{2.6}$$

同様に，図 2.4 からわかるように，

$$\frac{\mathrm{d}}{\mathrm{d}t}\boldsymbol{u}_t=\lim_{\Delta t\to 0}\frac{\Delta\theta}{\Delta t}\boldsymbol{u}_n=\dot{\theta}\boldsymbol{u}_n=\frac{v}{\rho}\boldsymbol{u}_n \tag{2.7}$$

となる．ここに，v は質点の点 P における速さを表し，

$$v=\rho\dot{\theta}$$

と定義される．これらの結果から，加速度は

$$\boldsymbol{a}=\frac{\mathrm{d}}{\mathrm{d}t}\boldsymbol{v}=\frac{\mathrm{d}}{\mathrm{d}t}(v\boldsymbol{u}_t)=\left(\frac{\mathrm{d}}{\mathrm{d}t}v\right)\boldsymbol{u}_t+v\left(\frac{\mathrm{d}}{\mathrm{d}t}\boldsymbol{u}_t\right)=\dot{v}\boldsymbol{u}_t+\frac{v^2}{\rho}\boldsymbol{u}_n \tag{2.8}$$

と表されることがわかる．

例 2.1　質点が一定の速さ v で半径 ρ の固定した円の周上を運動している場合を考える．この場合，点 P の接線ベクトルは図 2.5 のように $\boldsymbol{u}_\theta$ で表される．

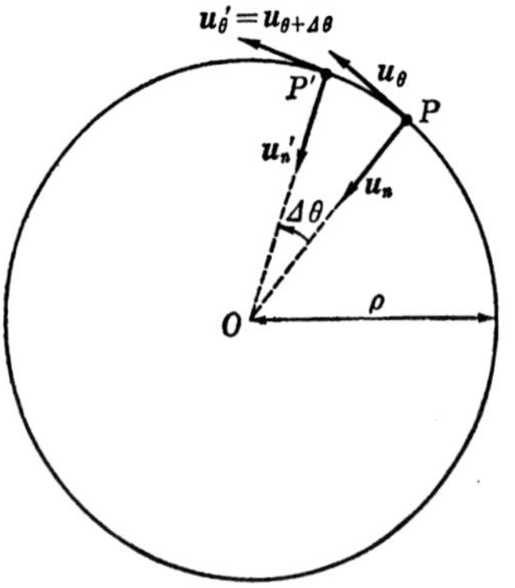

図 2.5　円弧上を運動する質点

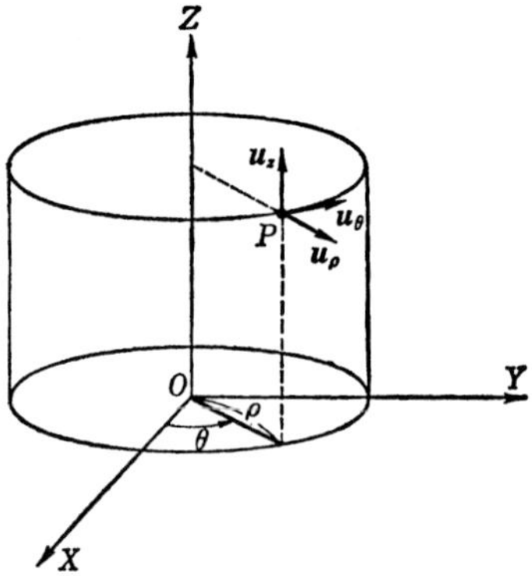

図 2.6　三つ組 (ρ, θ, z) からなる円筒座標系

したがって，速度は

$$\boldsymbol{v}=\rho\dot{\theta}\boldsymbol{u}_\theta=v\boldsymbol{u}_\theta$$

で表される．また，加速度ベクトルは (2.8) 式から

$$\boldsymbol{a}=\frac{v^2}{\rho}\boldsymbol{u}_n$$

と表される．

この例でも示されるように，物理系の運動方程式は座標系のとり方によって異なった形式をとる．ロボットアームの場合，直交座標系とともに円筒座標系や球座標系が役に立つことがある．円筒座標系は，図 2.6 のように表され，三つ組 (ρ, θ, z) から構成される．これらは直交座標系 (x, y, z) と次のような関係で結ばれている．

$$x=\rho\cos\theta, \quad y=\rho\sin\theta, \quad z=z \tag{2.9}$$

質点の現在の位置を点 P で表し，互いに直交する単位ベクトル $\boldsymbol{u}_\rho, \boldsymbol{u}_\theta, \boldsymbol{u}_z$ を図 2.6 のようにとる．ベクトル $\boldsymbol{u}_\rho$ と $\boldsymbol{u}_\theta$ は θ とともに変わるが，$\boldsymbol{u}_z$ は一定のままであることに注意されたい．いま，微小時間 Δt のあと，質点の位置は (ρ, θ, z) から $(\rho+\Delta\rho, \theta+\Delta\theta, z+\Delta z)$ に変化したとする．θ から $\theta+\Delta\theta$ への変動は，図 2.7 に示すように，$\boldsymbol{u}_\rho$ と $\boldsymbol{u}_\theta$ の変動を誘導し，これらは，近似的に

$$\Delta\boldsymbol{u}_\rho=\boldsymbol{u}_\rho(t+\Delta t)-\boldsymbol{u}_\rho(t)\approx\Delta\theta\boldsymbol{u}_\theta, \quad \Delta\boldsymbol{u}_\theta=\boldsymbol{u}_\theta(t+\Delta t)-\boldsymbol{u}_\theta(t)\approx-\Delta\theta\boldsymbol{u}_\rho$$

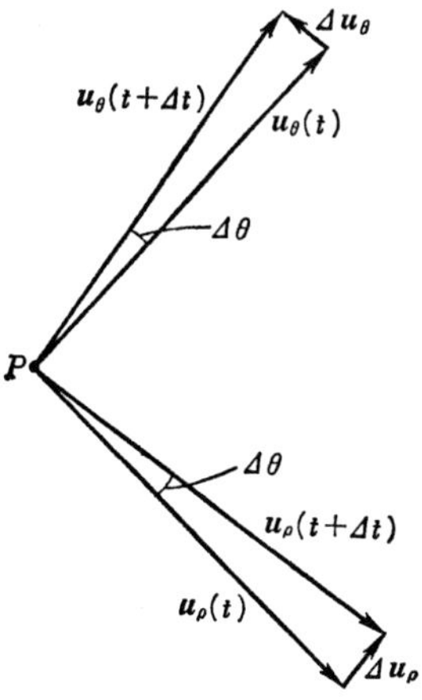

図 2.7
$\Delta\theta\to 0$ のとき $\Delta\boldsymbol{u}_\rho$ の方向は $\boldsymbol{u}_\theta$ の方向に一致するようになり，$\Delta\boldsymbol{u}_\theta$ の方向は $\boldsymbol{u}_\rho$ の方向の反対向きに一致するようになる．

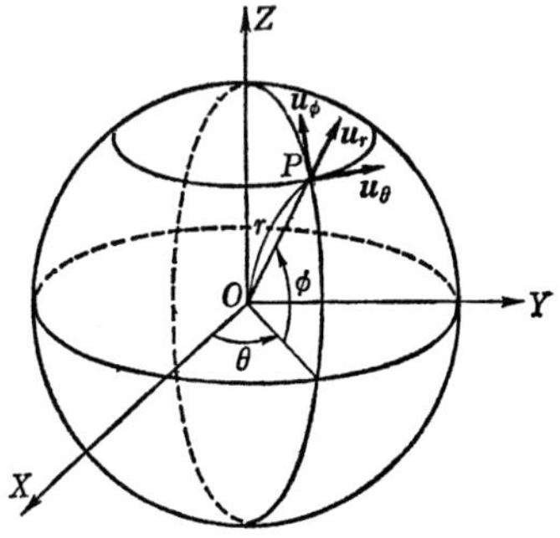

図 2.8 三つ組 (r, θ, ϕ) から構成される球座標系

と表されることがわかる．これより，

$$\dot{\boldsymbol{u}}_\rho=\lim_{\Delta t\to 0}\frac{\Delta\theta}{\Delta t}\cdot\frac{\Delta\boldsymbol{u}_\rho}{\Delta\theta}=\dot{\theta}\boldsymbol{u}_\theta,\quad \dot{\boldsymbol{u}}_\theta=\lim_{\Delta t\to 0}\frac{\Delta\theta}{\Delta t}\cdot\frac{\Delta\boldsymbol{u}_\theta}{\Delta\theta}=-\dot{\theta}\boldsymbol{u}_\rho \tag{2.10}$$

となる．

以上の準備のもとで，質点の位置，速度，加速度を単位ベクトル $\boldsymbol{u}_\rho, \boldsymbol{u}_\theta, \boldsymbol{u}_z$ で表そう．図2.6から明らかなように，質点の位置は

$$\boldsymbol{r}=\rho\boldsymbol{u}_\rho+z\boldsymbol{u}_z \tag{2.11}$$

と表される．これらを微分し，(2.10) 式を代入すると，速度の表現

$$\boldsymbol{v}=\dot{\boldsymbol{r}}=\dot{\rho}\boldsymbol{u}_\rho+\rho\dot{\boldsymbol{u}}_\rho+\dot{z}\boldsymbol{u}_z=\dot{\rho}\boldsymbol{u}_\rho+\rho\dot{\theta}\boldsymbol{u}_\theta+\dot{z}\boldsymbol{u}_z \tag{2.12}$$

を得る．これを微分して再び (2.10) 式を代入すると，加速度に関する表現

$$\begin{aligned}\boldsymbol{a}=\dot{\boldsymbol{v}}&=\ddot{\rho}\boldsymbol{u}_\rho+\dot{\rho}\dot{\boldsymbol{u}}_\rho+\dot{\rho}\dot{\theta}\boldsymbol{u}_\theta+\rho\ddot{\theta}\boldsymbol{u}_\theta+\rho\dot{\theta}\dot{\boldsymbol{u}}_\theta+\ddot{z}\boldsymbol{u}_z\\&=(\ddot{\rho}-\rho\dot{\theta}^2)\boldsymbol{u}_\rho+(\rho\ddot{\theta}+2\dot{\rho}\dot{\theta})\boldsymbol{u}_\theta+\ddot{z}\boldsymbol{u}_z\end{aligned} \tag{2.13}$$

を得る．

次に，図2.8に示すように三つ組 (r, θ, ϕ) からなる球座標系を取り上げてみる．この図から明らかなように，球座標系と直交座標系との間に次のような関係が成立する．

$$x=r\cos\phi\cos\theta,\quad y=r\cos\phi\sin\theta,\quad z=r\sin\phi \tag{2.14}$$

質点の現在の位置を点 P で表し，ここから図2.8に示すように互いに直交する三つの単位ベクトル $\boldsymbol{u}_r, \boldsymbol{u}_\theta, \boldsymbol{u}_\phi$ を描く．これらのベクトルはすべて θ と ϕ の変化に伴って変動することに注意されたい．(2.10) 式を導いたときと同様な議論を用いて，次の式が成立することが検証できる．

$$\begin{cases}\dfrac{\partial\boldsymbol{u}_r}{\partial\theta}=\cos\phi\cdot\boldsymbol{u}_\theta,\quad \dfrac{\partial\boldsymbol{u}_r}{\partial\phi}=\boldsymbol{u}_\phi\\ \dfrac{\partial\boldsymbol{u}_\theta}{\partial\theta}=-\cos\phi\cdot\boldsymbol{u}_r+\sin\phi\cdot\boldsymbol{u}_\phi,\quad \dfrac{\partial\boldsymbol{u}_\theta}{\partial\phi}=0\\ \dfrac{\partial\boldsymbol{u}_\phi}{\partial\theta}=-\sin\phi\cdot\boldsymbol{u}_\theta,\quad \dfrac{\partial\boldsymbol{u}_\phi}{\partial\phi}=-\boldsymbol{u}_r\end{cases} \tag{2.15}$$

他方，図2.8から位置ベクトルは

$$\boldsymbol{r}=r\boldsymbol{u}_r \tag{2.16}$$

と表されることがわかる．この両辺を微分し，(2.15) 式を代入し，この操作を繰り返すことにより，速度と加速度に関する次のような表現を得る．

$$\boldsymbol{v}=\dot{r}\boldsymbol{u}_r+r\dot{\boldsymbol{u}}_r=\dot{r}\boldsymbol{u}_r+r\left(\frac{\partial\boldsymbol{u}_r}{\partial\theta}\dot{\theta}+\frac{\partial\boldsymbol{u}_r}{\partial\phi}\dot{\phi}\right)=\dot{r}\boldsymbol{u}_r+r\dot{\theta}(\cos\phi)\boldsymbol{u}_\theta+r\dot{\phi}\boldsymbol{u}_\phi \tag{2.17}$$

$$\boldsymbol{a}=(\ddot{r}-r\dot{\theta}^2\cos^2\phi-r\dot{\phi}^2)\boldsymbol{u}_r+(r\ddot{\theta}\cos\phi+2\dot{r}\dot{\theta}\cos\phi-2r\dot{\theta}\dot{\phi}\sin\phi)\boldsymbol{u}_\theta$$
$$+(r\ddot{\phi}+r\dot{\theta}^2\cos\phi\sin\phi+2\dot{r}\dot{\phi})\boldsymbol{u}_\phi \quad (2.18)$$

2.2 剛体の運動学

剛体 (rigid body) は離散的な質点が無数に分布した集合体と考えられるが，任意の 2 質点間の距離が常に一定であることが基本的性質として要請されている．

図 2.9 のように固定した座標系で点 Q から点 P への位置ベクトル $\boldsymbol{r}_{P/Q}$ を考える．点 Q と P の間の距離が不変のとき，ベクトル $\boldsymbol{r}_{P/Q}$ の大きさは不変であり

$$|\boldsymbol{r}_{P/Q}|=\sqrt{\boldsymbol{r}_{P/Q}{}^{\top}\boldsymbol{r}_{P/Q}}=\text{const.} \quad (2.19)$$

となる．ここに，与えられた二つのベクトル $\boldsymbol{r}_1$ と $\boldsymbol{r}_2$ に対して $\boldsymbol{r}_1{}^{\top}\boldsymbol{r}_2$ は内積を表すことに注意されたい．(2.19) 式を微分すると

$$\frac{\mathrm{d}}{\mathrm{d}t}|\boldsymbol{r}_{P/Q}|=\frac{\dot{\boldsymbol{r}}_{P/Q}{}^{\top}\boldsymbol{r}_{P/Q}}{\sqrt{\boldsymbol{r}_{P/Q}{}^{\top}\boldsymbol{r}_{P/Q}}}=0 \quad (2.20)$$

を得るが，これは次の式を意味する．

$$\boldsymbol{v}_{P/Q}{}^{\top}\boldsymbol{r}_{P/Q}=0 \quad (2.21)$$

このことは，点 Q と P の間の相対速度がこれら 2 点間を結ぶ直線に垂直となることを示している．さらに，(2.21) 式は次のことと同値であることに注意する．

$$\boldsymbol{v}_P{}^{\top}\boldsymbol{r}_{P/Q}=\boldsymbol{v}_Q{}^{\top}\boldsymbol{r}_{P/Q} \quad (2.22)$$

すなわち，点 Q と P の速度のこれら 2 点間の直線への正射影は互いに等しいのである (図 2.9 参照)．

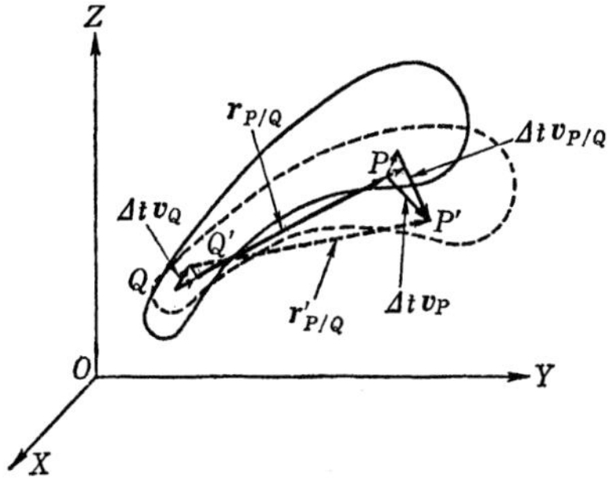

図 2.9 剛体中の任意の 2 質点間の距離は不変である．

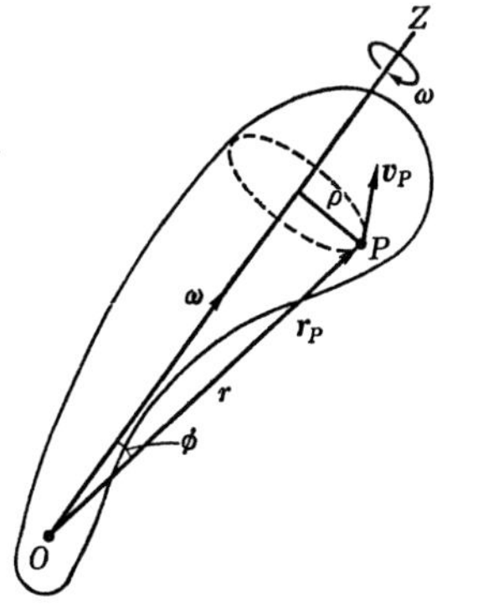

図 2.10 軸 OZ のまわりで回転する剛体

次に，図2.10に示したように軸 OZ まわりで回転する剛体の運動を考えよう．回転の角速度を ω (radian/sec) で表す．このとき，点 P は回転軸 OZ に直交する平面内で円を描くので，点 P の速さは

$$v_P = \rho\dot{\theta} = \rho\omega \tag{2.23}$$

と表される．ここに ρ は点 P と OZ 軸との距離を表す．他方，図2.10から明らかなように，距離 ρ は

$$\rho = r \sin\phi$$

と表される．ここに r は点 O から点 P までの距離として定義される位置ベクトル $\boldsymbol{r}_P$ の大きさを表す．この式を(2.23)式に代入すると，式

$$v_P = \omega r \sin\phi \tag{2.24}$$

を得る．

次に，図2.10に示すように，大きさ ω をもち，回転軸と同じ方向をもつベクトル $\boldsymbol{\omega}$ を導入し，これを剛体の角速度(ベクトル)と呼ぶ．そこで，ベクトル $\boldsymbol{\omega}$ と $\boldsymbol{r}_P$ の外積を考え，その大きさと方向を速度ベクトル $\boldsymbol{v}_P$ と比較してみよう．図2.10と(2.24)式からわかるように，点 P の速度は

$$\boldsymbol{v}_P = \boldsymbol{\omega} \times \boldsymbol{r}_P \tag{2.25}$$

と表される．

ロボットアームのほとんどは剛体リンクの直鎖からつくられる．このようなロボットの剛体リンクは，任意方向に運動する固定軸まわりに回転しなければならないことが多い．この複合した運動を記述するには，図2.11のように，固定した基本座標系 O-XYZ に対して中間の座標系 Q-xyz を導入し，これに相対的な運動の表現を用いて剛体中の点 P の運動を考えると便利である．いま，剛体に固定された単位ベクトル $\boldsymbol{u}_x, \boldsymbol{u}_y, \boldsymbol{u}_z$ をもつ中間座標系を考え，これらが基本座標系に対して平行移動と回転を同時に行う場合を考える．点 P の相対的な位置ベクトルは

$$\boldsymbol{r}_{P/Q} = r_x \boldsymbol{u}_x + r_y \boldsymbol{u}_y + r_z \boldsymbol{u}_z \tag{2.26}$$

と表され，基本座標系の原点に関する点 P の位置ベクトルはいつでも

$$\boldsymbol{R} = \boldsymbol{R}_Q + \boldsymbol{r}_{P/Q} \tag{2.27}$$

と表される．これを(2.26)式に代入し，

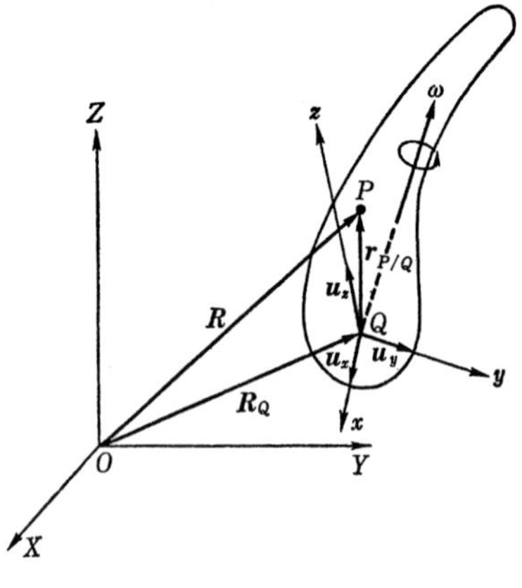

図 2.11　基本座標系 O-XYZ の中で平行移動し，かつ剛体とともに回転する中間座標系 Q-xyz

微分すると，式

$$\frac{\mathrm{d}}{\mathrm{d}t}\boldsymbol{R}=\frac{\mathrm{d}}{\mathrm{d}t}\boldsymbol{R}_Q+\frac{\mathrm{d}}{\mathrm{d}t}\boldsymbol{r}_{P/Q}=\boldsymbol{v}_Q+(\dot{r}_x\boldsymbol{u}_x+\dot{r}_y\boldsymbol{u}_y+\dot{r}_z\boldsymbol{u}_z)+(r_x\dot{\boldsymbol{u}}_x+r_y\dot{\boldsymbol{u}}_y+r_z\dot{\boldsymbol{u}}_z) \quad (2.28)$$

を得る．右辺の第1項は中間座標系に固定された点 Q の平行移動によるものと解釈できる．第2項は点 P の中間座標系に関する速度ベクトルであるが，これは $Q\text{-}xyz$ が剛体中に固定されているので（すなわち，r_x, r_y, r_z は一定となり）消える．第3項は中間座標系の回転による効果を表しており，これは (2.25) 式から

$$r_x\dot{\boldsymbol{u}}_x+r_y\dot{\boldsymbol{u}}_y+r_z\dot{\boldsymbol{u}}_z=r_x\boldsymbol{\omega}\times\boldsymbol{u}_x+r_y\boldsymbol{\omega}\times\boldsymbol{u}_y+r_z\boldsymbol{\omega}\times\boldsymbol{u}_z=\boldsymbol{\omega}\times(r_x\boldsymbol{u}_x+r_y\boldsymbol{u}_y+r_z\boldsymbol{u}_z)$$
$$=\boldsymbol{\omega}\times\boldsymbol{r}_{P/Q}$$

となる．これを (2.28) 式に代入すると，点 P の基本座標系に関する速度の表現

$$\boldsymbol{v}_P=\dot{\boldsymbol{R}}=\boldsymbol{v}_Q+\boldsymbol{\omega}\times\boldsymbol{r}_{P/Q} \quad (2.29)$$

を得る．

(2.29) 式から，剛体の角速度 $\boldsymbol{\omega}$ と任意のある点の平行移動の速度が既知となれば，剛体中のどの点の速度も決めることができることがわかる．逆に，剛体の運動はこのような平行移動と回転で特徴づけできるのだろうか．もっと正確にいうと，剛体中の任意の速度が

$$\boldsymbol{v}_P=\boldsymbol{v}_Q+\boldsymbol{\omega}\times\boldsymbol{r}_{P/Q} \quad (2.30)$$

と表されるような点 Q と角速度ベクトル $\boldsymbol{\omega}$ をいつも見い出すことができるのだろうか．幸いにも，このことは次のように肯定的に結論されるのである．

> 剛体のどんな運動に対しても，剛体中の任意の2点間の速度が
> $$\boldsymbol{v}_{P/Q}=\boldsymbol{\omega}\times\boldsymbol{r}_{P/Q} \quad (2.31)$$
> と表されるようなベクトル $\boldsymbol{\omega}$ が一意的に存在する．

このようなベクトル $\boldsymbol{\omega}$ のことをこの剛体の角速度ベクトルという．

このことを証明しておく．まず，剛体中に一直線上にはのらないように任意に3点 A, B, C をとる．明らかに，(2.21) 式から

$$\boldsymbol{r}_{A/B}{}^{\top}\boldsymbol{v}_{A/B}=0, \quad \boldsymbol{r}_{B/C}{}^{\top}\boldsymbol{v}_{B/C}=0, \quad \boldsymbol{r}_{C/A}{}^{\top}\boldsymbol{v}_{C/A}=0$$

である．次に，点 A と C を含みベクトル $\boldsymbol{v}_{A/C}$ に垂直な平面と，点 B と C を含みベクトル $\boldsymbol{v}_{B/C}$ に垂直な平面を描く（図 2.12 参照）．これらの二つの平面が交わる直線を $\overline{CD}$ で表すと，これは定義からベクトル $\boldsymbol{v}_{A/C}$ と $\boldsymbol{v}_{B/C}$ に直交する（図 2.12 参照）．さて，直線 $\overline{CD}$ に沿ってベクトル $\boldsymbol{\omega}$ を式

$$\boldsymbol{v}_{B/C}=\boldsymbol{\omega}\times\boldsymbol{r}_{B/C}$$

が成立するように選ぶ．この $\boldsymbol{\omega}$ の定義から，明らかに

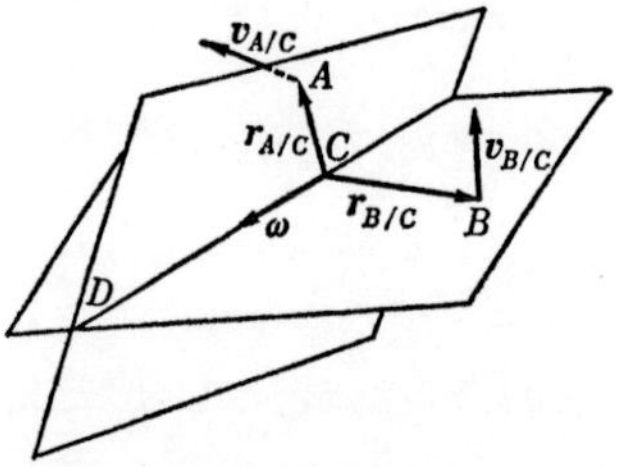

図 2.12　平面の一つは $v_{A/C}$ に直交し，他は $v_{B/C}$ に直交する．

$$\omega^\top v_{A/C}=0$$

である．これらの関係とよく知られたベクトル公式から((1.10) 式参照)

$$\begin{aligned} v_{B/C}\times v_{A/C} &= (\omega\times r_{B/C})\times v_{A/C} \\ &= (\omega^\top v_{A/C})r_{B/C}-(v_{A/C}{}^\top r_{B/C})\omega \\ &= -(v_{A/C}{}^\top r_{B/C})\omega \end{aligned}$$

となり，これより

$$\omega=\frac{v_{A/C}\times v_{B/C}}{v_{A/C}{}^\top r_{B/C}} \tag{2.32}$$

となる．この分子は

$$v_{A/C}\times v_{B/C}=(v_A-v_C)\times(v_B-v_C)=v_A\times v_B+v_B\times v_C+v_C\times v_A$$

と表され，分母は

$$\begin{aligned} v_{A/C}{}^\top r_{B/C} &= v_{A/C}{}^\top(r_{B/A}-r_{C/A}) \\ &= v_{A/C}{}^\top r_{B/A}+v_{C/A}{}^\top r_{C/A} \\ &= v_{C/A}{}^\top r_{A/B}=(v_{C/B}-v_{A/B})^\top r_{A/B} \\ &= v_{C/B}{}^\top r_{A/B}=v_{B/A}{}^\top r_{C/A} \end{aligned}$$

と表される．このことは，(2.32) 式が添字 A, B, C を B, C, A で置き換えても，また，C, A, B で置き換えても成立することを示している．また，このことはベクトル ω が直線上にない 3 点 A, B, C によって一意的に決められることを意味している．

次に，剛体中に任意の 2 点 P と Q を選ぶ．(2.21) 式から一般に

$$v_{i/j}{}^\top r_{i/j}=0, \quad i=P, Q \quad \text{and} \quad j=A, B, C \tag{2.33}$$

である．他方，ベクトルの外積の定義から

$$(\omega\times r_{i/j})^\top r_{i/j}=0, \quad i=P, Q \quad \text{and} \quad j=A, B, C \tag{2.34}$$

である．これと (2.33) 式を比較すれば，

$$v_{i/j}=\omega\times r_{i/j}, \quad i=P, Q \quad \text{and} \quad j=A, B, C \tag{2.35}$$

となることがわかる．こうして最後に，(2.31) 式が次のようにして導ける．

$$v_{P/Q}=v_{P/A}-v_{Q/A}=\omega\times(r_{P/A}-r_{Q/A})=\omega\times r_{P/Q}$$

例 2.2　剛体中か，あるいは，図 2.13 に示すように延長線上にゼロ速度をもつ点 O が存在するとき，剛体中の任意の点 P の速度は，(2.31) 式からすぐにわかるように，式

$$v_P=\omega\times r_{P/O}$$

で表される．また，回転軸上の任意の点 Q に対しても，式

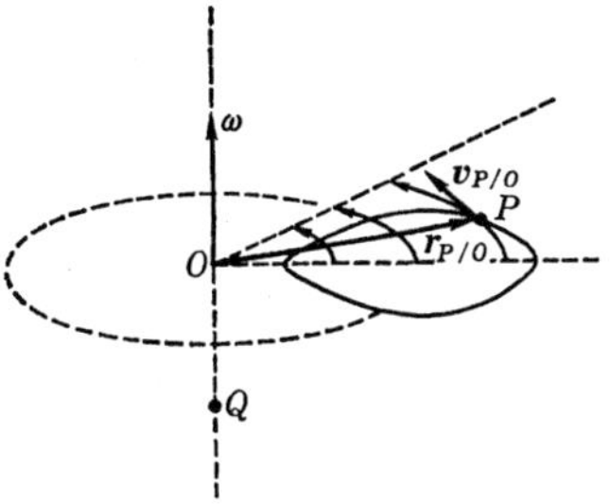

図 2.13 点 O はゼロ速度をもつ.

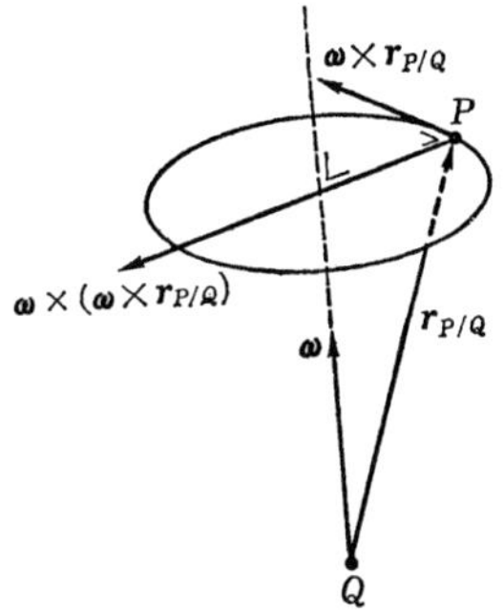

図 2.14 ベクトル $\boldsymbol{\omega}\times(\boldsymbol{\omega}\times\boldsymbol{r}_{P/Q})$ は $\boldsymbol{\omega}$ に直交し, $\boldsymbol{\omega}$ と $\boldsymbol{r}_{P/Q}$ でつくられる平面に存在する.

$$\boldsymbol{v}_P=\boldsymbol{\omega}\times\boldsymbol{r}_{P/Q}$$

が従う. なぜなら, 点 Q を通る $\boldsymbol{\omega}$ 方向の軸上のどの点における速度もゼロになるからである. 逆に, 剛体中のあらゆる点の速度が角速度ベクトルに直交するならば, その線上のどの点における速度もゼロになるような軸が存在する. このような軸を瞬時回転軸と呼ぶ.

剛体中の点 P における加速度は (2.31) 式を微分することによって得られる. そのとき,

$$\boldsymbol{a}_P=\boldsymbol{a}_Q+\dot{\boldsymbol{\omega}}\times\boldsymbol{r}_{P/Q}+\boldsymbol{\omega}\times\dot{\boldsymbol{r}}_{P/Q}=\boldsymbol{a}_Q+\dot{\boldsymbol{\omega}}\times\boldsymbol{r}_{P/Q}+\boldsymbol{\omega}\times(\boldsymbol{\omega}\times\boldsymbol{r}_{P/Q}) \tag{2.36}$$

となる. 右辺の最後の項で表されるベクトルは $\boldsymbol{\omega}$ に直交し, 図 2.14 に示すように, $\boldsymbol{\omega}$ と $\boldsymbol{r}_{P/Q}$ を含む平面上にある. このことは

$$\boldsymbol{\omega}\times(\boldsymbol{\omega}\times\boldsymbol{r}_{P/Q})=(\boldsymbol{r}_{P/Q}{}^{\top}\boldsymbol{\omega})\boldsymbol{\omega}-\omega^2\boldsymbol{r}_{P/Q}$$

となることを示す. これを (2.36) 式に代入すると, 点 P の加速度の別の表現

$$\boldsymbol{a}_P=\boldsymbol{a}_Q+\dot{\boldsymbol{\omega}}\times\boldsymbol{r}_{P/Q}+(\boldsymbol{r}_{P/Q}{}^{\top}\boldsymbol{\omega})\boldsymbol{\omega}-\omega^2\boldsymbol{r}_{P/Q} \tag{2.37}$$

を得る. ベクトル $\dot{\boldsymbol{\omega}}$ を角加速度ベクトルと呼ぶ.

ロボットの運動解析では, 一つの回転している剛体リンクに相対的に運動しているもう一つの剛体の角速度を見い出すことが必要になる. 図 2.15 に示すように, 二つの剛体 L_1 と L_2 を考える. 基本座標系を α で表し, 剛体 L_1 の α からみた角速度ベクトルを $\boldsymbol{\omega}_{\alpha 1}$ とし, L_1 中に固定された点 O をとる. 剛体 L_2 は L_1 に相対的に角速度 $\boldsymbol{\omega}_{12}$ で回転しているとする. いま, L_2 に固定した任意の 2 点 P と Q をとると, 点 O からみたそれらの点上の速度は次の関係で結ばれている.

$$\boldsymbol{v}_{1P}=\boldsymbol{v}_{1Q}+\boldsymbol{\omega}_{12}\times\boldsymbol{r}_{P/Q} \tag{2.38}$$

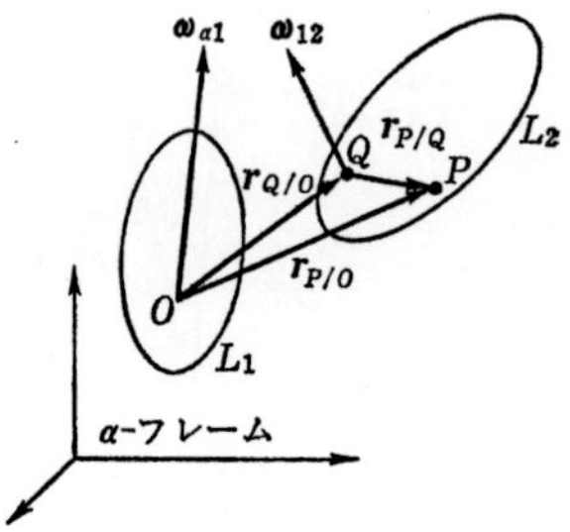

図 2.15　剛体 L_1 に関して与えられた剛体 L_2 の運動

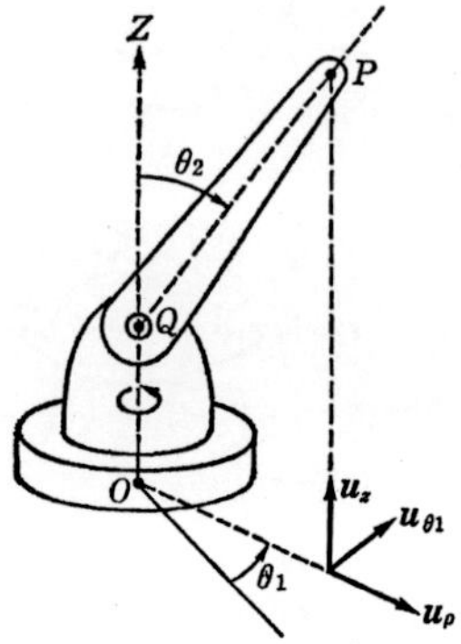

図 2.16　ロボットマニピュレータの部分メカニズム

また，点 P と Q の基本座標系 α からみた速度は

$$\boldsymbol{v}_{\alpha P}=\boldsymbol{v}_{1P}+\boldsymbol{v}_{\alpha O}+\boldsymbol{\omega}_{\alpha 1}\times\boldsymbol{r}_{P/O}\qquad \boldsymbol{v}_{\alpha Q}=\boldsymbol{v}_{1Q}+\boldsymbol{v}_{\alpha O}+\boldsymbol{\omega}_{\alpha 1}\times\boldsymbol{r}_{Q/O}$$

と与えられる．これらの差をとると，式

$$\boldsymbol{v}_{\alpha P}-\boldsymbol{v}_{\alpha Q}=\boldsymbol{v}_{1P}-\boldsymbol{v}_{1Q}+\boldsymbol{\omega}_{\alpha 1}\times\boldsymbol{r}_{P/Q}$$

を得る．(2.38) 式をこの式に代入すると，式

$$\boldsymbol{v}_{\alpha P}-\boldsymbol{v}_{\alpha Q}=(\boldsymbol{\omega}_{\alpha 1}+\boldsymbol{\omega}_{12})\times\boldsymbol{r}_{P/Q} \tag{2.39}$$

を得る．他方，先に述べたように，運動している剛体に対して次式を満足するような一意的なベクトル $\boldsymbol{\omega}_{\alpha 2}$ が存在する．

$$\boldsymbol{v}_{\alpha P}=\boldsymbol{v}_{\alpha Q}+\boldsymbol{\omega}_{\alpha 2}\times\boldsymbol{r}_{P/Q}$$

これを (2.39) 式と比較すると，式

$$\boldsymbol{\omega}_{\alpha 2}=\boldsymbol{\omega}_{\alpha 1}+\boldsymbol{\omega}_{12} \tag{2.40}$$

が成立することがわかる．こうして，剛体 L_2 の基本座標系 α に関する角速度は二つのそれぞれ与えられた相対的な角速度の和として決められることが示された．

例 2.3　図 2.16 に示すようなロボットマニピュレータの部分的なメカニズムを考えよう．これは二つの剛体リンクから構成されている．いま，基底リンク L_1 は垂直軸まわりで回転しているとし，その角変数を $\theta_1(t)$ で表す．アームリンク L_2 の上下運動を垂直軸からの角変数 $\theta_2(t)$ で表す．そこで，アーム L_2 の角速度と角加速度を θ_1 と θ_2 および単位ベクトル $\boldsymbol{u}_\rho$, $\boldsymbol{u}_\theta$, $\boldsymbol{u}_z$ (図 2.16 参照) を用いて表す問題を考えよう．これは公式 (2.40) 式を用いるとすぐに解ける．実際，すぐわかるように

$$\boldsymbol{\omega}_{\alpha 1}=\dot{\theta}_1\boldsymbol{u}_z,\quad \boldsymbol{\omega}_{12}=\dot{\theta}_2\boldsymbol{u}_{\theta 1}$$

であり，これらから L_2 の角速度は

$$\boldsymbol{\omega}_{\alpha 2}=\boldsymbol{\omega}_{\alpha 1}+\boldsymbol{\omega}_{12}=\dot{\theta}_1\boldsymbol{u}_z+\dot{\theta}_2\boldsymbol{u}_{\theta 1}$$

と求まる．これを微分することにより，角加速度は

$$\alpha_{\alpha 2}=\dot{\boldsymbol{\omega}}_{\alpha 2}=\ddot{\theta}_1\boldsymbol{u}_z+\ddot{\theta}_2\boldsymbol{u}_{\theta 1}+\dot{\theta}_2\dot{\boldsymbol{u}}_{\theta 1}=\ddot{\theta}_1\boldsymbol{u}_z+\ddot{\theta}_2\boldsymbol{u}_{\theta 1}-\dot{\theta}_1\dot{\theta}_2\boldsymbol{u}_\rho$$

と求まる．なお，最後の等式は (2.10) 式から得られる．

2.3　ニュートンの運動の法則

ロボットの部材は必ず相当の質量をもつ．その運動を扱うとき，全質量が1点に集中しているとみなして運動を解析することができる場合がある．ここでは，質点の力学から始めて，質点系の力学，次いで質点の連続分布とみなせる剛体の力学の基礎概念を与えておく．

質点の運動量 $\boldsymbol{p}$ はその速度に質量を乗じた式

$$\boldsymbol{p}=m\boldsymbol{v} \tag{2.41}$$

によって定義される．速度がベクトルで表されるので，運動量もベクトルである(質量はスカラである)．

ニュートンの第1法則　物体は外力の作用を受けないかぎり，静止しているか，等速運動を続ける (ゼロ加速度を意味する)．

ニュートンの第2法則　物体の運動量の変化率はそれに作用した力に比例し，力の方向にきく．

ニュートンの第3法則　二つの物体の互いに及ぼし合う力は両者を結ぶ直線上に働き，その大きさは等しく，向きは反対である．

第1法則は慣性の法則と呼ばれ，元来はガリレオによって見い出された．このことは，一様でない運動には力が働いていることを示唆しており，これによって力の概念が導入された．なお，ニュートンの法則が物理的に首尾一貫性を保つためには，加速度をもたないような基本座標系が必要である．このような座標系を慣性座標系という．

第2法則は力の定量的な定義を与える．これは

$$\boldsymbol{f}=K\frac{\mathrm{d}}{\mathrm{d}t}(m\boldsymbol{v})=Km\frac{\mathrm{d}}{\mathrm{d}t}\boldsymbol{v}=Km\boldsymbol{a}$$

と表される．ここに，第2と第3の等式では質量が一定であると仮定した．この式で K は比例定数であるが，力 $\boldsymbol{f}$ の単位を決めるには $K=1$ となることが望ま

しい．国際単位系(SI)では質量 m をキログラム(kg)，加速度 $\boldsymbol{a}$ を $\mathrm{m/s^2}$，力 $\boldsymbol{f}$ をニュートン(N)の単位で与える．1ニュートンは1kgの質量に1 $\mathrm{m/s^2}$ の加速度を与えるに等しい力を意味し，

$$1\,\mathrm{N}=1\,\mathrm{kg}\times 1\,\mathrm{m/s^2}=1\,\mathrm{kg\cdot m\cdot s^{-2}}$$

と書かれる．この国際単位系を用いると，

$$\frac{\mathrm{d}}{\mathrm{d}t}(m\boldsymbol{v})=\boldsymbol{f} \tag{2.42}$$

と表される．これを運動方程式という．質量が一定の質点の運動方程式は，

$$m\boldsymbol{a}=\boldsymbol{f} \tag{2.43}$$

と書くことができる．

第3法則は数学的には

$$\boldsymbol{f}_{12}=-\boldsymbol{f}_{21} \tag{2.44}$$

と表現できる．ここに $\boldsymbol{f}_{12}$ は物体2が物体1に及ぼす力を表し，$\boldsymbol{f}_{21}$ は物体1が物体2に及ぼす力を表す．この法則は運動量の保存則の基礎を与えるが，このことは次節で説明する．

2.4 質点系の力学

質点がいくつか集まった質点系の運動を考えよう．この場合，質点の相互間で働く力と，重力や磁力など質点系が外部から受ける力とを区別して考えると便利である．いま質点 j が質点 i に及ぼす力を $\boldsymbol{f}_{ij}$，外力が質点 i に及ぼす力を $\boldsymbol{f}_{ie}$ で表す．また，質点 i の質量を m_i とし，これは一定であるとする．そして，適当な慣性座標系をとり，これによって観測される質点 i の加速度を $\boldsymbol{a}_i$ で表すと，ニュートンの第2法則は

$$\boldsymbol{f}_{ie}+\sum_{j(\neq i)}\boldsymbol{f}_{ij}=m_i\boldsymbol{a}_i \tag{2.45}$$

と書ける．これらをすべて加え合わせると，

$$\sum_i\boldsymbol{f}_{ie}+\sum_i\sum_{j(\neq i)}\boldsymbol{f}_{ij}=\sum_i m_i\boldsymbol{a}_i \tag{2.46}$$

となる．ニュートンの第3法則によると $i\neq j$ に対して $\boldsymbol{f}_{ij}=-\boldsymbol{f}_{ji}$ となるので，(2.46)式の左辺の第2項は消える．したがって，作用した外力を $\boldsymbol{f}(=\sum_i\boldsymbol{f}_{ie})$ で表すと，式

$$\sum_i m_i\boldsymbol{a}_i=\boldsymbol{f} \tag{2.47}$$

を得る．ここで，外力がない場合を考えると，(2.47)式は

$$\mathbf{0}=\sum_i m_i \boldsymbol{a}_i=\frac{\mathrm{d}}{\mathrm{d}t}\left(\sum_i m_i \boldsymbol{v}_i\right)=\frac{\mathrm{d}}{\mathrm{d}t}\left(\sum_i \boldsymbol{p}_i\right) \quad (2.48)$$

となる．これは質点系の運動量保存則を示す．

次に質点系の質量中心の概念を導入しよう．これはベクトル

$$\boldsymbol{r}_c=\frac{\sum_i m_i \boldsymbol{r}_i}{\sum_i m_i} \quad (2.49)$$

で定義される．ここに $\boldsymbol{r}_i$ は質点 i の位置を表すベクトルである．(2.49) 式から，質点系の質量中心は系の中のすべての質点に対する位置ベクトルの重みづけされた平均値であるといえる．二つの質点からなる質量中心の例を図 2.17 に示す．

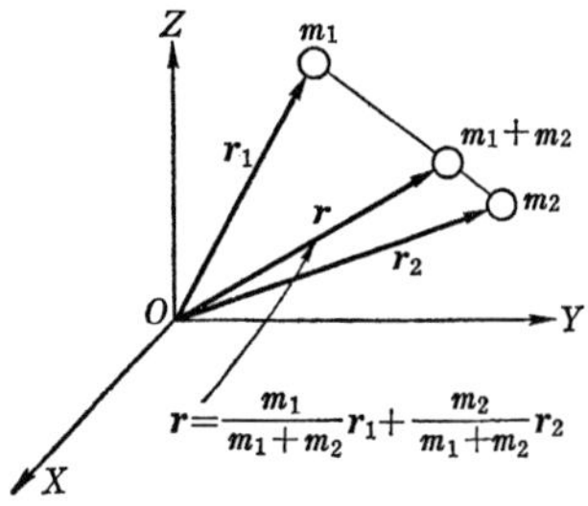

図 2.17　二つの質点からなる系の質量中心

質点系の全質量 $\sum_i m_i$ を m で表すと，(2.49) 式から

$$\sum_i m_i \boldsymbol{r}_i=m\boldsymbol{r}_c \quad (2.50)$$

となる．これを微分すると

$$\sum_i m_i \boldsymbol{v}_i=m\boldsymbol{v}_c \quad (2.51)$$

となり，さらに微分すると

$$\sum_i m_i \boldsymbol{a}_i=m\boldsymbol{a}_c \quad (2.52)$$

となる．そこで (2.47) 式と (2.52) 式を考慮すると，公式

$$\boldsymbol{f}=m\boldsymbol{a}_c \quad (2.53)$$

を得る．これは，外力のベクトル和は，系の全質量があたかも質量中心に集中しているかのように質量中心に働くことを示している．この原理は 2.6 節で述べる剛体力学の解析に特に重要な役割を演じる．

外力がないとき，(2.53) 式は式

$$\boldsymbol{v}_c=\text{const.} \quad (2.54)$$

に帰着する．このことは，外力が存在しないとき質量中心の速度が変化しないことを表しており，慣性の法則が質量中心に対して成立することを示している．

2.5　角運動量，トルク，運動エネルギ

この節では，力学の重要な概念の一つである角運動量を導入するが，この次元は運動量のそれとは異なることに注意しておく．

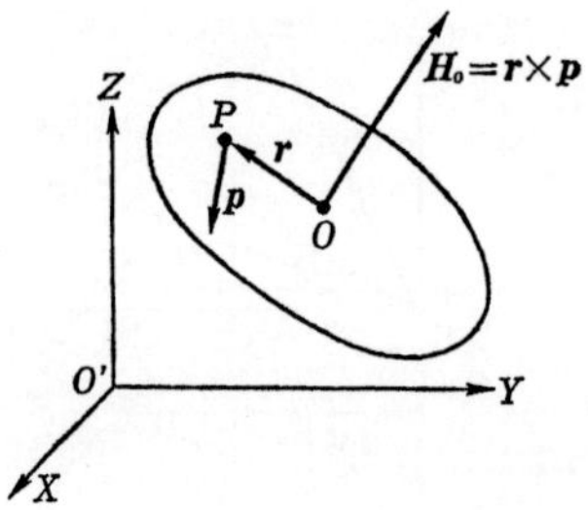

図 2.18　点 O まわりの角運動量

点 O を慣性座標系に任意に固定された点とする（図 2.18 参照）．ある質点 P に対して，点 O まわりの角運動量 $\boldsymbol{H}_O$ を，

$$\boldsymbol{H}_O = \boldsymbol{r} \times \boldsymbol{p} = \boldsymbol{r} \times m\boldsymbol{v} \tag{2.55}$$

と定義する．ここに，$\boldsymbol{r}$ は質点 P の点 O からの位置ベクトル，$\boldsymbol{p}$ は質点 P の運動量である．もし力 $\boldsymbol{f}$ がこの質点に作用するならば，力のモーメントとしてトルクが次のように定義される．

$$\boldsymbol{T}_O = \boldsymbol{r} \times \boldsymbol{f} \tag{2.56}$$

ニュートンの第 2 法則から予想されるように，角運動量とトルクの間には明確な関係がある．実際，(2.55) 式を時間微分すると，

$$\frac{\mathrm{d}}{\mathrm{d}t}\boldsymbol{H}_O = \dot{\boldsymbol{r}} \times \boldsymbol{p} + \boldsymbol{r} \times \dot{\boldsymbol{p}} = \boldsymbol{v} \times m\boldsymbol{v} + \boldsymbol{r} \times \boldsymbol{f}$$

となる．外積の定義から $\boldsymbol{v} \times \boldsymbol{v} = 0$ なので，上の式は次の結果に帰着する．

$$\frac{\mathrm{d}}{\mathrm{d}t}\boldsymbol{H}_O = \boldsymbol{T}_O \tag{2.57}$$

このことは，“角運動量の時間変化率はトルクに等しい”ことを主張している．

質点系に対しては，点 O まわりの角運動量は，

$$\boldsymbol{H}_O = \sum_i \boldsymbol{r}_i \times \boldsymbol{p}_i \tag{2.58}$$

と定義され，全トルクは

$$\boldsymbol{T}_{\mathrm{total}} = \sum_i \boldsymbol{r}_i \times \boldsymbol{f}_i \tag{2.59}$$

と表される．(2.57) 式と同様に，関係式

$$\frac{\mathrm{d}}{\mathrm{d}t}\boldsymbol{H}_O = \boldsymbol{T}_{\mathrm{total}} \tag{2.60}$$

を得る．なお，ここでも質点間の相互作用で生ずる内部トルクの総和は，全トルク $\boldsymbol{T}_{\mathrm{total}}$ に関係しないことが示される．実際にこのことをみるために，第 i 質点に作用する力を前節で述べたように次の形式で表す．

$$\boldsymbol{f}_i = \boldsymbol{f}_{ie} + \sum_{j(\neq i)} \boldsymbol{f}_{ij}$$

この表現に対応して，全トルクも次のように分解して表す．

$$\boldsymbol{T}_{\mathrm{total}} = \boldsymbol{T}_O + \boldsymbol{T}_{\mathrm{int}} \tag{2.61}$$

ここに $\boldsymbol{T}_O$ は，

$$\boldsymbol{T}_O = \sum_i \boldsymbol{r}_i \times \boldsymbol{f}_{ie} \tag{2.62}$$

と定義されるが，これは外力によるトルクを表す．また $\boldsymbol{T}_{\text{int}}$ は，

$$\boldsymbol{T}_{\text{int}}=\sum_i\sum_{j(\neq i)}\boldsymbol{r}_i\times\boldsymbol{f}_{ij} \tag{2.63}$$

と定義されるが，これは質点間の内力に基づくトルクを表す．さて，(2.63) 式の右辺は次のように書き改めることもできる．

$$\boldsymbol{T}_{\text{int}}=\sum_i\sum_{j(\neq i)}\boldsymbol{r}_i\times\boldsymbol{f}_{ij}=\frac{1}{2}\sum_{i\neq j}(\boldsymbol{r}_i\times\boldsymbol{f}_{ij}+\boldsymbol{r}_j\times\boldsymbol{f}_{ji})=\frac{1}{2}\sum_{i\neq j}(\boldsymbol{r}_i-\boldsymbol{r}_j)\times\boldsymbol{f}_{ij}$$

ここに，最後の等式はニュートンの第 3 法則から従う．力 $\boldsymbol{f}_{ij}$ はベクトル $\boldsymbol{r}_i-\boldsymbol{r}_j$ に平行なので†)，明らかに

$$\boldsymbol{T}_{\text{int}}=\boldsymbol{0} \tag{2.64}$$

である．(2.60)，(2.61)，(2.64) 式からわれわれは

$$\frac{\mathrm{d}}{\mathrm{d}t}\boldsymbol{H}_O=\boldsymbol{T}_O \tag{2.65}$$

と結論することができる．

例 2.4　図 2.19 のように，固定点 O で支持された質量が無視できるほど小さい棒の両端に，質量 m_1 と m_2 の 2 質点があるとする．このとき，重力によって起こる点 O まわりの全トルクの大きさを求めよ．

この問題に答えるために，まず

$$\boldsymbol{T}_O=\boldsymbol{r}_1\times m_1\boldsymbol{g}+\boldsymbol{r}_2\times m_2\boldsymbol{g}=\left(\frac{m_1}{m_1+m_2}\boldsymbol{r}_1+\frac{m_2}{m_1+m_2}\boldsymbol{r}_2\right)\times(m_1+m_2)\boldsymbol{g}=\boldsymbol{r}_c\times m\boldsymbol{g}$$

と表されることに注意する．ここに，$\boldsymbol{r}_c=(m_1\boldsymbol{r}_1+m_2\boldsymbol{r}_2)/(m_1+m_2)$ は質量中心を表し，$m=m_1+m_2$ は全質量を表す．上の式は，重力による全トルクが質量中心 $\boldsymbol{r}_c$ に働く一つの力 $m\boldsymbol{g}$ によるトルクで置き換えられることを示している．この全トルクの大きさは，$\boldsymbol{r}_2$ の方向が $\boldsymbol{r}_1$ の方向とちょうど反対向きなので，

$$T_O=|\boldsymbol{T}_O|=\left|\frac{m_1}{m_1+m_2}l_1-\frac{m_2}{m_1+m_2}l_2\right|(m_1+m_2)g\sin\theta$$
$$=|m_1l_1-m_2l_2|g\sin\theta$$

となる．

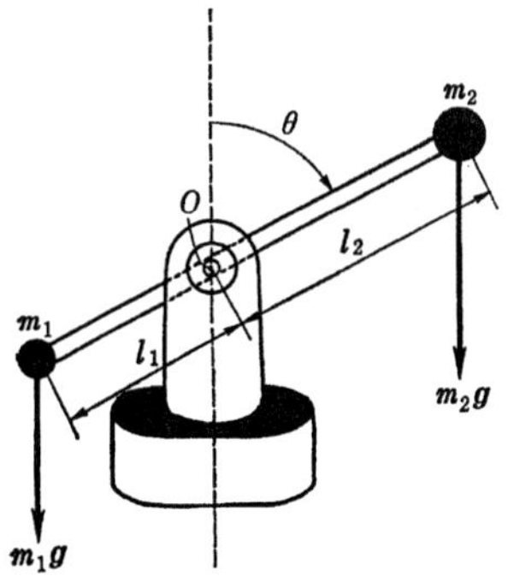

図 2.19　重力によって引き起こされる全トルクの大きさは？

質点系の全角運動量も，次に示すように二つの成分に分けられる．

†)　質点間の力が中心力のときこうなる．

$$\boldsymbol{H}_O=\sum_i m_i(\boldsymbol{r}_i-\boldsymbol{r}_c)\times\boldsymbol{v}_i+\sum_i m_i\boldsymbol{r}_c\times\boldsymbol{v}_i=\boldsymbol{H}_{c.m.}+\boldsymbol{r}_c\times\boldsymbol{p} \tag{2.66}$$

ここに，$\boldsymbol{p}=\sum_i m_i\boldsymbol{v}_i$ は全運動量を表す．右辺の最後の $\boldsymbol{r}_c\times\boldsymbol{p}$ 項は，質量中心の運動の点 O まわりの角運動量を表す．この項は点 O の選び方に依存するが，(2.66) 式の $\boldsymbol{H}_{c.m.}$ によって表される質量中心まわりの角運動量は，点 O の選び方に依存しない．もし点 O を質量中心に選ぶと，(2.65) 式は

$$\frac{\mathrm{d}}{\mathrm{d}t}\boldsymbol{H}_{c.m.}=\boldsymbol{T}_O \tag{2.67}$$

と書ける．ここに，$\boldsymbol{T}_O$ には外力のみが寄与しているので，(2.67) 式から質量中心まわりの回転は外力トルクのみによって決まることが示されたことになる．

最後に，質点あるいは質点系に対して運動エネルギという概念を導入する．質量 m_i をもつ質点 P_i に対して，量

$$K_i=\frac{1}{2}m_i|\boldsymbol{v}_i|^2=\frac{1}{2}m_iv_i^2 \tag{2.68}$$

を質点 P_i の運動エネルギと呼ぶ．質点系に対する運動エネルギは，

$$K=\sum_i\frac{1}{2}m_iv_i^2 \tag{2.69}$$

と定義される．次にこの形式は，

$$\begin{aligned}K&=\sum_i\frac{1}{2}m_i\boldsymbol{v}_i^\top\boldsymbol{v}_i=\sum_i\frac{1}{2}m_i\{(\boldsymbol{v}_i-\boldsymbol{v}_c)+\boldsymbol{v}_c\}^\top\{(\boldsymbol{v}_i-\boldsymbol{v}_c)+\boldsymbol{v}_c\}\\&=\sum_i\frac{1}{2}m_i(\boldsymbol{v}_i-\boldsymbol{v}_c)^\top(\boldsymbol{v}_i-\boldsymbol{v}_c)+\frac{1}{2}m\boldsymbol{v}_c^\top\boldsymbol{v}_c+\sum_i m_i(\boldsymbol{v}_i-\boldsymbol{v}_c)^\top\boldsymbol{v}_c\end{aligned} \tag{2.70}$$

と分解して書けることに注目する．(2.51) 式から．

$$\sum_i m_i(\boldsymbol{v}_i-\boldsymbol{v}_c)^\top\boldsymbol{v}_c=\{(\sum_i m_i\boldsymbol{v}_i)-m\boldsymbol{v}_c\}^\top\boldsymbol{v}_c=0$$

となるので，これを (2.70) 式に代入すると，次の重要な結果を得る．

$$K=\sum_i\frac{1}{2}m_i|\boldsymbol{v}_i-\boldsymbol{v}_c|^2+\frac{1}{2}m|\boldsymbol{v}_c|^2=K_{c.m.}+\frac{1}{2}m|\boldsymbol{v}_c|^2 \tag{2.71}$$

この式は，“質点系の全エネルギは，質量中心からみた各質点の全運動エネルギと，全質量 m をもつ質量中心の運動エネルギとの和で表される”ことを示している．

2.6 剛体の力学

この節では，単一の剛体の力学を取り扱うが，特に回転軸が慣性座標系で固定している場合について議論し，一般の場合は次節で扱う．

剛体は莫大な個数の質点の集まりの特別な場合とみなせるので，(2.65)，(2.66)，(2.67)，(2.71) 式は剛体にも適用できる．いま，剛体中のある点が慣性座標系で固定しているような運動を考える．この固定点を記号 O で表し，これを慣性座標系の原点にとる．そのとき 2.2 節で述べたように，この剛体の運動の回転軸の役目を果たすような角速度ベクトル $\boldsymbol{\omega}$ が一意的に存在する（図 2.20 参照）．(2.25) 式によると，位置 $\boldsymbol{r}_i$ にある点 P_i の速度は，

$$\boldsymbol{v}_i = \boldsymbol{\omega} \times \boldsymbol{r}_i \tag{2.72}$$

と表される．もし P_i が質量成分 m_i をもつならば，それは次のような角運動量をもっている．

$$\boldsymbol{r}_i \times m_i \boldsymbol{v}_i = \boldsymbol{r}_i \times m_i(\boldsymbol{\omega} \times \boldsymbol{r}_i) \tag{2.73}$$

これらのベクトルを剛体中で総和すると，全角運動量に対する表現

$$\boldsymbol{H}_O = \sum_i \boldsymbol{r}_i \times m_i(\boldsymbol{\omega} \times \boldsymbol{r}_i) \tag{2.74}$$

を得る．剛体は質量が連続的に分布していると考えられるので，この総和を剛体全体の体積積分として表すと，

$$\boldsymbol{H}_O = \int_\Omega \boldsymbol{r}_P \times (\boldsymbol{\omega} \times \boldsymbol{r}_P) \mathrm{d}m_P \tag{2.75}$$

となる．ここに，記号 P はそこに質量要素（無限小質量）$\mathrm{d}m_P$ がある点を表し，Ω はその剛体の占有する体積空間を表す．

(2.75) 式の内容をもっと直接的にみるには，図 2.21 のように円筒座標系を選び，回転軸を Z 軸にとるとよい．またある場合には，質量要素 $\mathrm{d}m$ の代わりに，密度 σ（質量/体積）をもつ体積要素 $\mathrm{d}V$ を用いると便利である．その場合，点

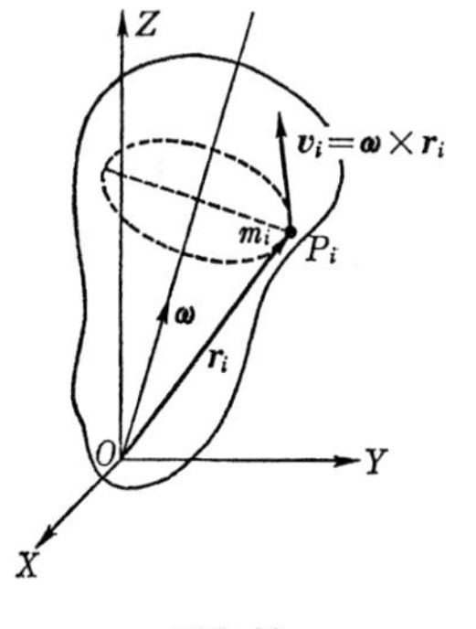

図 2.20
剛体中の 1 点 O が慣性座標系で固定したままのとき，これを原点にとる．点 O を通る回転軸の方向は固定したままである．

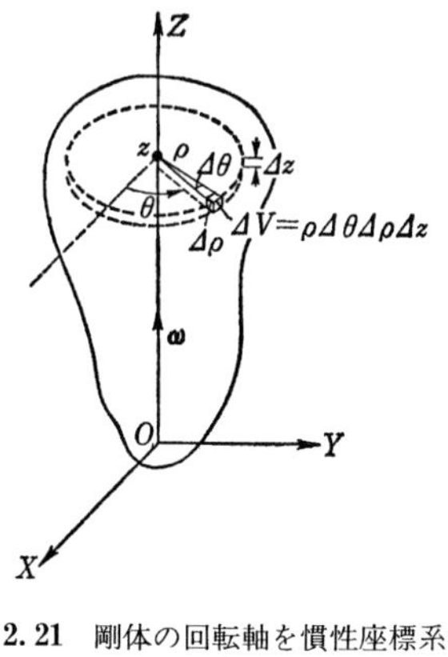

図 2.21 剛体の回転軸を慣性座標系の Z 軸にとる．

(ρ, θ, z) における体積要素は,

$$dV = \rho d\theta d\rho dz \tag{2.76}$$

と表すことができる. これを用いると, $\omega = \dot{\theta}$ とおいて (2.75) 式は

$$H_z = \int_\Omega \sigma(\rho, \theta, z)\rho^2\omega \cdot \rho d\theta d\rho dz = \left\{\int_\Omega \sigma(\rho, \theta, z)\rho^3 d\theta d\rho dz\right\}\omega = I_z\omega \tag{2.77}$$

と表される. ここに, I_z は

$$I_z = \int_\Omega \sigma(\rho, \theta, z)\rho^3 d\theta d\rho dz \tag{2.78}$$

と定義されたが, これを剛体の Z 軸に関する慣性モーメントと呼ぶ. 慣性モーメントの導入によって Z 軸まわりで回転している剛体の運動エネルギは,

$$K = \frac{1}{2}I_z\omega^2 \tag{2.79}$$

と表されることがわかる. 実際, 全運動エネルギの定義を剛体に適用することにより, 次のような結果が直接導けることがわかる.

$$K = \int_\Omega \sigma(\rho, \theta, z)\rho d\theta d\rho dz \cdot \frac{1}{2}(\rho\dot{\theta})^2 = \frac{\omega^2}{2}\int_\Omega \sigma(\rho, \theta, z)\rho^3 d\theta d\rho dz = \frac{1}{2}I_z\omega^2 \tag{2.80}$$

例 2.5 一様な密度分布をもつ円板, あるいは円筒の中心軸まわりの慣性モーメントを求めてみよう (図 2.22 参照). 全質量を M, 半径を R, 厚さを h とする. このとき, 密度は

$$\sigma(\rho, \theta, z) = \frac{M}{\pi R^2 h}$$

と与えられる. これを (2.78) 式に適用すると, 慣性モーメント

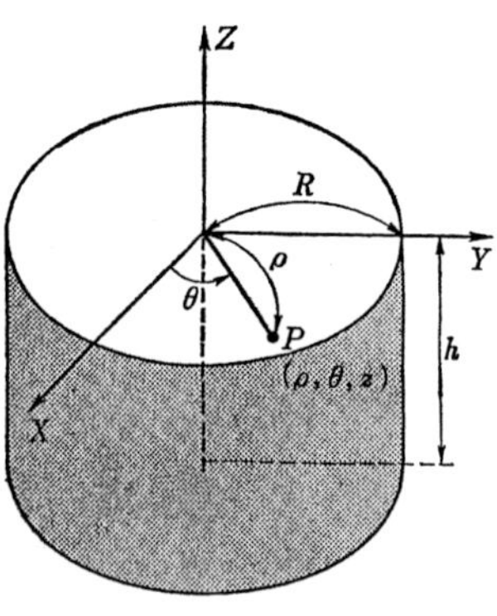

図 2.22
円筒の慣性モーメントを求める.

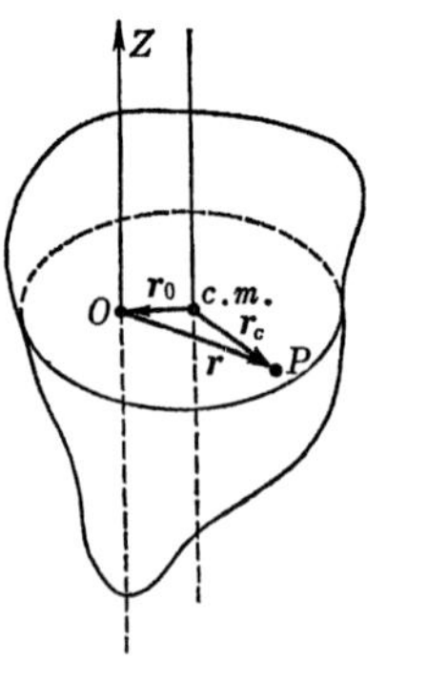

図 2.23
O を通る回転軸 Z に平行に質量中心 $c.m.$ を通る軸をとる.

$$I_z=\int_0^h\int_0^R\int_0^{2\pi}\frac{M}{\pi R^2 h}\rho^3\mathrm{d}\theta\mathrm{d}\rho\mathrm{d}z=\frac{M}{\pi R^2 h}\cdot\frac{2\pi R^4 h}{4}=\frac{1}{2}MR^2$$

を得る．

任意軸(その軸を Z 軸とせよ)まわりの慣性モーメントは，質量中心を通り，その軸に平行な軸のまわりの慣性モーメントと関係づけられる．この関係を導くために，位置ベクトル $\boldsymbol{r}_0, \boldsymbol{r}, \boldsymbol{r}_c$ を図 2.23 に示すようにとる．定義式から

$$\boldsymbol{r}_c=\boldsymbol{r}_0+\boldsymbol{r}$$

である．ベクトル $\boldsymbol{r}_c$ は質量中心に相対的な点 P の位置を表すので，

$$\int_\Omega \boldsymbol{r}_c\sigma(\rho, \theta, z)\mathrm{d}V=0$$

である．このことを心にとめて，(2.76) 式を用いて (2.78) 式を書き直すと，

$$\begin{aligned}I_z&=\int_\Omega|\boldsymbol{r}|^2\sigma(\rho, \theta, z)\mathrm{d}V=\int_\Omega|\boldsymbol{r}_c-\boldsymbol{r}_0|^2\sigma(\rho, \theta, z)\mathrm{d}V\\&=\int_\Omega(\boldsymbol{r}_c{}^\top\boldsymbol{r}_c-2\boldsymbol{r}_0{}^\top\boldsymbol{r}_c+\boldsymbol{r}_0{}^\top\boldsymbol{r}_0)\sigma(\rho, \theta, z)\mathrm{d}V\\&=\int_\Omega|\boldsymbol{r}_c|^2\sigma(\rho, \theta, z)\mathrm{d}V+|\boldsymbol{r}_0|^2M=I_{c.m.}+r_0{}^2M\end{aligned}\tag{2.81}$$

となる．ここに，M は剛体の質量，r_0 は二つの軸の間の距離を表す．最後に得られた (2.81) 式は重要で，かつ示唆に富んでいる．右辺の第 2 項 $r_0{}^2M$ は，回転軸まわりの質量中心に対する慣性モーメントとみなされ，あたかも全質量がその点に集積したかのようにみなされる．この理由から，結論

$$I_z=I_{c.m.}+r_0{}^2M \tag{2.82}$$

を平行軸の定理という．

例 2.6 長さ l で一様な密度をもつ質量 M の棒を考え，その (a) 棒の中心点を通る軸と，(b) 端点上の軸のそれぞれのまわりの慣性モーメントを求めよ．ここに，棒の幅と厚さは l に比較して十分小さいと仮定する (図 2.24)．このとき，質量要素は

$$\mathrm{d}m=\frac{M}{l}\mathrm{d}\rho$$

で表されるので，(2.78) 式から (a) の場合の慣性モーメントは，

$$I_z=\int_{-l/2}^{l/2}\rho^2\cdot\frac{M}{l}\mathrm{d}\rho=\frac{M}{3l}\left\{\left(\frac{l}{2}\right)^3-\left(\frac{-l}{2}\right)^3\right\}=\frac{1}{12}Ml^2$$

となる．他方，(b) の場合，平行軸の定理を応用して慣性モーメント

$$I_z=\frac{M}{12}l^2+M\left(\frac{l}{2}\right)^2=\frac{1}{3}Ml^2$$

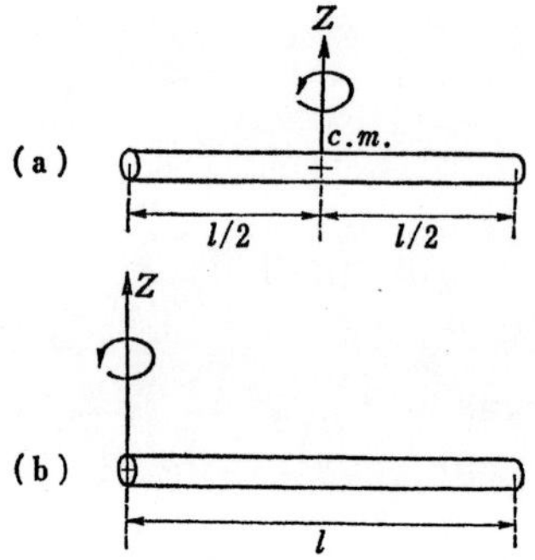

図 2.24　棒の慣性モーメントを求める．

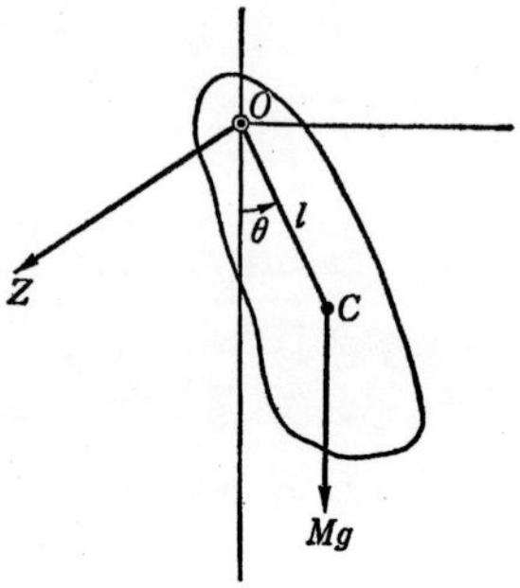

図 2.25　複振子の自由振動

を得る．

例 2.7　図 2.25 に示すように，ピボット O でつり下げられた剛体リンクの点 O を通る固定した水平軸まわりの自由運動を考える．このような対象を複振子というが，それは重力の影響で自由振動が起こるからである．いま，質量中心を C で表し，$\overrightarrow{OC}$ の長さを l で表す．運動は点 O を通る水平軸まわりの回転に限定されるので，その軸に平行な角運動量成分と物体に働く対応するトルク成分のみを考えれば十分である．平行軸の定理から回転軸まわりの慣性モーメントは，

$$I_z = I_{c.m.} + Ml^2$$

となる．したがって，この軸に関する角運動量は，

$$I_z\omega = (I_{c.m.} + Ml^2)\frac{\mathrm{d}\theta}{\mathrm{d}t} \tag{2.83}$$

と与えられる．他方，点 O まわりのトルクは質量中心 C に働く重力 Mg によって生成される．したがって，このトルクの対応する成分は，

$$T_z = -Mgl\sin\theta$$

で与えられる．これが (2.83) 式の変化率と等しいことから，自由運動の式

$$(I_{c.m.} + Ml^2)\ddot{\theta} + Mgl\sin\theta = 0 \tag{2.84}$$

を得る．

2.7　動座標系で表した運動とダイナミクス

ロボットマニピュレータの運動を解析するとき，関節中心のように動いている参照点まわりのモーメントを計算したり，剛体リンクに固定して，リンクとともに動く座標系からみた速度や加速度の関係を求める必要が起こる．

まず，慣性座標系で移動している点 A のまわりの質点系の角運動量を求めよう．図 2.26 から明らかに，

$$\boldsymbol{r}_{i/A}\times(\boldsymbol{f}_{ie}+\sum_j \boldsymbol{f}_{ij})=\boldsymbol{r}_{i/A}\times m_i(\ddot{\boldsymbol{r}}_{i/A}+\ddot{\boldsymbol{r}}_A) \quad (2.85)$$

である．前に述べたように，内力によるモーメントは互いにキャンセルし合うことがわかるので，(2.85) 式を i について加え合わせると，

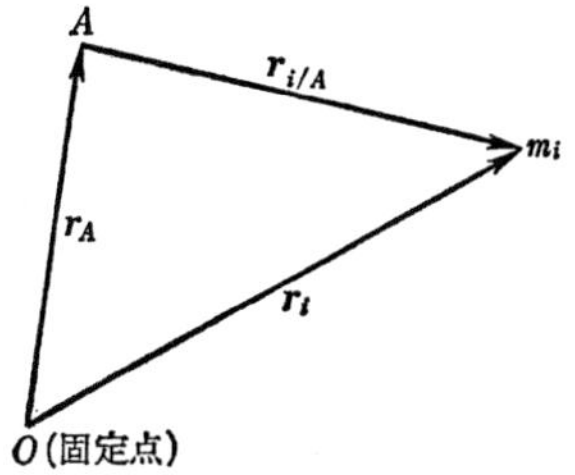

図 2.26　点 A は固定点 O に対して移動している．

$$\sum_i \boldsymbol{r}_{i/A}\times\boldsymbol{f}_{ie}=\sum_i \boldsymbol{r}_{i/A}\times m_i\dot{\boldsymbol{v}}_{i/A}+(\sum_i m_i\boldsymbol{r}_{i/A})\times\ddot{\boldsymbol{r}}_A$$

$$=\frac{\mathrm{d}}{\mathrm{d}t}(\sum_i \boldsymbol{r}_{i/A}\times m_i\boldsymbol{v}_{i/A})+m\boldsymbol{r}_{C/A}\times\boldsymbol{a}_A \quad (2.86)$$

となる．ここに，m は全質量を表し，$\boldsymbol{r}_{C/A}$ は点 A からみた質量中心の位置を表す．点 A のまわりの角運動量は，

$$\boldsymbol{H}_A=\sum_i \boldsymbol{r}_{i/A}\times m_i\boldsymbol{v}_{i/A} \quad (2.87)$$

と定義される．この定義を用いると，(2.86) 式は

$$\boldsymbol{T}_A=\dot{\boldsymbol{H}}_A+\boldsymbol{r}_{C/A}\times m\boldsymbol{a}_A \quad (2.88)$$

と表される．(2.66) 式と同様に，点 A のまわりの角運動量は質量中心 C のまわりの角運動量によって，

$$\boldsymbol{H}_A=\boldsymbol{H}_C+\boldsymbol{r}_{C/A}\times m\boldsymbol{v}_{C/A}$$

と表される．これを (2.88) 式に代入すると，式

$$\boldsymbol{T}_A=\dot{\boldsymbol{H}}_C+\boldsymbol{r}_{C/A}\times m\dot{\boldsymbol{v}}_{C/A}+\boldsymbol{r}_{C/A}\times m\dot{\boldsymbol{v}}_A=\dot{\boldsymbol{H}}_C+\boldsymbol{r}_{C/A}\times m\dot{\boldsymbol{v}}_C=\dot{\boldsymbol{H}}_C+\boldsymbol{r}_{C/A}\times\dot{\boldsymbol{p}}_C \quad (2.89)$$

を得る．

次に，質点系の運動エネルギを求める．これは個々の質点の運動エネルギの和として定義される．すなわち，

$$K=\sum_i\frac{1}{2}m_i(\boldsymbol{v}_A+\boldsymbol{v}_{i/A})^\top(\boldsymbol{v}_A+\boldsymbol{v}_{i/A})=\frac{1}{2}m|\boldsymbol{v}_A|^2+\sum_i\boldsymbol{v}_A{}^\top m_i\dot{\boldsymbol{r}}_{i/A}+\frac{1}{2}\sum_i m_i|\boldsymbol{v}_{i/A}|^2 \quad (2.90)$$

である．他方，

$$\sum_i m_i\boldsymbol{v}_{i/A}=\sum_i m_i\dot{\boldsymbol{r}}_{i/A}=m\frac{\mathrm{d}}{\mathrm{d}t}\left(\sum_i\frac{m_i}{m}\boldsymbol{r}_{i/A}\right)=m\dot{\boldsymbol{r}}_{C/A}$$

と表されるので，これを (2.90) 式に代入して，式

$$K=\frac{1}{2}m|\boldsymbol{v}_A|^2+m\boldsymbol{v}_A{}^\top\boldsymbol{v}_{C/A}+\frac{1}{2}\sum_i m_i|\boldsymbol{v}_{i/A}|^2 \quad (2.91)$$

を得る．

さて，今度は速度 $\boldsymbol{v}_A$ で平行移動し，かつ点 A を通る軸まわりで角速度 $\boldsymbol{\omega}$ で

回転している剛体の運動エネルギを求める．このとき，図 2.27 に示すように，剛体中に固定した点 P で，

$$|\boldsymbol{v}_{P/A}|=|\boldsymbol{\omega}\times\boldsymbol{r}_{P/A}|=\rho\omega$$

である．ここに，ρ は点 P から点 A を通る回転軸 $\boldsymbol{\omega}$ までの距離である．また，同様に

$$\boldsymbol{v}_{C/A}=\boldsymbol{\omega}\times\boldsymbol{r}_{C/A}$$

である．これらのことを利用すれば，(2.91) 式から

$$\begin{aligned}K&=\frac{1}{2}m|\boldsymbol{v}_A|^2+m\boldsymbol{v}_A{}^{\top}(\boldsymbol{\omega}\times\boldsymbol{r}_{C/A})+\left(\frac{1}{2}\int_V\rho^2\mathrm{d}m\right)\omega^2\\&=\frac{1}{2}m|\boldsymbol{v}_A|^2+m\boldsymbol{v}_A{}^{\top}(\boldsymbol{\omega}\times\boldsymbol{r}_{C/A})+\frac{1}{2}I_A\omega^2\end{aligned}\tag{2.92}$$

となる．ここに，

$$I_A=\int_V\rho^2\mathrm{d}m\tag{2.93}$$

は剛体の点 A を通る回転軸 $\boldsymbol{\omega}$ まわりの慣性モーメントである．もし参照点 A を質量中心にとると，(2.92) 式は式

$$K=\frac{1}{2}m|\boldsymbol{v}_C|^2+\frac{1}{2}I_{c.m.}\omega^2\tag{2.94}$$

に帰着する．これは (2.71) 式を質量が連続分布した剛体に拡張したものに相当している．

ロボットの運動解析では，基底リンクに固定した座標系 O-XYZ に関して動く点 P の速度や，加速度を求めることが必要になる．その際，点 P の運動はロボットの構成リンクの一つに固定した中間座標系で記述されており，その中間座

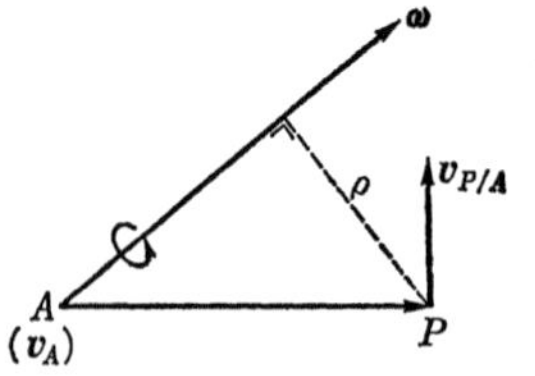

図 2.27
剛体に固定した点 P の速度の大きさは $\rho\omega$ である．

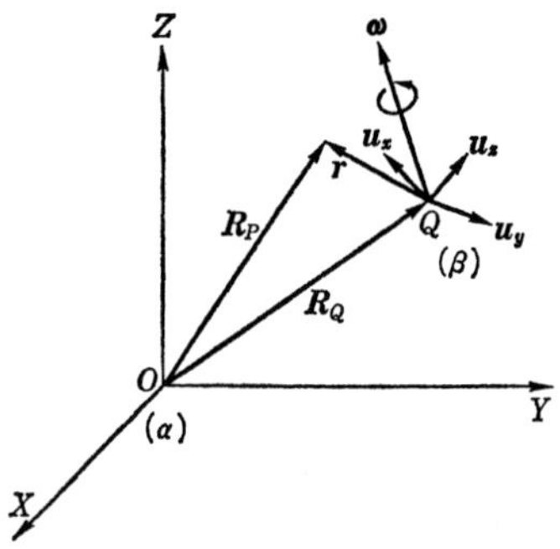

図 2.28　中間座標系 (β) と基本座標系 (α) との関係

標系そのものが基本座標系からみれば動いているのが普通である．このような場合の点 P の基本座標系からみた速度と加速度の表現式を導くために，図 2.28 のように基本座標系 α と中間座標系 β をとる．点 Q は座標系 β では固定しているとする．基本座標系 O-XYZ に相対的な座標系 β の運動は，点 Q の平行移動 $\rho(t)$ と同時に角速度 $\boldsymbol{\omega}$ で表される β の回転とで与えられるとする．図 2.28 に示した位置ベクトルの関係から，明らかに

$$\boldsymbol{R}_P=\boldsymbol{R}_Q+\boldsymbol{r} \tag{2.95}$$

である．これを微分すると，

$$\dot{\boldsymbol{R}}_P=\dot{\boldsymbol{R}}_Q+\dot{\boldsymbol{r}} \tag{2.96}$$

となる．ここに，$\dot{\boldsymbol{R}}_P$ と $\dot{\boldsymbol{R}}_Q$ はそれぞれ α で観測した点 P と Q の速度なので，

$$\dot{\boldsymbol{R}}_P=\boldsymbol{v}_{\alpha P},\quad \dot{\boldsymbol{R}}_Q=\boldsymbol{v}_{\alpha Q} \tag{2.97}$$

と書くことができる．他方，α で観測した $\boldsymbol{r}$ の変化率は，(2.28) 式を用いて次のように書き直すことができる．

$$\dot{\boldsymbol{r}}=(\dot{r}_x\boldsymbol{u}_x+\dot{r}_y\boldsymbol{u}_y+\dot{r}_z\boldsymbol{u}_z)+(r_x\dot{\boldsymbol{u}}_x+r_y\dot{\boldsymbol{u}}_y+r_2\dot{\boldsymbol{u}}_2)=\boldsymbol{v}_{\beta P}+\boldsymbol{\omega}\times\boldsymbol{r} \tag{2.98}$$

(2.97) 式と (2.98) 式を (2.96) 式に代入すると，速度に関する一般的な関係

$$\boldsymbol{v}_{\alpha P}=\boldsymbol{v}_{\beta P}+\boldsymbol{v}_{\alpha Q}+\boldsymbol{\omega}\times\boldsymbol{r} \tag{2.99}$$

を得る．

次に，(2.99) 式を時間微分すると，

$$\dot{\boldsymbol{v}}_{\alpha P}=\dot{\boldsymbol{v}}_{\beta P}+\dot{\boldsymbol{v}}_{\alpha Q}+\dot{\boldsymbol{\omega}}\times\boldsymbol{r}+\boldsymbol{\omega}\times\dot{\boldsymbol{r}} \tag{2.100}$$

となる．そこで，$\dot{\boldsymbol{v}}_{\alpha P}$ と $\dot{\boldsymbol{v}}_{\alpha Q}$ は α で観測した加速度なので，

$$\boldsymbol{a}_{\alpha P}=\dot{\boldsymbol{v}}_{\alpha P},\quad \boldsymbol{a}_{\alpha Q}=\dot{\boldsymbol{v}}_{\alpha Q}$$

とおく．(2.100) 式の残りの項は，上で述べた方法と同じようにして取り扱い，結局，

$$\dot{\boldsymbol{v}}_{\beta P}=(\ddot{r}_x\boldsymbol{u}_x+\ddot{r}_y\boldsymbol{u}_y+\ddot{r}_z\boldsymbol{u}_z)+(\dot{r}_x\dot{\boldsymbol{u}}_x+\dot{r}_y\dot{\boldsymbol{u}}_y+\dot{r}_z\dot{\boldsymbol{u}}_z)=\boldsymbol{a}_{\beta P}+\boldsymbol{\omega}\times\boldsymbol{v}_{\beta P}$$

$$\boldsymbol{\omega}\times\dot{\boldsymbol{r}}=\boldsymbol{\omega}\times(\boldsymbol{v}_{\beta P}+\boldsymbol{\omega}\times\boldsymbol{r})=\boldsymbol{\omega}\times\boldsymbol{v}_{\beta P}+\boldsymbol{\omega}\times(\boldsymbol{\omega}\times\boldsymbol{r})$$

となる．これらすべてを (2.100) 式に代入すると，加速度に関する一般的な関係式

$$\boldsymbol{a}_{\alpha P}=\boldsymbol{a}_{\beta P}+\boldsymbol{a}_{\alpha Q}+2\boldsymbol{\omega}\times\boldsymbol{v}_{\beta P}+\dot{\boldsymbol{\omega}}\times\boldsymbol{r}+\boldsymbol{\omega}\times(\boldsymbol{\omega}\times\boldsymbol{r}) \tag{2.101}$$

を得る．

最後に，点 P が β に関して固定している特別な場合には，(2.101) 式は式

$$\boldsymbol{a}_{\alpha P}=\boldsymbol{a}_{\alpha Q}+\dot{\boldsymbol{\omega}}\times\boldsymbol{r}+\boldsymbol{\omega}\times(\boldsymbol{\omega}\times\boldsymbol{r}) \tag{2.102}$$

に帰着することに注意する．これは (2.36) 式に一致するが，そこでは座標系 β と点 P が剛体中で固定されていたことに注意しておく．(2.101) 式の右辺の第 3

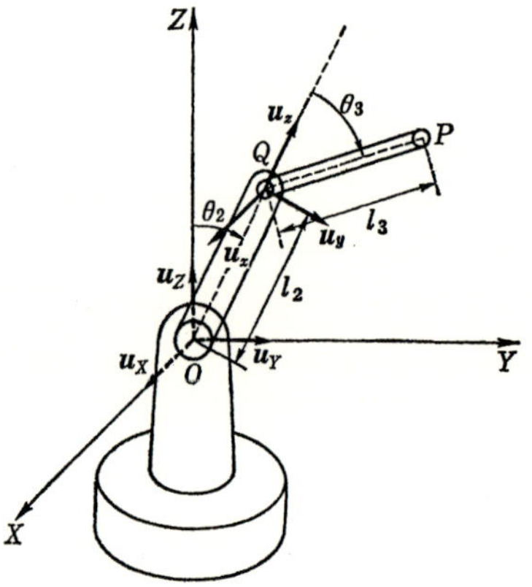

図 2.29　マニピュレータの先端 P の固定点 O からみた運動の記述

項 $2\boldsymbol{\omega}\times\boldsymbol{v}_{\beta P}$ は β に相対的な速度成分の存在から起因するが，これを加速度のコリオリ(Coriolis) 成分という．

例 2.8　図 2.29 のような三つの剛体リンクの直鎖からなるロボットマニピュレータの運動を考える．ここでは基底リンクは固定しているという条件下で，第 3 リンクの端点 P の加速度のコリオリ成分を求めてみよう．このために，図 2.29 のように点 Q を第 2 関節の中心に選び，基本座標系 O-XYZ を，ロボットの運動がちょうど，OYZ 平面に閉じ込められるように選ぶ．点 P の Q に対する位置ベクトル $\boldsymbol{r}$ は，単位ベクトル $\boldsymbol{u}_y$, $\boldsymbol{u}_z$ あるいは $\boldsymbol{u}_Y$, $\boldsymbol{u}_Z$ を用いて次のように記述できる．

$$\boldsymbol{r}=l_3\sin\theta_3\boldsymbol{u}_y+l_3\cos\theta_3\boldsymbol{u}_z=l_3\sin(\theta_2+\theta_3)\boldsymbol{u}_Y+l_3\cos(\theta_2+\theta_3)\boldsymbol{u}_Z$$

したがって，点 P の第 2 リンクに対する速度は，

$$\boldsymbol{v}_{\beta P}=l_3\dot{\theta}_3\{\cos(\theta_2+\theta_3)\boldsymbol{u}_Y-\sin(\theta_2+\theta_3)\boldsymbol{u}_Z\}$$

と与えられる．また，点 Q の角速度は例 2.3 を参照すると，

$$\boldsymbol{\omega}=-\dot{\theta}_2\boldsymbol{u}_X$$

と表せることがわかる．したがって，点 P の加速度のコリオリ成分は，

$$\begin{aligned}2\boldsymbol{\omega}\times\boldsymbol{v}_{\beta P}&=-2l_3\dot{\theta}_2\dot{\theta}_3\{\cos(\theta_2+\theta_3)\boldsymbol{u}_X\times\boldsymbol{u}_Y-\sin(\theta_2+\theta_3)\boldsymbol{u}_X\times\boldsymbol{u}_Z\}\\&=-2l_3\dot{\theta}_2\dot{\theta}_3\{\cos(\theta_2+\theta_3)\boldsymbol{u}_Z+\sin(\theta_2+\theta_3)\boldsymbol{u}_Y\}\end{aligned}\tag{2.103}$$

と書ける．

なお，(2.101) 式の意味をもっと直接的に理解するため，その各項をこの例について計算してみると，

$$\begin{aligned}\dot{\boldsymbol{\omega}}\times\boldsymbol{r}&=-\ddot{\theta}_2\boldsymbol{u}_X\times\{l_3\sin(\theta_2+\theta_3)\boldsymbol{u}_Y+l_3\cos(\theta_2+\theta_3)\boldsymbol{u}_Z\}\\&=l_3\ddot{\theta}_2\{-\sin(\theta_2+\theta_3)\boldsymbol{u}_Z+\cos(\theta_2+\theta_3)\boldsymbol{u}_Y\}\end{aligned}$$

$$\begin{aligned}\boldsymbol{\omega}\times(\boldsymbol{\omega}\times\boldsymbol{r})&=(-\dot{\theta}_2\boldsymbol{u}_X)\times[(-\dot{\theta}_2\boldsymbol{u}_X)\{l_3\sin(\theta_2+\theta_3)\boldsymbol{u}_Y+l_3\cos(\theta_2+\theta_3)\boldsymbol{u}_Z\}]\\&=-l_3\dot{\theta}_2^2\{\sin(\theta_2+\theta_3)\boldsymbol{u}_Y+\cos(\theta_2+\theta_3)\boldsymbol{u}_Z\}\end{aligned}$$

$$\boldsymbol{a}_{\beta P}=l_3\ddot{\theta}_3\{\cos(\theta_2+\theta_3)\boldsymbol{u}_Y-\sin(\theta_2+\theta_3)\boldsymbol{u}_Z\}-l_3\dot{\theta}_3^2\{\sin(\theta_2+\theta_3)\boldsymbol{u}_Y+\cos(\theta_2+\theta_3)\boldsymbol{u}_Z\}$$

となる．これら三つの項とコリオリ成分を合計すると，

$$\boldsymbol{a}_{\beta P}+2\boldsymbol{\omega}\times\boldsymbol{v}_{\beta P}+\dot{\boldsymbol{\omega}}\times\boldsymbol{r}+\boldsymbol{\omega}\times(\boldsymbol{\omega}\times\boldsymbol{r})=\frac{\mathrm{d}^2}{\mathrm{d}t^2}l_3\{\sin(\theta_2+\theta_3)\boldsymbol{u}_Y+\cos(\theta_2+\theta_3)\boldsymbol{u}_Z\}$$

$$=\frac{\mathrm{d}^2}{\mathrm{d}t^2}(\boldsymbol{R}_P-\boldsymbol{R}_Q)=\boldsymbol{a}_{aP}-\boldsymbol{a}_{aQ}$$

となり，これは正しく (2.101) 式が成立することを示している．

2.8 仕事とポテンシャルエネルギ

質点 m が力 $\boldsymbol{f}$ を受けて微小変位 $\delta\boldsymbol{r}$ が起こったとき，内積

$$\delta W=\boldsymbol{f}^{\top}\delta\boldsymbol{r} \tag{2.104}$$

を仕事の増分という (図 2.30 参照)．もし，一定の力 $\boldsymbol{f}$ のもとに，一定の向きに $\boldsymbol{r}$ だけ変位したとき，

$$W=\boldsymbol{f}^{\top}\boldsymbol{r}=fr\cos\theta \tag{2.105}$$

と定義する．一般には，質点の動く軌道も力も場所によって変化する．たとえば，図 2.31 のように点 P から Q まで動いたとき，受ける力も場所とともに $\boldsymbol{f}(\boldsymbol{r})$ のごとく変化するものとすれば，点 P から Q までになされた仕事は，

$$W(P\rightarrow Q)=\int_P^Q \boldsymbol{f}^{\top}(\boldsymbol{r})\mathrm{d}\boldsymbol{r} \tag{2.106}$$

と定義される．なお，この積分は力 $\boldsymbol{f}(\boldsymbol{r})$ の変位の方向に関する成分と，変位の大きさとの積を集めたものを意味する．

仕事の単位としては，1 ニュートンの力が 1 m の変位の間になした仕事を 1 ジュールとして選ぶ．また，

$$P=\frac{\mathrm{d}W}{\mathrm{d}t} \tag{2.107}$$

を仕事率といい，単位は 1 ワット (1 W=1 ジュール/秒) で定義される．

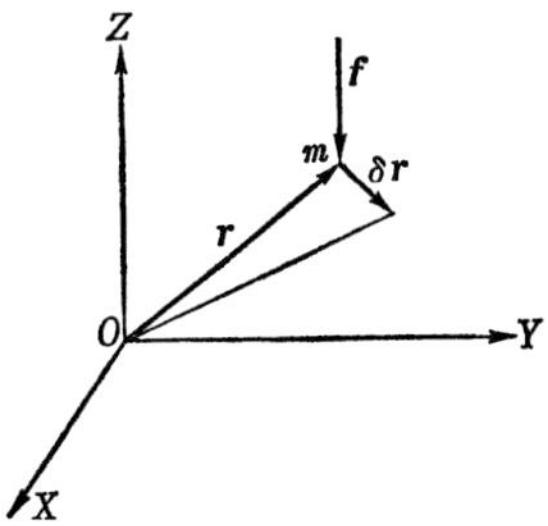

図 2.30
質点 m が力 $\boldsymbol{f}$ を受けて変位 $\delta\boldsymbol{r}$ が生じた．

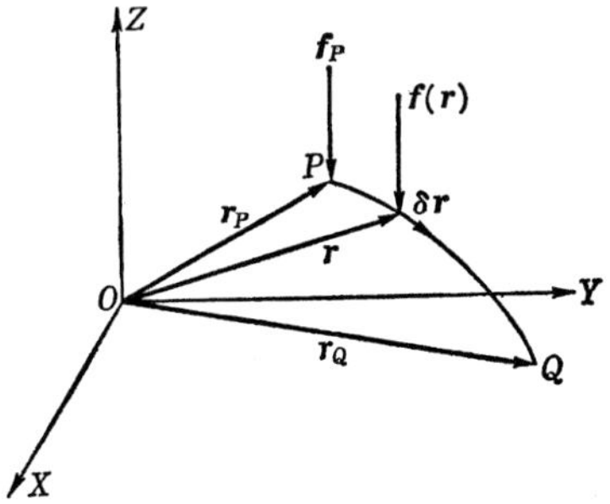

図 2.31
点 P から Q までになされた仕事は (2.106) 式の線積分で定義される．

仕事率から仕事を，

$$W(t_1 \to t_2) = \int_{t_1}^{t_2} P(t)\mathrm{d}t \tag{2.108}$$

として求めることもできる．質点 m が力 $\boldsymbol{f}$ を受けて自由運動しているとき，運動方程式 $\boldsymbol{f} = m(\mathrm{d}\boldsymbol{v}/\mathrm{d}t)$ が成立するので，

$$W(P \to Q) = m\int_P^Q \frac{\mathrm{d}}{\mathrm{d}t}\boldsymbol{v}^\top \cdot \mathrm{d}\boldsymbol{r} \tag{2.109}$$

と書くこともできる．この式に $\mathrm{d}\boldsymbol{r} = \dot{\boldsymbol{r}}\mathrm{d}t = \boldsymbol{v}\mathrm{d}t$ を代入して変形すれば，

$$m\int_P^Q \frac{\mathrm{d}}{\mathrm{d}t}\boldsymbol{v}^\top \mathrm{d}\boldsymbol{r} = m\int_{t(P)}^{t(Q)} \frac{\mathrm{d}\boldsymbol{v}^\top}{\mathrm{d}t}\boldsymbol{v}\mathrm{d}t = \frac{m}{2}\int_{t(P)}^{t(Q)} \left(\frac{\mathrm{d}}{\mathrm{d}t}|\boldsymbol{v}|^2\right)\mathrm{d}t = \frac{m}{2}(|\boldsymbol{v}_Q|^2 - |\boldsymbol{v}_P|^2) \tag{2.110}$$

となる．ここに，$t(P)$ は質点が点 P にあるときの時刻を表し，$t(Q)$ も同様である．(2.109) 式と (2.110) 式より

$$W(P \to Q) = \int_P^Q \boldsymbol{f}^\top \mathrm{d}\boldsymbol{r} = \frac{1}{2}m|\boldsymbol{v}_Q|^2 - \frac{1}{2}m|\boldsymbol{v}_P|^2 = K_Q - K_P \tag{2.111}$$

となる．この式は，“自由質点になされた仕事はその質点の運動エネルギの変化に等しい”ことを示している．

空間のある領域で力 $\boldsymbol{f}$ が任意の位置 $\boldsymbol{r}$，速度 $\boldsymbol{v}$，時刻 t の関数 $\boldsymbol{f}(\boldsymbol{r}, \boldsymbol{v}, t)$ として定まっているとき，その領域を力の場という．そのような例としては電場や磁場があるが，ロボットの運動では，普通，重力場 (gravity field) のみを考慮すればよい．地上から高さ $z = h$ のところにある質量 m の物体が地面 ($z = 0$) に落ちる場合 (図 2.32 参照)，地球の重力によって力 $\boldsymbol{f} = m\boldsymbol{g} = m(0, 0, -g)^\top$ が働くので，重力によってなされた仕事は，

$$W(h \to 0) = (m\boldsymbol{g})^\top \boldsymbol{r} = m(0, 0, -g)\begin{pmatrix} 0 \\ 0 \\ -h \end{pmatrix} = mgh \tag{2.112}$$

となる．

仕事の定義式の積分は，点 P から Q への軌道に沿って行われる．この積分が途中のパス (path) に無関係で，始点 P と終点 Q のみで定まるとき，その力を保存力 (conservative force) という．幸いに重力も保存力であるが，このことをみるために次のような考察を行う．いま，共通の始点 P と終点 Q を有する二つの任意のパスを考え，後者のパスの向きを反転して，合わせて閉じた曲線 C をつくる (図 2.33 参照)．それぞれのパスでなされた仕事が等しいことは，この閉曲線上の線積分が，

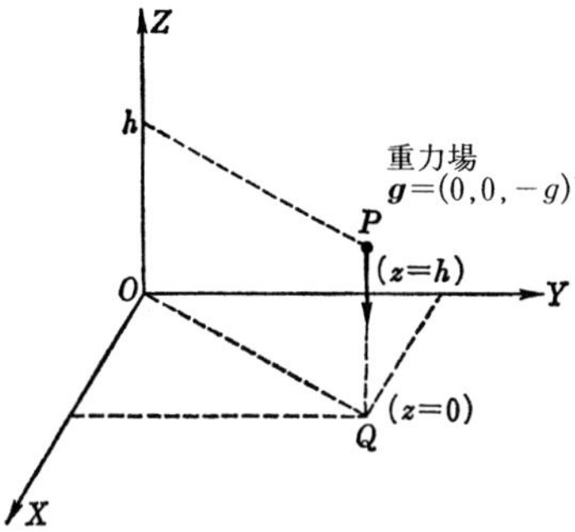

図 2.32
質点 m が P から Q まで落下するまで重力によってなされた仕事は $W=mgh$ である．

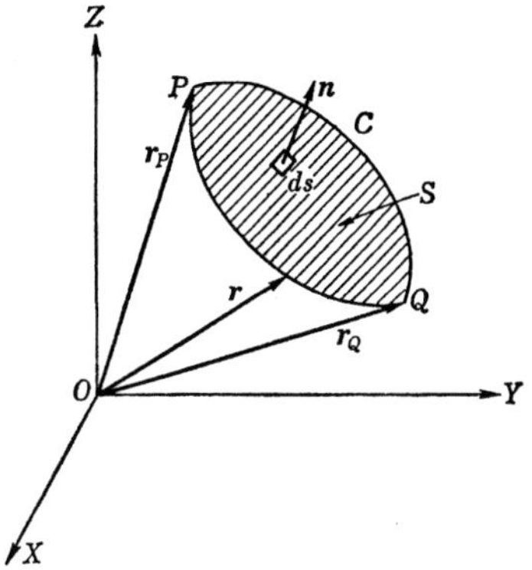

図 2.33
保存力の場では点 P から Q までになされた仕事はパスに依存しない．このことはストークスの定理から curl($\boldsymbol{f}$)=0 となることと等価である．

$$\oint_C \boldsymbol{f}^\top \mathrm{d}\boldsymbol{r}=0 \tag{2.113}$$

となることと等価である．他方，ベクトル解析でよく知られたストークス(Stokes)の定理によれば，

$$\int_S (\nabla\times\boldsymbol{f})^\top \boldsymbol{n}\mathrm{d}S=\oint_C \boldsymbol{f}^\top \mathrm{d}\boldsymbol{r}=0 \tag{2.114}$$

である．ここに，S は閉曲線 C で囲まれた2次元(曲面)領域であり，$\mathrm{d}S$ はその面積要素，$\boldsymbol{n}$ はその面積要素における単位法線ベクトル，∇ は勾配ベクトルである．もし，

$$\nabla\times\boldsymbol{f}=\mathrm{curl}(\boldsymbol{f})=0 \tag{2.115}$$

ならば，閉曲線上の線積分は明らかに0にならなければならない．逆に，閉曲線 C で囲まれた滑らかなどんな曲面に対しても(2.114)式が成立するならば，(2.115)式が成立しなければならない．こうして，微分可能な力の場が保存力の場になるための必要十分条件は，力の curl がゼロになることであることがわかる．重力場では明らかに，

$$\mathrm{curl}(\boldsymbol{g})=0 \tag{2.116}$$

である．

保存力によってなされる仕事は，始点 P と終点のみの関数である．そこで，一般にある標準点(重力場のときはしばしば地面上にとる)をとって P とし，P から任意の点 A までの仕事をとって決められる量

$$U(\boldsymbol{r}_A)=-\int_P^A \boldsymbol{f}^\top \mathrm{d}\boldsymbol{r} \tag{2.117}$$

をポテンシャルエネルギ（あるいは単にポテンシャル）と呼ぶ．この定義から，標準点 P では $U(\boldsymbol{r}_P)=0$ であるが，標準点 P の選び方は一意的ではない．しかし，ほかの任意の点 Q を標準点に選んだとしても，ポテンシャル $U(\boldsymbol{r}_Q)$ の値は定数だけずれるのみなので，以下の議論では問題にならないことが多い．

ポテンシャルの定義から，無限小の変位 $\mathrm{d}\boldsymbol{r}$ に対して

$$U(\boldsymbol{r}+\mathrm{d}\boldsymbol{r})-U(\boldsymbol{r})=-\int_r^{r+\mathrm{d}r} \boldsymbol{f}^\top\cdot\mathrm{d}\boldsymbol{r}=-\boldsymbol{f}^\top\mathrm{d}\boldsymbol{r} \tag{2.118}$$

となる．このことは式

$$\boldsymbol{f}=-\nabla U \tag{2.119}$$

が成立することを意味する．すなわち，ポテンシャルの負の勾配(gradient)は力に等しい．

最後に，ポテンシャルと運動エネルギとの関係について述べておこう．自由運動している質点 m にニュートンの第2法則を適用すると，(2.119)式は

$$m\frac{\mathrm{d}^2}{\mathrm{d}t^2}\boldsymbol{r}=-\nabla U \tag{2.120}$$

と表される．この式と $\boldsymbol{v}=\mathrm{d}\boldsymbol{r}/\mathrm{d}t$ の内積をとると，式

$$\frac{\mathrm{d}}{\mathrm{d}t}\left\{\frac{1}{2}m\left|\frac{\mathrm{d}}{\mathrm{d}t}\boldsymbol{r}\right|^2\right\}=-\frac{\mathrm{d}}{\mathrm{d}t}\boldsymbol{r}^\top\nabla U \tag{2.121}$$

を得る．ここで，

$$\frac{\mathrm{d}}{\mathrm{d}t}U(\boldsymbol{r})=\frac{\mathrm{d}}{\mathrm{d}t}\boldsymbol{r}^\top\cdot\nabla U$$

と表されることに注意すれば，(2.121)式は

$$\frac{\mathrm{d}}{\mathrm{d}t}\left(\frac{1}{2}m|\boldsymbol{v}|^2+U\right)=0 \tag{2.122}$$

を意味することがわかる．これを積分すると，

$$\frac{1}{2}m|\boldsymbol{v}|^2+U(\boldsymbol{r})=E=\mathrm{const.} \tag{2.123}$$

となる．こうして，運動エネルギとポテンシャルエネルギの和（これを全エネルギといって E で表す）が一定であることが導かれた．これを力学的エネルギの保存則という．

2.9 一般化座標とホロノミックな拘束

質点系や剛体系の動的挙動を記述するためにはどんな物理変数をどれだけ選んでおくか，考えておくことは重要である．ここでは簡単のために質点系について議論するが，本質的には剛体を含む系でも同様な考え方が可能である．今までは直交座標系や円筒座標系，球座標系で質点の個々の位置を表したが，ここでは質点系全体の位置（これを以下では配置という）を表すのに便利な座標（物理変数）を考え，これを一般化座標と呼ぶことにする．もちろん，一般化座標の集合（これを単に一般化座標系と呼ぶこともある）は直交座標系や球座標系の一部を含むかもしれないが，角度や長さ，距離などを用いる方が便利なこともある．

いま，与えられた質点系がとりうる任意の幾何学的配置を考え，一般化座標系がそれらのどの配置でも座標を与えることによって記述することができるとき，もっと厳密にいえば，異なる配置に対して対応する座標系の値が異なるとき，その一般化座標系は完全であるといわれる．たとえば，3 次元空間で自由に動ける質点に対して，直交座標系 (x, y, z) は完全であるが，座標系 (x, y) は不完全である．また，一般化座標の集合は，そのどれか一部を除いて残りすべてを固定しても，その一部の座標の連続的な変動に対応する幾何学的配置の連続的な変化が残りうるとき，独立であるといわれる．たとえば，3 次元空間を自由に運動する質点に対して，球座標系 (r, θ, ϕ) は独立であるが（図 2.8 参照），これに直交座標を加えた $(r, \theta, \phi, x, y, z)$ は独立ではない．なぜなら，(r, θ, ϕ) を固定すると残りの (x, y, z) も固定され，許容配置が連続的にとれないからである．また，たとえば図 2.34 のように，2 次元平面で自由に運動できる剛体リンクに対しては，一般化座標系 (x, y, θ) は完全かつ独立であるが，これを図 2.35 のようにその平面内で重心をピボットで固定すると，単一の座標 θ のみで完全かつ独立になる．

剛体リンクの直鎖構造としてのロボットマニピュレータを含めて，質点系や剛体系の非常に広いクラスに対してある完全な一般化座標系をとったとき，その中の独立な座標の数は許容の配置の変化にもかかわらず一定となることが多く，そのときこれをその系の自由度という．なお，質点系のある配置における自由度は，正確には無限小変分変数（たとえば，図 2.34 では $(\delta x, \delta y, \delta\theta)$ として定義される）の組に対して上述の完全性，独立性を同じように定義したうえで，完全な一般化変分変数の組の中の独立な変分変数の数として定義される．

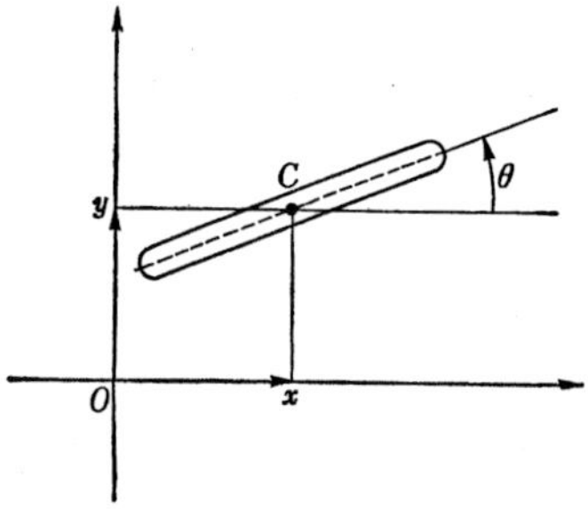

図 2.34　平面中を自由に運動する剛体リンクの一般化座標 (x, y, θ)

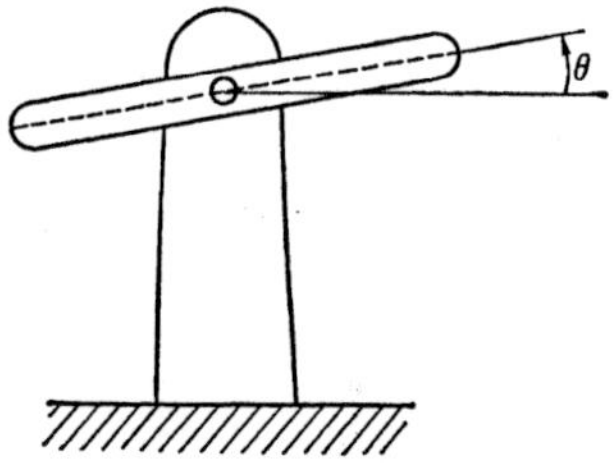

図 2.35　剛体リンクをピボットで固定したときの平面内の運動を記述する一般化座標 θ

図 2.34 から図 2.35 にみられるように，質点系がある幾何学的な拘束を受けると自由度が減少する．その幾何学的な拘束が，もし一般化座標と，時間 t のみに依存する方程式によって解析的に表現できるとき，その拘束はホロノミックであるといわれる．いま，ある質点系に対して完全な一般化座標系として $(x_1, x_2, \cdots, x_m)$ を選んだとする．そして，この座標系は独立ではなく，次のような p 個のホロノミックな拘束があるとする．

$$\begin{cases} h_1(x_1, x_2, \cdots, x_m, t)=0 \\ h_2(x_1, x_2, \cdots, x_m, t)=0 \\ \qquad\vdots \\ h_p(x_1, x_2, \cdots, x_m, t)=0 \end{cases} \tag{2.124}$$

これらの拘束式が独立であるとき，言い換えると $\partial h_i/\partial x_j$ を第 ij 要素とするヤコビアン行列 $\partial \boldsymbol{h}/\partial \boldsymbol{x}$ の階数が p のとき，m 個の座標のうち $n=m-p$ 個の独立な座標が存在し，質点系の自由度は n になる．

そこで，n 自由度の質点系に対して最初から完全かつ独立な一般化座標系 $(q_1, q_2, \cdots, q_n)$ を選んだとしよう．なお，完全な一般化座標 $(x_1, x_2, \cdots, x_m)$ の一部が $(q_1, q_2, \cdots, q_n)$ であれば，前者の残りの p 個は (2.124) 式によって決められる（陰関数定理によって）．さて，質点系は N 個の質点を含むとして，任意の質点 m_i の位置ベクトル $\boldsymbol{r}_i$ は一般化座標 $(q_1, q_2, \cdots, q_n)$ によって決められるはずであり，これを

$$\boldsymbol{r}_i=\boldsymbol{r}_i(q_1, \cdots, q_n, t)=\boldsymbol{r}_i(\boldsymbol{q}, t) \tag{2.125}$$

と表す．この質点の速度 $\boldsymbol{v}_i$ は，

$$\boldsymbol{v}_i=\frac{\mathrm{d}}{\mathrm{d}t}\boldsymbol{r}_i=\sum_{j=1}^{n}\frac{\partial \boldsymbol{r}_i}{\partial q_j}\dot{q}_j+\frac{\partial \boldsymbol{r}_i}{\partial t} \tag{2.126}$$

と表される．時間微分 $\dot{\boldsymbol{q}}=(\dot{q}_1, \dot{q}_2, \cdots, \dot{q}_n)$ を一般化速度という．

一般化位置座標系 $(q_1, \cdots, q_n)$ は完全かつ独立なので，それぞれの座標の無限小変分の組 $(\delta q_1, \cdots, \delta q_n)$ も完全かつ独立である．したがって，質点 m_i の位置 $\boldsymbol{r}_i$ の変分は一般化座標の変分 δq_i によって．

$$\delta \boldsymbol{r}_i=\sum_{j=1}^{n}\frac{\partial \boldsymbol{r}_i}{\partial q_j}\delta q_j \tag{2.127}$$

と表される．

次に，各質点 m_i に力 $\boldsymbol{f}_i$ が作用しているとして，質点系の配置の変分 $\delta\boldsymbol{r}_i$ のもとで，これらの力によって行われる全仕事の増分を求めると，

$$\sum_{i=1}^{N}\boldsymbol{f}_i^{\top}\delta\boldsymbol{r}_i=\sum_{i=1}^{N}\sum_{j=1}^{n}\boldsymbol{f}_i^{\top}\frac{\partial \boldsymbol{r}_i}{\partial q_j}\delta q_j=\sum_{j=1}^{n}\left(\sum_{i=1}^{N}\boldsymbol{f}_i^{\top}\frac{\partial \boldsymbol{r}_i}{\partial q_j}\right)\delta q_j \tag{2.128}$$

となる．右辺の（　）の第 j 番目のものは，一般化座標の一つ q_j の無限小増分 δq_j から結果したその方向の力成分を表しており，これらを

$$F_j=\sum_{i=1}^{N}\boldsymbol{f}_i^{\top}\frac{\partial \boldsymbol{r}_i}{\partial q_j}, \quad j=1, \cdots, n \tag{2.129}$$

とおいて一般化力と呼ぶ．一般化力を用いると，(2.128) 式は

$$\sum_{i=1}^{N}\boldsymbol{f}_i^{\top}\delta\boldsymbol{r}_i=\sum_{j=1}^{n}F_j\delta q_j \tag{2.130}$$

と表される．これは変分 $\delta\boldsymbol{r}_i$ によって引き起こされた力のなす全仕事が，一般化された変分 δq_j によって一般化力が行う仕事の総量に等しいことを示している．なお，F_j の次元は q_j の次元に依存する．すなわち，q_j が長さの次元をもてば F_j は力の次元をもち，もし q_j が角度 (radian) の次元をもてば，F_j はトルクの次元をもつ．

2.10　ハミルトンの原理

前節の議論に続けて，質点 m_i の運動量ベクトルを $\boldsymbol{p}_i$ とおくと，質点系の運動方程式は

$$\boldsymbol{f}_i-\frac{\mathrm{d}}{\mathrm{d}t}\boldsymbol{p}_i=0, \quad i=1, 2, \cdots, N \tag{2.131}$$

と表される．一般にホロノミックな拘束があると，この方程式は冗長である．そこで任意の変分 $\delta\boldsymbol{r}_i$ に対して，

$$\sum_{i=1}^{N}\left(\boldsymbol{f}_i-\frac{\mathrm{d}}{\mathrm{d}t}\boldsymbol{p}_i\right)^{\top}\delta\boldsymbol{r}_i=0 \tag{2.132}$$

と表されることに着目する．なお，(2.132) 式は (2.131) 式を意味しない．なぜなら，$\delta\boldsymbol{r}_i(i=1,\cdots,N)$ は一般には独立ではないからである．そこで，(2.132) 式から出発してハミルトンの原理を導いたうえで，自由度 n に等しい n 個の独立な運動方程式を導出しよう．

一般に，式

$$\sum_{i=1}^{N}\boldsymbol{f}_i{}^{\top}\delta\boldsymbol{r}_i \tag{2.133}$$

は質点系内のすべての質点に働いた力のなす仕事の総和を表すが，これを保存力による部分と非保存的な外力による部分に分ける．すなわち，保存力に対応するポテンシャルエネルギを $V(\boldsymbol{q})$，一般化力を F_j とし，(2.133) 式を

$$\sum_{i=1}^{N}\boldsymbol{f}_i{}^{\top}\delta\boldsymbol{r}_i=-\delta V+\sum_{j=1}^{n}F_j\delta q_j \tag{2.134}$$

と表す．右辺第 1 項は (2.118) 式で示したように，ポテンシャルエネルギの減少分であり，第 2 項は外力のなした仕事である．(2.134) 式を (2.132) 式に代入すると，

$$-\delta V+\sum_{j=1}^{n}F_j\delta q_j-\sum_{i=1}^{N}\frac{\mathrm{d}\boldsymbol{p}_i{}^{\top}}{\mathrm{d}t}\delta\boldsymbol{r}_i=0 \tag{2.135}$$

となる．ここで左辺の第 3 項は，次のように書き換えられることに注目する．

$$-\sum_{i=1}^{N}\frac{\mathrm{d}\boldsymbol{p}_i{}^{\top}}{\mathrm{d}t}\delta\boldsymbol{r}_i=-\sum_{i=1}^{N}\frac{\mathrm{d}}{\mathrm{d}t}(\boldsymbol{p}_i{}^{\top}\delta\boldsymbol{r}_i)+\sum_{i=1}^{N}\boldsymbol{p}_i{}^{\top}\frac{\mathrm{d}}{\mathrm{d}t}\delta\boldsymbol{r}_i \tag{2.136}$$

また，対象の質点系の各質点の質量変動が，考えている時間区間では起こらないと仮定すると，全運動エネルギの変分は，

$$\delta K=\delta\left(\sum_{i=1}^{N}\frac{1}{2}m_i\boldsymbol{v}_i{}^{\top}\boldsymbol{v}_i\right)=\sum_{i=1}^{N}m_i\boldsymbol{v}_i{}^{\top}\delta\boldsymbol{v}_i=\sum_{i=1}^{N}\boldsymbol{p}_i{}^{\top}\delta\boldsymbol{v}_i=\sum_{i=1}^{N}\boldsymbol{p}_i{}^{\top}\frac{\mathrm{d}}{\mathrm{d}t}\delta\boldsymbol{r}_i \tag{2.137}$$

と表される．これを (2.136) 式の右辺の最後の項に代入すれば，

$$-\sum_{i=1}^{N}\frac{\mathrm{d}\boldsymbol{p}_i{}^{\top}}{\mathrm{d}t}\delta\boldsymbol{r}_i=-\sum_{i=1}^{N}\frac{\mathrm{d}}{\mathrm{d}t}(\boldsymbol{p}_i{}^{\top}\delta\boldsymbol{r}_i)+\delta K \tag{2.138}$$

となる．さらに，これを (2.135) 式に代入すると，

$$\delta K-\delta V+\sum_{j=1}^{n}F_j\delta q_j-\sum_{i=1}^{N}\frac{\mathrm{d}}{\mathrm{d}t}(\boldsymbol{p}_i{}^{\top}\delta\boldsymbol{r}_i)=0 \tag{2.139}$$

となる．この式は考えている任意の時間区間 $[t_1, t_2]$ で成立するが，ここで位置の変分 $\delta\boldsymbol{r}_i$ を両端の時刻 t_1 と t_2 で $\delta\boldsymbol{r}_i(t_1)=0$ と $\delta\boldsymbol{r}_i(t_2)=0$ となるように選ぶ (図 2.36 参照)．これは一般化座標系

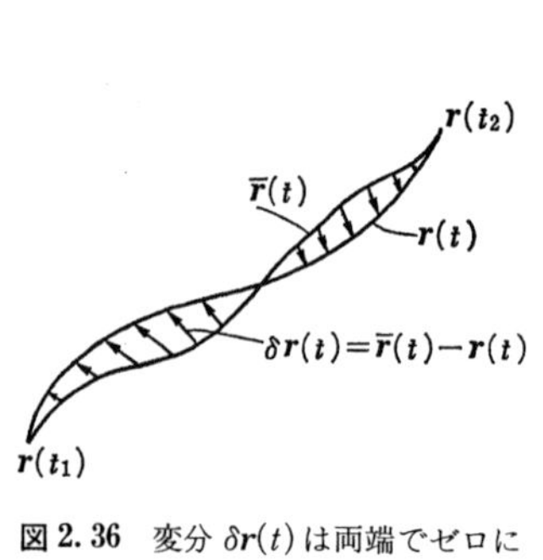

図 2.36 変分 $\delta\boldsymbol{r}(t)$ は両端でゼロになるように定める．

$(\delta q_1, \cdots, \delta q_n)$ が完全であることから可能である．そこで(2.139)式を時間区間 $[t_1, t_2]$ で積分すると，左辺第4項の積分が図2.36の境界条件によって消えることになり，こうして式

$$\int_{t_1}^{t_2}\left\{\delta(K-V)+\sum_{j=1}^{n}F_j\delta q_j\right\}\mathrm{d}t=0 \tag{2.140}$$

が成立する．

(2.140)式を自由度 n をもつホロノミックな質点系に対するハミルトンの原理という．(2.140)式の変分は n 個の独立な位置の変分 δq_j に基づくが，δq_j は時刻 t_1, t_2 でゼロをとるという制約のほかは，区間 (t_1, t_2) で任意の時間関数として選ぶことができる．

2.11　ラグランジュの運動方程式

ハミルトンの原理から自由度 n に等しい数の独立な運動方程式を導くことができるが，そのために次のようなラグランジアンと呼ばれる量

$$L=K-V \tag{2.141}$$

を導入する．ここに，V は一般化位置座標 q_j のみの関数であるが，K は $\dot{q}_j, q_j$ および時間 t の関数である．したがって，ラグランジアン L は

$$L=L(\dot{\boldsymbol{q}}, \boldsymbol{q}, \boldsymbol{t}) \tag{2.142}$$

のように書けるので，その変分は

$$\delta L=\sum_{j=1}^{n}\left(\frac{\partial L}{\partial \dot{q}_j}\delta\dot{q}_j+\frac{\partial L}{\partial q_j}\delta q_j\right) \tag{2.143}$$

と書ける．これを(2.140)式に代入すると，

$$\int_{t_1}^{t_2}\sum_{j=1}^{n}\left\{\frac{\partial L}{\partial \dot{q}_j}\frac{\mathrm{d}}{\mathrm{d}t}(\delta q_j)+\frac{\partial L}{\partial q_j}\delta q_j+F_j\delta q_j\right\}\mathrm{d}t=0 \tag{2.144}$$

となる．ここで左辺の積分の第1項を部分積分し，$\delta q_j(t_1)=\delta q_j(t_2)=0$ であることに注意すると，(2.144)式は

$$\int_{t_1}^{t_2}\sum_{j=1}^{n}\left\{-\frac{\mathrm{d}}{\mathrm{d}t}\left(\frac{\partial L}{\partial \dot{q}_j}\right)+\frac{\partial L}{\partial q_j}+F_j\right\}\delta q_j\mathrm{d}t=0 \tag{2.145}$$

となることがわかる．この式は任意の変分 δq_j に対して成立しなければならないから，次の n 個の式

$$\frac{\mathrm{d}}{\mathrm{d}t}\left(\frac{\partial L}{\partial \dot{q}_j}\right)-\frac{\partial L}{\partial q_j}=F_j, \quad j=1, \cdots, n \tag{2.146}$$

が時間区間 $t\in[t_1, t_2]$ で成立しなければならない．これが一般化座標 $\boldsymbol{q}=(q_1, \cdots,$

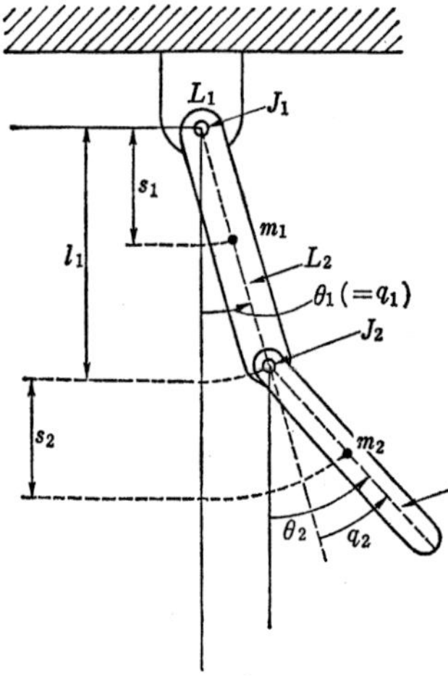

図 2.37 天井からつり下げた振子ロボット ただし，第1リンクは固定した場合を考え，第2と第3リンクの平面(紙面)内の運動のみを考える．

$q_n)^\top$ で記述した質点系の運動方程式であり，ラグランジュの運動方程式と呼ばれる．

ロボットを含めて，ホロノミックな拘束のある質点系や剛体系の運動方程式は，多くの場合，次のようなステップでラグランジュ(Lagrange)の運動方程式を具体的に書き下すことによって求められる．

(1) 完全かつ独立な一般化位置座標 $\boldsymbol{q}=(q_1, \cdots, q_n)^\top$ を選定する．

(2) 非保存的な一般化力 F_j を特定する．

(3) 運動エネルギとポテンシャルエネルギを求めてラグランジアンを構成する．

(4) これらをラグランジュの運動方程式に代入して，運動方程式を具体的に書き下す．

例 2.9 図2.37に示した振子ロボットの運動方程式をラグランジュの運動方程式から導いてみる．ここでは第1リンクは固定し，第2と第3リンクの運動は平面(紙面)内に拘束されるものとする．このとき，上述のステップ(1)の手続きを実行するため，図2.37に示すような関節 J_1, J_2 の角度を変数にとって，一般化座標 $\boldsymbol{q}=(q_1, q_2)^\top$ を選定すると，これは完全かつ独立になる．次に，関節にかかるアクチュエータによって生成されるトルクを τ_1, τ_2 とすると，これが一般化力 $F_1=\tau_1, F_2=\tau_2$ である．次にステップ(3)に移り，まず運動エネルギを求める．第2リンクの運動エネルギは，

$$K_2=\frac{1}{2}I_1\dot{q}_1^2 \tag{2.147}$$

と表される．ここに，I_1 は第2リンクの J_1 まわりの慣性モーメントである．次に，第3リンクの運動エネルギは(2.91)式を参照して，

$$\begin{aligned} K_3&=\frac{1}{2}m_2|\boldsymbol{v}_A|^2+m_2\boldsymbol{v}_A{}^\top(\boldsymbol{\omega}\times\boldsymbol{r}_{C/A})+\frac{1}{2}I_2(\dot{q}_1+\dot{q}_2)^2 \\ &=\frac{1}{2}m_2l_1^2\dot{q}_1^2+m_2l_1s_2\dot{q}_1(\dot{q}_1+\dot{q}_2)\cos q_2+\frac{1}{2}I_2(\dot{q}_1+\dot{q}_2)^2 \end{aligned} \tag{2.148}$$

と求まる．ここに，I_2 は第3リンクの J_2 まわりの慣性モーメント，s_1, s_2 はそれぞれ J_1, J_2 からのリンクの重心までの距離，ほかのパラメターは図2.37のよう

に定義する．他方，ポテンシャルエネルギは明らかに

$$V=(m_1s_1+m_2l_1)g(1-\cos q_1)+m_2s_2g\{1-\cos(q_1+q_2)\} \tag{2.149}$$

と表される．こうしてラグランジアンは，

$$\begin{aligned}L=&\frac{1}{2}(I_1+m_2l_1^2)\dot{q}_1^2+m_2l_1s_2\dot{q}_1(\dot{q}_1+\dot{q}_2)\cos q_2+\frac{1}{2}I_2(\dot{q}_1+\dot{q}_2)^2\\&-(m_1s_1+m_2l_1)g(1-\cos q_1)-m_2s_2g\{1-\cos(q_1+q_2)\}\end{aligned} \tag{2.150}$$

と求まる．これよりラグランジュの運動方程式は，

$$\begin{cases}\dfrac{\mathrm{d}}{\mathrm{d}t}\{(I_1+m_2l_1^2)\dot{q}_1+I_2(\dot{q}_1+\dot{q}_2)+m_2l_1s_2(2\dot{q}_1+\dot{q}_2)\cos q_2\}\\ \quad +(m_1s_1+m_2l_1)g\sin q_1+m_2s_2g\sin(q_1+q_2)=\tau_1\\ \dfrac{\mathrm{d}}{\mathrm{d}t}\{I_2(\dot{q}_1+\dot{q}_2)+m_2l_1s_2\dot{q}_1\cos q_2\}\\ \quad +m_2l_1s_2\dot{q}_1(\dot{q}_1+\dot{q}_2)\sin q_2+m_2s_2g\sin(q_1+q_2)=\tau_2\end{cases} \tag{2.151}$$

と求まる．

次に，一般化座標系を図 2.37 のように $(\theta_1, \theta_2)^\top$ にとってみよう．このとき，

$$\theta_1=q_1,\quad \theta_2=q_1+q_2 \tag{2.152}$$

である．そこで $(\theta_1, \theta_2)^\top$ に対応する一般化力を求めよう．いま，関節 J_1 と J_2 のアクチュエータからの外力トルクをそれぞれ τ_1 と τ_2 とすれば，(2.129) 式から

$$\begin{cases}F_1=\dfrac{\partial}{\partial\theta_1}(\tau_1q_1+\tau_2q_2)=\dfrac{\partial}{\partial\theta_1}\{\tau_1\theta_1+\tau_2(\theta_2-\theta_1)\}=\tau_1-\tau_2\\ F_2=\dfrac{\partial}{\partial\theta_2}(\tau_1q_1+\tau_2q_2)=\tau_2\end{cases} \tag{2.153}$$

となり，こうして一般化座標 $(\theta_1, \theta_2)^\top$ に対応する一般化力が，

$$\begin{pmatrix}F_1\\F_2\end{pmatrix}=\begin{pmatrix}1 & -1\\0 & 1\end{pmatrix}\begin{pmatrix}\tau_1\\\tau_2\end{pmatrix} \tag{2.154}$$

と求まった．なお，右辺の係数行列をしばしば駆動行列と呼ぶ．他方，座標系 $(\theta_1, \theta_2)^\top$ でラグランジアンは，

$$\begin{aligned}L=&\frac{1}{2}(I_1+m_2l_1^2)\dot{\theta}_1^2+m_2l_1s_2\dot{\theta}_1\dot{\theta}_2\cos(\theta_2-\theta_1)+\frac{1}{2}I_2\dot{\theta}_2^2\\&-(m_1s_1+m_2l_1)g(1-\cos\theta_1)-m_2s_2g(1-\cos\theta_2)\end{aligned} \tag{2.155}$$

と書ける．したがって，この場合のラグランジュの運動方程式は，

$$
\begin{cases}
\dfrac{\mathrm{d}}{\mathrm{d}t}\{(I_1+m_2l_1^2)\,\dot{\theta}_1+m_2l_1s_2\,\dot{\theta}_2\cos(\theta_2-\theta_1)\} \\
\quad -m_2l_1s_2\,\dot{\theta}_1\,\dot{\theta}_2\sin(\theta_2-\theta_1)+(m_1s_1+m_2l_1)g\sin\theta_1=\tau_1-\tau_2 \\
\dfrac{\mathrm{d}}{\mathrm{d}t}\{m_2l_1s_2\,\dot{\theta}_1\cos(\theta_2-\theta_1)+I_2\,\dot{\theta}_2\}+m_2l_1s_2\,\dot{\theta}_1\,\dot{\theta}_2\sin(\theta_2-\theta_1) \\
\quad +m_2s_2g\sin\theta_2=\tau_2
\end{cases}
\tag{2.156}
$$

と求まる．この第 1 式は (2.151) 式の第 1 式から第 2 式を差し引いたものに等しいことを確かめられたい．

3

ロボットの運動方程式

すべての準備が整ったので，この章ではロボットの運動方程式の導き方を述べる．ここではロボットを構成する各リンクエレメントは剛体であると仮定し，これらが直列 (serial) に連接されている対象を取り扱う．

3.1　4×4 変換行列

ロボットマニピュレータをリンクエレメントの直鎖としてながめると，運動方程式を求めるためには，リンク間の相対位置関係を明確に記述しなければならないことがわかる．これには Denavit と Hartenberg によって提案された 4×4 変換行列に基づく方法が便利である．

ロボットマニピュレータはベースに取りつけた n 個の直鎖リンクからなると仮定し，図 3.1 に示すように，ベースを L_0 で表し，ベースから順番に番号 L_i をふる．そして，第 $i-1$ 番目のリンクを第 i 番目に接続する関節に番号 i をふる．この第 i 関節の回転またはスライド軸を z_{i-1} 軸，z_{i-1} 軸と z_i 軸との共通垂

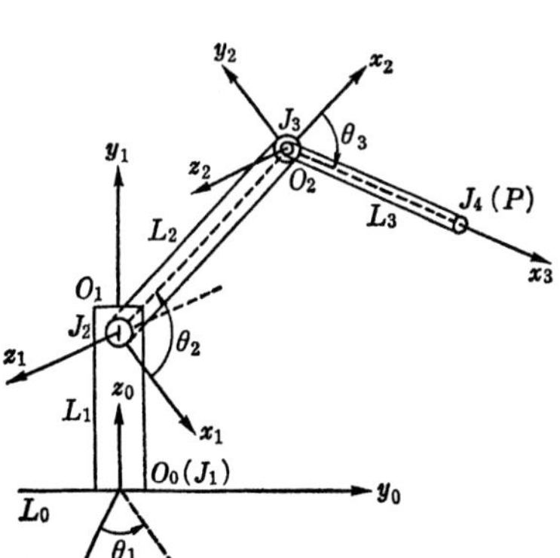

図 3.1　直鎖リンクの相対位置関係と座標系の定義

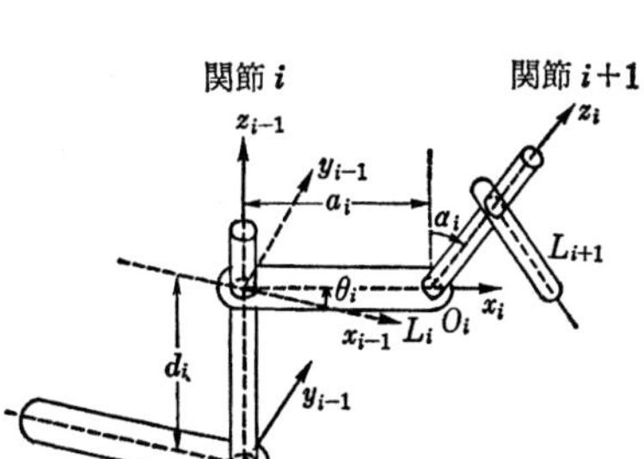

図 3.2　リンクパラメータと座標系

線が z_i 軸と交わる点を O_i，この共通垂線を z_i 軸の側に延長した線を x_i 軸とする．そして，y_i 軸を O_i-$x_iy_iz_i$ が右手直交系となるように決める(図 3.2 参照)．この結果，x_i 軸は z_{i-1} 軸とともに z_i 軸に直交し，座標系 O_i-$x_iy_iz_i$ は第 i リンクに固定された直交座標系になる．次いで，四つのパラメター $\theta_i, d_i, a_i, \alpha_i$ を次のように定める(図 3.2 参照)．

(1)　z_{i-1} 軸を中心にした x_{i-1} 軸から x_i 軸までの回転角を θ_i とする．ここに，各 θ_i は回転中心を左にみて回る方向を正にとる．たとえば，図 3.1 では θ_1, θ_2 は正の方向，θ_3 は負の方向である．

(2)　第 $i-1$ 座標系の原点 O_{i-1} から z_{i-1} 軸上の z_{i-1} 軸と x_i 軸との交点までの距離を d_i とする(これをオフセットという)．

(3)　z_{i-1} 軸の z_{i-1} 軸と x_i 軸との交点から，O_i までの距離を a_i で表す．これは z_{i-1} 軸と z_i 軸との間の最短距離に等しい．

(4)　x_i 軸を中心にして，z_{i-1} 軸から z_i 軸までの角度を α_i で表す．この場合も回転中心を左にみる方向を正にとる．

なお，図 3.1 のマニピュレータに対するこれらのパラメターは，表 3.1 のようになることを確かめられたい．ここに，l_i は図 3.3 に示すように，関節 J_i と J_{i+1} との間の距離を表すものとする．

さて，図 3.2 のように各リンクに固定する座標系 O_i-$x_iy_iz_i$ が決まると，これらの間の相対位置関係は次のような形の 4×4 変換行列の積を用いて表される．

$$A=\left[\begin{array}{ccc|c} & B & & \boldsymbol{b} \\ \hline 0 & 0 & 0 & 1 \end{array}\right] \tag{3.1}$$

ここに，B は 3 次元直交座標系の回転を表す行列，$\boldsymbol{b}$ は移動を表す 3 次元縦ベクトルである．一般に，ある 3 次元直交座標系で表した位置ベクトルを $\boldsymbol{r}$ とすると，この変換行列 A によって，新しい位置ベクトルは，

表 3.1　図 3.1 の 3 リンクマニピュレータのパラメター表

i	θ_i	d_i	a_i	α_i
1	θ_1	l_1	0	$\pi/2$
2	θ_2	0	l_2	0
3	θ_3	0	l_3	0

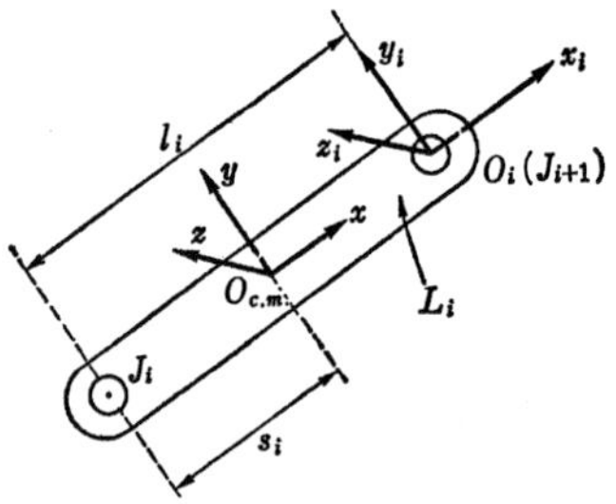

図 3.3　剛体リンク i に固定した二つの座標系($O_{c.m.}$ は質量中心)

$$\begin{bmatrix} \boldsymbol{r}' \\ 1 \end{bmatrix} = A \begin{bmatrix} \boldsymbol{r} \\ 1 \end{bmatrix} \tag{3.2}$$

と表される．このような4×4変換行列は，上述したようにリンクパラメター a_i, d_i, α_i, θ_i を決めると，次のように求まることがわ分る．

$$A_i = \begin{bmatrix} \cos\theta_i & -\cos\alpha_i \sin\theta_i & \sin\alpha_i \sin\theta_i & a_i \cos\theta_i \\ \sin\theta_i & \cos\alpha_i \cos\theta_i & -\sin\alpha_i \cos\theta_i & a_i \sin\theta_i \\ 0 & \sin\alpha_i & \cos\alpha_i & d_i \\ 0 & 0 & 0 & 1 \end{bmatrix} \tag{3.3}$$

つまり，A_i はリンク i の位置をリンク $i-1$ の座標系で表すときの変換行列に相当する．

例 3.1 図3.1の自由度3のマニピュレータについて，第3リンクに固定した座標系でその上の第4関節の中心 J_4 を原点にとり，次いでその位置を第2リンクに固定した座標系で表すためには，

$$\begin{bmatrix} x_2 \\ y_2 \\ z_2 \\ 1 \end{bmatrix} = A_3 \begin{bmatrix} 0 \\ 1 \end{bmatrix} = \begin{bmatrix} \cos\theta_3 & -\sin\theta_3 & 0 & l_3\cos\theta_3 \\ \sin\theta_3 & \cos\theta_3 & 0 & l_3\sin\theta_3 \\ 0 & 0 & 1 & 0 \\ 0 & 0 & 0 & 1 \end{bmatrix} \begin{bmatrix} 0 \\ 0 \\ 0 \\ 1 \end{bmatrix} = \begin{bmatrix} l_3\cos\theta_3 \\ l_3\sin\theta_3 \\ 0 \\ 1 \end{bmatrix} \tag{3.4}$$

とすればよい．この位置をさらにベースに固定した直交座標系 O_0-$x_0y_0z_0$ で表すには，

$$\begin{aligned} \begin{bmatrix} x_0 \\ y_0 \\ z_0 \\ 1 \end{bmatrix} &= A_1 A_2 \begin{bmatrix} l_3\cos\theta_3 \\ l_3\sin\theta_3 \\ 0 \\ 1 \end{bmatrix} \\ &= \begin{bmatrix} \cos\theta_1 & 0 & \sin\theta_1 & 0 \\ \sin\theta_1 & 0 & -\cos\theta_1 & 0 \\ 0 & 1 & 0 & l_1 \\ 0 & 0 & 0 & 1 \end{bmatrix} \begin{bmatrix} \cos\theta_2 & -\sin\theta_2 & 0 & l_2\cos\theta_2 \\ \sin\theta_2 & \cos\theta_2 & 0 & l_2\sin\theta_2 \\ 0 & 0 & 1 & 0 \\ 0 & 0 & 0 & 1 \end{bmatrix} \\ &\quad \times \begin{bmatrix} l_3\cos\theta_3 \\ l_3\sin\theta_3 \\ 0 \\ 1 \end{bmatrix} = \begin{bmatrix} \{(l_2 + l_3\cos\theta_3)\cos\theta_2 - l_3\sin\theta_3\sin\theta_2\}\cos\theta_1 \\ \{(l_2 + l_3\cos\theta_3)\cos\theta_2 - l_3\sin\theta_3\sin\theta_2\}\sin\theta_1 \\ \{(l_2 + l_3\cos\theta_3)\sin\theta_2 + l_3\sin\theta_3\cos\theta_2 + l_1 \\ 1 \end{bmatrix} \end{aligned} \tag{3.5}$$

とすればよい．

以下では，記号 $\boldsymbol{r}^{(0)}$, $\boldsymbol{r}^{(i)}$ は (3.2) 式で表すような4次元の位置ベクトルとする．

一般にリンク i 上の任意の点を，そのリンクに固定した座標系 O_i-$x_iy_iz_i$ で測ったときの位置ベクトルを $\boldsymbol{r}^{(i)}$ で表すと，これをベースに固定した座標系 O_0-$x_0y_0z_0$ では，

$$\boldsymbol{r}^{(0)}=A_1A_2\cdots A_i\boldsymbol{r}^{(i)} \tag{3.6}$$

となる．なお，表記を簡単にするために，

$$\boldsymbol{r}^{(0)}=T_i\boldsymbol{r}^{(i)},\quad T_i=A_1A_2\cdots A_i \tag{3.7}$$

とおくことがある．

3.2 剛体の慣性テンソル

ロボットの運動方程式を求めるためには，その構成要素としての剛体リンクの運動エネルギを求めておく必要がある．そこで第 i リンクを取り上げて，それに固定した座標系 O_i-$x_iy_iz_i$ とともに，この剛体リンクの質量中心を原点にとり，O_i-$x_iy_iz_i$ を平行移動した座標系 $O_{c.m.}$-xyz を考える (図 3.3 参照)．

さて，剛体リンク中の点 P の微小質量 $\mathrm{d}m_P$ を考え，その位置を座標系 $O_{c.m.}$-xyz で測ったときの位置ベクトルを $\boldsymbol{r}_P$，剛体リンクの回転軸のベクトルを $\boldsymbol{\omega}$ とする．このとき，剛体の全角運動量ベクトルは，(2.75) 式から

$$\boldsymbol{H}_0=\int\boldsymbol{r}_P\times(\boldsymbol{\omega}\times\boldsymbol{r}_P)\mathrm{d}m_P \tag{3.8}$$

と表される．この積分を詳細に表現するために，ベクトル公式

$$\boldsymbol{a}\times(\boldsymbol{b}\times\boldsymbol{c})=(\boldsymbol{a}^\top\boldsymbol{c})\boldsymbol{b}-(\boldsymbol{b}^\top\boldsymbol{a})\boldsymbol{c} \tag{3.9}$$

に注目し，これを (3.8) 式に適用する．その結果，

$$\boldsymbol{H}_0=\int\{(\boldsymbol{r}_P{}^\top\boldsymbol{r}_P)\boldsymbol{\omega}-(\boldsymbol{\omega}^\top\boldsymbol{r}_P)\boldsymbol{r}_P\}\mathrm{d}m_P \tag{3.10}$$

となる．さらに，$O_{c.m.}$-xyz の x, y, z 軸に沿った単位ベクトルを $\boldsymbol{u}_x, \boldsymbol{u}_y, \boldsymbol{u}_z$ で表し，

$$\boldsymbol{H}_0=H_x\boldsymbol{u}_x+H_y\boldsymbol{u}_y+H_z\boldsymbol{u}_z\qquad\boldsymbol{\omega}=\omega_x\boldsymbol{u}_x+\omega_y\boldsymbol{u}_y+\omega_z\boldsymbol{u}_z\qquad\boldsymbol{r}_P=x_P\boldsymbol{u}_x+y_P\boldsymbol{u}_y+z_P\boldsymbol{u}_z \tag{3.11}$$

とおく．このとき，

$$\boldsymbol{r}_P{}^\top\boldsymbol{r}_P=x_P{}^2+y_P{}^2+z_P{}^2 \tag{3.12}$$

であることに注意する．さて，(3.11) 式を (3.10) 式に代入し，(3.12) 式を用いると，

$$\begin{cases} H_x = \omega_x \int (y_P{}^2 + z_P{}^2) \mathrm{d}m_P - \omega_y \int x_P y_P \mathrm{d}m_P - \omega_z \int x_P z_P \mathrm{d}m_P \\ H_y = -\omega_x \int y_P x_P \mathrm{d}m_P + \omega_y \int (z_P{}^2 + x_P{}^2) \mathrm{d}m_P - \omega_z \int y_P z_P \mathrm{d}m_P \\ H_z = -\omega_x \int z_P x_P \mathrm{d}m_P - \omega_y \int z_P y_P \mathrm{d}m_P + \omega_z \int (x_P{}^2 + y_P{}^2) \mathrm{d}m_P \end{cases} \tag{3.13}$$

となることがわかる．ここで，

$$\begin{cases} I_{xx} = \int (y_P{}^2 + z_P{}^2) \mathrm{d}m_P, \quad I_{yy} = \int (z_P{}^2 + x_P{}^2) \mathrm{d}m_P \\ I_{zz} = \int (x_P{}^2 + y_P{}^2) \mathrm{d}m_P, \quad I_{xy} = -\int x_P y_P \mathrm{d}m_P, \quad \text{etc.} \end{cases} \tag{3.14}$$

とおくと，

$$\boldsymbol{H}_0 = \begin{bmatrix} I_{xx} & I_{xy} & I_{xz} \\ I_{yx} & I_{yy} & I_{yz} \\ I_{zx} & I_{zy} & I_{zz} \end{bmatrix} \boldsymbol{\omega} = H\boldsymbol{\omega} \tag{3.15}$$

と表されることがわかる．この係数行列 H の各成分のことを慣性テンソルという．

次に，剛体リンクの全運動エネルギを求めよう．そのため，剛体リンクの質量中心の慣性系に関する速度ベクトルを $\boldsymbol{v}_{c.m.}$ とすれば，点 P の速度は (2.29) 式より

$$\boldsymbol{v}_P = \boldsymbol{v}_{c.m.} + \boldsymbol{\omega} \times \boldsymbol{r}_P \tag{3.16}$$

である．したがって，運動エネルギは (2.71) 式を導いたときと同様にして，

$$K = \frac{1}{2} \int \boldsymbol{v}_P{}^\top \boldsymbol{v}_P \mathrm{d}m_P = \frac{1}{2} \int \{ \boldsymbol{v}_{c.m.}^\top \boldsymbol{v}_{c.m.} + 2\boldsymbol{v}_{c.m.}^\top (\boldsymbol{\omega} \times \boldsymbol{r}_P) + (\boldsymbol{\omega} \times \boldsymbol{r}_P)^\top (\boldsymbol{\omega} \times \boldsymbol{r}_P) \} \mathrm{d}m_P$$

$$= \frac{1}{2} m_i |\boldsymbol{v}_{c.m.}|^2 + \frac{1}{2} \int (\boldsymbol{\omega} \times \boldsymbol{r}_P)^\top (\boldsymbol{\omega} \times \boldsymbol{r}_P) \mathrm{d}m_P \tag{3.17}$$

となる．ここでベクトル公式

$$\boldsymbol{a}^\top (\boldsymbol{b} \times \boldsymbol{c}) = \boldsymbol{b}^\top (\boldsymbol{c} \times \boldsymbol{a}) \tag{3.18}$$

に注目し，(3.8) 式と (3.15) 式を用いると，

$$\int (\boldsymbol{\omega} \times \boldsymbol{r}_P)^\top (\boldsymbol{\omega} \times \boldsymbol{r}_P) \mathrm{d}m_P = \boldsymbol{\omega}^\top \int \boldsymbol{r}_P \times (\boldsymbol{\omega} \times \boldsymbol{r}_P) \mathrm{d}m_P = \boldsymbol{\omega}^\top \boldsymbol{H}_0 = \boldsymbol{\omega}^\top H \boldsymbol{\omega} \tag{3.19}$$

となることがわかる．これを (3.17) 式に代入して，剛体リンク i の全運動エネルギ

$$K = \frac{1}{2} m_i |\boldsymbol{v}_{c.m.}|^2 + \frac{1}{2} \boldsymbol{\omega}^\top H \boldsymbol{\omega} \tag{3.20}$$

を得る．なお，m_i は剛体リンク i の全質量を表すものとする．

3.3　ロボットの運動方程式（一般論）

ロボットマニピュレータは剛体リンクの直鎖から構成されていると仮定し，リンク間を接続する可動部を関節といい，その数を自由度という（各関節が自由度1のときのみ，関節の数とロボットの自由度は一致するが，以下ではこの場合のみを想定している）．自由度 n のロボットの一般化座標としては，普通，関節変数 q_i をとり，$\boldsymbol{q}=(q_1, \cdots, q_n)^{\top}$ で表す．ここに第 i 関節が回転のとき，すなわち第 i リンクが第 $i-1$ リンクに相対的に回転するとき，θ_i は関節変数となり，$q_i=\theta_i$ である．そのとき，d_i, a_i, α_i は定数となる．他方，第 k 関節がスライド軸のときは d_k が関節変数となり，$q_k=d_k$ となり，他の θ_k, a_k, α_k は定数となる．このような関節変数の組は完全であり，ベースを除いてロボットの途中部や先端部が幾何学的拘束を受けないかぎり，独立な一般化座標系となる．

ロボット全体の運動方程式を求めるためには，全運動エネルギとポテンシャルエネルギを求めなければならない．そのため，(3.7) 式を時間微分すると，式

$$\boldsymbol{v}^{(0)}=\frac{\mathrm{d}}{\mathrm{d}t}\boldsymbol{r}^{(0)}=\sum_{j=1}^{i}\frac{\partial T_i}{\partial q_j}\dot{q}_j\boldsymbol{r}^{(i)} \tag{3.21}$$

を得るが，これより剛体リンク i 上の位置 $\boldsymbol{r}^{(i)}$ にある微小質量 $\mathrm{d}m$ の運動エネルギは，

$$\mathrm{d}K_i=\frac{1}{2}(\boldsymbol{v}^{(0)})^{\top}\boldsymbol{v}^{(0)}\mathrm{d}m \tag{3.22}$$

と表される．ここではあとの議論をやりやすくするために，(3.22) 式と等価な式

$$\mathrm{d}K_i=\frac{1}{2}\,\mathrm{trace}\{\boldsymbol{v}^{(0)}(\boldsymbol{v}^{(0)})^{\top}\}\mathrm{d}m \tag{3.23}$$

を用いることにする．

さて，(3.21) 式を (3.23) 式に代入すると，

$$\mathrm{d}K_i=\frac{1}{2}\,\mathrm{trace}\left\{\sum_{j=1}^{i}\sum_{k=1}^{i}\frac{\partial T_i}{\partial q_j}\boldsymbol{r}^{(i)}(\boldsymbol{r}^{(i)})^{\top}\frac{\partial T_i{}^{\top}}{\partial q_k}\dot{q}_j\dot{q}_k\right\}\mathrm{d}m \tag{3.24}$$

となる．これをリンク i の全体にわたって積分すると，

$$K_i=\frac{1}{2}\,\mathrm{trace}\left(\sum_{j=1}^{i}\sum_{k=1}^{i}\frac{\partial T_i}{\partial q_j}J_i\frac{\partial T_i{}^{\top}}{\partial q_k}\dot{q}_j\dot{q}_k\right) \tag{3.25}$$

となる．ここに，

$$J_i=\int \boldsymbol{r}^{(i)}(\boldsymbol{r}^{(i)})^{\top}\mathrm{d}m \tag{3.26}$$

とおいた．行列 J_i は，剛体リンク i に固定した座標系 O_i-$x_iy_iz_i$ を基にして表すと，

$$J_i=\begin{bmatrix} \int x_i^2\mathrm{d}m & \int x_iy_i\mathrm{d}m & \int x_iz_i\mathrm{d}m & \int x_i\mathrm{d}m \\ \int y_ix_i\mathrm{d}m & \int y_i^2\mathrm{d}m & \int y_iz_i\mathrm{d}m & \int y_i\mathrm{d}m \\ \int z_ix_i\mathrm{d}m & \int z_iy_i\mathrm{d}m & \int z_i^2\mathrm{d}m & \int z_i\mathrm{d}m \\ \int x_i\mathrm{d}m & \int y_i\mathrm{d}m & \int z_i\mathrm{d}m & \int \mathrm{d}m \end{bmatrix} \tag{3.27}$$

である．そこで，J_i の各成分を前節で述べた慣性テンソルで表してみよう．一般に，O_i-$x_iy_iz_i$ で表した点 P の位置ベクトル $\boldsymbol{r}_{P/i}$ は，図 3.4 に示すように，

$$\boldsymbol{r}_{P/i}=\boldsymbol{r}_P+\boldsymbol{r}_{C/i} \tag{3.28}$$

と表される．これを O_i を原点にする x, y, z 座標で表すと，

$$x_{P/i}=x_P+x_{C/i},\quad y_{P/i}=y_P+y_{C/i},\quad \text{etc.} \tag{3.29}$$

となる．これより

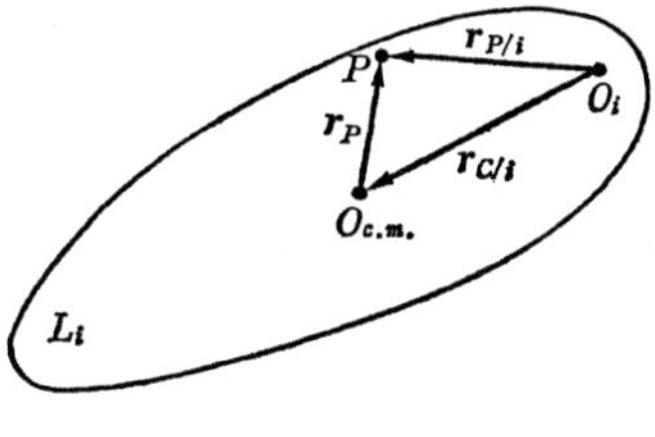

図 3.4
剛体リンク L_i 上の任意の点 P の O_i からみた位置ベクトル $\boldsymbol{r}_{P/i}$ は，質量中心からみた位置ベクトル $\boldsymbol{r}_P$ と，質量中心の O_i からみた位置ベクトル $\boldsymbol{r}_{C/i}$ の和で表される．

$$\begin{aligned}\int x_{P/i}^2\mathrm{d}m&=\int(x^2{}_P+2x_{C/i}x_P+x^2{}_{C/i})\mathrm{d}m\\ &=\int x^2{}_P\mathrm{d}m+m_ix^2{}_{C/i}\\ &=\frac{-I_{xx}+I_{yy}+I_{zz}}{2}+m_i\bar{x}_i{}^2\end{aligned} \tag{3.30}$$

$$\begin{aligned}\int x_{P/i}y_{P/i}\mathrm{d}m&=\int(x_Py_P+y_Px_{C/i}+x_Py_{C/i}+x_{C/i}y_{C/i})\mathrm{d}m\\ &=\int x_Py_P\mathrm{d}m+m_ix_{C/i}y_{C/i}\\ &=-I_{xy}+m_i\bar{x}_i\bar{y}_i\end{aligned} \tag{3.31}$$

となる．ここに $\bar{x}_i=x_{C/i}$, etc. とおき，ベクトル

$$\bar{\boldsymbol{r}}^{(i)}=(\bar{x}_i,\ \bar{y}_i,\ \bar{z}_i,\ 1)^{\top} \tag{3.32}$$

は座標系 O_i-$x_iy_iz_i$ でみたリンク i の重心(質量中心)の位置ベクトルを表すもの

とする．なお，(3.27) 式のほかの積分についても (3.30), (3.31) 式と同様なことが成立し，こうして

$$J_i = m_i \bar{\boldsymbol{r}}^{(i)}(\bar{\boldsymbol{r}}^{(i)})^\top + \begin{bmatrix} \frac{-I_{xx}+I_{yy}+I_{zz}}{2} & -I_{xy} & -I_{xz} & 0 \\ -I_{yx} & \frac{-I_{yy}+I_{zz}+I_{xx}}{2} & -I_{yz} & 0 \\ -I_{zx} & -I_{zy} & \frac{-I_{zz}+I_{xx}+I_{yy}}{2} & 0 \\ 0 & 0 & 0 & 0 \end{bmatrix} \tag{3.33}$$

となることがわかる．

他方，剛体リンク i の重力によるポテンシャルエネルギは，重力加速度ベクトルを $\boldsymbol{g}^\top=(0, 0, -g, 0)$ とすると ($g=9.8062$ m/sec^2),

$$V_i = -m_i \boldsymbol{g}^\top T_i \bar{\boldsymbol{r}}^{(i)} \tag{3.34}$$

と求まる．

さて，こうして求まった運動エネルギとポテンシャルエネルギを用いてラグランジアンは，

$$L = \sum_{i=1}^{n}(K_i - V_i) \tag{3.35}$$

と表されるので，マニピュレータの運動方程式

$$\frac{\mathrm{d}}{\mathrm{d}t}\left(\frac{\partial L}{\partial \dot{q}_i}\right) - \frac{\partial L}{\partial q_i} = F_i \tag{3.36}$$

が求まる．ここに，右辺の F_i は一般化力を表すが，第 i 関節が回転のときは $F_i = \tau_i$ であり，τ_i は関節アクチュエータによる駆動トルクとなる．また，第 i 関節がスライド軸のとき，F_i は駆動力を表す．

なお，(3.25) 式と (3.34) 式を参照しながら，ラグランジュの運動方程式を具体的に求めてみると，次のようになる．

$$\sum_{j=i}^{n}\sum_{k=1}^{j}\mathrm{trace}\left(\frac{\partial T_j}{\partial q_k} J_j \frac{\partial T_j{}^\top}{\partial q_i}\right)\ddot{q}_k + \sum_{j=i}^{n}\sum_{k=1}^{j}\sum_{l=1}^{j}\mathrm{trace}\left(\frac{\partial^2 T_j}{\partial q_l \partial q_k} J_j \frac{\partial T_j{}^\top}{\partial q_i}\right)\dot{q}_k\dot{q}_l - \sum_{j=i}^{n} m_j \boldsymbol{g}^\top \frac{\partial T_j}{\partial q_i}\bar{\boldsymbol{r}}^{(j)} = F_i, \quad i=1, \cdots, n \tag{3.37}$$

あるいは

$$r_{ij} = \sum_{k=\max(i,j)}^{n}\mathrm{trace}\left(\frac{\partial T_k}{\partial q_i} J_k \frac{\partial T_k{}^\top}{\partial q_j}\right) \tag{3.38}$$

とおくと，運動エネルギは

$$K=\frac{1}{2}\dot{\boldsymbol{q}}^{\top}R(\boldsymbol{q})\dot{\boldsymbol{q}},\quad R(\boldsymbol{q})=(r_{ij}) \tag{3.39}$$

と表され，ラグランジュの運動方程式は，

$$R(\boldsymbol{q})\ddot{\boldsymbol{q}}+\dot{R}(\boldsymbol{q})\dot{\boldsymbol{q}}-\frac{1}{2}\cdot\frac{\partial}{\partial\boldsymbol{q}}\{\dot{\boldsymbol{q}}^{\top}R(\boldsymbol{q})\dot{\boldsymbol{q}}\}+\boldsymbol{g}(\boldsymbol{q})=\boldsymbol{F} \tag{3.40}$$

となる．ここに，$\boldsymbol{F}=(F_1,\cdots,F_n)^{\top}$, $\partial/\partial\boldsymbol{q}=(\partial/\partial q_1,\cdots,\partial/\partial q_n)^{\top}$ を意味するものとし，また $\boldsymbol{g}(\boldsymbol{q})$ はポテンシャルエネルギに由来する $\boldsymbol{q}$ のみの関数で，次のように定義される．

$$\boldsymbol{g}(\boldsymbol{q})=(g_1,\cdots,g_n)^{\top},\quad g_i=\sum_{j=i}^{n}\left(-m_j\boldsymbol{g}^{\top}\frac{\partial T_j}{\partial q_i}\bar{\boldsymbol{r}}^{(j)}\right) \tag{3.41}$$

3.4　多関節ロボットの運動方程式（自由度2の場合）

図3.1に示すような自由度3の多関節型マニピュレータの運動方程式を求めたいが，その前に図3.1で $\theta_1=0$ と固定しておいて，第2リンクと第3リンクの運動のみを考えてみる．このことは図3.5を考えることに相当する．この場合，$d_2=d_3=0$, $\alpha_2=\alpha_3=0$, $a_2=l_2$, $a_3=l_3$ となり，したがって

$$T_2=A_2=\begin{bmatrix}\cos\theta_2 & -\sin\theta_2 & 0 & l_2\cos\theta_2\\ \sin\theta_2 & \cos\theta_2 & 0 & l_2\sin\theta_2\\ 0 & 0 & 1 & 0\\ 0 & 0 & 0 & 1\end{bmatrix} \tag{3.42}$$

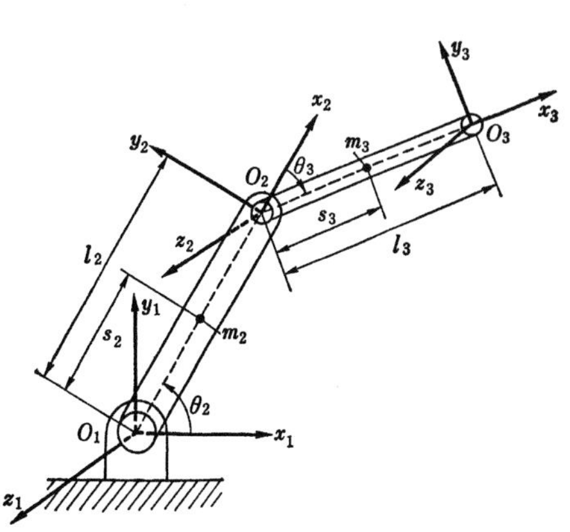

図3.5　自由度2のマニピュレータ

$$T_3=A_2A_3=A_2\begin{bmatrix}\cos\theta_3 & -\sin\theta_3 & 0 & l_3\cos\theta_3\\ \sin\theta_3 & \cos\theta_3 & 0 & l_3\sin\theta_3\\ 0 & 0 & 1 & 0\\ 0 & 0 & 0 & 1\end{bmatrix}$$

$$=\begin{bmatrix}\cos(\theta_2+\theta_3) & -\sin(\theta_2+\theta_3) & 0 & l_3\cos(\theta_2+\theta_3)+l_2\cos\theta_2\\ \sin(\theta_2+\theta_3) & \cos(\theta_2+\theta_3) & 0 & l_3\sin(\theta_2+\theta_3)+l_2\sin\theta_2\\ 0 & 0 & 1 & 0\\ 0 & 0 & 0 & 1\end{bmatrix} \qquad (3.43)$$

となる．そこで運動エネルギ

$$K=\frac{1}{2}(r_{22}\dot{\theta}_2^2+2r_{23}\dot{\theta}_2\dot{\theta}_3+r_{33}\dot{\theta}_3^2) \qquad (3.44)$$

を求めよう．(3.38) 式より

$$r_{33}=\mathrm{trace}\left(\frac{\partial T_3}{\partial\theta_3}J_3\frac{\partial T_3{}^\top}{\partial\theta_3}\right)=\mathrm{trace}\left(J_3\frac{\partial T_3{}^\top}{\partial\theta_3}\frac{\partial T_3}{\partial\theta_3}\right) \qquad (3.45)$$

であるが，この中の途中部は，

$$\frac{\partial T_3{}^\top}{\partial\theta_3}\frac{\partial T_3}{\partial\theta_3}=\begin{bmatrix}1 & 0 & 0 & l_3\\ 0 & 1 & 0 & 0\\ 0 & 0 & 0 & 0\\ l_3 & 0 & 0 & l_3^2\end{bmatrix} \qquad (3.46)$$

となる．他方，J_3 は (3.33) 式から

$$J_3=m_3\begin{bmatrix}s_3-l_3\\ 0\\ 0\\ 1\end{bmatrix}[s_3-l_3\ \ 0\ \ 0\ \ 1]$$

$$+\begin{bmatrix}\frac{-I_{xx}+I_{yy}+I_{zz}}{2} & -I_{xy} & -I_{xz} & 0\\ -I_{yx} & \frac{-I_{yy}+I_{zz}+I_{xx}}{2} & -I_{yz} & 0\\ -I_{zx} & -I_{zy} & \frac{-I_{zz}+I_{xx}+I_{yy}}{2} & 0\\ 0 & 0 & 0 & 0\end{bmatrix} \qquad (3.47)$$

となる．こうして求まった (3.46) 式と (3.47) 式を (3.45) 式に代入すると，

$$r_{33}=m_3s_3^2+I_{3z} \qquad (3.48)$$

が得られる．ここに I_{3z} は，第 3 リンクの質量中心を通る z_3 軸に平行な軸まわりの慣性モーメントを表す．次に，r_{23} を求めたいがこれは (3.38) 式から，

$$r_{23}=\mathrm{trace}\left(J_3\frac{\partial T_3{}^{\top}}{\partial\theta_3}\frac{\partial T_3}{\partial\theta_2}\right) \tag{3.49}$$

と表される．途中の計算は省略するが，

$$\frac{\partial T_3{}^{\top}}{\partial\theta_3}\frac{\partial T_3}{\partial\theta_2}=\begin{bmatrix}1 & 0 & 0 & l_3+l_2\cos\theta_3\\ 0 & 1 & 0 & -l_2\sin\theta_3\\ 0 & 0 & 0 & 0\\ l_3 & 0 & 0 & l_3{}^2+l_2l_3\cos\theta_3\end{bmatrix} \tag{3.50}$$

となる．この式と(3.47)式を(3.49)式に代入して，

$$r_{23}=I_{3z}+m_3s_3{}^2+m_3s_3l_2\cos\theta_3 \tag{3.51}$$

式を得る．同様にして，

$$r_{22}=\mathrm{trace}\left(J_2\frac{\partial T_2{}^{\top}}{\partial\theta_2}\frac{\partial T_2}{\partial\theta_2}+J_3\frac{\partial T_3{}^{\top}}{\partial\theta_2}\frac{\partial T_3}{\partial\theta_2}\right) \tag{3.52}$$

を計算すると，

$$\frac{\partial T_2{}^{\top}}{\partial\theta_2}\frac{\partial T_2}{\partial\theta_2}=\begin{bmatrix}1 & 0 & 0 & l_2\\ 0 & 1 & 0 & 0\\ 0 & 0 & 0 & 0\\ l_2 & 0 & 0 & l_2{}^2\end{bmatrix} \tag{3.53}$$

$$\frac{\partial T_3{}^{\top}}{\partial\theta_2}\frac{\partial T_3}{\partial\theta_2}=\begin{bmatrix}1 & 0 & 0 & l_3+l_2\cos\theta_3\\ 0 & 1 & 0 & -l_2\sin\theta_3\\ 0 & 0 & 0 & 0\\ l_3+l_2\cos\theta_3 & -l_2\sin\theta_3 & 0 & l_3{}^2+l_2{}^2+2l_3l_2\cos\theta_3\end{bmatrix} \tag{3.54}$$

となるので，

$$r_{22}=I_{2z}+m_2s_2{}^2+I_{3z}+m_3s_3{}^2+m_3l_2{}^2+2m_3s_3l_2\cos\theta_3 \tag{3.55}$$

となる．他方，ポテンシャルエネルギは(3.34)式より，

$$\begin{aligned}U&=U_2+U_3=-m_2\boldsymbol{g}^{\top}T_2\bar{\boldsymbol{r}}^{(2)}-m_3\boldsymbol{g}^{\top}T_3\bar{\boldsymbol{r}}^{(3)}\\ &=m_2s_2g\sin\theta_2+m_3l_2g\sin\theta_2+m_3s_3g\sin(\theta_2+\theta_3)\end{aligned} \tag{3.56}$$

となる．

以上の結果をまとめてラグランジアンをつくると，

$$\begin{aligned}L=&\frac{1}{2}(I_{3z}+m_3s_3{}^2)\dot{\theta}_3{}^2+(I_{3z}+m_3s_3{}^2+m_3s_3l_2\cos\theta_3)\dot{\theta}_2\dot{\theta}_3\\ &+\frac{1}{2}\{I_{2z}+m_2s_2{}^2+m_3l_2{}^2+(I_{3z}+m_3s_3{}^2)+2m_3s_3l_2\cos\theta_3\}\dot{\theta}_2{}^2\\ &-g\{(m_2s_2+m_3l_2)\sin\theta_2+m_3s_3\sin(\theta_2+\theta_3)\}\end{aligned}$$

$$=\frac{1}{2}(I_{2z}+m_2s_2{}^2+m_3l_2{}^2)\dot{\theta}_2{}^2+m_3s_3l_2\dot{\theta}_2(\dot{\theta}_2+\dot{\theta}_3)\cos\theta_3$$
$$+\frac{1}{2}(I_{3z}+m_3s_3{}^2)(\dot{\theta}_2+\dot{\theta}_3)^2$$
$$-g\{(m_2s_2+m_3l_2)\sin\theta_2+m_3s_3\sin(\theta_2+\theta_3)\} \tag{3.57}$$

となり，こうして次のような運動方程式が得られた．

$$\begin{cases}\dfrac{\mathrm{d}}{\mathrm{d}t}\{(I_{2z}+m_2s_2{}^2+m_3l_2{}^2)\dot{\theta}_2+(I_{3z}+m_3s_3{}^2)(\dot{\theta}_2+\dot{\theta}_3)+m_3s_3l_2(2\dot{\theta}_2+\dot{\theta}_3)\cos\theta_3\} \\ \quad +g\{(m_2s_2+m_3l_2)\cos\theta_2+m_3s_3\cos(\theta_2+\theta_3)\}=\tau_2 \\ \dfrac{\mathrm{d}}{\mathrm{d}t}\{(I_{3z}+m_3s_3{}^2)(\dot{\theta}_2+\dot{\theta}_3)+m_3s_3l_2\dot{\theta}_2\cos\theta_3\} \\ \quad +m_3s_3l_2\dot{\theta}_2(\dot{\theta}_2+\dot{\theta}_3)\sin\theta_3+gm_3s_3\cos(\theta_2+\theta_3)=\tau_3\end{cases} \tag{3.58}$$

この方程式と図 2.37 の振子ロボットの運動方程式を比較すると，両者の違いは重力項のみにあることがわかろう．なお，(2.151) 式の場合，慣性モーメントは関節軸まわりにとっており，(3.58) 式の場合は質量中心まわりにとっていることに注意されたい．

3.5　多関節ロボットの運動方程式（自由度 3 の場合）

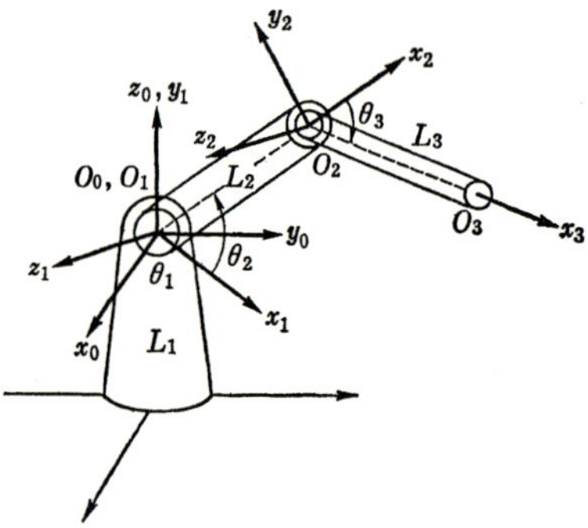

図 3.6　自由度 3 の多関節型マニピュレータの座標系

図 3.6 に示す自由度 3 の多関節ロボットの運動方程式を求めておこう．ここでは，第 1 リンクのポテンシャルエネルギは常に一定なので，図 3.1 と異なって，ベースの座標系 O_0-$x_0y_0z_0$ を第 2 関節の中心に図 3.6 のようにとる．このとき，

$$A_1=\begin{bmatrix}\cos\theta_1 & 0 & \sin\theta_1 & 0 \\ \sin\theta_1 & 0 & -\cos\theta_1 & 0 \\ 0 & 1 & 0 & 0 \\ 0 & 0 & 0 & 1\end{bmatrix}$$

と表されるので，A_1 は直交行列となる．ゆえに，

$$A_1{}^{\top}A_1=I(4\times 4\text{ の単位行列})$$

である．したがって，

$$r_{33}=\mathrm{trace}\left(\frac{\partial T_3}{\partial \theta_3}J_3\frac{\partial T_3{}^{\top}}{\partial \theta_3}\right)=\mathrm{trace}\left(J_3\frac{\partial T_3{}^{\top}}{\partial \theta_3}\frac{\partial T_3}{\partial \theta_3}\right)$$
$$=\mathrm{trace}\left\{J_3\frac{\partial A_3{}^{\top}}{\partial \theta_3}A_2{}^{\top}(A_1{}^{\top}A_1)A_2\frac{\partial A_3}{\partial \theta_3}\right\}=\mathrm{trace}\left(J_3\frac{\partial A_3{}^{\top}}{\partial \theta_3}A_2{}^{\top}A_2\frac{\partial A_3}{\partial \theta_3}\right)$$

となり，これは(3.43)式と(3.45)式から計算された(3.48)式に一致する．同様に r_{23}, r_{22} もそれぞれ(3.51),(3.55)式に一致する．他方，r_{11} は

$$\mathrm{trace}\left(J_1\frac{\partial A_1{}^{\top}}{\partial \theta_1}\frac{\partial A_1}{\partial \theta_1}\right)=I_{1y}$$

$$\mathrm{trace}\left(J_2A_2{}^{\top}\frac{\partial A_1{}^{\top}}{\partial \theta_1}\frac{\partial A_1}{\partial \theta_1}A_2\right)$$
$$=m_2s_2{}^2\cos^2\theta_2+I_{2x}\sin^2\theta_2+I_{2y}\cos^2\theta_2+2I_{2xy}\cos\theta_2\sin\theta_2$$

$$\mathrm{trace}\left(J_3A_3{}^{\top}A_2{}^{\top}\frac{\partial A_1{}^{\top}}{\partial \theta_1}\frac{\partial A_1}{\partial \theta_1}A_2A_3\right)$$
$$=m_3\{l_2\cos\theta_2+s_3\cos(\theta_2+\theta_3)\}^2+I_{3x}\sin^2(\theta_2+\theta_3)+I_{3y}\cos^2(\theta_2+\theta_3)$$
$$+2I_{3xy}\cos(\theta_2+\theta_3)\sin(\theta_2+\theta_3)$$

となり，こうして

$$r_{11}=I_{1y}+m_2s_2{}^2\cos^2\theta_2+I_{2x}\sin^2\theta_2+I_{2y}\cos^2\theta_2$$
$$+2I_{2xy}\cos\theta_2\sin\theta_2+m_3\{l_2\cos\theta_2+s_3\cos(\theta_2+\theta_3)\}^2$$
$$+I_{3x}\sin^2(\theta_2+\theta_3)+I_{3y}\cos^2(\theta_2+\theta_3)+2I_{3xy}\cos(\theta_2+\theta_3)\sin(\theta_2+\theta_3) \quad (3.59)$$

となる．他方，第2リンクと第3リンクの I_{zx} や I_{zy} が対称性からゼロになるならば，$\dot{\theta}_1$ の方向と $\dot{\theta}_2$ や $\dot{\theta}_3$ の方向とが互いに直交することから $r_{12}=0$, $r_{13}=0$ になるはずである．しかし，第2リンクや第3リンクの I_{zx}($=I_{2zx}$ あるいは $=I_{3zx}$ と書く)がゼロでないならば，(3.38)式から

$$r_{12}=I_{2zx}\sin\theta_2+I_{2zy}\cos\theta_2+I_{3zx}\sin(\theta_2+\theta_3)+I_{3zy}\cos(\theta_2+\theta_3) \quad (3.60)$$
$$r_{13}=I_{3zx}\sin(\theta_2+\theta_3)+I_{3zy}\cos(\theta_2+\theta_3) \quad (3.61)$$

となることがわかる．

なお，ポテンシャルエネルギは第1リンクの部分が寄与しないので，(3.56)式に等しい．

こうして，特に $I_{2xy}=I_{2zx}=I_{2zy}=0$, $I_{3xy}=I_{3zx}=I_{3zy}=0$ のとき，図3.6の自由度3のマニピュレータの運動方程式は，(3.40)式の形式で，

$$R(\boldsymbol{\theta})\ddot{\boldsymbol{\theta}}+\dot{R}(\boldsymbol{\theta})\dot{\boldsymbol{\theta}}-\frac{\partial}{\partial\boldsymbol{\theta}}\left\{\frac{1}{2}\dot{\boldsymbol{\theta}}^{\top}R(\boldsymbol{\theta})\dot{\boldsymbol{\theta}}\right\}+\frac{\partial U}{\partial\boldsymbol{\theta}}=\tau \quad (3.62)$$

と表されることがわかる．ここに，

$$\left\{\begin{aligned}
&K=\frac{1}{2}\dot{\boldsymbol{\theta}}^{\top}R(\boldsymbol{\theta})\dot{\boldsymbol{\theta}},\quad R(\boldsymbol{\theta})=\begin{bmatrix} r_{11} & 0 & 0 \\ 0 & r_{22} & r_{23} \\ 0 & r_{23} & r_{33}\end{bmatrix}\\
&U=m_2s_2g\sin\theta_2+m_3l_2g\sin\theta_2+m_3s_3g\sin(\theta_2+\theta_3)\\
&r_{11}=I_{1y}+m_2s_2^2\cos^2\theta_2+I_{2x}\sin^2\theta_2+I_{2y}\cos^2\theta_2+m_3\{l_2\cos\theta_2\\
&\qquad+s_3\cos(\theta_2+\theta_3)\}^2+I_{3x}\sin^2(\theta_2+\theta_3)+I_{3y}\cos^2(\theta_2+\theta_3)\\
&r_{22}(\boldsymbol{\theta})=I_{2z}+m_2s_2^2+I_{3z}+m_3s_3^2+m_3l_2^2+2m_3s_3l_2\cos\theta_3\\
&r_{23}(\boldsymbol{\theta})=I_{3z}+m_3s_3^2+m_3s_3l_2\cos\theta_3\\
&r_{33}(\boldsymbol{\theta})=I_{3z}+m_3s_3^2
\end{aligned}\right. \tag{3.63}$$

とおいた．なお，(3.62) 式の最後の二つの項はそれぞれ

$$\frac{\partial U}{\partial\boldsymbol{\theta}}=\left(\frac{\partial U}{\partial\theta_1},\ \frac{\partial U}{\partial\theta_2},\ \frac{\partial U}{\partial\theta_3}\right)^{\top},\qquad \tau=(\tau_1,\ \tau_2,\ \tau_3)^{\top}$$

を表す．

(3.62) 式の左辺の第 1 項は慣性項であり，行列 $R(\boldsymbol{\theta})$ を慣性行列と呼ぶ．これはその定義式から自然に正定値対称行列となる．同じ左辺の第 2 項と第 3 項は，遠心力とコリオリ力からなる項である．第 4 項はポテンシャル項であり，右辺の各要素は一般化力であるが，この多関節マニピュレータの場合，τ_i は第 i 関節に対応するアクチュエータによって生成された関節駆動トルクに相当する．

なお，実際に製作された垂直多関節ロボットでは，関節角 θ_2 と θ_3 の可動範囲を大きくとるためリンク L_2 が L_1 に，また，リンク L_3 が L_1 や L_2 に交差しないように，オフセットをとっている．すなわち，x_2 軸と z_1 軸の交点と O_1 までの距離 d_1 を 0 でなく，ある大きさにとってリンク L_2 が L_1 に交差しないようにする．同様に，d_3 も 0 でなく，ある値にとるが，このような例は PUMA560 ロボット (図 5.2 参照) にみられる．このオフセットのあるロボットのダイナミクスの詳細は付録 F で述べる．

また，スカラロボット (図 1.5 参照) では，水平面内の運動と垂直軸方向の運動が直交するため，それぞれの運動方程式は分離して表現できる．したがって，水平方向の運動方程式は平面ロボットのそれと同じになり，重力項は存在せず，位置決めの制御は垂直多関節ロボットに比べて，より簡単になる．

3.6 ハミルトンの正準方程式

ロボットマニピュレータの運動方程式は，一般化座標 $\boldsymbol{q}=(q_1,\cdots,q_n)^{\top}$ を用い

て，ラグランジュの運動方程式

$$\frac{\mathrm{d}}{\mathrm{d}t}\left(\frac{\partial L}{\partial \dot{q}_i}\right)-\frac{\partial L}{\partial q_i}=F_i, \quad i=1, \cdots, n \tag{3.64}$$

で表された．この方程式はもっと一般的な形で記述されることもある．いま，

$$p_i=\partial L/\partial \dot{q}_i=\partial K/\partial \dot{q}_i, \quad i=1, \cdots, n \tag{3.65}$$

と定義し，これを一般化運動量と呼ぶことにする．ロボットの場合，運動エネルギ K は (3.39) 式のように表されるので，一般化運動量のベクトル $\boldsymbol{p}=(p_1, \cdots, p_n)^\top$ は，

$$\boldsymbol{p}=R(\boldsymbol{q})\dot{\boldsymbol{q}} \tag{3.66}$$

と表される．ここで，さらに

$$\begin{aligned}\mathcal{H}(\boldsymbol{q}, \boldsymbol{p})&=\sum_{i=1}^{n}\dot{q}_i p_i-L(\boldsymbol{q}, \dot{\boldsymbol{q}})\\&=\boldsymbol{p}^\top R^{-1}(\boldsymbol{q})\boldsymbol{p}-L(\boldsymbol{q}, R^{-1}(\boldsymbol{q})\boldsymbol{p})\end{aligned} \tag{3.67}$$

とおくと，

$$\begin{aligned}\mathcal{H}(\boldsymbol{q}, \boldsymbol{p})&=2K-(K-U)=K+U\\&=\frac{1}{2}\boldsymbol{p}^\top R^{-1}(\boldsymbol{q})\boldsymbol{p}+U(\boldsymbol{q})\end{aligned} \tag{3.68}$$

であることがわかる．両辺を $\boldsymbol{p}$ で偏微分すると

$$\frac{\partial \mathcal{H}}{\partial \boldsymbol{p}}=R^{-1}(\boldsymbol{q})\boldsymbol{p}=\dot{\boldsymbol{q}}$$

である．また，等式 $R(\boldsymbol{q})\cdot R^{-1}(\boldsymbol{q})=I$ (単位行列) から式

$$\frac{\partial R}{\partial q_i}\cdot R^{-1}=-R\cdot\frac{\partial R^{-1}}{\partial q_i}$$

が成立することに注目する．これに左から $\boldsymbol{p}^\top R^{-1}$，右から $\boldsymbol{p}$ をかけて，式

$$\frac{1}{2}\dot{\boldsymbol{q}}^\top\left(\frac{\partial R}{\partial q_i}\right)\dot{\boldsymbol{q}}=-\frac{1}{2}\boldsymbol{p}^\top\left(\frac{\partial R^{-1}}{\partial q_i}\right)\boldsymbol{p}$$

が成立することがわかる．これを利用して

$$\begin{aligned}\frac{\partial \mathcal{H}}{\partial \boldsymbol{q}}&=\frac{\partial U}{\partial \boldsymbol{q}}+\frac{1}{2}\left(\boldsymbol{p}^\top\frac{\partial R^{-1}}{\partial q_1}\boldsymbol{p}, \boldsymbol{p}^\top\frac{\partial R^{-1}}{\partial q_2}\boldsymbol{p}, \cdots, \boldsymbol{p}^\top\frac{\partial R^{-1}}{\partial q_n}\boldsymbol{p}\right)^\top\\&=\boldsymbol{g}(\boldsymbol{q})-\frac{1}{2}\left(\dot{\boldsymbol{q}}^\top\frac{\partial R}{\partial q_1}\dot{\boldsymbol{q}}, \dot{\boldsymbol{q}}^\top\frac{\partial R}{\partial q_2}\dot{\boldsymbol{q}}, \cdots, \dot{\boldsymbol{q}}^\top\frac{\partial R}{\partial q_n}\dot{\boldsymbol{q}}\right)^\top\\&=\boldsymbol{g}(\boldsymbol{q})-\frac{1}{2}\frac{\partial}{\partial \boldsymbol{q}}\{\dot{\boldsymbol{q}}^\top R(\boldsymbol{q})\dot{\boldsymbol{q}}\}\end{aligned}$$

となる．右辺は式

$$\boldsymbol{F}-R(\boldsymbol{q})\ddot{\boldsymbol{q}}-\dot{R}(\boldsymbol{q})\dot{\boldsymbol{q}}=\boldsymbol{F}-\dot{\boldsymbol{p}}$$

に等しいので，こうして，$2n$ 個の変数 $\boldsymbol{q}$ と $\boldsymbol{p}$ に関する $2n$ 個の1階の連立微分方程式

$$\dot{\boldsymbol{p}}=-\frac{\partial\mathcal{H}}{\partial\boldsymbol{q}}+\boldsymbol{F},\quad \dot{\boldsymbol{q}}=\frac{\partial\mathcal{H}}{\partial\boldsymbol{p}} \tag{3.69}$$

を得る．これをハミルトンの正準方程式という．

(3.67) 式あるいは (3.68) 式で定義される $\mathcal{H}$ をハミルトニアンと呼ぶ．これは系全体の運動エネルギとポテンシャルエネルギの和を表しており，これを系の全エネルギという．いま一般化力がゼロの場合，すなわち $\boldsymbol{F}=0$ の場合を考えよう．このとき全エネルギの時間微分は，(3.69) 式から

$$\frac{\mathrm{d}}{\mathrm{d}t}\mathcal{H}=\dot{\boldsymbol{q}}^{\top}\frac{\partial\mathcal{H}}{\partial\boldsymbol{q}}+\dot{\boldsymbol{p}}^{\top}\frac{\partial\mathcal{H}}{\partial\boldsymbol{p}}=-\dot{\boldsymbol{q}}^{\top}\dot{\boldsymbol{p}}+\dot{\boldsymbol{p}}^{\top}\dot{\boldsymbol{q}}=0 \tag{3.70}$$

となることがわかる．このことは，ホロノミックな拘束に従う保存系の全エネルギが不変であることを示している．

3.7　力学系の安定性に関するラグランジュの定理

前節で述べた全エネルギの不変性から，力学系の安定性に関するラグランジュの定理が導出できる．ここでは外部トルクはゼロである場合を考える．ハミルトニアンは (3.68) 式から，

$$\mathcal{H}=K(\boldsymbol{q},\boldsymbol{p})+U(\boldsymbol{q}) \tag{3.71}$$

と書ける．しかも (3.70) 式から $\mathcal{H}=\text{const.}$ である．もし，ポテンシャルエネルギ $U(\boldsymbol{q})$ がある配置 $\boldsymbol{q}=\boldsymbol{q}^0$ で最小値をとり，そしてそれが孤立した最小値ならば，

$$\bar{U}(\boldsymbol{q})=U(\boldsymbol{q})-U(\boldsymbol{q}^0) \tag{3.72}$$

は $\boldsymbol{q}$ に関する正定値関数になる．しかもポテンシャル関数の定数項は運動方程式に無関係なので，改めて

$$E(\boldsymbol{q},\boldsymbol{p})=\frac{1}{2}\boldsymbol{p}^{\top}R^{-1}(\boldsymbol{q})\boldsymbol{p}+U(\boldsymbol{q})-U(\boldsymbol{q}^0) \tag{3.73}$$

とおくと，これは $2n$ 次元のベクトル $(\boldsymbol{q},\boldsymbol{p})$ に関して正定値関数となる．しかも前節で述べたことから，全エネルギの時間微分はゼロになるはずである．こうして，(3.69) 式を状態ベクトル $(\boldsymbol{q},\boldsymbol{p})$ に関する状態方程式とみたとき（ただし，いまは $\boldsymbol{F}=0$ とする），全エネルギ $E(\boldsymbol{q},\boldsymbol{p})$ はリアプノフ関数となっていることがわかる．この結果，リアプノフ関数の停留値を与える状態 $(\boldsymbol{q}^0,\boldsymbol{p}=0)$ は安定にな

る．つまり，平衡点 $(\boldsymbol{q}^0, \dot{\boldsymbol{q}}=0)$ は安定になる．このことは，力学系に関するラグランジュの定理として古くから知られていたことである．

現存するロボットのなかで，振子ロボットの場合には (3.73) 式のような正定値関数がとれる．実際，ポテンシャルエネルギ $U(\boldsymbol{q})$ は，振子が鉛直下に向いたときの姿勢のとき最小値 $U(\boldsymbol{q}^0)$ をとる．ほかのロボットでは，幾何学的な拘束下のもとでポテンシャルエネルギが最小になる姿勢が平衡点の候補になる．しかし，拘束の幾何学的な性質によって，このような平衡点は一意的ではなく，無限に存在する場合がある．たとえば，図3.7のようにオフセットのある自由度3の多関節ロボットの場合，第2と第3リンクが鉛直下にあると，$q_1(=\theta_1)$ のどんな値に対してもポテンシャルエネルギは最小値をとる．つまり (3.72) 式の最小値は，位置ベクトル $\boldsymbol{q}$ に関して孤立していないことになる．したがって，$\bar{U}(\boldsymbol{q})$ は $\boldsymbol{q}$ に関して正定値とはならない．しかし，リアプノフ理論を用いれば，少しでもエネルギ消散項が存在すれば，ポテンシャルエネルギの最小値をとる状態への漸近安定性を示すことができる．この詳細は 3.9 節で述べる．

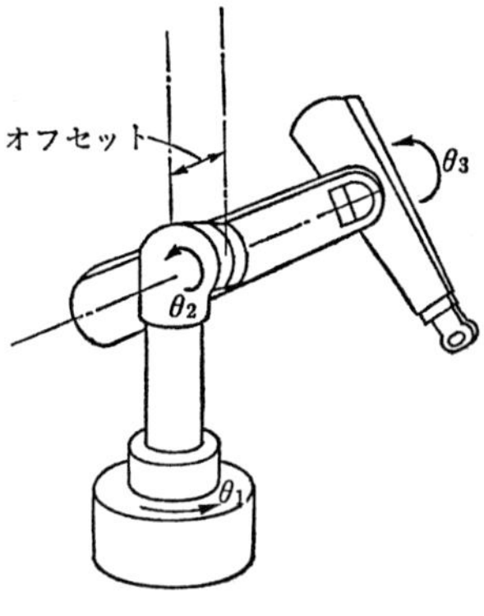

図 3.7 オフセットのある多関節ロボット

最後に，(3.73) 式の全エネルギの時間微分がゼロになることを，ロボットの運動方程式 ((3.40) 式で $\boldsymbol{F}=\boldsymbol{0}$ とおいた)

$$R(\boldsymbol{q})\ddot{\boldsymbol{q}}+\dot{R}(\boldsymbol{q})\dot{\boldsymbol{q}}-\frac{\partial}{\partial \boldsymbol{q}}\left\{\frac{1}{2}\dot{\boldsymbol{q}}^{\top}R(\boldsymbol{q})\dot{\boldsymbol{q}}\right\}+\boldsymbol{g}(\boldsymbol{q})=\boldsymbol{0} \tag{3.74}$$

に直接基づいて導いておこう．明らかに，

$$\begin{aligned}\frac{\mathrm{d}}{\mathrm{d}t}E(\boldsymbol{q}, \dot{\boldsymbol{q}})&=\frac{\mathrm{d}}{\mathrm{d}t}\left\{\frac{1}{2}\dot{\boldsymbol{q}}^{\top}R(\boldsymbol{q})\dot{\boldsymbol{q}}+U(\boldsymbol{q})-U(\boldsymbol{q}^0)\right\}\\&=\dot{\boldsymbol{q}}^{\top}\left\{R(\boldsymbol{q})\ddot{\boldsymbol{q}}+\frac{1}{2}\dot{R}(\boldsymbol{q})\dot{\boldsymbol{q}}+\frac{\partial}{\partial \boldsymbol{q}}U(\boldsymbol{q})\right\}\end{aligned} \tag{3.75}$$

となる．この右辺に (3.74) 式を適用すると，$\partial U(\boldsymbol{q})/\partial \boldsymbol{q}=\boldsymbol{g}(\boldsymbol{q})$ と定義しているので，

$$\dot{E}=-\dot{\boldsymbol{q}}^{\top}\left[\frac{1}{2}\dot{R}(\boldsymbol{q})\dot{\boldsymbol{q}}-\frac{\partial}{\partial \boldsymbol{q}}\left\{\frac{1}{2}\dot{\boldsymbol{q}}^{\top}R(\boldsymbol{q})\dot{\boldsymbol{q}}\right\}\right] \tag{3.76}$$

となる．しかも明らかに，

$$\dot{\boldsymbol{q}}^{\top}\frac{\partial}{\partial \boldsymbol{q}}\left\{\frac{1}{2}\dot{\boldsymbol{q}}^{\top}R(\boldsymbol{q})\dot{\boldsymbol{q}}\right\}=\frac{1}{2}\dot{\boldsymbol{q}}^{\top}\dot{R}(\boldsymbol{q})\dot{\boldsymbol{q}} \tag{3.77}$$

となるので，(3.76) 式の右辺はゼロになる．すなわち，

$$\dot{E}=0 \tag{3.78}$$

となることが示された．

なお，(3.76) 式の右辺 [　] の中を，

$$\frac{1}{2}\dot{R}(\boldsymbol{q})\dot{\boldsymbol{q}}-\frac{\partial}{\partial \boldsymbol{q}}\left\{\frac{1}{2}\dot{\boldsymbol{q}}^{\top}R(\boldsymbol{q})\dot{\boldsymbol{q}}\right\}-S(\boldsymbol{q},\ \dot{\boldsymbol{q}})\dot{\boldsymbol{q}} \tag{3.79}$$

と書くと，(3.77) 式から係数行列 $S(\boldsymbol{q},\ \dot{\boldsymbol{q}})$ は skew-symmetric になっていることがわかる．こうして運動方程式 (3.40) は，

$$R(\boldsymbol{q})\ddot{\boldsymbol{q}}+\frac{1}{2}\dot{R}(\boldsymbol{q})\dot{\boldsymbol{q}}+S(\boldsymbol{q},\ \dot{\boldsymbol{q}})\dot{\boldsymbol{q}}+\boldsymbol{g}(\boldsymbol{q})=\boldsymbol{F} \tag{3.80}$$

と表すことができる．すなわち，遠心力とコリオリ力の項は対称行列による寄与分と，skew-symmetric な係数行列による寄与分とに分けられ，後者は全エネルギの時間微分をとる際には寄与しない項となるのである．

3.8 サーボ系を含めたロボットのダイナミクス

ロボットの各関節を駆動するアクチュエータもそれぞれダイナミクスをもつ．これらのアクチュエータには電動式のもののほか，油圧式，空気圧式のものがある．ここでは，大型ロボットを除く産業用ロボットで最も一般的に用いられている電動モータについて考えてみる．もちろん，電動モータには各種のものがあるが，ロボットにおもに使われる制御用モータはステップモータ (ステッピングモータあるいはパルスモータともいう)，DC サーボモータ，ブラシレス (AC) モータである．出力はこの逆順で大きくとれるので，ロボットの関節にかかる負荷に合ったモータが選ばれる．ステップモータは入力パルスが加わるごとに，ある定まった角度だけ回転する機能をもつモータであり，手首およびハンドの制御用アクチュエータとしてよく用いられている．DC サーボモータは，中・高速回転かつ低トルクであるが，減速機を使うことにより，ロボットのアームの制御に適した低速回転で高トルクの特性を得ることができる．最近では，減速機を必要としないダイレクトドライブ (DD 方式) のモータが開発され，ロボットに使用する試みもみられるが，製造販売されているロボットでの採用は少ないようである．

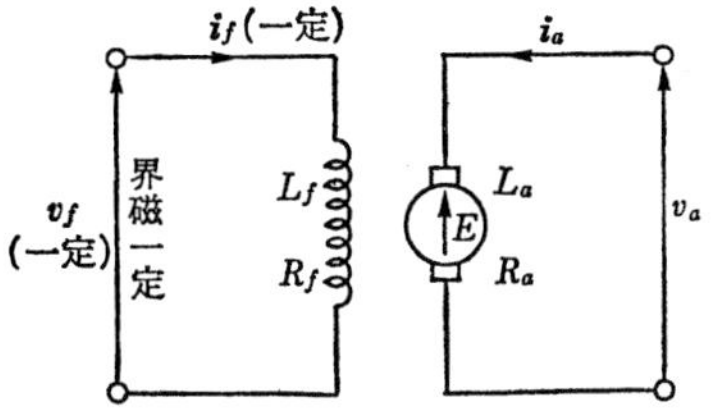

図 3.8 他励磁直流サーボモータの電機子制御方式

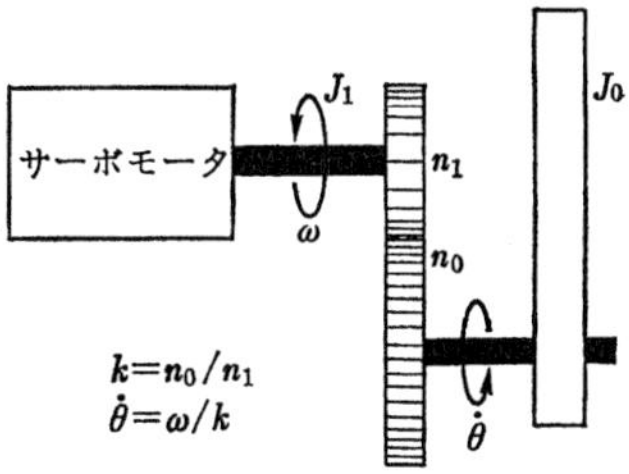

図 3.9 モータのシャフトに取り付けた減速機と負荷

直流サーボモータの大部分は他励磁式であり，制御用コイルの位置により電機子制御形と界磁制御形に分かれる．界磁制御方式では，電圧制御によるトルク・速度特性が非線形となるため，制御性に難点がある．したがって，小容量のサーボモータを除くと，電機子制御方式が用いられることが多い．図 3.8 のサーボモータの制御入力は，ロータに巻かれたコイルに印加する電圧 v_a または電流 i_a のいずれかである．モータにより発生するトルクを T，回転角速度を ω，逆起電力の電圧を E とすると，式

$$T=K_t i_a,\quad E=K_e\omega \tag{3.81}$$

が成立する．ここに K_t はトルク定数であり，界磁電流 i_f の大きさにより定数の値が決まる．また，K_e は逆起電力定数と呼ばれ，磁界と各定数との関係から直流モータでは，$K_t=K_e(=K)$ となることが知られている．このモータを減速比が k の歯車列を介して負荷に取りつけたとき (図 3.9 参照)，そのトルク方程式は

$$\left(\frac{J_0}{k^2}+J_1\right)\frac{\mathrm{d}\omega}{\mathrm{d}t}+b_1\omega=T=Ki_a \tag{3.82}$$

となる．ここに，J_0 は負荷の慣性モーメント，J_1 はモータのシャフトと減速機からなる慣性モーメント，b_1 は減速機の粘性摩擦係数である．他方，電機子回路について，キルヒホッフの電圧則から式

$$L_a\frac{\mathrm{d}}{\mathrm{d}t}i_a+R_a i_a+E=v_a \tag{3.83}$$

が成立することがわかる．ここで，回路のインダクタンス L_a は十分小さく，時定数 $\tau_0=L_a/R_a$ は無視できるほど小さいと仮定し，電圧 v_a が制御入力であるとすると，(3.81)~(3.83) 式より ($\dot{\theta}=\mathrm{d}\theta/\mathrm{d}t=\omega/k$ であることに注目して)，

$$J\ddot{\theta}+b\dot{\theta}=k_0 v_a \tag{3.84}$$

と書けることがわかる．ここに，

$$J=J_0+k^2J_1, \quad b=\left(b_1+\frac{K^2}{R_a}\right)k^2, \quad k_0=\frac{kK}{R_a} \tag{3.85}$$

とおいた．この直流サーボモータを用いた位置制御は，図3.10のフィードバック系によって実現される．すなわち，負荷の角度はポテンショメータ(あるいはエンコーダ)によって電圧に変換されて検出され，目標値(これを θ_d とする)の設定用ポテンショメータの電圧と比較される．この差を適当に増幅して，モータの電機子回路の電圧入力とするのであり，式で書くと，

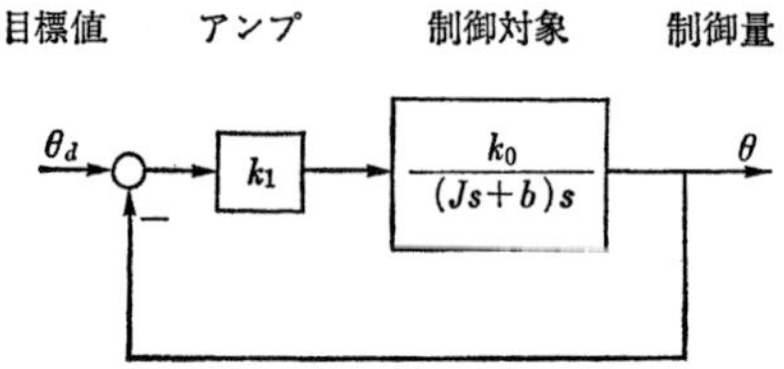

図 3.10　位置制御のためのフィードバック系

$$J\ddot{\theta}+b\dot{\theta}=k_0k_1(\theta_d-\theta) \tag{3.86}$$

となる．ここに，k_1 は角度から電圧への変換係数に増幅率を掛けたものであり，いったん選定すれば，ゲイン定数として固定される．

ステップモータを使った位置制御に，上述のような閉ループのフィードバック系を構成することも行われる．しかし，ステップモータの場合，その特質を生かして，開ループ制御に使われることの方が多いようである．

減速機はコンパクトで，しかも減速比が大きくとれるものを選ぶ必要がある．これにはハーモニックドライブや遊星歯車機構がある．特に，前者は単純な構造にもかかわらず大きな減速比(80/1〜320/1)，高伝達効率(75〜90%)が得られ，しかも歯車機構で避けることのできないバックラッシュがきわめて小さいので，産業用ロボットではよく使われている．

さて，このようなアクチュエータのダイナミクスを含めたロボットの運動方程式を決める問題を考えよう．ここで，関節 i を上で述べた直流サーボモータで駆動するとすれば，その生成トルクはモータのシャフトと減速機に関する駆動トルクおよび摩擦項と，マニピュレータのその関節に関する駆動トルクの和に等しいことに注意する．このことは減速比 k_i を考慮して，等式

$$\frac{\tau_i}{k_i}+J_i\dot{\omega}_i+b_{0i}\omega_i=K_ii_{ai} \tag{3.87}$$

が成立することを示している．ここに，ω_i は関節 i のモータの回転角速度，b_{0i} は減速機の粘性摩擦係数，K_i はモータ定数，i_{ai} は電機子電流である．もし関節 i が回転軸なら，q_i はその関節の角度を表すので，

$$k_i\dot{q}_i=\omega_i, \quad R_{ai}i_{ai}+K_i\omega_i=v_{ai} \tag{3.88}$$

である．関節 j がスライド軸のとき，q_j は変位を表すが，そのときの $\dot{q}_j$ と ω_j に比例関係があるとして，

$$k_j\dot{q}_j=\omega_j, \quad R_{aj}i_{aj}+K_j\omega_j=v_{aj} \tag{3.89}$$

となると仮定する．

以下では，関節はすべて回転軸として話を進める．ただし，この仮定は本質的に必要なわけではなく，以下に述べる (3.91) 式の定数の定義を変えさえすれば，スライド軸を含んだ場合も同様の議論ができる．また，(3.88) 式では電機子回路のインダクタンスの効果を無視しているが，この効果も時定数 $T_i=\varepsilon_i(=L_{ai}/R_{ai})$ を微小量として摂動項を設け，特異摂動法によって以下の議論を拡張することも可能である．

さて，(3.80), (3.87), (3.88) 式から容易に次の式が導けることがわかる．

$$\{J_0+R(\boldsymbol{q})\}\ddot{\boldsymbol{q}}+\frac{1}{2}\dot{R}(\boldsymbol{q})\dot{\boldsymbol{q}}+S(\boldsymbol{q},\dot{\boldsymbol{q}})\dot{\boldsymbol{q}}+B_0\dot{\boldsymbol{q}}+\boldsymbol{g}(\boldsymbol{q})=D\boldsymbol{v} \tag{3.90}$$

ここに，$\boldsymbol{v}=(v_{a1},\cdots,v_{an})^{\top}$ であり，J_0, B_0, D は正の要素をもつ対角行列で，次のように定義される．

$$\begin{cases} J_0=\mathrm{diag}(J_{ii}),\ B_0=\mathrm{diag}(b_{ii}),\ D=\mathrm{diag}(d_{ii}) \\ J_{ii}=k_i^2J_i,\ b_{ii}=(b_{0i}+K_i^2/R_{ai})k_i^2 \\ d_{ii}=k_iK_i/R_{ai} \end{cases} \tag{3.91}$$

運動方程式 (3.80) と (3.90) 式の違いは，① 慣性項に新たにモータのシャフトによる慣性が加わったこと，② 摩擦項が加わったこと，そして，③ 制御入力がサーボ入力としての電圧入力となっていること，の3点である．まず ① については，J_0 の対角項をみると，(3.91) 式から $J_{ii}=k_i^2J_i$ となっており，減速比 k_i が大きいと，J_{ii} は $R(\boldsymbol{q})$ 対角要素 r_{ii} に比べてむしろ大きくなる．実用されている多関節型の産業用ロボットの場合，J_{ii} は $r_{ii}=R_{ii}(\boldsymbol{q})$ に比べて10倍以上となっているのが普通である．このことから，産業用ロボットでは過剰設計されているといわれるが，そのおかげで運動方程式の中で非線形項があまりきいてこないことになり，このことから各関節をそれぞれ独立に制御するサーボ系でも十分な働きをすることが納得できるのである．しかし，このことをもっと詳細にみていくと，厳しい条件で設計された機構のもとで (3.90) 式の中の非線形項がたとえ優勢になっても，ポテンシャル項 $\boldsymbol{g}(\boldsymbol{q})$ があらかじめ何らかの方法で補償されていさえすれば，各関節に独立に組んだ線形サーボ方式にとって非線形項はそれほど障害になっていないことがわかるのである．このことはリアプノフの安定性

の理論から示されるのであるが，その詳細は次節にゆずる．

最後に，サーボ系を含めたロボット全体の運動方程式(3.90)に対応する全エネルギは，

$$E=\frac{1}{2}\dot{\boldsymbol{q}}^{\top}\{J_0+R(\boldsymbol{q})\}\dot{\boldsymbol{q}}+U(\boldsymbol{q}) \tag{3.92}$$

と書けること，そしてこの時間微分は，

$$\frac{\mathrm{d}}{\mathrm{d}t}E=-\dot{\boldsymbol{q}}^{\top}B_0\dot{\boldsymbol{q}}+\dot{\boldsymbol{q}}^{\top}D\boldsymbol{v} \tag{3.93}$$

と表されることに注意しておく．入力が $\boldsymbol{v}(t)=\boldsymbol{0}$ のとき，(3.93) 式は全エネルギの時間微分が摩擦やモータの逆起電力によって失われるエネルギ消費のレートになっていることを示している．また，各関節のアクチュエータの電圧入力 v_i を制御入力とみたとき，v_i が速度の負帰還 $v_i=-\bar{b}_i\dot{q}_i(\bar{b}_i>0)$ を含めば，これはマニピュレータのシステム全体のエネルギ消費レートを高める働きをしていることが，(3.93) 式から了解できる．

3.9　位置および速度のフィードバックがあるときのマニピュレータ系のダイナミクス

目標姿勢 $\boldsymbol{q}^0=(q_1{}^0, \cdots, q_n{}^0)^{\top}$ が与えられたとき，$q_i{}^0$ を目標入力とした負帰還に速度の負帰還も含めた制御則

$$v_i=-\bar{a}_i(q_i-q_i{}^0)-\bar{b}_i\dot{q}_i, \quad i=1, \cdots, n \tag{3.94}$$

を適用する場合を考えてみる．このとき，サーボ系を含めた全体系の運動方程式は，(3.94) 式を (3.90) 式に代入することにより，

$$\{J_0+R(\boldsymbol{q})\}\ddot{\boldsymbol{q}}+\frac{1}{2}\dot{R}(\boldsymbol{q})\dot{\boldsymbol{q}}+S(\boldsymbol{q}, \dot{\boldsymbol{q}})\dot{\boldsymbol{q}}+B\dot{\boldsymbol{q}}+\boldsymbol{g}(\boldsymbol{q})+A(\boldsymbol{q}-\boldsymbol{q}^0)=\boldsymbol{0} \tag{3.95}$$

となる．ここに，B および A は正定値対角行列で，

$$\begin{cases} B=B_0+D\bar{B},\ A=D\bar{A} \\ \bar{B}=\mathrm{diag}(\bar{b}_i),\ \bar{A}=\mathrm{diag}(\bar{a}_i) \end{cases} \tag{3.96}$$

と定義される．この場合，系の全エネルギに新たに線形の位置フィードバック項に相当する関数を加えた

$$V=(\boldsymbol{q}, \dot{\boldsymbol{q}})=\frac{1}{2}\dot{\boldsymbol{q}}^{\top}\{J_0+R(\boldsymbol{q})\}\dot{\boldsymbol{q}}+U(\boldsymbol{q})+\frac{1}{2}(\boldsymbol{q}-\boldsymbol{q}^0)^{\top}A(\boldsymbol{q}-\boldsymbol{q}^0) \tag{3.97}$$

を考えると都合がよい．実際，この時間微分はいままで述べたことからすぐわかるように，

$$\frac{\mathrm{d}}{\mathrm{d}t}V = -\dot{\boldsymbol{q}}^{\top}B\dot{\boldsymbol{q}} \leqq 0 \tag{3.98}$$

となる．しかし，(3.97) 式の V は一般には $\boldsymbol{q}=\boldsymbol{q}^0$, $\dot{\boldsymbol{q}}=0$ で停留値をとるとはかぎらない．したがって，(3.94) 式のような各関節が完全に独立に構成されるサーボ方式では，指定の姿勢 $\boldsymbol{q}^0$ への位置決めは原理的には不可能である．

さて，任意の姿勢への位置決めを可能にするためには，重力項(ポテンシャル項) を何らかの形で相殺しなければならないことに読者はもう気づかれたであろう．これには目標姿勢における重力項 $\boldsymbol{g}(\boldsymbol{q}^0)$ のみをあらかじめ計算するか，あるいはリアルタイムで $\boldsymbol{g}(\boldsymbol{q}(t))$ を計算して，この重力トルクを相殺する入力分 $D^{-1}\boldsymbol{g}(\boldsymbol{q}^0)$ あるいは $D^{-1}\boldsymbol{g}(\boldsymbol{q}(t))$ を (3.94) 式の右辺に加える方法が考えられる．前者の場合，電圧入力は

$$\boldsymbol{v} = D^{-1}\boldsymbol{g}(\boldsymbol{q}^0) - \bar{A}(\boldsymbol{q}-\boldsymbol{q}^0) - \bar{B}\dot{\boldsymbol{q}} \tag{3.99}$$

となり，したがって閉ループの方程式は，

$$\{J_0 + R(\boldsymbol{q})\}\ddot{\boldsymbol{q}} + \frac{1}{2}\dot{R}(\boldsymbol{q})\dot{\boldsymbol{q}} + S(\boldsymbol{q}, \dot{\boldsymbol{q}})\dot{\boldsymbol{q}} + B\dot{\boldsymbol{q}} + \boldsymbol{g}(\boldsymbol{q}) - \boldsymbol{g}(\boldsymbol{q}^0) + A(\boldsymbol{q}-\boldsymbol{q}^0) = 0 \tag{3.100}$$

となる．ここで，関数

$$V^0(\boldsymbol{q}, \dot{\boldsymbol{q}}) = \frac{1}{2}\dot{\boldsymbol{q}}^{\top}\{J_0 + R(\boldsymbol{q})\}\dot{\boldsymbol{q}} + U(\boldsymbol{q}) - U(\boldsymbol{q}^0) - (\boldsymbol{q}-\boldsymbol{q}^0)^{\top}\boldsymbol{g}(\boldsymbol{q}^0) + \frac{1}{2}(\boldsymbol{q}-\boldsymbol{q}^0)^{\top}A(\boldsymbol{q}-\boldsymbol{q}^0) \tag{3.101}$$

を考えると，明らかにその時間微分は，

$$\frac{\mathrm{d}}{\mathrm{d}t}V^0 = -\dot{\boldsymbol{q}}^{\top}B\dot{\boldsymbol{q}} \leqq 0 \tag{3.102}$$

となる．しかもポテンシャル関数の性質から，$\bar{a}_i$ をそれぞれ適当に大きくとると，$(\boldsymbol{q}=\boldsymbol{q}^0, \dot{\boldsymbol{q}}=0)$ が (3.101) 式の孤立した最小値を与えることが簡単に示せる．こうして，4 章で述べる LaSalle の定理から，$t \to \infty$ のとき $\boldsymbol{q}(t) \to \boldsymbol{q}^0$ となることが示されるのである．

なお，重力項がリアルタイムで計算できるときは，

$$\boldsymbol{v} = D^{-1}\boldsymbol{g}(\boldsymbol{q}) - \bar{A}(\boldsymbol{q}-\boldsymbol{q}^0) - \bar{B}\dot{\boldsymbol{q}} \tag{3.103}$$

とすればよい．このとき閉ループの運動方程式は，

$$\{J_0 + R(\boldsymbol{q})\}\ddot{\boldsymbol{q}} + \frac{1}{2}\dot{R}(\boldsymbol{q})\dot{\boldsymbol{q}} + S(\boldsymbol{q}, \dot{\boldsymbol{q}})\dot{\boldsymbol{q}} + B\dot{\boldsymbol{q}} + A(\boldsymbol{q}-\boldsymbol{q}^0) = 0 \tag{3.104}$$

となり，リアプノフ関数としては，

$$V(\boldsymbol{q},\dot{\boldsymbol{q}})=\frac{1}{2}\dot{\boldsymbol{q}}^{\top}\{J_0+R(\boldsymbol{q})\}\dot{\boldsymbol{q}}+\frac{1}{2}(\boldsymbol{q}-\boldsymbol{q}^0)^{\top}A(\boldsymbol{q}-\boldsymbol{q}^0) \tag{3.105}$$

を選べばよいことがわかる.

3.10 ロボットのダイナミクスの微細構造 (DD ロボットの例)

ロボットアームの多くは, 精度と剛性の点から不利になるにもかかわらず, 回転関節の直鎖構造からなる. いままでの議論からも容易に推察できるように, 多自由度になると, 回転関節上ではわずかな誤差であっても, その誤差は根元から手先にかけて急速に累積していく. また, 伝達系に用いる減速機の摩擦やバックラッシュの存在は制御精度を低下させ, 力制御やコンプライアンス制御の大きな妨げとなる. しかも, 高い減速比を実現する減速機ほど剛性が落ちる傾向があり, これが振動の要因となって高速化の著しい障害となる. そこで, アクチュエータを慣性負荷に直結させるか, 慣性負荷そのものがアクチュエータの構成部品となるダイレクトドライブ方式 (以下 DD 方式と呼ぶ) が考え出された. この方式はすでに音響機器や情報機器などに広く用いられていたものであるが, ロボット用の DD モータの開発を得て, DD 方式が産業用ロボットにも登場するようになってきた.

DD 方式ではバックラッシュが完全に除去できるうえに, 摩擦もきわめて小さく, 機械的剛性にも優れている. しかし, 直接駆動によるため, ロボットの運動が直接アクチュエータの負荷慣性の変動にきき, 普通にはダイナミクスは強い非線形性や関節軸間の強い干渉性をもつ. しかし, ダイナミクスの微細構造を詳細に検討していけば, 非線形性の問題や干渉性の問題は機構上の工夫でかなり克服できることがわかるのである. 以下では, そのような工夫をロボットダイナミクスの中でみていこう.

最初に, 1 自由度の負荷慣性を考えよう. 3.8 節で議論したように, 減速機つきのモータでは, 減速機の慣性を含めたモータのロータ慣性を J_1, 負荷慣性を J_0, 減速比を $k(=n_0/n_1)$ とすれば, モータ軸に換算した等価慣性は

$$J=J_1+\frac{J_0}{k^2} \tag{3.106}$$

となることをみた ((3.82) 式参照). ロボットが物を握ったり, 姿勢を変えたりしたとき, 負荷慣性が $\varDelta J_0$ だけ変化するとすると, これはモータ軸に換算すれば $\varDelta J_0/k^2$ になるので, k が十分大きいと (たとえば $k\fallingdotseq 100$), その影響はきわめ

て小さい．しかしながら，DD 方式の場合 $k=1$ となるので，負荷の変動は直接モータ軸に反映し，その影響は大きいものとなる．つまり，負荷変動に対する感度が高くなり，制御系の設計に細心の注意を要することになるのである．

次に，ダイナミクスについても，減速機つきのアクチュエータを用いる方式と DD 方式を比較してみる．前者では，3.8 節で論じたように，慣性項の非線形部分とともにコリオリ力と遠心力からなる非線形項も減速比 k が大きくなるにつれて小さくなり，したがってロボットダイナミクスに及ぼす影響も小さくなる．他方，DD 方式の場合，非線形項はそのままであり，DD 方式の採用の本来の目的である高速性を追求すれば，速度の 2 乗の項を含む非線形の項がますます顕著なものとなり，ここに自家撞着の気配が生ずる．しかし，幸いなことにダイナミクスの詳細を追っていくと，その解決方法がみつかる．

そこで，自由度 3 の垂直多関節型の構造を考えてみよう．図 3.6 のマニピュレータの場合，慣性行列は

$$R(\boldsymbol{\theta})=\begin{bmatrix} r_{11} & 0 & 0 \\ 0 & r_{22} & r_{23} \\ 0 & r_{23} & r_{33} \end{bmatrix} \tag{3.107}$$

$$\begin{cases} r_{11}=I_{1y}+m_2 s_2{}^2\cos^2\theta_2+I_{2x}\sin^2\theta_2+I_{2y}\cos^2\theta_2+m_3\{l_2\cos\theta_2 \\ \qquad +s_3\cos(\theta_2+\theta_3)\}^2+I_{3x}\sin^2(\theta_2+\theta_3)+I_{3y}\sin^2(\theta_2+\theta_3) \\ r_{22}=I_{2z}+m_2 s_2{}^2+I_{3z}+m_3 s_3{}^2+m_3 l_2{}^2+2m_3 s_3 l_2\cos\theta_3 \\ r_{23}=I_{3z}+m_3 s_3{}^2+m_3 s_3 l_2\cos\theta_3 \\ r_{33}=I_{3z}+m_3 s_3{}^2 \end{cases} \tag{3.108}$$

となった．このとき，r_{33} を除いて $r_{11}, r_{22},$ および r_{23} は非線形となり，姿勢が変わると値が変動する．しかし，$s_3=0$ のとき明らかに $r_{22}=\mathrm{const.}$, $r_{23}=\mathrm{const.}$ となる．つまり，第 3 リンクの重心が第 3 関節の軸の中心にくるとき，r_{22} と r_{23} は一定となる．このような構造は，図 3.11 に示すように，関節軸の中心から s_3'' の点にダミーウェイトを搭載し，$m_3''s_3''=m_3's_3'$ としてバランスをとることによって実現できる．このとき，(3.80) 式の第 2 成分と第 3 成分については，非線形の部分は重力項と $\partial\{(1/2)\dot{\boldsymbol{q}}^{\top}R(\boldsymbol{q})\dot{\boldsymbol{q}}\}/\partial q_i\,(i=2,3)$ の項が残る．さらに，$\dot{q}_1=0$ のとき，第 2 成分と第 3 成分のコリオリ力と遠心力の項は消える．すなわち，第 2 リンクと第 3 リンクの平面鉛直面内の平面運動にかぎると，図 3.11 の構造では重力項を除いて非線形項を生じないことになる．しかも，第 3 成分の重力項も消え，非線形項としては第 2 成分の重力項のみが残ることになる．

図 3.11 のように第 3 リンクにバランスをとっても，干渉項としての r_{23} は消

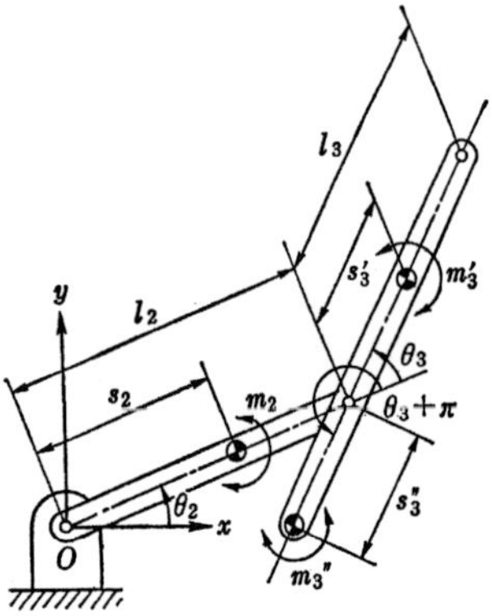

図 3.11　ダミーウェイト m_3'' を付けたバランスドアーム

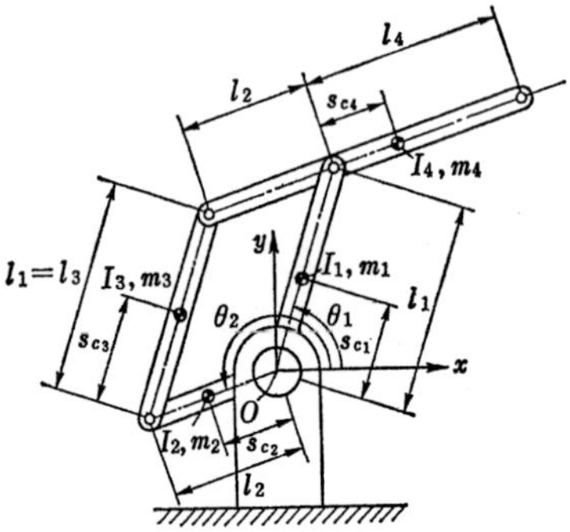

図 3.12　平行リンク機構を用いた平面マニピュレータ

えない．ところが，図 3.12 のように平行リンクのメカニズムを用いると，この干渉項をも消すことができる．実際にこのことを知るために，図 3.12 の平行リンクメカニズムの慣性行列を求めてみよう．各リンクの重心の位置を (x_{ci}, y_{ci})，$i=1, \cdots, 4$ で表すと，図 3.12 の幾何学的条件からすぐわかるように，

$$x_{c1}=s_{c1}\cos\theta_1, \quad y_{c1}=s_{c1}\sin\theta_1 \tag{3.109}$$

$$x_{c2}=-s_{c2}\cos(\theta_2-\pi)=s_{c2}\cos\theta_2, \quad y_{c2}=-s_{c2}\sin(\theta_2-\pi)=s_{c2}\sin\theta_2 \tag{3.110}$$

$$\begin{cases} x_3=-l_2\cos(\theta_2-\pi)+s_{c3}\cos\theta_1=l_2\cos\theta_2+s_{c3}\cos\theta_1 \\ y_{c3}=-l_2\sin(\theta_2-\pi)+s_{c3}\sin\theta_1=l_2\sin\theta_2+s_{c3}\sin\theta_1 \end{cases} \tag{3.111}$$

$$\begin{cases} x_{c4}=l_1\cos\theta_1+s_{c4}\cos(\theta_2-\pi)=l_1\cos\theta_1-s_{c4}\cos\theta_2 \\ y_{c4}=l_1\sin\theta_1+s_{c4}\sin(\theta_2-\pi)=l_1\sin\theta_1-s_{c4}\sin\theta_2 \end{cases} \tag{3.112}$$

となる．これらを微分すると，

$$\boldsymbol{v}_{c1}=\begin{pmatrix}\dot{x}_{c1}\\ \dot{y}_{c1}\end{pmatrix}=\begin{pmatrix}-s_{c1}\sin\theta_1 & 0\\ s_{c1}\cos\theta_1 & 0\end{pmatrix}\begin{pmatrix}\dot{\theta}_1\\ \dot{\theta}_2\end{pmatrix} \tag{3.113}$$

$$\boldsymbol{v}_{c2}=\begin{pmatrix}\dot{x}_{c2}\\ \dot{y}_{c2}\end{pmatrix}=\begin{pmatrix}0 & -s_{c2}\sin\theta_2\\ 0 & s_{c2}\cos\theta_2\end{pmatrix}\begin{pmatrix}\dot{\theta}_1\\ \dot{\theta}_2\end{pmatrix} \tag{3.114}$$

$$\boldsymbol{v}_{c3}=\begin{pmatrix}\dot{x}_{c3}\\ \dot{y}_{c3}\end{pmatrix}=\begin{pmatrix}-s_{c3}\sin\theta_1 & -l_2\sin\theta_2\\ s_{c3}\cos\theta_1 & l_2\cos\theta_2\end{pmatrix}\begin{pmatrix}\dot{\theta}_1\\ \dot{\theta}_2\end{pmatrix} \tag{3.115}$$

$$\boldsymbol{v}_{c4}=\begin{pmatrix}\dot{x}_{c4}\\ \dot{y}_{c4}\end{pmatrix}=\begin{pmatrix}-l_1\sin\theta_1 & s_{c4}\sin\theta_2\\ l_1\cos\theta_1 & -s_{c4}\cos\theta_2\end{pmatrix}\begin{pmatrix}\dot{\theta}_1\\ \dot{\theta}_2\end{pmatrix} \tag{3.116}$$

となる．また，各リンクの質量中心の角速度は，リンク 1 と 3 が平行し，リンク 2 と 4 が平行しているので，

$$\omega_1 = \dot{\theta}_1, \ \omega_2 = \dot{\theta}_2, \ \omega_3 = \dot{\theta}_1, \ \omega_4 = \dot{\theta}_2 \tag{3.117}$$

となる．そこで，(3.20) 式を参照して四つの剛体リンクの運動エネルギの和を求めると，

$$\begin{aligned} K &= \frac{1}{2}\sum_{i=1}^{4} m_i |\boldsymbol{v}_{ci}|^2 + \frac{1}{2}\sum_{i=1}^{4} \omega_i^2 I_i \\ &= \frac{1}{2}\begin{pmatrix}\dot{\theta}_1 \\ \dot{\theta}_2\end{pmatrix}^{\mathrm{T}} \begin{pmatrix} r_{11} & r_{12} \\ r_{21} & r_{22}\end{pmatrix} \begin{pmatrix}\dot{\theta}_1 \\ \dot{\theta}_2\end{pmatrix} \end{aligned} \tag{3.118}$$

となる．ここに，

$$\begin{cases} r_{11} = m_1 s_{c1}^2 + m_3 s_{c3}^2 + m_4 l_1^2 + I_1 + I_3 \\ r_{12} = (m_3 l_2 s_{c3} - m_4 l_1 s_{c4}) \cos(\theta_1 - \theta_2) \\ r_{22} = m_2 s_{c2}^2 + m_3 l_2^2 + m_4 s_{c4}^2 + I_2 + I_4 \end{cases} \tag{3.119}$$

となる．ここに，I_i は第 i リンクの質量中心を通る z 軸 (図 3.12 の平面に直交する軸) まわりの慣性モーメントである．ここで，慣性行列の非対角成分の cos $(\theta_1 - \theta_2)$ の係数に注目すると，リンク長と質量分布を適当に組み合わせることにより，それをゼロにすることができることがわかる．すなわち，図 3.12 の平行リンクの 2 辺の比 l_2/l_1 とリンク 3 と 4 の質量比 m_4/m_3 および質量中心の比 s_{c4}/s_{c3} が式

$$\frac{m_4 s_{c4}}{m_3 s_{c3}} = \frac{l_2}{l_1} \tag{3.120}$$

を満足するとき，慣性行列の非対角成分は消え，関節間の運動の干渉を完全になくすことができる．しかも，このとき慣性行列は一定となり，図 3.12 の 2 次元平面内の運動にかぎれば，重力による項以外は非線形力は生じない．

4

ロボットのフィードバック制御法

ロボットの制御系の設計は，オペレータによる何らかの教示を前提とする場合，それほど難しい問題を含まない．しかし，ロボットに自律性を要求するとなると，制御系の設計法が重要な役割を演じることになる．さらに，ロボットに高速かつ高精度の作業を課すとなると，制御系の設計法の良し悪しが作業結果に直接影響を与え，ロボットの死命を制することになる．

この章では，現在の産業用ロボットが，基本的には各関節ごとに独立にフィードバックのループを構成する古典的なサーボ方式で制御されていることを説明し，この方式の上に工夫を加えて性能向上をはかる各種制御方式を解析する．

4.1　教示/再生方式と PTP 制御

産業用ロボットの制御法は，現在でも教示/再生 (teaching/playback) 方式が主流である．この方法の考え方は，ロボットに課す作業の手順とそれを実現する動作を何らかの方法でオペレータが教え込むことにある．これを教示というが，教示内容にはハンド部および各関節の位置，速度，作業指令，実行順序などがある．また，その実現方法には，オペレータがロボットの先端近くに取りつけた握り (joystick) を手にとって，ロボットを実際の作業順序に従って動かしながら，その時々刻々の各関節角の位置や速度を記憶させる方式がある．これを直接教示方式というが，この方法では通常，位置と作業指令のみを教示し，速度については適正な値を別に計算させる．他方，作業手順を数値化あるいは記号化して，キーボードを通じてロボットに組み込んだコンピュータに入力するとともに，ティーチングボックスのスイッチ操作(これはコンピュータを通じロボットのコマンド指令となる)によってロボットの運動を生成させる方法があり，これを間接教示方式という．

教示方式に従う場合，いずれにしても，各関節軸の制御は指令値を忠実に実現する方式が望ましいことになり，したがって，高速性を要求しないかぎりパルス

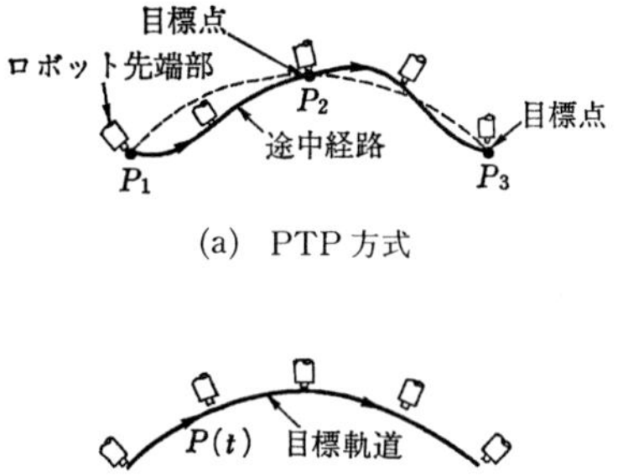

(a) PTP 方式

(b) CP 方式

図 4.1 PTP 制御方式と CP 制御方式の違い

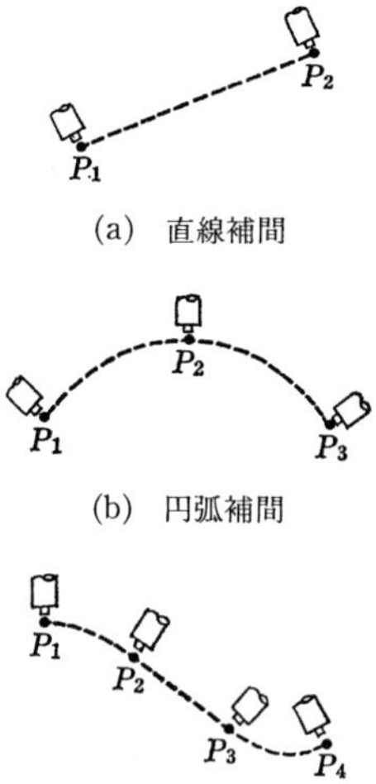

(a) 直線補間

(b) 円弧補間

(c) スプライン補間

図 4.2 手先軌道の補間法

インクリメンタル方式(次節で述べる)のサーボ系が使われやすくなる．しかし，ある程度の高速性が要求され，サーボモータを使うとき，各関節の連続的な指令値を用意しておくことが必要になる．教示の際，普通，ロボットの手先が連続的に動いても，通過した要所の点のデータのみが記憶される．一般に，点から点への(ある姿勢から別の姿勢への)位置決めを PTP (Point to Point) 方式と呼び，連続経路 (Continuous Path) に追従させる制御を CP 方式という (図 4.1 参照)．前者では，普通には目標点あるいは目標姿勢に到達することのみが要求され，途中の経路は問題にされない．たとえば，スポット溶接作業は，このような点から点への位置決めおよび溶接ガンに対する姿勢と溶接作業指令の順序づけられた手順によって構成される．他方，アーク溶接や塗装では，連続経路に従って作業が行われるので，経路の要所要所の点を適当にとり，これらの点間の連続的経路はコンピュータによる補間計算にゆだねることになる．手先の経路の補間には，直線補間や円弧補間のほか，最近はスプライン補間もできるプログラムも開発されている (図 4.2 参照)．しかし，手先に指定した経路を実現するには，それを各関節変数の時間変数に変換する必要がある．手先効果器の位置と姿勢を表す変数を $\boldsymbol{x}=(x_1, \cdots, x_n)^{\top}$，関節変数を $\boldsymbol{q}=(q_1, \cdots, q_n)^{\top}$ で表すと，手先効果器を含めたアームの関節変数が決まれば姿勢が決まるので，一般にある関係式

$$x_i=f_i(q_1, \cdots, q_n), \quad i=1, 2, \cdots, n \tag{4.1}$$

が成立する．これは順変換といわれ，アームの機構が与えられると比較的簡単に決められるが，その逆変換

$$q_j = h_j(x_1, \cdots, x_n), \quad j=1,2,\cdots,n \tag{4.2}$$

の導出は一般にはかなり面倒である．この導出が最も困難なのは垂直多関節型のマニピュレータであるが，その自由度が5ないし6の場合，すでにいくつかの公式が導出されている．PUMA 560のようにオフセットがあると，その導出はもっと困難であるので，5.2節ではPUMA 560について手先の位置と姿勢から各関節座標への完全な逆変換の公式を与えておく．

4.2　ロボットのサーボ系

教示/再生方式に従うロボットの制御系は，基本的には，各関節のアクチュエータについてそれぞれ独立に構成されたサーボ系からなる．すなわち，名関節軸は同時作動できるが，制御そのものは各軸について独立に行われている．実際，各サーボ系にはその関節の回転角，角速度(スライド軸の場合は位置と速度)を測定するエンコーダ，タコジェネレータなどのセンサ(これらを内界センサと呼ぶ)が取りつけられ，これらの測定データがフィードバックされて回転角制御が行われるが，各関節のサーボとも他の関節のセンサからの情報は反映されない．この意味で，現在のプレイバック型のロボットの制御系は半閉ループ(semi-closed loop)の方式であるといわれる(図4.3参照)．

現在の産業用ロボットでは，アクチュエータが直流サーボモータの場合，サーボ系は図4.4のようなサーボユニットで構成されている．図4.4の左端の $\bar{r}$ は参照入力であるが，これは角速度の指令値を表す．角速度は単位時間当たりのパルス数で算出され，カウンタで積算し，結果したディジタル量はD/A変換してアナログ電圧として出力する．次いで，この出力を電力増幅してサーボモータを励起させる．この種のサーボ方式をパルスインクリメンタル方式というが，これは本来，数値制御機械(NCマシーン)の制御方式として典型的な方法でもあっ

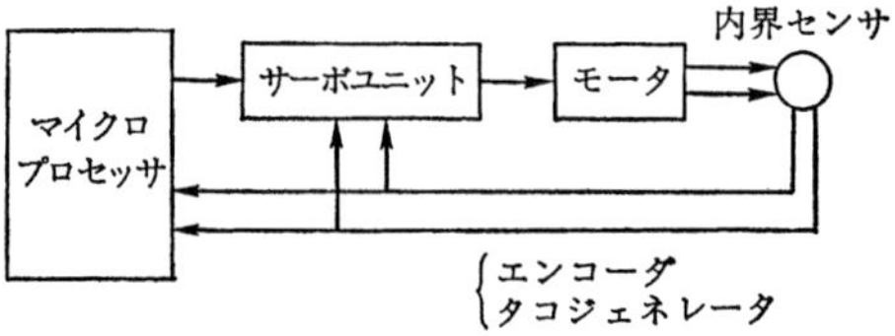

図4.3　半閉ループ制御方式

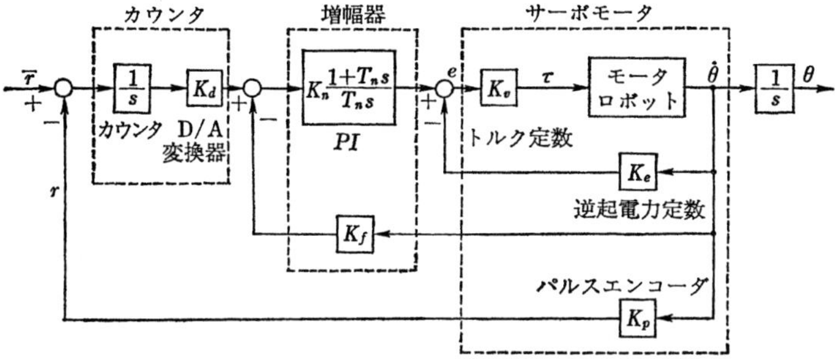

図 4.4 代表的なサーボユニットのブロックダイアグラム

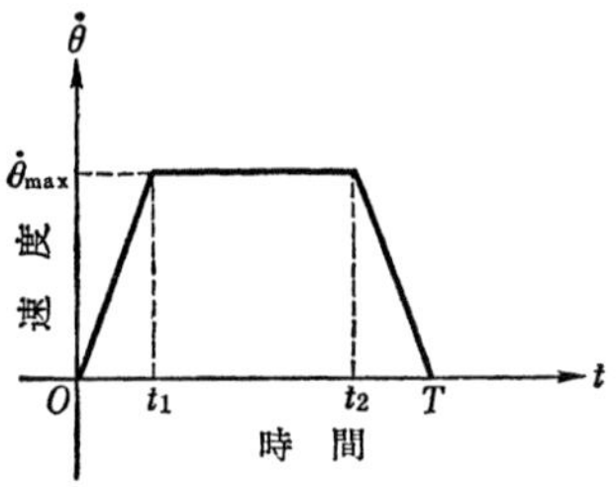

図 4.5 台形型速度パターン

た．

PTP 制御の場合，一つのポイント (姿勢) が与えられると関節角の次の目標値が決まるが，これを実現する参照入力としての速度は，図 4.5 に示すように，台形型の速度パターンで実現されることが多い．ここに，加減速の切り換え時間 t_1, t_2 と全区間 T は，パターン全体の時間区間 $[0, T]$ にわたる積分が関節角の目標値と現在値との差に等しくなるように選ばれる．

なお，カウンタと D/A 変換器を合わせて考えると，これは積分器とみなすことができる．また，増幅器は PI (比例：Proportional，積分：Integral) 特性を表す一方，逆起電力による速度フィードバックの存在で D (微分：Differential) 特性が働く．

4.3 PD フィードバック制御

図 4.4 において，最も外側にある負フィードバックの信号は，結局はカウンタで積分作用を受けることに注意する．そして，ディジタル量をアナログ信号値とみなしてみると，図 4.4 は図 4.6 に等価になることがわかる．

図 4.4 でも図 4.6 でも，サーボモータの入力信号は，速度信号の比例，積分，微分の三項演算された信号の和で構成されている．つまり，ロボットのサーボ系は速度信号に関する PID フィードバックの制御方式にほかならないことがわかる．なお，一般に T_n は大きく，図 4.6 のサーボ系は近似的に PD フィードバッ

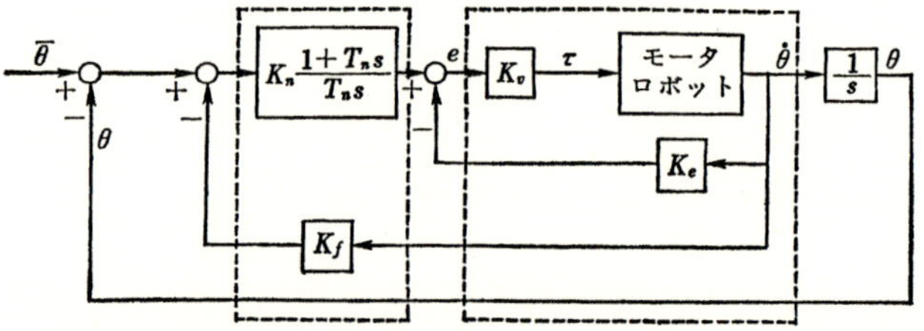

図 4.6　参照位置入力からみて図 4.4 と等価なブロックダイアグラム

クとみなすことができることもある．そこで本節では，各関節で独立にループを閉じた PD フィードバック方式で PTP 制御を行ったときの特性を解析しておく．積分項を無視することなく，PID 制御方式に従った場合の解析は次節で行う．

さて，関節の目標姿勢 $\boldsymbol{q}^0=(q_1^0, \cdots, q_n^0)^{\mathrm{T}}$ が与えられたとき，各関節のアクチュエータのサーボ系は独立に位置と速度のフィードバック

$$v_i=-\bar{a}_i(q_i-q_i^0)-\bar{b}_i\dot{q}_i, \quad i=1, \cdots, n \tag{4.3}$$

で構成されているとする．これを PD 制御方式と呼ぶが，この方式は線形かつ各関節で独立であるにもかかわらず，非線形かつ動的干渉のある産業用ロボットの制御に現実に用いられ，ある程度機能していると思われる．それは次のような理由による．すでに 3.9 節で議論したように，上述の PD サーボ系を含めたロボットのダイナミクスは (3.95) 式のようになるが，これを再掲しておく．

$$\{J_0+R(\boldsymbol{q})\}\ddot{\boldsymbol{q}}+\frac{1}{2}\dot{R}(\boldsymbol{q})\dot{\boldsymbol{q}}+S(\boldsymbol{q}, \dot{\boldsymbol{q}})\dot{\boldsymbol{q}}+B\dot{\boldsymbol{q}}+\boldsymbol{g}(\boldsymbol{q})+A(\boldsymbol{q}-\boldsymbol{q}^0)=\boldsymbol{0} \tag{4.4}$$

ここに，

$$B=B_0+D\bar{B}, \ A=D\bar{A} \qquad \bar{B}=\mathrm{diag}(\bar{b}_i), \ \bar{A}=\mathrm{diag}(\bar{a}_i) \tag{4.5}$$

とおいた．他方，産業用ロボットでは暗々裡に次のような設計方針がとられている．

(1) 関節アクチュエータとしてのモータの定格を大きめに選ぶとともに，減速比が大きくとれる減速機を採用する．

(2) 各サーボの前向き経路の増幅器のゲインを大きくとることにより，結果的に位置と速度のフィードバックの係数が大きくなるようにしている．すなわち，位置と速度の高ゲインのフィードバック系を構成している．

(3) バランスのよい機構設計を行って，重力の影響を避けたり，軽減したりしている．

これら 3 点の配慮によって，(4.4) 式では，J_0 のそれぞれの対角要素は $R(\boldsymbol{q})$ の対応する対角要素よりドミナントになり，また線形フィードバックの項 $B\dot{\boldsymbol{q}}$ と $A(\boldsymbol{q}-\boldsymbol{q}^0)$ の項も他の非線形項よりドミナントになっているものと思われる．結局，(4.4) 式は線形のダイナミクス

$$J_0\ddot{\boldsymbol{q}}+B\dot{\boldsymbol{q}}+A(\boldsymbol{q}-\boldsymbol{q}^0)=\boldsymbol{0} \tag{4.6}$$

で近似できるものと思われる．この式の各係数行列は対角行列なので，(4.6) 式は各サーボについて独立なダイナミクスを表す．そこで，古典的な 1 軸のサーボメカニズムの設計方法に従って，ゲイン定数 $\bar{a}_i$, $\bar{b}_i$ を各関節で独立に選んでおけばよいことになる．

(4.3) 式の PD フィードバック方式は，特に重力の影響が存在しない関節軸の制御に有効である．たとえば，スカラ型ロボットの場合，主要な二つの回転軸が鉛直方向にあるので，これらの関節の運動は重力の影響を受けない．したがって，残りの鉛直方向のスライド軸のみについて重力の影響を考えておけばよい．これに対して，垂直多関節型ロボットの場合には重力項が存在し，3.9 節で論じたように，単なる (4.3) 式の PD フィードバックではオフセット (位置決めの定常偏差) が生ずるのが普通である．このオフセットを除去するために，サーボ系には積分動作が入っているのであるが，重力項を直接消去できるなら，その方法を採用する方が効果は直接的で大きい．しかも，その重力項 $\boldsymbol{g}(\boldsymbol{q})$ は他の非線形項に比べて簡単な形をしており，リアルタイム計算もそれほど困難ではない．そこで，重力項はサンプル時刻ごとに計算して，フィードフォワード補償しておくとともに，(4.3) 式のフィードバックを行う方式が，考えられる (図 4.7 参照)．サンプル周期を十分小さくとれたとすると，このことは連続時間的に入力信号が

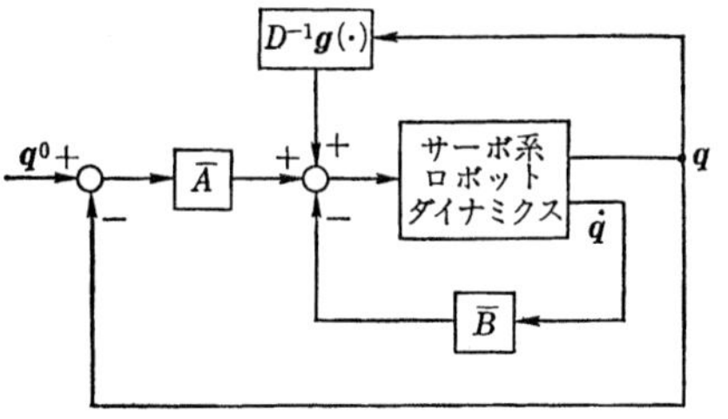

図 4.7 重力補償つき PD 制御系

$$\boldsymbol{v}=D^{-1}\boldsymbol{g}(\boldsymbol{q})-\bar{A}(\boldsymbol{q}-\boldsymbol{q}^0)-\bar{B}\dot{\boldsymbol{q}} \tag{4.7}$$

と近似できていることと解釈できる．これをロボットのダイナミクス (3.90) 式に代入すると，

$$\{J_0+R(\boldsymbol{q})\}\ddot{\boldsymbol{q}}+\frac{1}{2}\dot{R}(\boldsymbol{q})\dot{\boldsymbol{q}}+S(\boldsymbol{q},\dot{\boldsymbol{q}})\dot{\boldsymbol{q}}+B\dot{\boldsymbol{q}}+A(\boldsymbol{q}-\boldsymbol{q}^0)=\boldsymbol{0} \tag{4.8}$$

となる．この中の非線形項が線形項に比べて小さければ，このダイナミクスは

(4.6) 式で近似できたうえに，オフセットが生じないことになる．しかも，この重力補償つき PD 制御方式には，次に述べるように，もっと重要な機能が備わっていることが示せる．

一般に，ロボットの運動が高速になると，(4.8) 式の第 2 項や第 3 項の比重が増大し，線形近似が成立しなくなる．そのうえ，減速比 k があまり大きくとれないとか，あるいは DD 方式のように $k=1$ となると，(4.8) 式における J_0 と $R(\boldsymbol{q})$ のオーダは同じか，あるいは逆転することになり，ダイナミクスは著しく非線形的になる．ところが，このような条件下でも，上述の重力補償つき PD 制御によって位置決めとその収束のスピードがかなり保証できるのである．詳しくいえば，任意に与えられた初期条件に対して，(4.8) 式の解 $\boldsymbol{q}(t)$ が $t\to\infty$ のとき $\boldsymbol{q}^0$ に漸近的に近づくこと，また，この近づき方が指数関数的であることが証明できるのである．前半については 3.9 節で概略をほぼ述べたが，ここで厳密に議論するため，まず LaSalle の定理を述べておく．

【LaSalle の定理】　状態ベクトルを $\boldsymbol{x}\in R^m$ として，次の微分方程式を考える．

$$\dot{\boldsymbol{x}}=\boldsymbol{f}(\boldsymbol{x}) \tag{4.9}$$

空間 R^m の中にあるコンパクトな集合 Ω があって，Ω から出発する解はずっと Ω にとどまっているとする．また，連続な偏微分をもつような正定値関数

$$V(\boldsymbol{x})>0 \quad (\boldsymbol{x}\neq 0), \qquad V(\boldsymbol{0})=0 \tag{4.10}$$

があって，(4.9) 式の解軌道に沿った時間微分が Ω において正にはならないとする．すなわち，

$$\dot{V}=\sum_{i=1}^{m}\frac{\partial V}{\partial x_i}f_i(\boldsymbol{x})\leqq 0 \tag{4.11}$$

とする．次に，$\dot{V}=0$ を満足する Ω の点の集まりを E で表し，E における最大の不変集合を M で表す．そのとき，Ω の中から出発する (4.9) 式のすべての解は，$t\to\infty$ のときかぎりなく集合 M に近づく．ここに，M が (4.9) 式の不変集合であるとは，M の任意の点から出発した解軌道はすべて M に含まれることをいう．

さて，(4.8) 式の平衡点 $(\boldsymbol{q},\dot{\boldsymbol{q}})=(\boldsymbol{q}^0,\boldsymbol{0})$ の漸近安定性を証明しよう (3.9 節参照)．スカラ値をとる関数として (3.105) 式を採用する．すなわち，

$$V(\boldsymbol{q},\dot{\boldsymbol{q}})=\frac{1}{2}\dot{\boldsymbol{q}}^{\top}\{J_0+R(\boldsymbol{q})\}\dot{\boldsymbol{q}}+\frac{1}{2}(\boldsymbol{q}-\boldsymbol{q}^0)^{\top}A(\boldsymbol{q}-\boldsymbol{q}^0) \tag{4.12}$$

とする．これを (4.8) 式の解軌道に沿って時間微分すると，

$$\dot{V}(\boldsymbol{q}, \dot{\boldsymbol{q}}) = -\dot{\boldsymbol{q}}^{\top} B \dot{\boldsymbol{q}} \leqq 0 \tag{4.13}$$

となることが示される (3.9 節参照). すなわち, (4.8) 式を状態変数 $\boldsymbol{x}=(\boldsymbol{q}, \dot{\boldsymbol{q}})$ に関する状態方程式としてみたとき, (4.12) 式で定義した $V(\boldsymbol{q}, \dot{\boldsymbol{q}})$ は (4.8) 式のリアプノフ関数となっており, したがって, リアプノフの安定性の定理 (文献 [15] を参照) から平衡点 $(\boldsymbol{q}^0, \dot{\boldsymbol{q}}=\boldsymbol{0})$ は安定になることが証明されている. しかも, $\dot{V}=0$ は (4.13) 式から $\dot{\boldsymbol{q}}=\boldsymbol{0}$ を意味するが, そのとき (4.8) 式から $\boldsymbol{q}(t)\equiv\boldsymbol{q}^0$ でないかぎり, $\dot{\boldsymbol{q}}(t)$ は $\boldsymbol{0}$ にとどまりえないので, (4.8) 式の最大不変集合は唯一つの点 $(\boldsymbol{q}^0, \boldsymbol{0})$ からなることがわかる. こうして LaSalle の定理から

$$\lim_{t\to\infty} \boldsymbol{q}(t) = \boldsymbol{q}^0, \quad \lim_{t\to\infty} \dot{\boldsymbol{q}}(t) = \boldsymbol{0} \tag{4.14}$$

でなければならないことが示された.

こうして, 位置決めの問題が漸近安定性に帰着することが示されたが, (4.14) 式の収束の速さについては LaSalle の定理は無力である. ところが, 線形機械システム (例えば, (4.6) 式など) の漸近安定性の証明で示されるように (文献 [15] 参照), リアプノフ関数に交差項を加えることにより, 漸近安定性が LaSalle の定理を借用せずに直接証明できるかもしれないし, これから収束の速度も算定できるかもしれない. そこで, (1.95) 式を参照しながら,

$$W_{\varepsilon}(\boldsymbol{q}, \dot{\boldsymbol{q}}) = V(\boldsymbol{q}, \dot{\boldsymbol{q}}) + \varepsilon \dot{\boldsymbol{q}}^{\top}\{J_0 + R(\boldsymbol{q})\}(\boldsymbol{q}-\boldsymbol{q}^0) \tag{4.15}$$

とおいてみる. これを (4.8) 式の解軌道に沿って時間微分すると,

$$\begin{aligned}\dot{W}_{\varepsilon} &= \dot{V} + \varepsilon \dot{\boldsymbol{q}}^{\top}\{J_0 + R(\boldsymbol{q})\}\dot{\boldsymbol{q}} + \varepsilon \ddot{\boldsymbol{q}}^{\top}\{J_0 + R(\boldsymbol{q})\}(\boldsymbol{q}-\boldsymbol{q}^0) + \varepsilon \dot{\boldsymbol{q}}^{\top}\dot{R}(\boldsymbol{q})(\boldsymbol{q}-\boldsymbol{q}^0) \\ &= -\dot{\boldsymbol{q}}^{\top}[B - \varepsilon\{J_0 + R(\boldsymbol{q})\}]\dot{\boldsymbol{q}} + \varepsilon \dot{\boldsymbol{q}}^{\top}\left\{\frac{1}{2}\dot{R}(\boldsymbol{q}) - S^{\top}(\boldsymbol{q}, \dot{\boldsymbol{q}})\right\}(\boldsymbol{q}-\boldsymbol{q}^0) \\ &\quad - \varepsilon(\boldsymbol{q}-\boldsymbol{q}^0)^{\top}A(\boldsymbol{q}-\boldsymbol{q}^0)\end{aligned} \tag{4.16}$$

となる. ここで, すべての関節が回転関節とすると, $R(\boldsymbol{q})$ の成分は $\boldsymbol{q}$ の三角関数となるので, $\dot{R}(\boldsymbol{q})$ や $S(\boldsymbol{q}, \dot{\boldsymbol{q}})$ の成分は速度ベクトル $\dot{\boldsymbol{q}}$ が $\boldsymbol{0}$ ベクトルに近づくにつれて小さくなる. したがって, 平衡点 $(\boldsymbol{q}^0, 0)$ のある近傍 $N(\boldsymbol{q}^0, 0)$ をとって, $(\boldsymbol{q}, \dot{\boldsymbol{q}})$ がその中にあるかぎり,

$$\dot{W}_{\varepsilon} \leqq -\frac{1}{2}\{\dot{\boldsymbol{q}}^{\top}B\dot{\boldsymbol{q}} + \varepsilon(\boldsymbol{q}-\boldsymbol{q}^0)A(\boldsymbol{q}-\boldsymbol{q}^0)\} \tag{4.17}$$

となるようにすることができる. ただし, ε は適当に小さくとって, すべての $\boldsymbol{q}$ に対して

$$\frac{1}{2}B \geqq \varepsilon\{J_0 + R(\boldsymbol{q})\} \tag{4.18}$$

となるようにもしておく. 他方, すべての $\boldsymbol{q}$ に対して不等式

$$\gamma A \geqq J_0 + R(\boldsymbol{q}) \tag{4.19}$$

が成立するように γ を選ぶと，

$$\frac{\varepsilon\gamma}{2}\dot{\boldsymbol{q}}^{\top}\{J_0+R(\boldsymbol{q})\}\dot{\boldsymbol{q}}+\frac{\varepsilon}{2}(\boldsymbol{q}-\boldsymbol{q}^0)^{\top}A(\boldsymbol{q}-\boldsymbol{q}^0)\pm\varepsilon\dot{\boldsymbol{q}}^{\top}\{J_0+R(\boldsymbol{q})\}(\boldsymbol{q}-\boldsymbol{q}^0)\geqq 0 \tag{4.20}$$

となるから，$\varepsilon>0$ と γ を適当に選ぶと

$$\frac{1}{2}V \leqq W_\varepsilon \leqq \frac{3}{2}V \tag{4.21}$$

とすることができる．こうして不等式

$$-\dot{W}_\varepsilon \geqq \varepsilon V \geqq \frac{2}{3}\varepsilon W_\varepsilon \tag{4.22}$$

が成立し，これより式

$$W_\varepsilon\{\boldsymbol{q}(t),\,\dot{\boldsymbol{q}}(t)\} \leqq e^{-\frac{2}{3}\varepsilon t}W_\varepsilon\{\boldsymbol{q}(0),\,\dot{\boldsymbol{q}}(0)\} \tag{4.23}$$

が成立する．こうして，$\{\boldsymbol{q}(t),\,\dot{\boldsymbol{q}}(t)\}$ は $t\to\infty$ のとき指数関数的に平衡点 $(\boldsymbol{q}^0, \boldsymbol{0})$ に収束することが証明された．

4.4 PID フィードバック制御

図 4.6 のサーボループは位置に関する PID フィードバックになっている．これは

$$\boldsymbol{v}=-\bar{B}\dot{\boldsymbol{q}}-\bar{A}(\boldsymbol{q}-\boldsymbol{q}^0)-\bar{C}\int_0^t(\boldsymbol{q}-\boldsymbol{q}^0)\mathrm{d}\tau \tag{4.24}$$

と表されるはずである．ここに，$\bar{C}$ は正の値を対角線にもつ対角行列である．他方，ロボットのダイナミクスは (3.90) 式に従うが，読者の便宜のためここに再記しておく．

$$\{J_0+R(\boldsymbol{q})\}\ddot{\boldsymbol{q}}+\frac{1}{2}\dot{R}(\boldsymbol{q})\dot{\boldsymbol{q}}+S(\boldsymbol{q},\,\dot{\boldsymbol{q}})\dot{\boldsymbol{q}}+B_0\dot{\boldsymbol{q}}+\boldsymbol{g}(\boldsymbol{q})=D\boldsymbol{v} \tag{4.25}$$

ここでは，(4.24) 式の PID フィードバック方式のもとで上式の解 $\boldsymbol{q}(t)$ が $t\to\infty$ のとき $\boldsymbol{q}^0$ に漸近的に収束することを論証しておきたい．

(4.24) 式を (4.25) 式に代入すると，

$$\{J_0+R(\boldsymbol{q})\}\ddot{\boldsymbol{q}}+\frac{1}{2}\dot{R}(\boldsymbol{q})\dot{\boldsymbol{q}}+S(\boldsymbol{q},\,\dot{\boldsymbol{q}})\dot{\boldsymbol{q}}+B\dot{\boldsymbol{q}}+\boldsymbol{g}(\boldsymbol{q})+A(\boldsymbol{q}-\boldsymbol{q}^0)$$
$$+C\int_0^t(\boldsymbol{q}-\boldsymbol{q}^0)\mathrm{d}\tau=\boldsymbol{0} \tag{4.26}$$

となる．ここに A, B は (3.96) 式に示すものであり，また $C=D\bar{C}$ とおいた．

(4.26) 式は $3n$ 次の常微分方程式とみなされるので，状態変数を

$$\boldsymbol{x}=(\boldsymbol{\xi}, \boldsymbol{q}, \boldsymbol{p}),\ \boldsymbol{p}=\dot{\boldsymbol{q}},\ \boldsymbol{\xi}=\int_0^t(\boldsymbol{q}-\boldsymbol{q}^0)\mathrm{d}\tau \tag{4.27}$$

と選ぶことができる．このとき，(4.26) 式は

$$\begin{cases}\dot{\boldsymbol{\xi}}=\boldsymbol{q}-\boldsymbol{q}^0, \quad \dot{\boldsymbol{q}}=\boldsymbol{p}, \\ \dot{\boldsymbol{p}}=\{J_0+R(\boldsymbol{q})\}^{-1}\left\{-\frac{1}{2}\dot{R}(\boldsymbol{q})\boldsymbol{p}-S(\boldsymbol{q}, \boldsymbol{p})\boldsymbol{p}-B\boldsymbol{p}-\boldsymbol{g}(\boldsymbol{q})-A(\boldsymbol{q}-\boldsymbol{q}^0)-C\boldsymbol{\xi}\right\}\end{cases} \tag{4.28}$$

となる．この右辺が恒等的に $\mathbf{0}$ となるのは

$$\boldsymbol{\xi}=-C^{-1}\boldsymbol{g}(\boldsymbol{q}^0),\ \boldsymbol{q}=\boldsymbol{q}^0,\ \boldsymbol{p}=\mathbf{0} \tag{4.29}$$

のときにかぎる．すなわち，

$$\bar{\boldsymbol{x}}=\{-C^{-1}\boldsymbol{g}(\boldsymbol{q}^0), \boldsymbol{q}^0, \mathbf{0}\} \tag{4.30}$$

が状態方程式 (4.28) の唯一つの平衡点である．

そこで，この (4.30) 式の平衡点の漸近安定性を示せばよい．以下では便宜上

$$\tilde{\boldsymbol{\xi}}=\boldsymbol{\xi}+C^{-1}\boldsymbol{g}(\boldsymbol{q}^0) \tag{4.31}$$

と書くことにする．そこで，(3.101) 式を参照して，スカラ関数

$$\begin{aligned}V(\tilde{\boldsymbol{\xi}}, \boldsymbol{q}, \boldsymbol{p})=&\frac{1}{2}\boldsymbol{p}^{\top}\{J_0+R(\boldsymbol{q})\}\boldsymbol{p}+U(\boldsymbol{q})-U(\boldsymbol{q}^0)-(\boldsymbol{q}-\boldsymbol{q}^0)^{\top}\boldsymbol{g}(\boldsymbol{q}^0)\\ &+\frac{1}{2}(\boldsymbol{q}-\boldsymbol{q}^0)^{\top}A(\boldsymbol{q}-\boldsymbol{q}^0)+(\boldsymbol{q}-\boldsymbol{q}^0)^{\top}C\tilde{\boldsymbol{\xi}}\\ &+\frac{1}{2}\alpha\tilde{\boldsymbol{\xi}}^{\top}C\tilde{\boldsymbol{\xi}}+\alpha\boldsymbol{p}^{\top}\{J_0+R(\boldsymbol{q})\}(\boldsymbol{q}-\boldsymbol{q}^0)\end{aligned} \tag{4.32}$$

を導入する．この時間微分を (4.28) 式の解軌道に沿ってとると，

$$\begin{aligned}\dot{V}=&\boldsymbol{p}^{\top}[\{J_0+R(\boldsymbol{q})\}\ddot{\boldsymbol{q}}+\frac{1}{2}\dot{R}(\boldsymbol{q})\boldsymbol{p}+\boldsymbol{g}(\boldsymbol{q})-\boldsymbol{g}(\boldsymbol{q}^0)+A(\boldsymbol{q}-\boldsymbol{q}^0)+C\tilde{\boldsymbol{\xi}}]+(\boldsymbol{q}-\boldsymbol{q}^0)^{\top}C\dot{\tilde{\boldsymbol{\xi}}}\\ &+\alpha\boldsymbol{p}^{\top}\{J_0+R(\boldsymbol{q})\}\boldsymbol{p}+\alpha(\boldsymbol{q}-\boldsymbol{q}^0)^{\top}[\{J_0+R(\boldsymbol{q})\}\ddot{\boldsymbol{q}}+C\tilde{\boldsymbol{\xi}}+\dot{R}(\boldsymbol{q})\boldsymbol{p}]\\ =&-\boldsymbol{p}^{\top}[B-\alpha\{J_0+R(\boldsymbol{q})\}]\boldsymbol{p}-(\boldsymbol{q}-\boldsymbol{q}^0)^{\top}(\alpha A-C)(\boldsymbol{q}-\boldsymbol{q}^0)-\alpha(\boldsymbol{q}-\boldsymbol{q}^0)^{\top}\{\boldsymbol{g}(\boldsymbol{q})-\boldsymbol{g}(\boldsymbol{q}_0)\}\\ &+\alpha(\boldsymbol{q}-\boldsymbol{q}^0)^{\top}\left\{-B\boldsymbol{p}+\frac{1}{2}\dot{R}(\boldsymbol{q})\boldsymbol{p}-S(\boldsymbol{q}, \dot{\boldsymbol{q}})\boldsymbol{p}\right\}\end{aligned} \tag{4.33}$$

となる．ここで，A と B は一般に高ゲインのため大きくとってあるが，C は比較的小さくおさえてあることに注意する．また，α はハードウェアに現存する数値ではなく，リアプノフ関数に導入した理論上のパラメターであることに注意する．したがって，α を小さくとり，また，C の対角要素も適当に小さいとすると，

$$B-\alpha\{J_0+R(\boldsymbol{q})\}\geqq\frac{1}{2}B,\quad \alpha A-C\geqq\frac{1}{2}\alpha A \tag{4.34}$$

となる α がとれるであろう．さらに，次式が満足するように A は高ゲインにとってあると仮定しよう．

$$(\boldsymbol{q}-\boldsymbol{q}^0)^\top A(\boldsymbol{q}-\boldsymbol{q}^0) \geqq 4(\boldsymbol{q}-\boldsymbol{q}^0)^\top\{\boldsymbol{g}(\boldsymbol{q})-\boldsymbol{g}(\boldsymbol{q}^0)\} \tag{4.35}$$

このとき，

$$\dot{V} \leqq -\frac{1}{2}\boldsymbol{p}^\top B\boldsymbol{p}-\frac{\alpha}{4}(\boldsymbol{q}-\boldsymbol{q}^0)^\top A(\boldsymbol{q}-\boldsymbol{q}^0)-\alpha(\boldsymbol{q}-\boldsymbol{q}^0)^\top Q(\boldsymbol{q},\boldsymbol{p})\boldsymbol{p} \tag{4.36}$$

となる．ここに，

$$Q(\boldsymbol{q},\boldsymbol{p})=B-\frac{1}{2}\dot{R}(\boldsymbol{q})+S(\boldsymbol{q},\dot{\boldsymbol{q}}) \tag{4.37}$$

とおいた．ここで，$\boldsymbol{p}(=\dot{\boldsymbol{q}})$ が $\dot{\boldsymbol{q}}=\boldsymbol{0}$ のある近傍にある場合を考えると，$Q(\boldsymbol{q},\boldsymbol{p})$ のスペクトル半径はある一定値以内とすることができる．その範囲に $\boldsymbol{p}$ があるとき，α を十分に小さくとると，(4.36) 式の右辺は $\boldsymbol{p}$ と $(\boldsymbol{q}-\boldsymbol{q}^0)$ に関して負定値になることがわかる．もっと厳密にいえば，$\boldsymbol{p}$ が $\boldsymbol{p}=\boldsymbol{0}$ のある近傍内にあるとき，α を十分小さくとると，不等式

$$\begin{aligned}\dot{V} &\leqq -\frac{1}{2}\boldsymbol{p}^\top B\boldsymbol{p}-\frac{\alpha}{4}(\boldsymbol{q}-\boldsymbol{q}^0)^\top A(\boldsymbol{q}-\boldsymbol{q}^0)-\alpha(\boldsymbol{q}-\boldsymbol{q}^0)^\top Q(\boldsymbol{q},\boldsymbol{p})\boldsymbol{p}\\ &\leqq -\frac{1}{4}\boldsymbol{p}^\top B\boldsymbol{p}-\frac{\alpha}{8}(\boldsymbol{q}-\boldsymbol{q}^0)^\top A(\boldsymbol{q}-\boldsymbol{q}^0)\leqq 0\end{aligned} \tag{4.38}$$

が成立する．もっと正確にいえば，A, B が大きく，C が小さいと，(4.34) 式と (4.38) 式が同時に成立するような $\alpha>0$ がとれることがわかる．こうして，スカラ関数 V は (4.30) 式を平衡解にもつ微分方程式系 (4.28) 式のリアプノフ関数となることが示された．次に，$\dot{V}=0$ となる状態の集合は

$$E=\{(\tilde{\boldsymbol{\xi}},\boldsymbol{q}^0,\boldsymbol{0}):\tilde{\boldsymbol{\xi}}\in R^n\}$$

であることに注意しよう．つまり，E は $\boldsymbol{q}=\boldsymbol{q}^0, \boldsymbol{p}=\boldsymbol{0}$ の点の集合であるが，そのとき，(4.28) 式は

$$\dot{\tilde{\boldsymbol{\xi}}}=\boldsymbol{0},\quad \dot{\boldsymbol{q}}=\boldsymbol{0},\quad \dot{\boldsymbol{p}}=-\{J_0+R(\boldsymbol{q}^0)\}^{-1}C\tilde{\boldsymbol{\xi}} \tag{4.39}$$

となる．上の 3 番目の式の右辺が $\boldsymbol{0}$ になるためには $\tilde{\boldsymbol{\xi}}=\boldsymbol{0}$ でなければならず，こうして，E の中の (4.28) 式の不変集合は (4.30) 式の平衡点のみからなることが結論される．かくして，LaSalle の定理から，平衡点 $(\boldsymbol{\xi},\boldsymbol{q},\boldsymbol{p})=\{-C^{-1}\boldsymbol{g}(\boldsymbol{q}^0),\boldsymbol{q}^0,\boldsymbol{0}\}$ の漸近安定性が証明された．言い換えると，

$$\lim_{t\to\infty}\boldsymbol{q}(t)=\boldsymbol{q}^0 \tag{4.40}$$

となることが証明された．

なお，ここでは (4.32) 式で定義したスカラ関数 V の正定値性については議論しなかったが，(4.34)～(4.36) 式が成立するような α に対して V も正定値にな

ることが示せる.

4.5 作業座標に基づく PD フィードバック

マニピュレータに行わせる作業は，関節座標系よりも手先の位置および手先効果器の姿勢からなる作業座標系で表した方が便利である．一般に手先の位置と姿勢を任意に決めるためには 6 自由度が必要であり，これによって 6 自由度の機構からなるマニピュレータが多くつくられている．いま，これらの作業座標を一般に $\boldsymbol{x}=(x_1, \cdots, x_n)$ で表すことにする．

マニピュレータの姿勢 $\boldsymbol{q}^0$ が与えられると，普通，作業座標 $\boldsymbol{x}^0$ は一意に決まり，それは 4×4 変換行列の積によって表されるはずである．この変換 $\boldsymbol{q} \rightarrow \boldsymbol{x}$ を一般に，

$$\boldsymbol{x}=\boldsymbol{f}(\boldsymbol{q}) \qquad \boldsymbol{f}=(f_1, \cdots, f_n)^{\top},\ f_i=f_i(q_1, \cdots, q_n) \tag{4.41}$$

と表し，これを順変換と呼ぶことにする．逆に，作業座標 $\boldsymbol{x}^0$ を与えたとき，これを実現する関節座標 $\boldsymbol{q}^0$ を決めることは自由度が大きくなると容易ではない．この逆向きの変換を，

$$\boldsymbol{q}=\boldsymbol{f}^{-1}(\boldsymbol{x})\ (=\boldsymbol{h}(\boldsymbol{x})) \tag{4.42}$$

と表し，これを逆変換と呼ぶことにする．しかし，逆変換を一般的に求める方法は存在せず，与えられたロボットの構成に基づいてそれぞれ考察するしかないが，計算のスピードアップについてはいろいろと工夫されている．これらの議論と，6 自由度の構成例に基づく逆変換の計算例については 5.2 節で述べる．

さて，目標が作業座標系で $\boldsymbol{x}^0$ と与えられたとき，もし逆変換が容易に計算できるなら，(4.42) 式から $\boldsymbol{q}^0$ が求まり，これを改めて目標姿勢として前節の重力補償つき局所サーボ方式を適用することが考えられる．この場合，新たに (4.42) 式を計算するソフトウェアを用意すれば事足りる．しかし，一般に $\boldsymbol{x}^0$ が正確に与えられても，マニピュレータの物理定数の不正確さから，逆変換によって決められた $\boldsymbol{q}^0=\boldsymbol{f}^{-1}(\boldsymbol{x}^0)$ を用いても正しい位置決めは得られず，いくらかの誤差を伴うのが普通である．したがって，逆変換せずに直接作業座標 $\boldsymbol{x}^0$ を実現する制御方式が重要になる．そのためには作業座標 $\boldsymbol{x}(t)$ を測定する必要が生じる．一般に，作業座標系をロボットの外部から測ることのできるセンサを外界センサと呼び，ロボットに取りつけた関節の位置や速度を測ることのできるセンサを内界センサと呼ぶ，ここでは，内界センサによって $\boldsymbol{q}, \dot{\boldsymbol{q}}$ が測定でき，また外界センサによっても $\boldsymbol{x}$ が測定できる場合を考える．そのとき，これらの測定データ

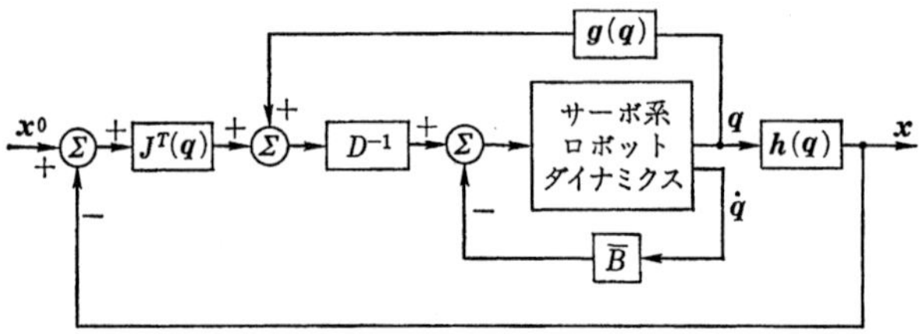

図 4.8　作業座標に基づく重力補償つきフィードバック制御系

からのフィードバックによる，次のような重力補償つきフィードバック制御が考えられる（図 4.8 参照）．

$$\boldsymbol{v}=D^{-1}\boldsymbol{g}(\boldsymbol{q})-\bar{B}\dot{\boldsymbol{q}}-D^{-1}J^{\top}(\boldsymbol{q})K(\boldsymbol{x}-\boldsymbol{x}^0) \tag{4.43}$$

ここに，$J(\boldsymbol{q})$ はヤコビアン行列で，次のように定義されるものとする．

$$J(\boldsymbol{q})=(J_{ij}),\qquad J_{ij}=\frac{\partial f_i(\boldsymbol{q})}{\partial q_j} \tag{4.44}$$

以下では，この方式によって $t\to\infty$ のとき，$\boldsymbol{x}(t)\to\boldsymbol{x}^0$ となることを示そう．

そのため，(4.43) 式を (3.90) 式に代入することによって，マニピュレータの運動方程式が

$$\{J_0+R(\boldsymbol{q})\}\ddot{\boldsymbol{q}}+\frac{1}{2}\dot{R}(\boldsymbol{q})\dot{\boldsymbol{q}}+S(\boldsymbol{q},\dot{\boldsymbol{q}})\dot{\boldsymbol{q}}+B\dot{\boldsymbol{q}}+J^{\top}(\boldsymbol{q})K(\boldsymbol{x}-\boldsymbol{x}^0)=\boldsymbol{0} \tag{4.45}$$

となっていることに注意する．そこでリアプノフ関数として，

$$W=\frac{1}{2}\dot{\boldsymbol{q}}^{\top}\{J_0+R(\boldsymbol{q})\}\dot{\boldsymbol{q}}+\frac{1}{2}(\boldsymbol{x}-\boldsymbol{x}^0)^{\top}K(\boldsymbol{x}-\boldsymbol{x}^0) \tag{4.46}$$

をとってみる．ただし，(4.45) 式と (4.46) 式における $\boldsymbol{x}$, $\boldsymbol{x}^0$ は，それぞれ

$$\boldsymbol{x}=\boldsymbol{f}(\boldsymbol{q}),\qquad \boldsymbol{x}^0=\boldsymbol{f}(\boldsymbol{q}^0) \tag{4.47}$$

と表されるものとする．明らかに，

$$\dot{\boldsymbol{x}}=J(\boldsymbol{q})\dot{\boldsymbol{q}} \tag{4.48}$$

である．そこで W の時間微分をとり，(4.48) 式を代入すると，

$$\dot{W}=\dot{\boldsymbol{q}}^{\top}\left[\{J_0+R(\boldsymbol{q})\}\ddot{\boldsymbol{q}}+\frac{1}{2}\dot{R}(\boldsymbol{q})\dot{\boldsymbol{q}}+J^{\top}(\boldsymbol{q})K(\boldsymbol{x}-\boldsymbol{x}^0)\right]$$

となり，これに (4.45) 式を代入すると，

$$\dot{W}=-\dot{\boldsymbol{q}}^{\top}B\dot{\boldsymbol{q}}\leqq 0 \tag{4.49}$$

となる．

さて，W は $(\boldsymbol{x},\dot{\boldsymbol{q}})$ については正定値であるが，$(\boldsymbol{q},\dot{\boldsymbol{q}})$ については正定値であるとはかぎらない．ここでは，$\boldsymbol{x}$ と $\boldsymbol{q}$ の次元は等しく，$\boldsymbol{f}(\boldsymbol{q}^0)=\boldsymbol{x}^0$ となるような

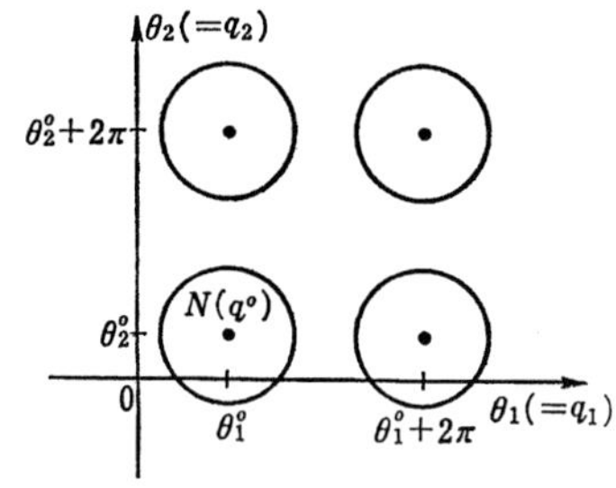

図 4.9
(4.50) 式で定義された集合 $N(\gamma)$ は互いに共通要素をもたない部分集合からなる.

$\boldsymbol{q}^0$ が一意的に存在する場合のみを考える. そこで $\gamma>0$ に対して $\boldsymbol{q}^0$ の近傍を

$$N(\gamma)=\left[\boldsymbol{q}:\frac{1}{2}\{\boldsymbol{f}(\boldsymbol{q})-\boldsymbol{x}^0\}^{\top}K\{\boldsymbol{f}(\boldsymbol{q})-\boldsymbol{x}^0\}\leqq\gamma\right] \tag{4.50}$$

と定義したとき, $N(\gamma)$ のすべての $\boldsymbol{q}$ に対して $\det J(\boldsymbol{q})\neq 0$ となるように γ を選んで固定しておこう. ここで, q_i が回転角の変数であれば, $\boldsymbol{f}(\boldsymbol{q})$ は q_i に関して周期 2π で周期的になるので, (4.50) 式で定義される $N(\gamma)$ は有界領域ではなくなる. しかし, γ をそれほど大きくとらないかぎり, 図 4.9 に示すように $N(\gamma)$ は互いに共通集合をもたない有界集合の可算個の集まりとみなすことができる. この有界集合の中で, $\boldsymbol{q}^0$ に中心をもつものを $N(\gamma)$ で表すことにする. 次に, 位置決めの漸近安定性を証明するために LaSalle の定理に再び着目し, そこで述べたコンパクト集合として

$$\Omega=\{(\boldsymbol{q},\dot{\boldsymbol{q}}):\boldsymbol{q}\in N(\gamma)\ \text{and}\ W(\boldsymbol{q},\dot{\boldsymbol{q}})\leqq\gamma\} \tag{4.51}$$

を選んでみる. ここに, W は (4.46) 式に定義されている. このとき, Ω から出発した解は, (4.49) 式から明らかなように, Ω にとどまっている. 他方, (4.46) 式で定義した W は LaSalle の定理の仮定を満足していることも明らかである. そこで集合 E を考えてみると, $\dot{W}=0$ となるのは $\dot{\boldsymbol{q}}=\boldsymbol{0}$ のときなので,

$$E=\{(\boldsymbol{q},\boldsymbol{0}):\boldsymbol{q}\in N(\gamma)\ \text{and}\ W(\boldsymbol{q},\boldsymbol{0})\leqq\gamma\} \tag{4.52}$$

と定義されることがわかる. これより E の中の解軌道は平衡点しかあり得ないことがわかるが, それらは (4.45) 式より

$$J^{\top}(\boldsymbol{q})K\{\boldsymbol{f}(\boldsymbol{q})-\boldsymbol{x}^0\}=0 \tag{4.53}$$

を満足しなければならない. ところが, $N(\gamma)$ では $\det J(\boldsymbol{q})\neq 0$ なので, (4.53) 式を満足するのは $\boldsymbol{q}=\boldsymbol{q}^0$ のみである. こうして E の中の最大不変集合は, R^{2n} の 1 点 $(\boldsymbol{q}^0,\boldsymbol{0})$ のみであることがわかる. こうして LaSalle の定理より, $t\to\infty$ のとき

$$\{\boldsymbol{q}(t),\dot{\boldsymbol{q}}(t)\}\longrightarrow(\boldsymbol{q}^0,\boldsymbol{0}) \tag{4.54}$$

となることが証明された. このことを言い換えると, 次のようにまとめることができる.

【定理】 図 4.8 あるいは (4.43) 式に示される重力補償つきフィードバック制御を用いたとき, 与えられた目標値 $\boldsymbol{x}^0$ に対してある γ が存在し, 初期条件

$\{\boldsymbol{q}(0), \dot{\boldsymbol{q}}(0)\}$ が $W\{\boldsymbol{q}(0), \dot{\boldsymbol{q}}(0)\} \leqq \gamma$ を満足するかぎり，

$$\lim_{t \to \infty} \boldsymbol{x}(t) = \boldsymbol{x}^0 \tag{4.55}$$

となる．すなわち，作業座標に基づく位置決めが可能である．

4.6　受動性と正実性

ロボットのダイナミクスは非線形性を有するにもかかわらず，線形集中定数の電気回路と同じように，受動性 (passivity) を満足している．前々節や前節で述べた線形 PD フィードバックや PID フィードバックが適用可能になった背景にはこの受動性があった．

受動性はすでに 1.5 節で言葉のみを先行させたが，ここではその定義を与え，厳密な議論を展開する．3.8 節で導出したダイナミクス (3.90) を取り上げてみよう．制御入力を $\boldsymbol{v}$ ではなく，普通には駆動行列 D は既知と見なせるので $\boldsymbol{u} = D\boldsymbol{v}$ を制御入力と考え，出力を角速度ベクトル $\boldsymbol{y} = \dot{\boldsymbol{q}}$ としてみよう．そこで，これら入出力間に内積をとってみると，(3.93) 式が成立する．これを，任意の $t > 0$ に対して，区間 $[0, t]$ で積分すると

$$\int_0^t \boldsymbol{y}^\top(\tau)\boldsymbol{u}(\tau)\mathrm{d}\tau = \int_0^t \dot{\boldsymbol{q}}^\top(\tau)D\boldsymbol{v}(\tau)\mathrm{d}\tau = E(t) - E(0) + \int_0^t \dot{\boldsymbol{q}}^\top(\tau)B_0\dot{\boldsymbol{q}}(\tau)\mathrm{d}\tau \tag{4.56}$$

となる．ここに E は (3.92) 式で定義したように系の全エネルギである．右辺の積分の値は非負であり，ポテンシャルエネルギ $U(\boldsymbol{q})$ は定数分が任意にとれるので，$\min_q U(\boldsymbol{q}) = 0$ とすれば，$U(\boldsymbol{q}) \geqq 0$ となる．したがって，(4.56) 式は

$$\int_0^t \boldsymbol{y}^\top(\tau)\boldsymbol{u}(\tau)\mathrm{d}\tau \geqq -E(0) = -\gamma_0^2 \tag{4.57}$$

と書ける．任意の $t > 0$ に対して，このような不等式が成立するとき，ダイナミクス (3.90) に関する入出力 $\{\boldsymbol{u}, \boldsymbol{y}\}$ は受動性を満足するという．なお，(4.57) 式の右辺の γ_0^2 はダイナミクスの初期条件 $\boldsymbol{q}(0), \dot{\boldsymbol{q}}(0)$ のみに関係する非負の量である．なお，(4.56) 式をよく考えてみると，左辺は外力 $\boldsymbol{u}$ のなした仕事を表し，右辺の $E(t) - E(0)$ は全エネルギの $t = 0$ と $t = t$ との差を表し，積分は時間区間 $[0, t]$ にわたって消費したエネルギを表す．つまり，(4.56) 式は系のエネルギ保存則を表しているのである．一般に，受動素子 R, L, C から構成される電気回路の 2 端子に電圧をかけたとき，流れる電流を i とすれば (図 4.10 参照)，それらの間に不等式

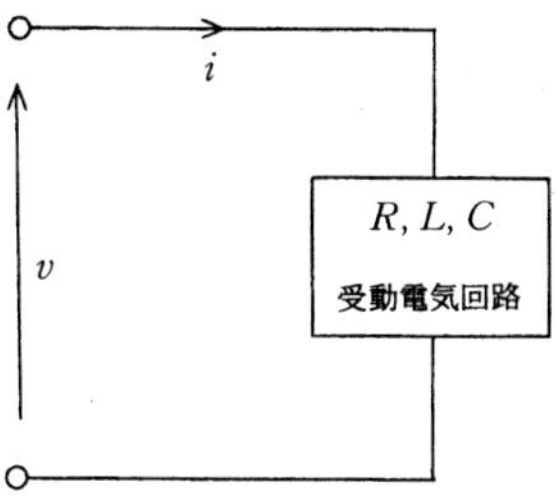

図 4.10 抵抗 R，インダクタ L，キャパシタ C からなる線形 2 端子電気回路

$$\int_0^t v(\tau)i(\tau)\mathrm{d}\tau \geqq -E(0) \qquad (4.58)$$

が成立することが知られている．すなわち，集中定数電気回路についても，入出力対 $\{v, i\}$ は受動性を満たしているのである．

(4.6) 式のような時不変線形動的システムについても，出力を適当に選ぶと，受動性を定義できる．ここではもっと一般に，システム

$$\begin{cases} \dot{\boldsymbol{x}} = A\boldsymbol{x} + B\boldsymbol{u} & (4.59\mathrm{a}) \\ \boldsymbol{y} = C\boldsymbol{x} + D\boldsymbol{u} & (4.59\mathrm{b}) \end{cases}$$

を考えよう．入出力対 $\{\boldsymbol{u}, \boldsymbol{y}\}$ について，任意の $t>0$ に対して不等式

$$\int_0^t \boldsymbol{y}^\top(\tau)\boldsymbol{u}(\tau)\mathrm{d}\tau \geqq -E(0) = -\gamma_0^2 \qquad (4.60)$$

が成立するとき，システム (4.59a, b) は受動性を満たすという．ここに $E(0)(=\gamma_0^2)$ は初期条件 $\boldsymbol{x}(0)$ のみに依存する．受動性を満たす二つのシステムの入出力ベクトルの次元が同じになるとき，図 4.11，4.12 に示すような並列結合やフィードバック結合を考えることができる．これら結合したシステムもまた受動性を満たすことは容易に示すことができる．

線形動的システム (4.59a, b) の両辺をラプラス変換し，初期条件を $\boldsymbol{x}(0)=\boldsymbol{0}$ とすると，

$$(sI-A)\tilde{\boldsymbol{x}} = B\tilde{\boldsymbol{u}}, \qquad \tilde{\boldsymbol{y}} = C\tilde{\boldsymbol{x}} + D\tilde{\boldsymbol{u}} \qquad (4.61)$$

と書くことができる．ここに，$\tilde{\boldsymbol{x}}, \tilde{\boldsymbol{y}}, \tilde{\boldsymbol{u}}$ は $\boldsymbol{x}(t), \boldsymbol{y}(t), \boldsymbol{u}(t)$ のラプラス変換，s は複素パラメターである．(4.61) 式から

$$\tilde{\boldsymbol{y}} = \{C(sI-A)^{-1}B + D\}\tilde{\boldsymbol{u}} \qquad (4.62)$$

と書ける．複素数 s の有理関数を成分とする行列

$$G(s) = C(sI-A)^{-1}B + D \qquad (4.63)$$

をシステム (4.59a, b) の入出力伝達関数，あるいは伝達関数行列と呼ぶ．

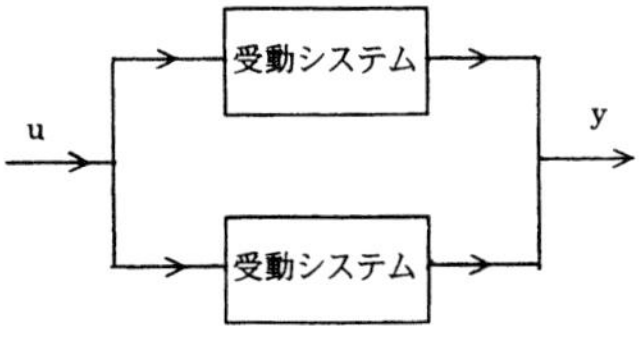

図 4.11 受動システムの並列結合

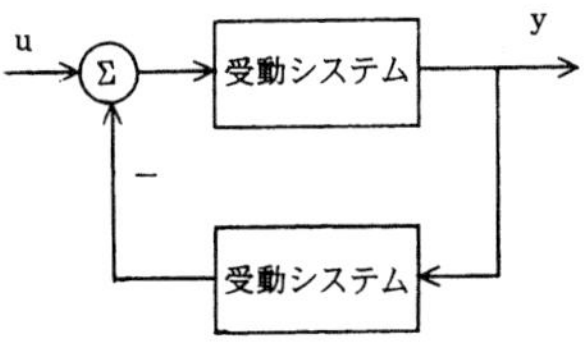

図 4.12 受動システムのフィードバック結合

正方行列 $G(s)$ は，s の実部 $\mathrm{Re}(s)$ が非負のとき，すなわち，$\mathrm{Re}(s)\geqq 0$ のとき

$$G(s)+G^{\top}(\bar{s})\geqq 0 \tag{4.64}$$

となるならば，すなわち，左辺の行列が非負定値になるならば，$G(s)$ は正実 (positive real) であるという．また $G(s-\gamma)$ が正実であるような実数 $\gamma>0$ が存在するとき，$G(s)$ は強正実であるという．

行列 $G(s)$ の各要素が実有理関数のとき，正実性の必要十分条件は次のように与えられる．

(1) $G(s)$ の各要素の極は，虚軸を含む左半平面のみに存在する．

(2) 虚軸上の極は単純であり，その任意の一つ $s=\mathrm{i}\omega_0$ で展開した式 $G(s)=\{1/(s^2+\omega_0^2)\}(sG_0+G_1)+\cdots$ の G_0（これを留数行列という）は対称非負定，G_1 は歪対称である．ただし，$\omega_0=0$ のとき，$G(s)=(1/s)H_0+\cdots$ と展開したときの H_0 は対称非負定である．

(3) 虚軸上の極を除くすべての $s=\mathrm{i}\omega$ に対して

$$G(\mathrm{i}\omega)+G^{\top}(-\mathrm{i}\omega)\geqq 0 \tag{4.65}$$

$G(s)$ が強正実になるための必要十分条件は次のようになる．

(1) $G(s)$ の各要素は s 平面の右半平面と虚軸上で極をもたない．

(2) すべての実数 ω に対して

$$G(\mathrm{i}\omega)+G^{\top}(-\mathrm{i}\omega)>0 \tag{4.66}$$

また，次の事実も知られている．

【定理 4.1】　線形動的システム (4.59 a, b) の入出力伝達関数行列 $G(s)$ が正実になるための必要十分条件は，$\boldsymbol{x}$ の次元を n，$\boldsymbol{u}$ と $\boldsymbol{y}$ の次元を m とすれば，次の三つの式を満足するある $r\times n$ 行列 L と $r\times m$ 行列 W，および $n\times n$ の対称正定行列 S が存在することである．

$$A^{\top}S+SA=-L^{\top}L \tag{4.67a}$$

$$SB=C^{\top}-L^{\top}W \tag{4.67b}$$

$$W^{\top}W=D+D^{\top} \tag{4.67c}$$

また，このとき，すべての実数 ω に対して次の等式が成立する．

$$G(\mathrm{i}\omega)+G^{\top}(-\mathrm{i}\omega)=\{W^{\top}+B^{\top}(-\mathrm{i}\omega I-A^{\top})^{-1}L^{\top}\}\{W+L(\mathrm{i}\omega I-A)^{-1}B\} \tag{4.68}$$

【定理 4.2】　同じように，$G(s)$ が強正実になるための必要十分条件は，次の三つの式を同時に満足する L, W と $n\times n$ の対称正定行列 S, Q が存在することである．

$$A^{\top}S+SA=-L^{\top}L-Q \tag{4.69a}$$

$$SB=C^{\top}-L^{\top}W \tag{4.69b}$$

$$W^{\top}W=D+D^{\top} \tag{4.69c}$$

【定理 4.3】　線形動的システム (4.59a, b) が受動性を満たすための必要十分条件は，その伝達関数行列 $G(s)$ が正実になることである．

これら三つの定理の証明は文献 [12] [13] を参照していただきたい．ここでは $G(s)$ が正実のとき，そのシステム (4.59a, b) が受動性を満足することだけを示しておこう．実際，(4.67a〜c) 式より，

$$\begin{aligned}2\int_0^t \boldsymbol{y}^{\top}(\tau)\boldsymbol{u}(\tau)\mathrm{d}\tau&=\int_0^t 2(C\boldsymbol{x}+D\boldsymbol{u})^{\top}\boldsymbol{u}\mathrm{d}\tau=\int_0^t \{2\boldsymbol{x}^{\top}(SB+L^{\top}W)\boldsymbol{u}+\boldsymbol{u}^{\top}(D+D^{\top})\boldsymbol{u}\}\mathrm{d}\tau\\&=\int_0^t\left\{\frac{\mathrm{d}}{\mathrm{d}\tau}\boldsymbol{x}^{\top}S\boldsymbol{x}-\boldsymbol{x}^{\top}(SA+A^{\top}S)\boldsymbol{x}+2\boldsymbol{x}^{\top}L^{\top}W\boldsymbol{u}+\boldsymbol{u}^{\top}W^{\top}W\boldsymbol{u}\right\}\mathrm{d}\tau\\&=X(t)-X(0)+\int_0^t\{(L\boldsymbol{x}+W\boldsymbol{u})^{\top}(L\boldsymbol{x}+W\boldsymbol{u})+\boldsymbol{x}^{\top}Q\boldsymbol{x}\}\mathrm{d}\tau\geqq -2X(0)\end{aligned} \tag{4.70}$$

となる．ここに

$$X(t)=\frac{1}{2}\boldsymbol{x}^{\top}(t)S\boldsymbol{x}(t) \tag{4.71}$$

であり，確かに $X(0)$ は状態変数ベクトル $\boldsymbol{x}(t)$ の初期値 $\boldsymbol{x}(0)$ のみに依存し，こうしてシステム (4.59a, b) の受動性が示された．なお，(4.71) 式で定義される $X(t)$ をシステム (4.59a, b) のストーレジ関数と呼ぶ．

(4.6) 式の一般形：$R\ddot{\boldsymbol{x}}+Q\dot{\boldsymbol{x}}+P\boldsymbol{x}=\boldsymbol{u}$ を線形機械システム（ただし，R, Q, P はすべて正定対称とする）と呼ぶが，その出力を $\boldsymbol{y}=\dot{\boldsymbol{q}}$ とすると，受動性を満足することは容易に示せる．したがってその伝達関数行列は

$$G(s)=s(Rs^2+Qs+P)^{-1} \tag{4.72}$$

となるが，これは定理 4.3 から正実行列になるはずである．なお，上述の線形機械システムについて $\boldsymbol{x}$ が 1 次元のとき，R, Q, P は正のスカラ量となるが，このときの伝達関数 $G(s)=s/(Rs^2+Qs+P)$ が正実になることは容易に確かめられよう．なお，この $G(s)$ は強正実にはならないことも確かめられたい．なお，これらの詳細はインピーダンス制御に関する 4.10 節でも議論する．

ロボットのダイナミクスは非線形なので，ラプラス変換やフーリエ変換は適用できない．したがって，正実性を手がかりに議論を進めることはできない．しかし，同等な性質を特徴づける受動性はロボットのダイナミクスに導入することができるので，これを手がかりに，ダイナミクスの解析やセンサフィードバック系の設計論を展開することができるのである．

4.7　SP-ID フィードバック制御

ロボットのダイナミクスは回転関節を含むと非線形になり，関節間に干渉が存在する．しかし，受動性が成立することにより，線形の PD や PID フィードバックが有効になることをみた．しかし，PID による位置決めは，局所的に漸近安定になることが保証されるだけで，初期姿勢が目標姿勢から大きく離れているときは，漸近安定性は保証のかぎりではない．そこで，関節がすべて回転関節からなるロボットのダイナミクスに対して，大域的に漸近安定な位置決めが可能になるフィードバック則を見いだしておくことが重要になる．そのため，運動方程式(3.90)を，駆動行列 D が既知なので $\boldsymbol{u}=D\boldsymbol{v}$ を制御入力と考え，ここでは次のように書いておこう．

$$\{J_0+R(\boldsymbol{q})\}\ddot{\boldsymbol{q}}+\left\{\frac{1}{2}\dot{R}(\boldsymbol{q})+S(\boldsymbol{q},\dot{\boldsymbol{q}})+B_0\right\}\dot{\boldsymbol{q}}+\boldsymbol{g}(\boldsymbol{q})=\boldsymbol{u} \tag{4.73}$$

このとき，$S(\boldsymbol{q},\dot{\boldsymbol{q}})$ は $\boldsymbol{q}$ については必ず三角関数に伴って現れ，また $\dot{\boldsymbol{q}}$ については線形で斉次になる．すなわち，$S(\boldsymbol{q},\boldsymbol{0})=0$ となる．$R(\boldsymbol{q})$ の成分も定数かあるいは q_i の三角関数からなるので，$\dot{R}(\boldsymbol{q})$ も $\dot{\boldsymbol{q}}$ について線形かつ，$\boldsymbol{q}$ について三角関数となる．また，$\boldsymbol{g}(\boldsymbol{q})$ の成分も q_i の三角関数からなるので $\boldsymbol{g}(\boldsymbol{q})$ は有界かつ q_i について周期的になる．そこで，与えた目標姿勢 $\boldsymbol{q}_d$(=const.) に対して，制御入力 $\boldsymbol{u}$ が角度変数に関する線形フィードバック $A\Delta\boldsymbol{q}(\Delta\boldsymbol{q}=\boldsymbol{q}-\boldsymbol{q}_d)$ を含むのは自然ではないのかもしれない．他方，Δq_i の三角関数を含むフィードバック則

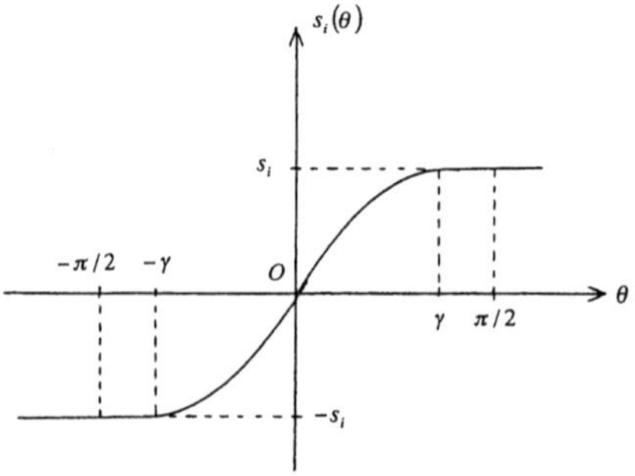

図 4.13　条件 1)〜3) を満足する飽和関数

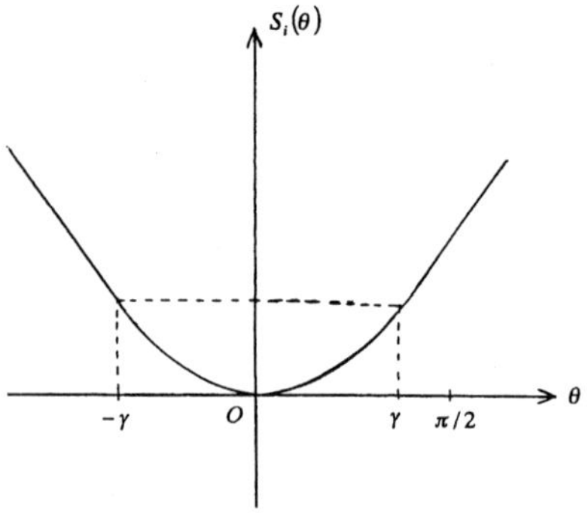

図 4.14　条件 1)〜3) を満足し，図 4.13 の飽和関数に対応するポテンシャル関数

を想定してみても，有効なものはみつからない．そこで，各関節変数の目標との差 Δq_i について図 4.13 のような飽和関数 $s_i(\Delta q_i)$ を考えよう．その積分

$$S_i(\theta)=\int_0^\theta s_i(\xi)\mathrm{d}\xi \tag{4.74}$$

は図 4.14 のようなスカラ値をとる一種のポテンシャル関数となるが，ここでは以下の仮定をおこう．

1)　$S_i(\theta)>0(\theta\neq 0)$ であり，$S_i(0)=0$

2)　$S_i(\theta)$ は連続 2 回微分可能，かつ，微分 $s_i(\theta)=\mathrm{d}S_i(\theta)/\mathrm{d}\theta$ は，ある $\gamma_i(0<\gamma_i\leqq 1/2)$ があって，$|\theta|<\gamma_i\pi$ を満足する θ について厳密に単調増加であり，$\theta\geqq\gamma_i\pi$ を満足する θ に対しては $s_i(\theta)=s_i$ であり，$\theta\leqq-\gamma_i\pi$ に対しては $s_i(\theta)=-s_i$ である．

3)　次の二つの不等式を満足するような定数 $c_i>0, d_i>0$ が存在する．

$$\theta s_i(\theta)\geqq d_i s_i^2(\theta),\qquad S_i(\theta)\geqq c_i s_i^2(\theta) \tag{4.75}$$

たとえば，次の式で定義される関数 $S_i(\theta)$ とその微分 $s_i(\theta)$ は上述の条件 1)～3) を満足している (図 4.15，4.16 を参照)．

$$S_i(\theta)=\begin{cases}\theta+1-\dfrac{\pi}{2}, & \theta\geqq\pi/2\\ 1-\cos\theta, & |\theta|<\pi/2\\ -\theta+1-\dfrac{\pi}{2}, & \theta\leqq-\pi/2\end{cases} \tag{4.76}$$

さて，目標姿勢 $\boldsymbol{q}=\boldsymbol{q}_d$ が与えられたとして，PID 制御則に似てはいるが，位置のフィードバック $-\Delta\boldsymbol{q}$ を $-\boldsymbol{s}(\Delta\boldsymbol{q})[=-\{s_1(\Delta q_1),\cdots,s_n(\Delta q_n)\}^{\mathrm{T}}]$ で置き換えた次のフィードバック則を考えよう (図 4.17 参照)．

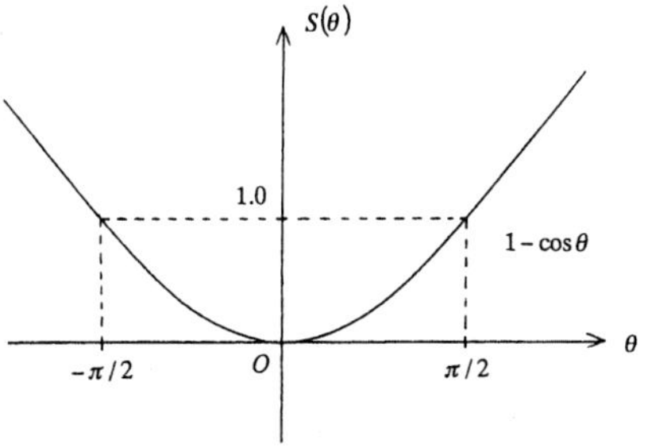

図 4.15　区間 $[-\pi/2, \pi/2]$ では $S(\theta)=1-\cos\theta$ であるようなポテンシャル関数

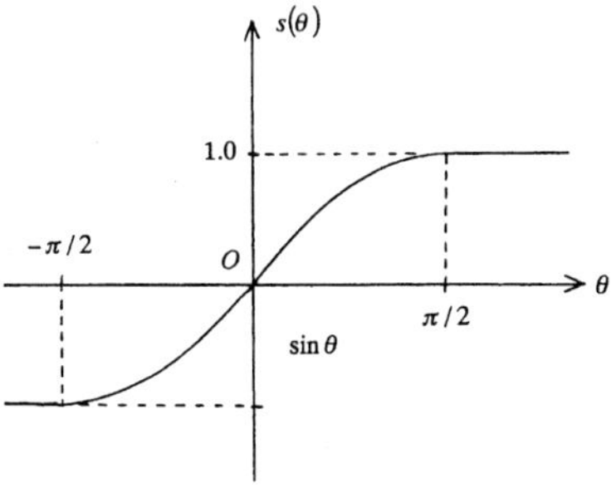

図 4.16　区間 $[-\pi/2, \pi/2]$ では $\sin\theta$ と一致し，他では一定値をとる飽和関数

$$\boldsymbol{u}=-B_1\dot{\boldsymbol{q}}-A_1\boldsymbol{s}(\Delta\boldsymbol{q})-C_1\int_0^t\boldsymbol{y}(\tau)\mathrm{d}\tau \tag{4.77}$$

$$\boldsymbol{y}=\dot{\boldsymbol{q}}+\alpha\boldsymbol{s}(\Delta\boldsymbol{q}) \tag{4.78}$$

ここに $\alpha>0$ は定数であり，A_1, B_1, C_1 は正定の対角行列とする．(4.77) 式を (4.73) 式に代入すると，閉ループのダイナミクス

$$\{J_0+R(\boldsymbol{q})\}\ddot{\boldsymbol{q}}+\left\{\frac{1}{2}\dot{R}(\boldsymbol{q})+B+S(\boldsymbol{q},\dot{\boldsymbol{q}})\right\}\dot{\boldsymbol{q}}+A_1\boldsymbol{s}(\Delta\boldsymbol{q})+\boldsymbol{g}(\boldsymbol{q})-\boldsymbol{g}(\boldsymbol{q}_d)=-C_1\boldsymbol{z} \tag{4.79}$$

が得られる．ここに，$B=B_0+B_1$ とおき，また，

$$\boldsymbol{z}(t)=C_1^{-1}\boldsymbol{g}(\boldsymbol{q}_d)+\int_0^t\boldsymbol{y}(\tau)\mathrm{d}\tau \tag{4.80}$$

と定義している．問題は，適当な初期条件のもとで，(4.79) 式の微分方程式の解 $(\boldsymbol{q}(t), \dot{\boldsymbol{q}}(t))$ が $t\to\infty$ のとき $(\boldsymbol{q}_d, \boldsymbol{0})$ へと漸近的に収束するかどうかである．すなわち，状態変数 $(\boldsymbol{q}, \dot{\boldsymbol{q}})$ に関する微分方程式 (4.79) の平衡点 $(\boldsymbol{q}_d, \boldsymbol{0})$ が大域的に漸近安定になることを検証することが問題になる．そこで，(4.78) 式の $\boldsymbol{y}$ を出力とみて，(4.79) 式の右辺 $-C_1\boldsymbol{z}$ を入力とみたときの受動性を検証してみよう．そのために，$\boldsymbol{y}$ と (4.79) 式の内積をとると，$\dot{\boldsymbol{z}}=\boldsymbol{y}$ となるので，

$$\frac{\mathrm{d}}{\mathrm{d}t}\left\{\frac{1}{2}\boldsymbol{z}^\top C\boldsymbol{z}+V(\Delta\boldsymbol{q},\dot{\boldsymbol{q}})\right\}+W(\Delta\boldsymbol{q},\dot{\boldsymbol{q}})=0 \tag{4.81}$$

となる．ここに

$$V(\Delta\boldsymbol{q},\dot{\boldsymbol{q}})=\frac{1}{2}\dot{\boldsymbol{q}}^\top\{J_0+R(\boldsymbol{q})\}\dot{\boldsymbol{q}}+U(\boldsymbol{q})-U(\boldsymbol{q}_d)-\Delta\boldsymbol{q}^\top g(q_d)$$
$$+\sum_{i=1}^n(a_{1i}+\alpha b_i)S_i(\Delta\boldsymbol{q}_i)+\alpha\boldsymbol{s}(\Delta\boldsymbol{q})^\top\{J_0+R(\boldsymbol{q})\}\dot{\boldsymbol{q}} \tag{4.82}$$

$$W(\Delta\boldsymbol{q},\dot{\boldsymbol{q}})=\dot{\boldsymbol{q}}^\top B\dot{\boldsymbol{q}}+\alpha\left[\boldsymbol{s}(\Delta\boldsymbol{q})^\top\left\{-\frac{1}{2}\dot{R}(\boldsymbol{q})+S(\boldsymbol{q},\dot{\boldsymbol{q}})\right\}\dot{\boldsymbol{q}}+\dot{\boldsymbol{s}}(\Delta\boldsymbol{q})^\top\{J_0+R(\boldsymbol{q})\}\dot{\boldsymbol{q}}\right]$$
$$+\alpha\boldsymbol{s}(\Delta\boldsymbol{q})^\top\{g(\boldsymbol{q})-g(\boldsymbol{q}_d)+A_1\boldsymbol{s}(\Delta\boldsymbol{q})\} \tag{4.83}$$

であり，a_{1i} と b_i はそれぞれ A_1 と B の第 i 番目の対角要素を表すとする．ここで，V と W が $\Delta\boldsymbol{q}, \dot{\boldsymbol{q}}$ に関して正定になるように α, A_1, B_1 が選べることを示したい．まず，$V(\Delta\boldsymbol{q}, \dot{\boldsymbol{q}})$ の一部について，

$$\sum_{i=1}^n\alpha b_iS_i(\Delta\boldsymbol{q}_i)+\frac{1}{4}\dot{\boldsymbol{q}}^\top\{J_0+R(\boldsymbol{q})\}\dot{\boldsymbol{q}}+\alpha\boldsymbol{s}(\Delta\boldsymbol{q})^\top\{J_0+R(\boldsymbol{q})\}\dot{\boldsymbol{q}}$$
$$=\frac{1}{4}\{\dot{\boldsymbol{q}}+2\alpha\boldsymbol{s}(\Delta\boldsymbol{q})\}^\top\{J_0+R(\boldsymbol{q})\}\{\dot{\boldsymbol{q}}+2\alpha\boldsymbol{s}(\Delta\boldsymbol{q})\}$$
$$+\sum_{i=1}^n\alpha b_iS_i(\Delta\boldsymbol{q}_i)-\alpha^2\boldsymbol{s}(\Delta\boldsymbol{q})^\top\{J_0+R(\boldsymbol{q})\}\boldsymbol{s}(\Delta\boldsymbol{q})$$

$$\geqq \sum_{i=1}^{n} \alpha b_i c_i s_i^2(\varDelta \boldsymbol{q}_i) - \alpha^2 \boldsymbol{s}(\varDelta \boldsymbol{q})^\top \{J_0 + R(\boldsymbol{q})\} \boldsymbol{s}(\varDelta \boldsymbol{q})$$

$$\geqq \sum_{i=1}^{n} \alpha(b_i c_i - \alpha \gamma_M) s_i^2(\varDelta q_i) \tag{4.84}$$

となることに注目する．ここに γ_M は $J_0+R(\boldsymbol{q})$ のすべての $\boldsymbol{q}$ を動かしたときの最大固有値とする．(4.84) 式を (4.82) 式に代入すると

$$V(\varDelta \boldsymbol{q}, \dot{\boldsymbol{q}}) \geqq \frac{1}{4} \dot{\boldsymbol{q}}^\top \{J_0 + R(\boldsymbol{q})\} \dot{\boldsymbol{q}} + U(\boldsymbol{q}) - U(\boldsymbol{q}_d) + \varDelta \boldsymbol{q}^\top \boldsymbol{g}(\boldsymbol{q}_d)$$

$$+ \sum_{i=1}^{n} \{a_{1i} S_i(\varDelta q_i) + \alpha(b_i c_i - \alpha \gamma_M) s_i^2(\varDelta q_i)\} \tag{4.85}$$

となる．他方，(4.83) 式の W についても，その中の [　] の中は $\varDelta \dot{\boldsymbol{q}}$ の 2 次形式で書け，$\boldsymbol{q}$ については周期的になるので，

$$\dot{\boldsymbol{s}}^\top(\varDelta \boldsymbol{q}) \{J_0 + R(\boldsymbol{q})\} \dot{\boldsymbol{q}} + \boldsymbol{s}(\varDelta \boldsymbol{q})^\top \left\{ -\frac{1}{2} \dot{R}(\boldsymbol{q}) + S(\boldsymbol{q}, \dot{\boldsymbol{q}}) \right\} \dot{\boldsymbol{q}} \geqq -\bar{c}_0 \|\dot{\boldsymbol{q}}\|^2 \tag{4.86}$$

となるような定数 $\bar{c}_0 > 0$ が存在する．こうして，

$$W(\varDelta \boldsymbol{q}, \dot{\boldsymbol{q}}) \geqq \dot{\boldsymbol{q}}^\top (B - \alpha \bar{c}_0 I) \dot{\boldsymbol{q}} + \alpha [\boldsymbol{s}(\varDelta \boldsymbol{q})^\top \{\boldsymbol{g}(\boldsymbol{q}) - \boldsymbol{g}(\boldsymbol{q}_d)\} + \boldsymbol{s}(\varDelta \boldsymbol{q})^\top A_1 \boldsymbol{s}(\varDelta \boldsymbol{q})] \tag{4.87}$$

となる．(3.101) 式で V^0 が $\boldsymbol{q} - \boldsymbol{q}^0$ についても正定になったのと同じ理由で，フィードバック係数からなる A_1 を適当に選ぶと，ある小さい $\varepsilon > 0$ に対して，二つの不等式

$$U(\boldsymbol{q}) - U(\boldsymbol{q}_d) - \varDelta \boldsymbol{q}^\top \boldsymbol{g}(\boldsymbol{q}_d) + \frac{1}{2} \sum_{i=1}^{n} a_{1i} S_i(\varDelta q_i) \geqq \varepsilon \|\boldsymbol{s}(\varDelta \boldsymbol{q})\|^2 \tag{4.88}$$

$$\boldsymbol{s}(\varDelta \boldsymbol{q})^\top \{\boldsymbol{g}(\boldsymbol{q}) - \boldsymbol{g}(\boldsymbol{q}_d)\} + \boldsymbol{s}(\varDelta \boldsymbol{q})^\top A_1 \boldsymbol{s}(\varDelta \boldsymbol{q}) \geqq \varepsilon \|\boldsymbol{s}(\varDelta \boldsymbol{q})\|^2 \tag{4.89}$$

が成立することがわかる．これらを (4.85) 式と (4.87) 式に代入すると

$$V(\varDelta \boldsymbol{q}, \dot{\boldsymbol{q}}) \geqq \frac{1}{4} \dot{\boldsymbol{q}}^\top \{J_0 + R(\boldsymbol{q})\} \dot{\boldsymbol{q}} + \frac{1}{2} \sum_{i=1}^{n} a_{1i} S_i(\varDelta \boldsymbol{q}_i)$$

$$+ \sum_{i=1}^{n} \{\varepsilon + \alpha(b_i c_i - \alpha \gamma_M)\} s_i^2(\varDelta q_i) \tag{4.90}$$

$$W(\varDelta \boldsymbol{q}, \dot{\boldsymbol{q}}) \geqq \dot{\boldsymbol{q}}^\top (B - \alpha \bar{c}_0 I) \dot{\boldsymbol{q}} + \alpha \varepsilon \|\boldsymbol{s}(\varDelta \boldsymbol{q})\|^2 \tag{4.91}$$

となる．両式の右辺を吟味すると，正定対角行列 B の対角要素 b_i が

$$b_i > \max\{\alpha \bar{c}_0, \alpha \gamma_M / c_i\} \tag{4.92}$$

となれば，V と W はともに $\varDelta \boldsymbol{q}, \dot{\boldsymbol{q}}$ について正定になることがわかる．言い換えると，(4.77) 式のダンピング成形を行う角速度フィードバック係数行列 B_1 を，$B = B_0 + B_1$ と定義しているので，(4.92) 式を満足するように選ぶと，V と W が正定になることがわかる．そのとき，

$$\frac{\mathrm{d}}{\mathrm{d}t}\left\{\frac{1}{2}\boldsymbol{z}^{\top}C_1\boldsymbol{z}+V(\Delta\boldsymbol{q},\dot{\boldsymbol{q}})\right\}=-W(\Delta\boldsymbol{q},\dot{\boldsymbol{q}}) \tag{4.93}$$

となり，｛　｝はリアプノフ関数となり，また，右辺が負定値になる．こうして，次の結論が得られた．

【SP-ID フィードバック則の漸近安定性】　(4.77) 式で定義されたフィードバック則を用いたときの閉ループダイナミクスの定常状態 $\{\boldsymbol{q}_d, \boldsymbol{0}\}$ は大域的に漸近安定である．すなわち，任意の $\boldsymbol{q}(0)$, $\dot{\boldsymbol{q}}(0)$ に対して，$t\to\infty$ のとき $\boldsymbol{q}(t)\to\boldsymbol{q}_d$, $\dot{\boldsymbol{q}}(t)\to\boldsymbol{0}$ となる．

なお，(4.77) 式のフィードバック法をここでは SP-ID フィードバックと呼ぶ．なお，(4.79) 式のダイナミクスは，図 4.17 に示すように SP-D フィードバック ($\boldsymbol{u}=-B_1\dot{\boldsymbol{q}}-A_1\boldsymbol{s}(\Delta\boldsymbol{q})$) をもつダイナミクスと積分システム (その伝達関数行列 $G(s)$ が $(1/s)C_1$ に一致する受動性を満足するシステム) とのフィードバック結合を表していることに注意されたい (図 4.12 参照).

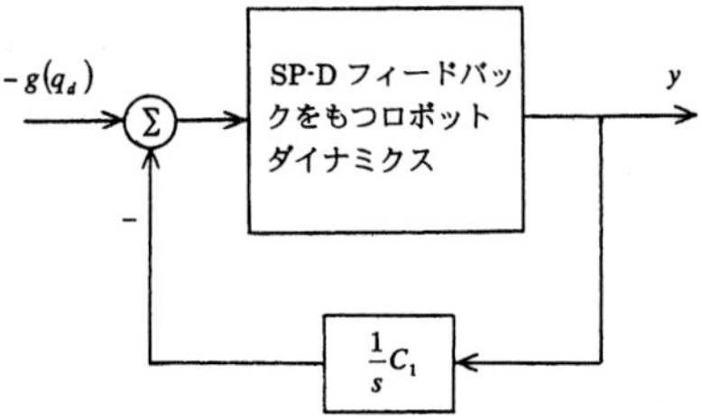

図 4.17　SP-D フィードバックをもつロボットダイナミクス (受動システム) と積分要素 (受動システム) とのフィードバック結合

4.8　柔軟関節ロボットの制御

いままでのロボットダイナミクスは，負荷リンクがアクチュエータのロータに減速機あるいは他の伝達機構を介して，リジッドに取り付けられていると仮定して導かれた．もし，このカップリングが弾性的であるならば，その関節にはもう一つの自由度を考慮しなければならなくなる．いま図 4.18 のように，関節 i を回転軸とし，弾性カップリングをばね要素でモデル化し，弾性変位を θ_i-q_i で表すことにする．ここに θ_i はロータの回転角，q_i はリンクの回転角を表すが，両者間に減速機構 (その減速比を k_i とする．図 3.9 を参照) が働いているときは，負荷側からみたみかけ上の値 θ_i/k_i を改めて θ_i で表したものとする．弾性変位 θ_i-q_i に対してばねの復元力が図 4.19 のように $f_i(\theta_i-q_i)$ で働くものとすると，ロボットのダイナミクスは，すべての関節が回転でかつ柔軟と考えると，

$$R(\boldsymbol{q})\ddot{\boldsymbol{q}}+\left\{\frac{1}{2}\dot{R}(\boldsymbol{q})+B_1+S(\boldsymbol{q},\dot{\boldsymbol{q}})\right\}\dot{\boldsymbol{q}}+\boldsymbol{g}(\boldsymbol{q})=\boldsymbol{f}(\boldsymbol{\theta}-\boldsymbol{q}) \tag{4.94a}$$

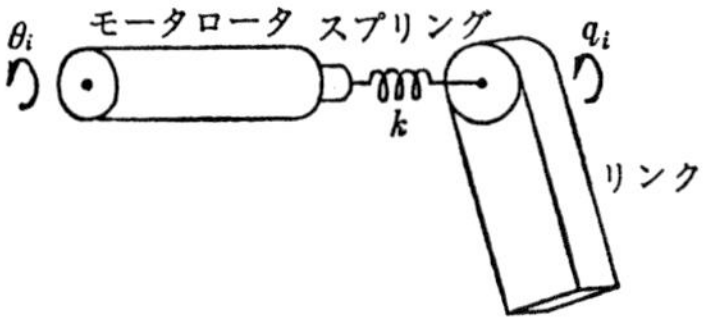

図 4.18 柔軟関節のモデル化

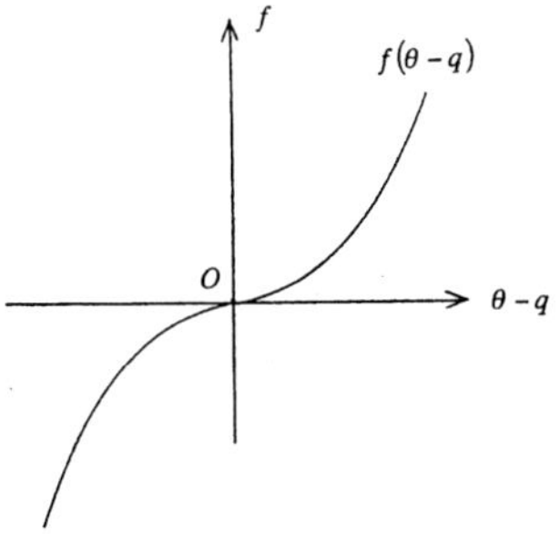

図 4.19 スプリングの復元力に関する非線形特性
$\theta \neq q$ のとき $(\theta-q)f(\theta-q)>0$ である.

$$J_0\ddot{\boldsymbol{\theta}}+B_0\dot{\boldsymbol{\theta}}=-\boldsymbol{f}(\boldsymbol{\theta}-\boldsymbol{q})+\boldsymbol{u} \tag{4.94b}$$

と表される. ここに, $\boldsymbol{f}$ の各成分は復元力 f_i を表し, B_1 と B_0 は負荷側とアクチュエータ側のそれぞれの粘性摩擦あるいは逆起電力を表す正定値対角行列, $\boldsymbol{u}$ の各成分はそれぞれの関節のアクチュエータで生成されるトルクとする.

柔軟関節のロボットダイナミクスのモデルである (4.94a, b) 式では, リンク数を n とすると, $\boldsymbol{q}, \boldsymbol{\theta}, \boldsymbol{u}$ は n 次元ベクトルであり, 自由度数は $2n$, 状態変数は $\boldsymbol{x}=(\boldsymbol{q}, \dot{\boldsymbol{q}}, \boldsymbol{\theta}, \dot{\boldsymbol{\theta}})$ と選んで $4n$ である. 剛体関節を仮定してモデル化したダイナミクスと異なって, (4.94a, b) 式では 1.5 節で説明した性質 C_1) と C_3) が成り立たない. すなわち, 柔軟関節のロボットダイナミクスは逆転不可能であり, リンクの運動 $\dot{\boldsymbol{q}}$ から入力 $\boldsymbol{u}$ を求めることは不可能である. また, 出力をリンクの角速度ベクトル $\dot{\boldsymbol{q}}$ にとると, 入力 $\boldsymbol{u}$ との間には受動性は成立しない.

リンクの回転角 q_i の測定にはビジョンのような外界センサを必要とするので, 一般には容易ではない. 他方, モータ側のシャフトにはオプティカルエンコーダのような内界センサが普通には取り付けてあるので, θ_i や $\dot{\theta}_i$ は測定可能であり, サーボ系を機能させることができる. しかも, 出力を $\dot{\boldsymbol{\theta}}$ とすると, (4.94a, b) 式のダイナミクスに関して $\boldsymbol{u}$ と $\dot{\boldsymbol{\theta}}$ との間には受動性が成立する. 実際, (4.94 b) 式と $\dot{\boldsymbol{\theta}}$ の内積をとり, さらに, (4.94a) 式と $\dot{\boldsymbol{q}}$ との内積をとって足し算すると,

$$\int_0^t \dot{\boldsymbol{\theta}}^{\top}(\tau)\boldsymbol{u}(\tau)\mathrm{d}\tau=V(t)-V(0)+\int_0^t\{\dot{\boldsymbol{q}}^{\top}(\tau)B_1\dot{\boldsymbol{q}}(\tau)+\dot{\boldsymbol{\theta}}^{\top}(\tau)B_0\dot{\boldsymbol{\theta}}(\tau)\}\mathrm{d}\tau \tag{4.95}$$

となり, 確かに受動性が成立する. ここに

$$V=\frac{1}{2}\{\dot{\boldsymbol{q}}^{\top}R(\boldsymbol{q})\dot{\boldsymbol{q}}+\dot{\boldsymbol{\theta}}^{\top}J_0\dot{\boldsymbol{\theta}}\}+\sum_{i=1}^{n}F_i(\theta_i-q_i)+U(\boldsymbol{q}) \tag{4.96}$$

$$F_i(x)=\int_0^x f_i(\xi)\mathrm{d}\xi \tag{4.97}$$

とおいたが，復元力 f_i の性質（図 4.19 参照）から $F_i(x)\geqq 0$ であることに注意されたい．ここでは，(4.94a) 式において重力項 $\boldsymbol{g}(\boldsymbol{q})$ が存在しない場合について，PD フィードバックによる位置決めが可能になることを示しておこう．スカラ型ロボットの平面内の運動はこのような場合の典型例である．そこで，目標姿勢を $\boldsymbol{q}_d$ として，$\boldsymbol{\theta}_d=\boldsymbol{q}_d$ とし，次の PD フィードバック則を考える．

$$\boldsymbol{u}=-K_0(\boldsymbol{\theta}-\boldsymbol{\theta}_d)-K_1\dot{\boldsymbol{\theta}} \tag{4.98}$$

これを式 (4.95b) に代入すると

$$J_0\ddot{\boldsymbol{\theta}}+B\dot{\boldsymbol{\theta}}+K_1(\boldsymbol{\theta}-\boldsymbol{\theta}_d)=-\boldsymbol{f}(\boldsymbol{\theta}-\boldsymbol{q}) \tag{4.99}$$

となる．ここに $B=B_0+K_1$ とおいた．さて，(4.94a) 式（そこでは $\boldsymbol{g}(\boldsymbol{q})=\boldsymbol{0}$ としている）と (4.99) 式からなる閉ループダイナミクスに対して，それぞれ $\dot{\boldsymbol{q}}$ と $\dot{\boldsymbol{\theta}}$ との内積を取って加え合わせることにより，式

$$\frac{\mathrm{d}}{\mathrm{d}t}V(\boldsymbol{q},\dot{\boldsymbol{q}},\boldsymbol{\theta},\dot{\boldsymbol{\theta}})=-\dot{\boldsymbol{q}}^\top B_1\dot{\boldsymbol{q}}-\dot{\boldsymbol{\theta}}^\top B\dot{\boldsymbol{\theta}} \tag{4.100}$$

が成立していることがわかる．ここに，$\varDelta\boldsymbol{\theta}=\boldsymbol{\theta}-\boldsymbol{\theta}_d$，かつ，

$$V(\boldsymbol{q},\dot{\boldsymbol{q}},\boldsymbol{\theta},\dot{\boldsymbol{\theta}})=\frac{1}{2}\{\dot{\boldsymbol{q}}^\top R(\boldsymbol{q})\dot{\boldsymbol{q}}+\dot{\boldsymbol{\theta}}^\top J_0\dot{\boldsymbol{\theta}}+\varDelta\boldsymbol{\theta}^\top K_0\varDelta\boldsymbol{\theta}\}+\sum_{i=1}^n F_i(\theta_i-q_i) \tag{4.101}$$

とおいた．明らかに，V は $4n$ 個の状態変数に関して正定であるから，平衡点 $(\boldsymbol{q}_d=\boldsymbol{\theta}_d,\boldsymbol{0},\boldsymbol{\theta}_d,\boldsymbol{0})$ は安定である．しかも，$\dot{\boldsymbol{q}}=\boldsymbol{0}$, $\dot{\boldsymbol{\theta}}=\boldsymbol{0}$ のとき（したがって，$\ddot{\boldsymbol{q}}=\boldsymbol{0}$, $\ddot{\boldsymbol{\theta}}=\boldsymbol{0}$ として），(4.94a) 式と (4.99) 式の定常項は，合わせて，

$$\boldsymbol{f}(\boldsymbol{\theta}-\boldsymbol{q})=\boldsymbol{0},\quad K_0\varDelta\boldsymbol{\theta}=-\boldsymbol{f}(\boldsymbol{\theta}-\boldsymbol{q}) \tag{4.102}$$

となるが，このことは $\boldsymbol{\theta}=\boldsymbol{\theta}_d$, $\boldsymbol{q}=\boldsymbol{\theta}_d(=\boldsymbol{q}_d)$ が (4.102) 式を満たす唯一の解であり，こうして LaSalle の不変定理から $t\to\infty$ のとき $\boldsymbol{\theta}(t)\to\boldsymbol{\theta}_d$, $\boldsymbol{q}(t)\to\boldsymbol{q}_d$ であることが証明された．

さて，柔軟関節の場合も位置決めの漸近安定性が理論的に示されはしたが，実際との対応ではどうであろうか．よく知られているように，電動モータをアクチュエータとするロボットでは，減速機やトルク伝達機構などに存在する柔軟性によって，低周波の固有振動が発生しうることが知られている．このことは (4.100) 式からもみえてくる．実際，(4.100) 式の B_1 は (4.94a) 式の第 1 式の粘性摩擦の項からくるが，この第 1 式はリンク側の運動を支配する方程式なので，B_1 の対角線要素はリンク部材の構造的な減衰を表す係数とみなされ，金属部材では比較的小さな値となろう．したがって，リンクとモータシャフトとの間の相対的なねじり運動に対して減衰効果が働かないことが想定でき，適切なダンピン

グ行列 K_1 を選定しないと位置決めの際には残留振動が引き起こされることが予想されるのである.

上述の検討では重力項は存在しないと仮定したが，この項が存在すると，理想のリンク姿勢 $\boldsymbol{q}_d$ とシャフト側の角度 $\boldsymbol{\theta}_d$ とは一致させることができない．位置決めには復元力特性 $f_i(x)$ を既知として，重力の効果をねじりの復元力で支える関係式が必要になるが，詳細は文献[40]の2.3節にゆずる.

リンクの回転角 q_i はすべて外界センサによって測定できるが，角速度 $\dot{q}_i$ については測定精度が悪く，角速度フィードバックを使いたくない場合がある．そのとき，(4.94b)式の $\dot{\boldsymbol{\theta}}$ は(4.94a)式の $\dot{\boldsymbol{q}}$ の推定量としての役目を果たす．つまり，角速度オブザーバは線形のダイナミクスから構成できることが上の議論からわかるが，このことの本質も文献[40]の2.4節に詳しく論じられている.

4.9 位置と力のハイブリッド制御(幾何拘束下の制御)

他の動物と比べて，人間の際立つ特徴の一つに手の器用さがあげられる．人間は腕と手を使って様々な作業をする．これらの作業では，手に物をもって移動させるだけでなく，道具を使って対象物との間で物理的な相互作用を働かせて仕事をする．ペンをもって字を書くことも，工具をもって大工仕事をすることも，外界とのインタラクション(相互作用)をうまく制御しながら行う作業の一つである.

前節までは，手先が物をもったあと，それを所定の場所に移す，あるいは所与の軌道に沿って動かすことだけを考えてきた．このとき，手先は外界との接触状態がないものと仮定してきた．他方，上で述べた外界とのインタラクションが存在する作業をマニピュレータに行わせようとすると，手先効果器と外界との接触の位置とその力を同時に制御することが必要になる．こうして位置と力のハイブリッド制御法や，インピーダンス制御あるいはコンプライアンス制御の考え方が提案されることとなった.

ここでは簡単な例から考察を進めよう．図4.20に示すように，壁面に沿って手先を $y=y_d$ の位置につけ，壁面を押しつける力を $f=f_d$ とする制御目標を立てよう．ここでは手先は凸状の剛体であり，壁面をスライドするが，先端の凸状部分の曲率は小さく，ころがり(rolling)による接触点の移動(先端部における)からくる影響は無視しよう．たとえば，ボールペンで字を書く所作はこのような典型例である．あるいは，先端部と壁面との間は剛体接触(したがって，点接

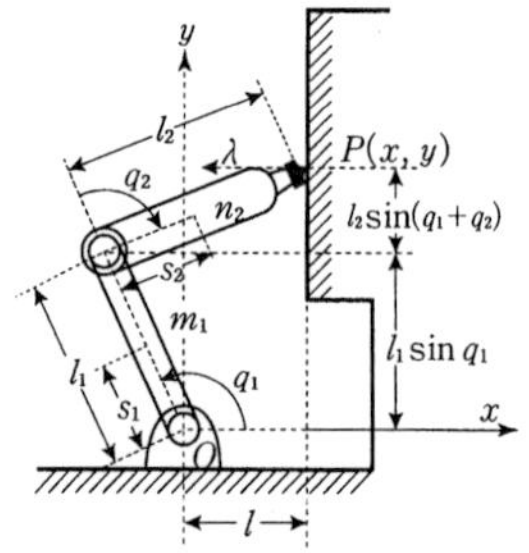

図 4.20
垂直平面内で運動する 2 自由度ロボットの先端が壁面に拘束されているとき反力 λ が発生する.

触) であるが, 先端部の姿勢を一定に保ったまま壁面をすべらす所作では接触点は先端部で一定のまま, 壁をすべる (スライド) すると考えられる. なお, 手先先端部が壁面を転がり, 接触点が先端部表面上で移動する典型例は指ロボットでみられるが, それは第 8 章で詳述する.

図 4.20 について, カーテシアン座標系 (x, y) とロボットの関節座標系 (q_1, q_2) の間には次の関係が成立する.

$$\begin{cases} x = l_1 \cos q_1 + l_2 \cos(q_1 + q_2) & \text{(4.103a)} \\ y = l_1 \sin q_1 + l_2 \sin(q_1 + q_2) & \text{(4.103b)} \end{cases}$$

幾何拘束式は

$$\phi(q_1, q_2) = x(q_1, q_2) - l = 0 \tag{4.104}$$

と表現できる. ここに $x(q_1, q_2)$ は (4.103a) 式の右辺を表現する. この系のラグランジアンは

$$L = K - P + \lambda(x - l) \tag{4.105}$$

と表される. ここに, λ は拘束式 (4.104) に対応するラグランジュ乗数であるが, 物理的にはこの λ が接触力の大きさを表す. なお, K と P は運動エネルギとポテンシャルエネルギであり, それぞれ

$$K = \frac{1}{2} \dot{\boldsymbol{q}}^{\top} R(\boldsymbol{q}) \dot{\boldsymbol{q}} \tag{4.106}$$

$$P = m_1 s_1 g\{1 + \sin q_1\} + m_2 s_2 g\{1 + \sin(q_1 + q_2)\} \tag{4.107}$$

と表される. $R(\boldsymbol{q})$ の求め方については第 3 章を読み返されたい. (4.105) 式のラグランジアンにハミルトンの原理を適用すると運動方程式

$$R(\boldsymbol{q})\ddot{\boldsymbol{q}} + \frac{1}{2}\dot{R}(\boldsymbol{q})\dot{\boldsymbol{q}} + S(\boldsymbol{q}, \dot{\boldsymbol{q}})\dot{\boldsymbol{q}} + \boldsymbol{g}(\boldsymbol{q}) - \left(\frac{\partial \phi}{\partial \boldsymbol{q}}\right)^{\top} \lambda = u \tag{4.108}$$

を得る. ここに $\boldsymbol{g}(\boldsymbol{q}) = (\partial P / \partial q_1, \partial P / \partial q_2)^{\top}$ であり, $(\partial \phi / \partial \boldsymbol{q})$ はヤコビアン行列 (ここでは 1×2 の横ベクトル) と呼ばれ, 次のように計算される.

$$\partial \phi / \partial \boldsymbol{q} = (\partial \phi / \partial q_1, \partial \phi / \partial q_2) = -(l_1 \sin q_1 + l_2 \sin(q_1 + q_2), l_2 \sin(q_1 + q_2)) \tag{4.109}$$

(4.108) 式の左辺の最後の項 $(\partial \phi / \partial \boldsymbol{q})^{\top} \lambda$ の第 2 成分は $\lambda l_2 \sin(q_1 + q_2)$ となるが, これは図 4.18 からわかるように, 第二関節にかかる接触力からくる回転モーメントに等しい. 第 2 項は第一関節中心 O まわりに及ぼす接触力による回転モーメントとなる.

接触力 λ はその正負の符号を含めて，その大きさは未定のままであるが，拘束式(4.104)の時間微分

$$\dot{\phi}(q_1, q_2)=\dot{x}=\left(\frac{\partial x}{\partial q_1}\right)\dot{q}_1+\left(\frac{\partial x}{\partial q_2}\right)\dot{q}_2=0 \tag{4.110}$$

とそのまた時間微分

$$\ddot{\phi}=\ddot{x}=\frac{\partial x}{\partial \boldsymbol{q}}\ddot{\boldsymbol{q}}+\dot{\boldsymbol{q}}^{\top}X\dot{\boldsymbol{q}}=0 \tag{4.111}$$

の二つの拘束式を考慮して，(4.108)式から定まる．ここに

$$X=\begin{pmatrix} \dfrac{\partial^2 x}{\partial {q_1}^2} & \dfrac{\partial^2 x}{\partial q_1 \partial q_2} \\ \dfrac{\partial^2 x}{\partial q_1 \partial q_2} & \dfrac{\partial^2 x}{\partial {q_2}^2} \end{pmatrix} \tag{4.112}$$

とおいた．実際，

$$\boldsymbol{p}=\frac{\partial x}{\partial \boldsymbol{q}} \tag{4.113}$$

と表し，(4.108)式の左側から $R^{-1}(\boldsymbol{q})$ を掛けて上述のベクトル $\boldsymbol{p}$ (横ベクトルであることに注意)との内積をとると，

$$\boldsymbol{p}\ddot{\boldsymbol{q}}+\boldsymbol{p}R^{-1}(\boldsymbol{q})\left[\left\{\frac{1}{2}\dot{R}(\boldsymbol{q})+S(\boldsymbol{q}, \dot{\boldsymbol{q}})\right\}\dot{\boldsymbol{q}}+\boldsymbol{g}(\boldsymbol{q})-\boldsymbol{u}\right]=\boldsymbol{p}R^{-1}(\boldsymbol{q})\boldsymbol{p}^{\top}\lambda \tag{4.114}$$

となる．そこで，(4.111)式を参照すると，

$$\boldsymbol{p}R^{-1}(\boldsymbol{q})\boldsymbol{p}^{\top}\lambda=-\dot{\boldsymbol{q}}^{\top}X\dot{\boldsymbol{q}}+\boldsymbol{p}R^{-1}(\boldsymbol{q})\left[\left\{\frac{1}{2}\dot{R}(\boldsymbol{q})+S(\boldsymbol{q}, \dot{\boldsymbol{q}})\right\}\dot{\boldsymbol{q}}+\boldsymbol{g}(\boldsymbol{q})-\boldsymbol{u}\right] \tag{4.115}$$

となり，両辺を $\boldsymbol{p}R^{-1}(\boldsymbol{q})\boldsymbol{p}^{\top}$ で割れば，λ が求まる．

もっと一般に多自由度マニピュレータの手先先端が図4.21に示すようにある2次元曲面 $\phi(\boldsymbol{x})=0$ に拘束されている場合を考えよう．ここに，$\boldsymbol{x}=(x_1, x_2, x_3)^{\top}$ は拘束曲面に固定したカーテシアン座標系とする．$\boldsymbol{x}$ と関節座標系 $\boldsymbol{q}=(q_1, \cdots, q_n)^{\top}$ との間のヤコビアン行列を

$$J_x(\boldsymbol{q})=\begin{pmatrix} \partial x_1/\partial q_1, \cdots, \partial x_1/\partial q_n \\ \cdots \\ \partial x_3/\partial q_1, \cdots, \partial x_3/\partial q_n \end{pmatrix} \tag{4.116}$$

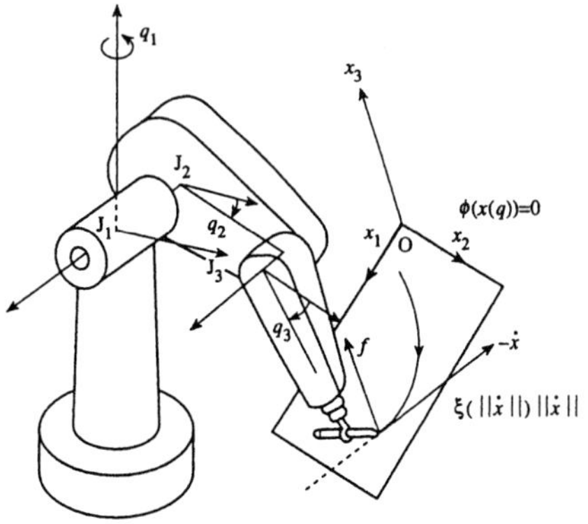

図 4.21 手先効果器の先端が曲面 $\phi(\boldsymbol{x}(\boldsymbol{q}))=0$ に拘束されているときのロボットアーム

と表そう．他方，拘束曲面の法線ベクトルは

$$\boldsymbol{\phi}_x=(\partial\phi(\boldsymbol{x})/\partial\boldsymbol{x})^{\top}=(\partial\phi/\partial x_1, \cdots, \partial\phi/\partial x_3)^{\top} \tag{4.117}$$

と表される．したがって，拘束式 $\boldsymbol{\phi}(\boldsymbol{x}(\boldsymbol{q}))=0$ の勾配ベクトルは

$$J_{\phi}^{\top}(\boldsymbol{q})=\frac{J_x^{\top}(\boldsymbol{q})(\partial\phi/\partial\boldsymbol{x})^{\top}}{\|\boldsymbol{\phi}_x\|} \tag{4.118}$$

のように表すことができる．ここに，$(\partial\phi/\partial\boldsymbol{x})^{\top}/\|\boldsymbol{\phi}_x\|$ は図 4.19 に示す接触点における曲面 $\phi(\boldsymbol{x})=0$ の単位法線ベクトルを表し，この方向ベクトルが 3 次元実空間に現れる接触力の方向を表す．また，手先先端が拘束曲面を速度ベクトル $\dot{\boldsymbol{x}}$ を伴ってスライドするとき，その反対方向 $-\dot{\boldsymbol{x}}$ に摩擦力 $\xi(\|\dot{\boldsymbol{x}}\|)\|\dot{\boldsymbol{x}}\|$ が働くものと考えよう．ここに $\xi(\|\dot{\boldsymbol{x}}\|)$ は速度の大きさ $\|\dot{\boldsymbol{x}}\|$ の正値をとる関数 (ξ=const. のとき，粘性摩擦係数とみなされる) と仮定する．以上の仮定のもとに，図 4.19 のマニピュレータのダイナミクスは次のように表される．

$$\{J_0+R(\boldsymbol{q})\}\ddot{\boldsymbol{q}}+\left\{\frac{1}{2}\dot{R}(\boldsymbol{q})+S(\boldsymbol{q},\dot{\boldsymbol{q}})+B_0\right\}\dot{\boldsymbol{q}}+\boldsymbol{g}(\boldsymbol{q})=J_{\phi}{}^{\top}(\boldsymbol{q})f-\xi(\|\dot{\boldsymbol{x}}\|)J_x{}^{\top}(\boldsymbol{q})\dot{\boldsymbol{x}}+\boldsymbol{u} \tag{4.119}$$

ここに f はラグランジュ乗数に対応するが，$J_{\phi}(\boldsymbol{q})$ を (4.118) 式で定義したとき，真の接触力に一致し，力の単位 (Newton) をもつ．なお，図 4.18 の例のように形式的にラグランジュ乗数を導入すると，式

$$\left(\frac{\partial\phi}{\partial\boldsymbol{q}}\right)^{\top}\lambda=J_{\phi}{}^{\top}(\boldsymbol{q})f \tag{4.120}$$

となるが，(4.117) ～ (4.119) 式から

$$\left(\frac{\partial\phi}{\partial\boldsymbol{x}}\frac{\partial\boldsymbol{x}}{\partial\boldsymbol{q}}\right)^{\top}\lambda=J_{\phi}{}^{\top}(\boldsymbol{q})f=\left(\frac{\partial\phi}{\partial\boldsymbol{x}}\frac{\partial\boldsymbol{x}}{\partial\boldsymbol{q}}\right)^{\top}f/\|\boldsymbol{\phi}_x\| \tag{4.121}$$

となり，これより

$$\lambda=\frac{f}{\|\boldsymbol{\phi}_x\|} \tag{4.122}$$

という関係が成立していることがわかる．

(4.120) 式のダイナミクスについても，出力 $\boldsymbol{y}=\dot{\boldsymbol{q}}$ と入力 $\boldsymbol{u}$ との間に受動性が成立する．実際，$\dot{\boldsymbol{x}}=J_x(\boldsymbol{q})\dot{\boldsymbol{q}}$ と表されることから，(4.120) 式の両辺と $\dot{\boldsymbol{q}}$ との内積をとることにより，

$$\int_0^t \dot{\boldsymbol{q}}^{\top}\boldsymbol{u}\,\mathrm{d}\tau=E(t)-E(0)+\int_0^t\{\dot{\boldsymbol{q}}^{\top}B_0\dot{\boldsymbol{q}}+\xi(\|\dot{\boldsymbol{x}}\|)\|\dot{\boldsymbol{x}}\|^2\}\mathrm{d}\tau \tag{4.123}$$

となることがわかる．ここに E は (3.92) 式で定義される全エネルギである．

最後に，本節の冒頭で述べたように，接触力を $f=f_d$ に，マニピュレータの姿

勢を $\boldsymbol{q}=\boldsymbol{q}_d$ と制御する問題を考えよう．ただし，$\boldsymbol{x}(\boldsymbol{q}_d)$ は $\phi\{\boldsymbol{x}(\boldsymbol{q}_d)\}=0$ を満足しているとする．そのとき，

$$\boldsymbol{u}=-A\Delta\boldsymbol{q}-B_1\dot{\boldsymbol{q}}+\boldsymbol{g}(\boldsymbol{q}_d)-J_\phi^\top(\boldsymbol{q})f_d \tag{4.124}$$

と設定してみよう．ここに $\Delta\boldsymbol{q}=\boldsymbol{q}-\boldsymbol{q}_d$ である．右辺の最初の二つの項は PD フィードバックを表し，第 3 項はオフライン重力補償，最後の項が接触力を目標値 f_d に一致させるための力のフィードフォワード項である．この制御入力を (4.120) 式に代入すると，閉ループダイナミクス

$$\{J_0+R(\boldsymbol{q})\}\ddot{\boldsymbol{q}}+\left\{\frac{1}{2}\dot{R}(\boldsymbol{q})+S(\boldsymbol{q},\dot{\boldsymbol{q}})+B+\xi(\|\dot{\boldsymbol{x}}\|)J_x^\top(\boldsymbol{q})J_x(\boldsymbol{q})\right\}\dot{\boldsymbol{q}} \\ +A\Delta\boldsymbol{q}+\boldsymbol{g}(\boldsymbol{q})-\boldsymbol{g}(\boldsymbol{q}_d)=J_\phi^\top(\boldsymbol{q})\Delta\boldsymbol{f} \tag{4.125}$$

を得る．ここに $\Delta f=f-f_d$, $B=B_0+B_1$ とおいた．このとき，受動性からすぐに，次の関係が成立することが示せる．

$$\frac{\mathrm{d}}{\mathrm{d}t}V(\Delta\boldsymbol{q},\dot{\boldsymbol{q}})=-\dot{\boldsymbol{q}}^\top B\dot{\boldsymbol{q}}-\xi(\|\dot{\boldsymbol{x}}\|)\|J_x(\boldsymbol{q})\dot{\boldsymbol{q}}\|^2 \tag{4.126}$$

ここに

$$V(\Delta\boldsymbol{q},\dot{\boldsymbol{q}})=\frac{1}{2}[\dot{\boldsymbol{q}}^\top\{J_0+R(\boldsymbol{q})\}\dot{\boldsymbol{q}}+\Delta\boldsymbol{q}^\top A\Delta\boldsymbol{q}]+U(\boldsymbol{q})-U(\boldsymbol{q}_d)-\Delta\boldsymbol{q}^\top\boldsymbol{g}(\boldsymbol{q}_d) \tag{4.127}$$

である．ゲイン行列 A を適当に選べば $V(\Delta\boldsymbol{q},\dot{\boldsymbol{q}})$ が $(\Delta\boldsymbol{q},\dot{\boldsymbol{q}})$ に関して正定になることはすでに 3.9 節で論じた．こうしてリアプノフの安定論が展開できるが，漸近的な収束性 $\boldsymbol{q}(t)\to\boldsymbol{q}_d$, $f(t)\to f_d$ を示すにはもう少し厳密な解析が必要になる．詳細は文献 [40] にゆずる．

注目すべきは，位置と力の指定した値への制御（これを位置と力のハイブリッド制御と呼ぶ）には接触力 f のフィードバックは必要ではなく，したがって，力センサも必要としないことである．

4.10　インピーダンス制御

線形機械システムの簡単かつ代表的な例に質量・ダンパー・ばね系がある（図 4.22）．ばねは定常位置からの変位を $\Delta x=x-x_0$ とすると，運動方程式は $M\Delta\ddot{x}+c\Delta\dot{x}+k\Delta x=u$ と表される．4.6 節で述べたように，速度 $\Delta\dot{x}$ と入力 u との間の伝達関数

$$G(s)=\frac{Ms^2+cs+k}{s} \tag{4.128}$$

は正実になり，速度を電流(i)，力を電圧(v)に対応させたときの電気回路の2端子インピーダンス関数に対応する．たとえば，図4.23の電気回路のダイナミクスは

$$L\frac{\mathrm{d}}{\mathrm{d}t}i+Ri+\frac{1}{C}\int i\mathrm{d}\tau=v \tag{4.129}$$

と表されることに注意されたい．電流iと電圧vをラプラス変換し，その比をとると

$$\frac{\tilde{v}}{\tilde{i}}=Ls+R+\frac{1}{Cs} \tag{4.130}$$

となり，機械系の係数(M, c, k)が電気回路の$(L, R, 1/C)$に対応する．kは機械系ではスチッフネスと呼び，$1/k$をコンプライアンスと呼ぶ．また，電気回路との対比から，(4.128)式で定義した$G(s)$を機械インピーダンスと呼ぶ．そして，何らかの目的で機械インピーダンスの係数(M, c, k)を調整して入出力間の応答特性を改善することをインピーダンス制御と呼ぶ．一般には質量Mは固定であることが多く，したがってスチッフネスkあるいはダンピング係数cを可変にして調整を図る．しかし，現実の問題では，機械システムの方は一度製作されたものであれば，たとえ係数cやkといえども変えることは困難であり，こうして，何らかの制御入力を加えて，インピーダンスの調整を企図することとなる．

具体的な例(図4.22)を取り上げてみよう．1自由度の機械の指の先端はばねとなっており，指は右方向に制御入力u(力の単位をもつ)で押しつけることができるとし，壁との間には押しつけ力fが働き，かつ，指は反力$-f$を受けるとする．この力の大きさは指先のばね(あるいは柔軟材料)の変位Δxに比例し，

$$f(\Delta x)=k\Delta x \tag{4.131}$$

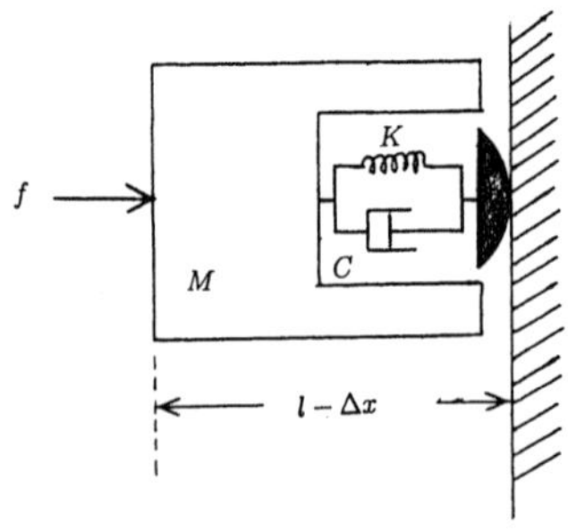

図4.22　1自由度機械系と固定した壁面との間に生じる力に関するインピーダンス制御

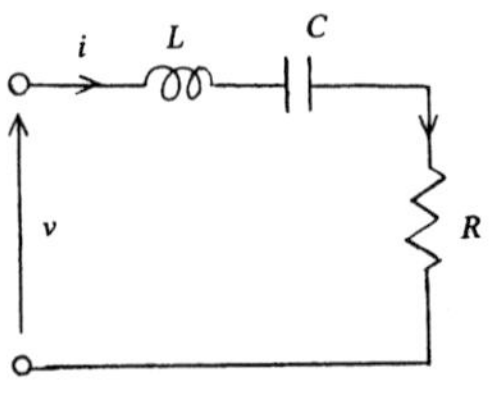

図4.23　2端子電気回路

であると仮定する．このとき，指の運動方程式は

$$M\varDelta\ddot{x}+c\varDelta\dot{x}=-f(\varDelta x)+u \tag{4.132}$$

となる．ここに c は制御入力 u の生成に伴って現れる粘性摩擦係数とばねに相当する柔軟材の粘性摩擦係数の和とするが，これは普通には未知のままである．しかし，ここでは議論を見透しよくするため，はじめに M, c, k はすべて既知とし，しかし可変にはできないと仮定する．したがって，制御入力 u を用いてインピーダンスを調整することになるが，ここでは力センサによって反力 $-f$ は測定でき，さらに変位 $\varDelta x$ と速度 $\varDelta\dot{x}$ も測定できると仮定しよう．そこで，理想の押しつけ力を f_d として，制御入力を

$$u=f_d+M\dot{r}+cr-D\varDelta y-K\int_0^t \varDelta y\,\mathrm{d}\tau \tag{4.133}$$

$$\begin{cases}\varDelta y=\varDelta\dot{x}-r & (4.134)\\ r=-\alpha\varDelta x-\beta\varDelta F & (4.135)\end{cases}$$

$$\varDelta y=\varDelta\dot{x}+\alpha\varDelta x+\beta\varDelta F \tag{4.136}$$

と設定しよう．はじめに，f_d=const. の場合を考える．(4.133) 式を (4.132) 式に代入すると，閉ループのダイナミクスとして次式を得る．

$$M\varDelta\dot{y}+(c+D)\varDelta y+K\int_0^t \varDelta y\,\mathrm{d}\tau=-\varDelta f \tag{4.137}$$

ここで，(4.136) 式を次のように書き換えておこう．

$$\varDelta y=\delta\dot{x}+\alpha\delta x+\beta\varDelta\bar{F} \tag{4.138}$$

$$\varDelta\bar{F}=\varDelta F+\alpha\varDelta x_d,\qquad \delta x=\varDelta x-\varDelta x_d,\qquad \varDelta Y=\int_0^t \varDelta y\,\mathrm{d}\tau \tag{4.139}$$

(4.137) 式に $\varDelta y$ を乗じ，(4.138) 式に $\varDelta f$ を乗じて加えると，

$$\frac{\mathrm{d}}{\mathrm{d}t}\left\{\frac{1}{2}(M\varDelta y^2+K\varDelta Y^2+k\delta x^2+\beta\varDelta F^2)\right\}=-(c+D)\varDelta y^2-\alpha\delta x\varDelta f \tag{4.140}$$

となる．これはリアプノフの関係を示すが，これに LaSalle の不変定理を適用すると，$t\to\infty$ のとき

$$\varDelta x\to\varDelta x_d,\qquad f\to f_d \tag{4.141}$$

となることがわかる．こうして，望みの押しつけ力 $f=f_d$ が実現することがわかる．

次に，理想の押しつけ力 f_d が周期的な時間関係で与えられた場合を考えよう．(4.137) と (4.139) 式を合わせたものが閉ループのダイナミクスになるが，これは図 4.24 の電気回路で表されることに注意しよう．前向き経路のインピーダンス部分は (4.137) 式で表される．すなわち，

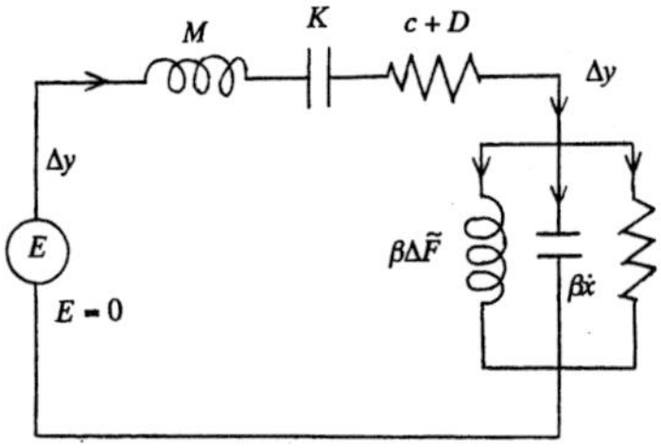

図 4.24 (4.137) と (4.138) 式からなるダイナミクスを表す電気回路表現

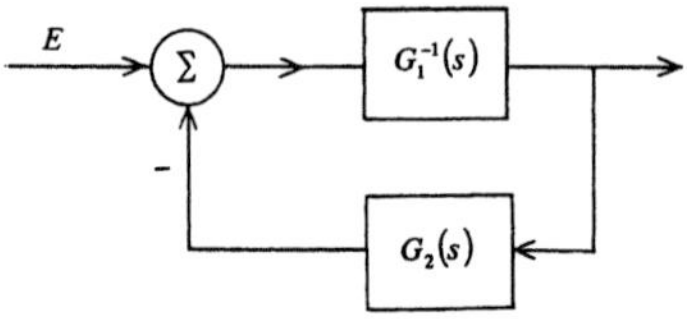

図 4.25 図 4.24 の回路に対応するフィードバック結合

$$-\frac{(\Delta\tilde{f})}{\Delta\tilde{y}}=Ms+(c+D)+\frac{K}{s}=G_1(s) \tag{4.142}$$

と表されるが，この形式は (4.128) 式に対応する．つまり，(4.128) 式は D や K を望み通りに選んで，インピーダンスを (4.142) 式のように変えることができる．ところで，(4.138) 式の α や β はどのように選ぶべきだろうか．明らかに，Δy は電流に対応しているので，

$$\frac{\Delta\tilde{y}}{\delta\tilde{x}}=s+\alpha+\frac{\beta k}{s}=G_2(s) \tag{4.143}$$

はアドミタンスに対応する．ここで

$$\beta k=\frac{K}{M},\qquad \alpha=\frac{c+D}{M} \tag{4.144}$$

と選ぶと，$G_1(s)/M=G_2(s)$ となる．さらに，図 4.24 は図 4.25 のフィードバック結合によって表されることもわかる．このとき，一巡伝達関数は

$$G_1^{-1}(\mathrm{i}\omega)G_2(\mathrm{i}\omega)=\frac{G_2(\mathrm{i}\omega)}{M\{\mathrm{i}\omega+(c+D)/M+K/\mathrm{i}\omega M\}}=\frac{G_2(-\mathrm{i}\omega)G_2(\mathrm{i}\omega)}{M|G_2(\mathrm{i}\omega)|^2}=\frac{1}{M} \tag{4.145}$$

と表されることがわかる．このことは，図 4.25 の回路についてインピーダンス適合が満足されていることを示す．このことは接触力 f_d がなす仕事が最も効率的になることを意味するが，ここではこれ以上の詳細は省く．

4.11　*H* 無限大制御による外乱抑制

ロボット系のダイナミクスは変分原理（ハミルトンの原理）によって導かれたラグランジュの方程式で表された．他方，1980 年代の現代制御理論の成果の一つであった H 無限大制御も二つの正定 2 次形式の差（運動エネルギとポテンシャルエネルギの差として表されるラグランジアンに相当）を最小にする変分原理として表されうる．したがって，非線形のロボットダイナミクスに対しても自然に外力抑制を行う H 無限大制御を導入することができる．

話は前後するが，ここでは目標姿勢 $\boldsymbol{q}_d$ が与えられたロボットの腕の定値制御を考えることにし，6.4 節で述べる適応的重力補償の簡単版を考えよう．

$$\boldsymbol{u} = -B_1\dot{\boldsymbol{q}} - A\varDelta\boldsymbol{q} + Y_d\hat{\boldsymbol{\Theta}} \tag{4.146}$$

$$\hat{\boldsymbol{\Theta}}(t) = \hat{\boldsymbol{\Theta}}(0) - \int_0^t \Gamma^{-1} Y_d^{\top}\dot{\boldsymbol{q}}(\tau)\mathrm{d}\tau \tag{4.147}$$

ここに $Y_d(=Y(\boldsymbol{q}_d))$ は (6.61) 式のように与えられる．ここではダイナミクスは (4.73) 式の右辺に外乱 $\boldsymbol{w}(t)$ が加わった形式で表されると想定し，これに (4.146) 式を代入して，閉ループダイナミクス

$$\left[\{J_0 + R(\boldsymbol{q})\}\frac{\mathrm{d}}{\mathrm{d}t} + \frac{1}{2}\dot{R}(\boldsymbol{q}) + S(\boldsymbol{q}, \dot{\boldsymbol{q}}) + B\right]\dot{\boldsymbol{q}} + \boldsymbol{g}(\boldsymbol{q}) - \boldsymbol{g}(\boldsymbol{q}_d) - Y_d\varDelta\boldsymbol{\Theta} = \boldsymbol{w} \tag{4.148}$$

を考える．ここに $B = B_0 + B_1$ である．この式の両辺と $\dot{\boldsymbol{q}}(t)$ との内積をとって区間 $[0, t]$ で積分すると

$$\int_0^t \dot{\boldsymbol{q}}^{\top}(\tau)\boldsymbol{w}(\tau)\mathrm{d}\tau = V(t) - V(0) + \int_0^t \dot{\boldsymbol{q}}^{\top}(\tau)B\dot{\boldsymbol{q}}(\tau)\mathrm{d}\tau \tag{4.149}$$

となる．ここに

$$V = \frac{1}{2}[\dot{\boldsymbol{q}}^{\top}\{J_0 + R(\boldsymbol{q})\}\dot{\boldsymbol{q}} + \varDelta\boldsymbol{\Theta}^{\top}\Gamma\varDelta\boldsymbol{\Theta}] + \left\{\frac{1}{2}\varDelta\boldsymbol{q}A\varDelta\boldsymbol{q} + U(\boldsymbol{q}) - U(\boldsymbol{q}_d) - \varDelta\boldsymbol{q}^{\top}\boldsymbol{g}(\boldsymbol{q}_d)\right\} \tag{4.150}$$

である．3.9 節で議論したように，ゲイン行列 A を適当に選ぶと，V は $(\dot{q}, \varDelta\boldsymbol{q}, \varDelta\Theta)$ について正定になる．したがって，もし外乱 $\boldsymbol{w}$ がなければ，$t \to \infty$ のときロボットの姿勢 $\boldsymbol{q}(t)$ は $\boldsymbol{q}_d$ に漸近収束することが簡単に示せる (6.4 節参照)．

ところで，姿勢制御に伴ってダイナミクスには未だ表しえていない様々な外乱が想定される．その中でモータや減速機には非線形的な摩擦 (クーロン摩擦) がありうるし，また，位置測定に伴う誤差や時間遅れがありうる．特に位置偏差の時間遅れは，遅れ時間を δt とすると，ほぼ

$$\varDelta\boldsymbol{q}(t - \delta t) = \varDelta\boldsymbol{q}(t) - \delta t\dot{\boldsymbol{q}}(t) \tag{4.151}$$

と表され，これは正の速度フィードバック $(\delta tA)\dot{\boldsymbol{q}}$ を引き起こすことがわかる．そこで，非線形摩擦項や構造的外乱を含めて，ある定数 $\gamma^2 > 0$ が存在して，外乱は一般に

$$\gamma^2\int_0^t \boldsymbol{w}^\top(\tau)\dot{\boldsymbol{q}}(\tau)\mathrm{d}\tau \leqq \int_0^t \|\dot{\boldsymbol{q}}(\tau)\|^2\mathrm{d}\tau \tag{4.152}$$

を満足していると仮定しよう．そして，初期時刻において $\boldsymbol{q}(0)=\boldsymbol{q}_d$, $\dot{\boldsymbol{q}}(0)=\boldsymbol{0}$ であったと仮定して，外乱 $\boldsymbol{w}$ と出力 $\dot{\boldsymbol{q}}$ のそれぞれの L^2 ノルムを比較してみたい．そのとき，次の結果が成立する．

【結果(外乱抑制)**】**　もし外乱 $\boldsymbol{w}$ が定数 $\gamma^2>0$ に対して (4.152) 式を満足し，かつ $\gamma^{-2}\leqq b_0$ ($=B$ の最小固有値) ならば，任意の t と上述の任意の $\boldsymbol{w}(\tau)$, $\tau\in[0, t]$ に対して次の不等式が成立する．

$$b_0\int_0^t \|\dot{\boldsymbol{q}}(\tau)\|^2\mathrm{d}\tau \leqq \Delta\boldsymbol{\Theta}^\top(0)\Gamma\Delta\boldsymbol{\Theta}(0)+\gamma^2\int_0^t \|\boldsymbol{w}(\tau)\|^2\mathrm{d}\tau \tag{4.153}$$

この結果は外乱抑制に関するエネルギ関係を示しており，線形系に対する外乱抑制のための H 無限大チューニングの非線形系への拡張版になっている．

この結論は (4.149) 式から直接示すことができる．実際，一般に不等式

$$\int_0^t \dot{\boldsymbol{q}}^\top(\tau)\boldsymbol{w}(\tau)\mathrm{d}\tau \leqq \int_0^t \frac{1}{2}\{\gamma^{-1}\|\dot{\boldsymbol{q}}(\tau)\|^2+\gamma^2\|\boldsymbol{w}(\tau)\|^2\}\mathrm{d}\tau \tag{4.154}$$

が成立するので，これを (4.149) 式に代入して，$\boldsymbol{q}(0)=\boldsymbol{q}_d$, $\dot{\boldsymbol{q}}(0)=\boldsymbol{0}$ とすれば，

$$\int_0^t \dot{\boldsymbol{q}}^\top(\tau)B\dot{\boldsymbol{q}}(\tau)\mathrm{d}\tau \leqq \frac{1}{2}\Delta\boldsymbol{\Theta}^\top(0)\Gamma\Delta\boldsymbol{\Theta}(0)+\int_0^t \frac{1}{2}\{\gamma^{-2}\|\dot{\boldsymbol{q}}(\tau)\|^2+\gamma^2\|\boldsymbol{w}(\tau)\|^2\}\mathrm{d}\tau \tag{4.155}$$

となる．他方，$\gamma^{-2}\leqq b_0$ であるから，$B-(\gamma^2/2)I>(b_0/2)I$ であり，この関係を (4.155) 式に適用すると (4.153) 式を得る．こうして，重力項の未知定数 $\boldsymbol{\Theta}$ に関する推定値 $\hat{\boldsymbol{\Theta}}$ が収束した後では (そうなったときの時刻 $t=0$ では $\Delta\boldsymbol{\Theta}(0)=\boldsymbol{0}$ なので)，(4.148) 式の閉ループダイナミクスには H 無限大チューニングの意味で外乱抑制が効いていることがわかる．

5
ロボットのトルク計算制御法

ロボットの運動はニュートンの法則に従い，その結果，運動を支配する微分方程式が導かれた．逆に，ロボットに行わせるべき運動を与えたとき，その運動を生成するアクチュエータの入力トルクを運動方程式から計算することができる．この章では，ロボットの運動を手先座標で与えたとき，これを関節座標で記述する逆変換の公式をはじめとして，いくつかの逆変換の公式を導き，これらの計算法に基づいたロボット制御の方法論を述べる．

5.1　分解速度制御法

4.1 節で述べたように，ロボットの手先位置と姿勢が時間関数で連続的に与えられたとき，これをまず関節座標系で記述しておくことが必要になる．このように手先の位置と姿勢のとるべき時間関数を，ここでは経路 (path) と呼んで $\boldsymbol{x}(t)=(x_1(t), \cdots, x_n(t))^{\top}$ で表し，関節変数のとるべき時間関数を軌道 (trajectory) と呼んで $\boldsymbol{q}(t)=(q_1(t), \cdots, q_n(t))^{\top}$ で表すことにする．4.1 節でも述べたように，関節変数 $\boldsymbol{q}$ を指定したときロボットの姿勢は決まり，手先の位置と姿勢 $\boldsymbol{x}$ は 3 章で述べた 4×4 変換行列を用いて求めることができた．これを

$$x_i=f_i(\boldsymbol{q}), \qquad i=1, \cdots, n \tag{5.1}$$

と表し，順変換と呼んだ．次節では，典形的な垂直多関節ロボット PUMA560 について，この順変換を具体的に求めると同時に，その逆変換

$$q_i=h_i(\boldsymbol{x}), \qquad i=1, \cdots, n \tag{5.2}$$

の求め方について詳しい説明を与える．ここでは，手先経路の速度 $\dot{\boldsymbol{x}}(t)$ を指定したとき，これを関節の速度 $\dot{\boldsymbol{q}}(t)$ に変換する簡単な公式を与えよう．

(5.1) 式を時間 t で微分すると，式

$$\dot{x}_i=\sum_{j=1}^{n}\left\{\frac{\partial}{\partial q_j}f_i(\boldsymbol{q})\right\}\dot{q}_j \tag{5.3}$$

が成立する．これはベクトル形式で

$$\dot{\boldsymbol{x}}=J(\boldsymbol{q})\dot{\boldsymbol{q}} \tag{5.4}$$

と表される．ここに

$$J(\boldsymbol{q})=(J_{ij}),\quad J_{ij}=\frac{\partial}{\partial q_j}f_i(\boldsymbol{q}) \tag{5.5}$$

であり，これをヤコビアン行列という．もし，対応する軌道上でヤコビアン行列が特異にならないならば，常に逆行列 $J^{-1}(\boldsymbol{q})$ が存在して，(5.4) 式は

$$\dot{\boldsymbol{q}}=J^{-1}(\boldsymbol{q})\dot{\boldsymbol{x}} \tag{5.6}$$

と書ける．この式によって，手先経路に関する速度指令値を関節軌道の速度指令値に変換し，これを各関節アクチュエータに指示してサーボループを組むことにより，手先に与えた連続経路を追従させることができよう．これをRMRC (Resolved Motion Rate Control) 法，あるいは分解速度制御法という．一般に，順変換の公式 (5.1) は逆変換に比較して簡単であり，ヤコビアン $J(\boldsymbol{q})$ もそれに応じて簡単である．ただ，逆行列の計算を連続的に行わねばならないが，ある1点 $\boldsymbol{q}$ で逆行列が求まっていれば，その近傍ではこれを近似逆行列として数値計算法でよく知られた逐次近似法を応用し，計算の手間を削減したり，計算の安定性を高めることもできる．しかし，逆行列といってもたかだか 6×6 のサイズの行列の逆転なので，現在のマイクロコンピュータの高性能性から考えて，計算時間の点ではほとんど問題はないであろう．ただ，運動の途中でヤコビアン行列が特異になる場合があると，逆行列の計算精度は落ちて，この方法はうまく働かなくなろう．ヤコビアン行列が特異になる姿勢はいくつか生ずるが，詳しくは次節で述べる．

なお，関節速度指令値を (5.6) 式で与えたとき，フィードバックがないと時間経過とともに追従誤差が積分されて，目標値からの偏差にオフセットが残ることになる．実際には 4.2 節で述べたように，各関節アクチュエータには局所的に PID フィードバックのサーボループが組み込まれているので，はやい動きでなければ RMRC 方式は有効に働く．もっと詳しく述べると，この場合，図 4.7 の関節速度の目標入力 $\dot{\boldsymbol{q}}_0$ は，与えられた手先速度 $\dot{\boldsymbol{x}}_0$ のみしかわかっていないので，実時間的には

$$\dot{\boldsymbol{q}}^0(t)=J^{-1}\{\boldsymbol{q}(t)\}\dot{\boldsymbol{x}}^0(t) \tag{5.7}$$

と計算されるしかないことに注意しておく．つまり，ヤコビアン行列は，関節位置 $\boldsymbol{q}^0(t)$ が計算できていないので，各関節の実際の位置 $\boldsymbol{q}(t)$ (目標の位置から少々ずれているかもしれない) に基づいて計算されるしかないのである．この意味で，RMRC 方式は次節で述べる完全な意味の逆運動学的方法とは違って，簡

便ではあるが原理的には近似的な経路追従制御法なのである．原理的に完全な追従をはかるには，与えられた手先の位置や速度データから，対応する関節の位置や速度データを計算で求めて，これらを目標入力として各関節に与えることが必要になる．このことを逆運動学 (inverse kinematics) 法という．

ここでは，$\boldsymbol{q}$ と $\boldsymbol{x}$ の次元が同じであるとしたが，一般に $\boldsymbol{x}$ の次元よりも $\boldsymbol{q}$ の次元が高い場合もある．このとき，指定した $\boldsymbol{x}$ に対して，対応する $\boldsymbol{q}$ の値は無数に存在しうるが，このことを関節の数が冗長であるという．本来，ロボットが6自由度をもっていても，4.11節で述べたように，関節数が冗長になるケースは手先が拘束を受けた場合にも生じたが，いずれにしても，ロボットの関節数が冗長な場合の問題については4.11節の議論の他は深入りしないことにする．

5.2 逆 運 動 学

マニピュレータの行うべき作業は，普通，手先の位置と姿勢の時間経路によって記述されるが，マニピュレータの運動は結局は各関節アクチュエータで制御されるので，これらのデータを関節座標系に変換せねばならないことになる．この逆変換には関節座標のみならず，その速度，加速度も必要とされることがある．なお，この逆変換を求める一般的な方法は存在せず，与えられたマニピュレータの機構の幾何学的な性質に基づいて個々に求めておかねばならない．ここでは，逆変換が最も複雑になる垂直多関節型のアームとして典型的なPUMA型ロボットについて，順変換と逆変換の公式を導く．

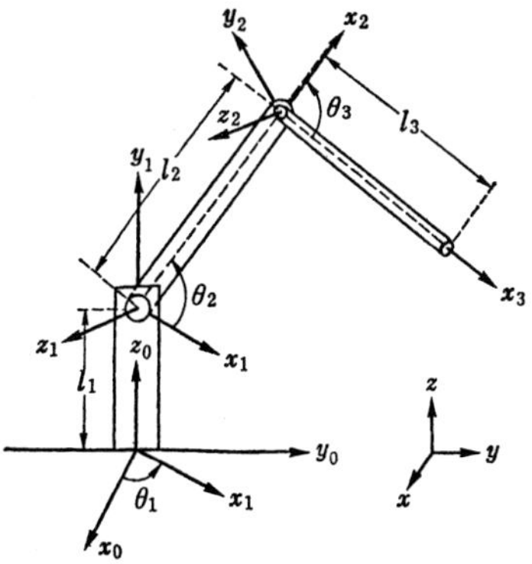

図 5.1 自由度3の垂直多関節マニピュレータ

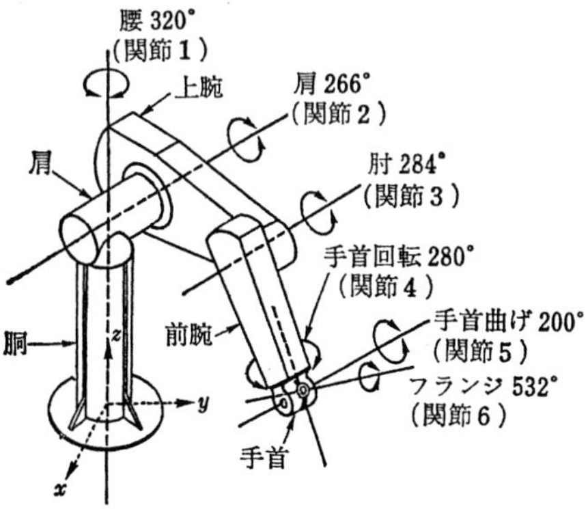

図 5.2 PUMA 560 ロボットの構成

初めに，図5.1の自由度3の場合の先端位置と関節座標との間の順変換と逆変換の公式を与えよう．第3リンクの先端位置の直交座標系を $\boldsymbol{x}=(x, y, z)$ とすると，順変換の式は

$$
\begin{cases}
x=\{l_2\cos\theta_2+l_3\cos(\theta_2+\theta_3)\}\cos\theta_1 \\
y=\{l_2\cos\theta_2+l_3\cos(\theta_2+\theta_3)\}\sin\theta_1 \\
z=l_2\sin\theta_2+l_3\sin(\theta_2+\theta_3)+l_1
\end{cases}
\tag{5.8}
$$

となる((3.5)式参照)．この場合，逆変換は三角関数の公式を用いて比較的簡単に求まって，次のように与えられる．

$$
\begin{cases}
\theta_1=\tan^{-1}\left(\dfrac{y}{x}\right) \\
\theta_2=\sin^{-1}\left(\dfrac{q}{\sqrt{p^2+q^2}}\right)-\phi \\
\theta_3=\pm r
\end{cases}
\tag{5.9}
$$

$$
\begin{cases}
p=\dfrac{x}{\cos\left(\tan^{-1}\dfrac{y}{x}\right)} \\
q=z-l_1 \\
r=\cos^{-1}\left(\dfrac{p^2+q^2-l_2^2-l_3^2}{2l_2l_3}\right) \\
\phi=\tan^{-1}\left(\dfrac{l_3\sin r}{l_2+l_3\cos r}\right)
\end{cases}
\tag{5.10}
$$

なお，θ_3 の符号の取り方や，逆三角関数の符号の取り方には注意を要するが，詳しくはもっと一般のオフセットのある6自由度の例で検討する．上の公式ではまず p と q を計算し，これより r, ϕ を求め，そして最後に $(\theta_1, \theta_2, \theta_3)$ を求める．

次に，オフセットのある6自由度の多関節ロボットとして，PUMA 560を取り上げてみる(図5.2)．なお，ここでは θ_2 の取り方と θ_3 の正負の符号が，図5.1と異なっていることに注意しておく．ここでは関節座標系を図5.3のように $\boldsymbol{\theta}=(\theta_1, \cdots, \theta_6)$ ととり，作業座標を手先の位置と姿勢 $\boldsymbol{R}=(r_x, r_y, r_z, \rho, \theta, \psi)^\top$ にとる．ここに，$\boldsymbol{r}=(r_x, r_y, r_z)^\top$ は図5.3のように手先の先端の位置を表し，ρ, θ, ψ は図5.4に示すように，手先の姿勢の z 軸，新しい $-x$ 軸，新しい z 軸の回転を表す．この回転角は手首の関節の動きに対応してとられており，一般的によく使われるオイラー(Euler)角 $=(\phi, \theta, \psi)=\mathrm{rot}(z, \phi)\mathrm{rot}(y, \theta)\mathrm{rot}(z, \psi)$ と少し異なる点に注意されたい．

PUMA 560では，上腕と胴との間にオフセット d_1 があり，下腕リンク L_3 と

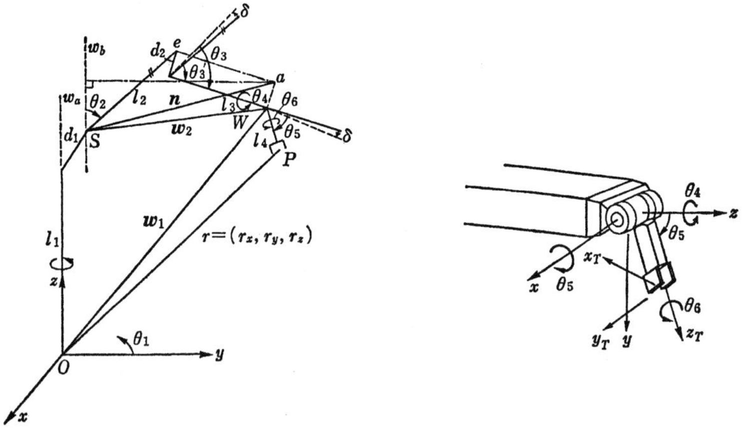

(a) PUMA 560 ロボットアームのパラメター，関節変数，座標の定義

(b) リスト部に取りつけた手先効果器

図 5.3

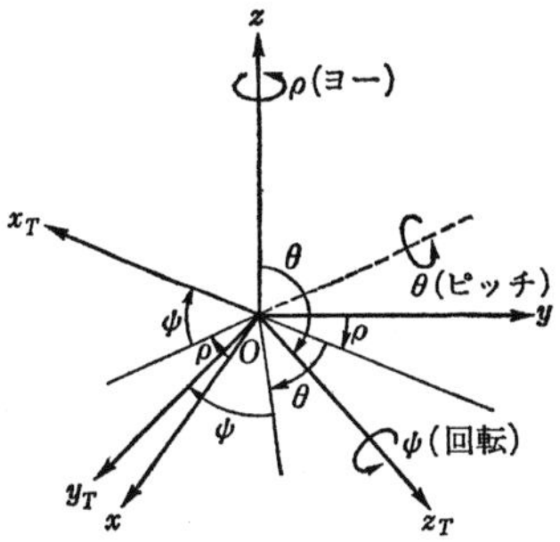

図 5.4　手先の姿勢角 (ρ, θ, ψ) の定義 (ベースの座標系 O-xyz から)

上腕リンク L_2 との間にもオフセット d_2 がある．また，図 5.5 に示すように上向きに真直ぐにした状態を初期状態とするが，このときリンク L_2 は鉛直軸 (z 軸) に平行になるが，リンク L_3 は鉛直軸と δ ラディアンだけ傾いている．すなわち，リンク L_3 は二つの部分 (下腕とリスト) からなり，第 3 関節の中心とリスト部の中心を結ぶ交線とリストの中心線との間の角度が δ であり，$\delta=\sin^{-1}(l_0/l_3)$ となる (図 5.5 参照)．第 4 関節の軸は第 5 関節の軸に垂直でかつ交わる (図 5.2 あるいは図 5.3(b) 参照)．リンク L_4 はリストの中心からフランジに取りつけた手先効果器の先端までを含めた全体を表す．

図 5.2 の第 3 リンクまでは人間と同じ幾何構造を有している．第 2, 3, 4 関節はそれぞれ肩 (shoulder)，肘 (elbow)，手首 (wrist) に対応する．この腕は，人間と同じように，左きき (lefty) と右きき (righty) に分けられる．図 5.2 の腕は左ききである．また，肘の位置は，手首が上腕の中心線をのばした線上より上にくるとき，“elbow up” といい，下にくるとき “elbow down” ということにする．また，第 5 関節の角度が正のときを “non-flip wrist” といい，負のときを “flip

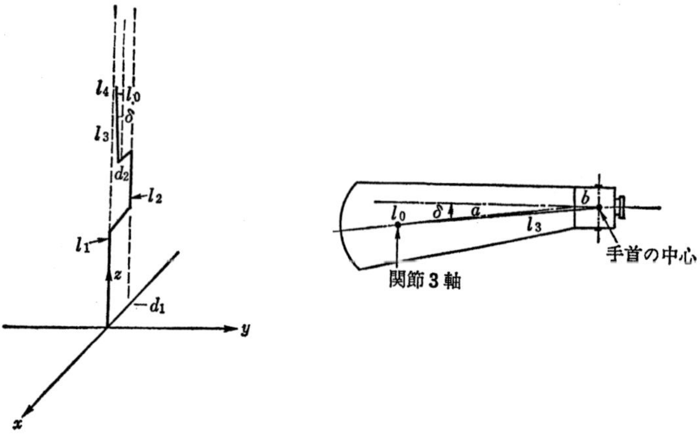

(a) アームの初期姿勢　　(b) リンク L_3 の形状

図 5.5

wrist”と呼ぶことにする．そして，これらの状態をパラメター

$$k_1=\begin{cases}+1 & \text{lefty}\\ -1 & \text{righty}\end{cases}\qquad k_2=\begin{cases}+1 & \text{elbow up}\\ -1 & \text{elbow down}\end{cases}\qquad k_3=\begin{cases}+1 & \text{non-flip}\\ -1 & \text{flip}\end{cases}$$

と表すことにする．逆変換を見い出すとき，これらのパラメター値を参照するが，もしこれらの値を与えないとすれば，逆変換には 8 通りの異なる解がありうることになる．最初に順変換の式を与えておこう．

順変換　$(\theta_1, \theta_2, \theta_3, \theta_4, \theta_5, \theta_6) \to (r_x, r_y, r_z, \rho, \theta, \psi)$

まず，図 5.4 に示すような手先効果器の姿勢を表す (ρ, θ, ψ) の全回転行列を求めると，

$$E=\begin{bmatrix} C_\rho C_\psi - S_\rho S_\psi C_\theta & S_\rho C_\psi + C_\rho S_\psi C_\theta & -S_\psi S_\theta \\ -C_\rho S_\psi - S_\rho C_\psi C_\theta & -S_\rho S_\psi + C_\rho C_\psi C_\theta & -C_\psi S_\theta \\ -S_\theta S_\rho & S_\theta C_\rho & C_\theta \end{bmatrix} \tag{5.11}$$

となることがわかる．ここに，

$$c_\rho=\cos\rho, \quad s_\theta=\sin\theta \tag{5.12}$$

とする略記法を用いた．$E=(E_{ij})$ の第 1, 2, 3 行は図 5.4 のベクトル $\boldsymbol{x}_T, \boldsymbol{y}_T, \boldsymbol{z}_T$ に対応している．(5.11) 式から

$$\theta=\cos^{-1}E_{33} \tag{5.13}$$

と決まる．また，もし $\sin\theta\neq 0$ ならば，

$$\rho=\operatorname{atan}2(-E_{31}, E_{32}), \quad \psi=\operatorname{atan}2(-E_{13}, -E_{23}) \tag{5.14}$$

と決まる．ここに atan 2(x, y) は$\tan^{-1}(x/y)$ の中で $\sin\theta=x, \cos\theta=y$ となるような一意的な θ を表すことと約束する．もし $\sin\theta=0$ ならば，そのとき

$$\rho+\psi=\text{atan}\,2(E_{12}, E_{11}) \tag{5.15}$$

と決まる．

ところで，図 5.3 のアームの運動において，$\theta_1, \theta_2, \theta_3$ の回転によって決まる回転行列は θ_1 の回転と $\theta_2+\theta_3$ の回転とに分けられ，これは

$$\text{rot}[\theta_1, \theta_2, \theta_3]=\begin{bmatrix}1 & 0 & 0\\ 0 & \cos(\theta_2+\theta_3) & -\sin(\theta_2+\theta_3)\\ 0 & \sin(\theta_2+\theta_3) & \cos(\theta_2+\theta_3)\end{bmatrix}\text{rot}(\theta_1) \tag{5.16}$$

と表される．他方，$\theta_4, \theta_5, \theta_6$ の回転は (5.11) 式で $\rho=\theta_4, \theta=\theta_5, \psi=\theta_6$ を代入したものになるが，E 自身が

$$E=\text{rot}(\psi)\begin{bmatrix}c_\rho & s_\rho & 0\\ -s_\rho c_\theta & c_\rho c_\theta & -s_\theta\\ -s_\theta s_\rho & s_\theta c_\rho & c_\theta\end{bmatrix} \tag{5.17}$$

と書けることから，

$$\text{rot}[\theta_4, \theta_5, \theta_6]=\text{rot}(\theta_6)\begin{bmatrix}\cos\theta_4 & \sin\theta_4 & 0\\ -\sin\theta_4\cos\theta_5 & \cos\theta_4\cos\theta_5 & -\sin\theta_5\\ -\sin\theta_4\sin\theta_5 & \cos\theta_4\sin\theta_5 & \cos\theta_5\end{bmatrix} \tag{5.18}$$

と表される．(5.16) 式と (5.18) 式を合わせると，手先効果器の姿勢を表す全回転行列は

$$\begin{aligned}&\text{rot}(\theta_1, \theta_2, \theta_3, \theta_4, \theta_5, \theta_6)=\bar{E}\\ &=\text{rot}(\theta_6)\begin{bmatrix}\cos\theta_4 & \cos(\theta_2+\theta_3)\sin\theta_4 & -\sin(\theta_2+\theta_3)\sin\theta_4\\ -\sin\theta_4\cos\theta_5 & \cos(\theta_2+\theta_3)\cos\theta_4\cos\theta_5-\sin(\theta_2+\theta_3)\sin\theta_5 & -\sin(\theta_2+\theta_3)\cos\theta_4\cos\theta_5-\cos(\theta_2+\theta_3)\sin\theta_5\\ -\sin\theta_4\sin\theta_5 & \cos(\theta_2+\theta_3)\cos\theta_4\sin\theta_5+\sin(\theta_2+\theta_3)\cos\theta_5 & -\sin(\theta_2+\theta_3)\cos\theta_4\sin\theta_5+\cos(\theta_2+\theta_3)\cos\theta_5\end{bmatrix}\times\text{rot}(\theta_1)\end{aligned} \tag{5.19}$$

となる．また，

$$\text{rot}(\theta_1)=\begin{bmatrix}\cos\theta_1 & \sin\theta_1 & 0\\ -\sin\theta_1 & \cos\theta_1 & 0\\ 0 & 0 & 1\end{bmatrix},\quad \text{rot}(\theta_6)=\begin{bmatrix}\cos\theta_6 & \sin\theta_6 & 0\\ -\sin\theta_6 & \cos\theta_6 & 0\\ 0 & 0 & 1\end{bmatrix} \tag{5.20}$$

である．これより，

$$\theta=\cos^{-1}(\bar{E}_{33})=\cos^{-1}\{\cos(\theta_2+\theta_3)\cos\theta_5-\sin(\theta_2+\theta_3)\cos\theta_4\sin\theta_5\} \tag{5.21}$$

となる．また，

$$\rho=\mathrm{atan}\,2(-\bar{E}_{31},\bar{E}_{32})=\theta_1+\mathrm{atan}\,2(\sin\theta_4\sin\theta_5,\ \cos(\theta_2+\theta_3)\cos\theta_4\sin\theta_5+\sin(\theta_2+\theta_3)\cos\theta_5) \tag{5.22}$$

となり，

$$\psi=\mathrm{atan}\,2(-\bar{E}_{13},-\bar{E}_{23})=\theta_6+\mathrm{atan}\,2\{\sin(\theta_2+\theta_3)\sin\theta_4,\ \sin(\theta_2+\theta_3)\cos\theta_4\cos\theta_5+\cos(\theta_2+\theta_3)\sin\theta_5\} \tag{5.23}$$

となる．なお，$\sin\theta=0$ の近辺では (5.22) 式と (5.23) 式の計算の精度が落ちる恐れがある．この場合，(5.15) 式に基づいて計算する方法が考えられることに注意しておく．

次に手先の先端の位置 (r_x, r_y, r_z) を求める．まず，図 5.3 (a) においてベクトル $\boldsymbol{n}$ の z 軸への射影 w_a と xy 平面への射影 w_b の大きさを求めると，明らかに

$$w_a=l_2\cos\theta_2+l_3\cos(\theta_2+\theta_3'),\quad w_b=l_2\sin\theta_2+\theta_3\sin(\theta_2+\theta_3') \tag{5.24}$$

である．ここでベース座標系 O-XYZ の単位ベクトルを $\boldsymbol{e}_x, \boldsymbol{e}_y, \boldsymbol{e}_z$ で表すと，ベクトル $\boldsymbol{n}$ は

$$\boldsymbol{n}=(n_x, n_y, n_z)=-w_b\sin\theta_1\boldsymbol{e}_x+w_b\cos\theta_1\boldsymbol{e}_y+w_a\boldsymbol{e}_z \tag{5.25}$$

となる．他方，ベクトル $\boldsymbol{w}_2$ は，オフセット d_2 が常に xy 平面上にあるので，

$$\boldsymbol{w}_2=(n_x+d_2\cos\theta_1)\boldsymbol{e}_x+(n_y+d_2\sin\theta_1)\boldsymbol{e}_y+w_a\boldsymbol{e}_z \tag{5.26}$$

となる．さらに，

$$d=d_1-d_2 \tag{5.27}$$

とおくと，ベクトル $\boldsymbol{w}_1$ が (5.25) 式と (5.26) 式より

$$\boldsymbol{w}_1=(-w_b\sin\theta_1-d\cos\theta_1)\boldsymbol{e}_x+(w_b\cos\theta_1-d\sin\theta_1)\boldsymbol{e}_y+(w_a+l_1)\boldsymbol{e}_z \tag{5.28}$$

と求まる．また，リンク L_4 を表すベクトル $\overrightarrow{WP}$ の方向は，図 5.3 (a), (b) をみればわかるように，$\boldsymbol{z}_T$ の方向に等しく，これは (5.11) 式の第 3 行で表されているので，

$$\overrightarrow{WP}=-l_4\sin\theta\sin\rho\boldsymbol{e}_x+l_4\sin\theta\cos\rho\boldsymbol{e}_y+l_4\cos\theta\boldsymbol{e}_z \tag{5.29}$$

となる．こうして，二つのベクトル $\boldsymbol{w}_1$ と $\overrightarrow{WP}$ の和をとることにより，手先の位置ベクトルが次のように求まった．

$$\begin{cases} r_x=-w_b\sin\theta_1-d\cos\theta_1-l_4\sin\theta\sin\rho \\ r_y=w_b\cos\theta_1-d\sin\theta_1+l_4\sin\theta\cos\rho \\ r_z=w_a+l_1+l_4\cos\theta \end{cases} \tag{5.30}$$

なお，腕の左ききと右ききは正確には w_b の正負によって決められる．すなわち，

	k_1	θ_3	肘
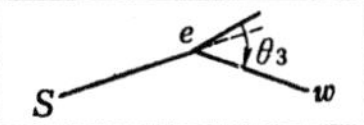	+1	>0	UP
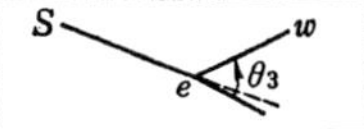	+1	<0	DOWN
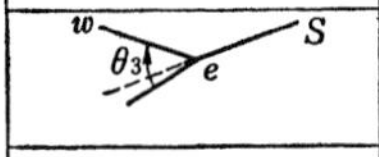	−1	>0	DOWN
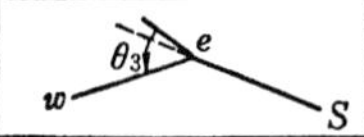	−1	<0	UP

図 5.6 肘の 4 通りの状態

$$k_1=\begin{cases}+1 & w_b\geqq 0\text{ のとき}\\ -1 & w_b<0\text{ のとき}\end{cases} \tag{5.31}$$

とする．また，k_2 の値は k_1 と θ_3 の正負によって 4 通りのケースが考えられるが，それらを図 5.6 にまとめておく．

逆変換 $(r_x, r_y, r_z, \rho, \theta, \psi)\to(\theta_1, \theta_2, \theta_3, \theta_4, \theta_5, \theta_6)$

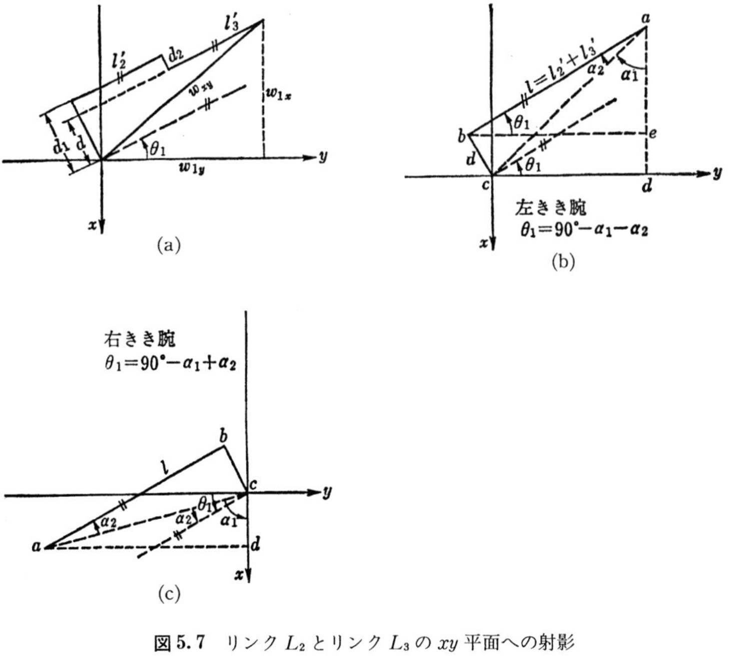

図 5.7 リンク L_2 とリンク L_3 の xy 平面への射影

1)　θ_1 の計算：　θ_1 はリンク L_1 の z 軸まわりの回転角であるが，これを求めるには，リストの位置を表すベクトル $\boldsymbol{w}_1$ をベクトル $\boldsymbol{r}$ と $\overrightarrow{WP}$ で表すとよい．すなわち，

$$\boldsymbol{w}_1=(r_x+l_4\sin\theta\sin\rho)\boldsymbol{e}_x+(r_y-l_4\sin\theta\cos\rho)\boldsymbol{e}_y+(r_z-l_4\cos\theta)\boldsymbol{e}_z \quad (5.32)$$

いま，リンク L_2 と L_3 の xy 平面上の射影を l_2' と l_3' とし，

$$l=|w_b|=l_2'+l_3'=\sqrt{w_{xy}{}^2-d^2} \quad (5.33)$$

とする (図 5.7 参照)．図 5.7 の (b) と (c) から

$$\theta_1=90°-\alpha_1-k_1\alpha_2 \quad (5.34)$$

と表されることがわかる．ここに

$$\alpha_1=\mathrm{atan}\,2(k_1w_{1y},\,-k_1w_{1x}),\quad \alpha_2=\mathrm{atan}\,2(d,\,l),\quad 0\leqq\alpha_2\leqq 90° \quad (5.35)$$

である．こうして，θ_1 は次のように表される．

$$\theta_1=\mathrm{atan}\,2(-k_1w_{1x},\,k_1w_{1y})-k_1\,\mathrm{atan}\,2(d,\,l) \quad (5.36)$$

なお，$w_{1x}=w_{1y}=0$ のときこの式は計算不可能になるが，このような姿勢は存在しないことに注意しておく．

2)　θ_2 と θ_3 の計算：　まず θ_3' を求める．そのために図 5.8 に注目する．そこで三角形 SeW' に余弦公式を適用すると，式

$$\cos\theta_3'=\frac{n^2-l_2{}^2-l_3{}^2}{2l_2l_3} \quad (5.37)$$

を得る．もし $|\cos\theta_3'|>1$ ならば，このような姿勢はありえないことと結論できる．なお，

$$n=|\boldsymbol{n}|=\sqrt{w_b{}^2+w_a{}^2} \quad (5.38)$$

であり，w_a と w_b は (5.30) 式から求まる．次に θ_3 を求めるために，アームの姿勢によって $\theta_2, \theta_3', \gamma$ の間の関係を求めておく (図 5.9 参照)．ここに ve は時計ま

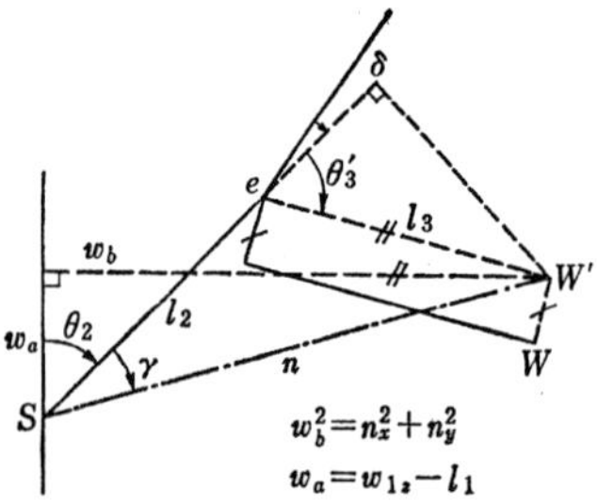

図 5.8　左きき腕に対する θ_2 と θ_3 の計算法

	k_1	k_2	k_1k_2	θ_2	θ_3'	γ
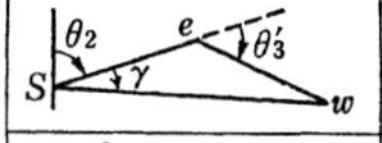	+1	+1	+1	+ve	+ve	+ve
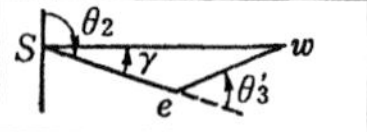	+1	−1	−1	+ve	−ve	−ve
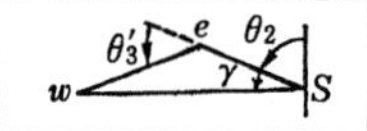	−1	+1	−1	−ve	−ve	−ve
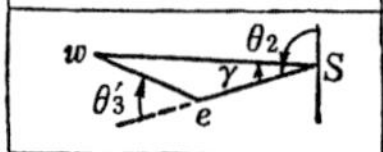	−1	−1	+1	−ve	+ve	+ve

図 5.9　姿勢と関節角符号との関係

わりの回転を表す．これらの関係から

$$\theta_3 = k_1 k_2 \theta_3' + \delta \tag{5.39}$$

$$\theta_2 + \gamma = k_1 \,\mathrm{atan}\,2(l,\ w_{1z} - l_1) \tag{5.40}$$

と表されることがわかる．ここに

$$\gamma = k_1 k_2 \,\mathrm{atan}\,2(l_3 \sin\theta_3',\ l_2 + l_3 \cos\theta_3') \tag{5.41}$$

である．

3)　$\theta_4, \theta_5, \theta_6$ の計算：　(5.19) 式から

$$\mathrm{rot}(\phi)\mathrm{rot}(\theta)\mathrm{rot}(\rho) = \mathrm{rot}(\theta_6)\mathrm{rot}(\theta_5)\mathrm{rot}(\theta_4)\mathrm{rot}(\theta_2+\theta_3)\mathrm{rot}(\theta_1) \tag{5.42}$$

であるが，これより

$$\mathrm{rot}(\phi-\theta_6)\mathrm{rot}(\theta)\mathrm{rot}(\rho-\theta_1)\mathrm{rot}^{-1}(\theta_2+\theta_3) = \mathrm{rot}(\theta_5)\mathrm{rot}(\theta_4) \tag{5.43}$$

が得られる．ここに，(5.18) 式から

$$右辺 = \begin{bmatrix} \cos\theta_4 & \sin\theta_4 & 0 \\ -\sin\theta_4 \cos\theta_5 & \cos\theta_4 \cos\theta_5 & -\sin\theta_5 \\ -\sin\theta_4 \sin\theta_5 & \cos\theta_4 \sin\theta_5 & \cos\theta_5 \end{bmatrix} \tag{5.44}$$

であり，(5.11) 式と (5.16) 式より

$$左辺 = \begin{bmatrix} \cos(\rho-\theta_1)\cos(\phi-\theta_6) - \sin(\rho-\theta_1)\sin(\phi-\theta_6)\cos\theta & \sin(\rho-\theta_1)\cos(\phi-\theta_6) + \cos(\rho-\theta_1)\sin(\phi-\theta_6)\cos\theta & -\sin(\phi-\theta_6)\sin\theta \\ -\cos(\rho-\theta_1)\sin(\phi-\theta_6) - \sin(\rho-\theta_1)\cos(\phi-\theta_6)\cos\theta & -\sin(\rho-\theta_1)\sin(\phi-\theta_6) + \cos(\rho-\theta_1)\cos(\phi-\theta_6)\cos\theta & -\cos(\phi-\theta_6)\sin\theta \\ -\sin\theta\sin(\rho-\theta_1) & \sin\theta\cos(\rho-\theta_1) & \cos\theta \end{bmatrix} \times \begin{bmatrix} 1 & 0 & 0 \\ 0 & \cos(\theta_2+\theta_3) & \sin(\theta_2+\theta_3) \\ 0 & -\sin(\theta_2+\theta_3) & \cos(\theta_2+\theta_3) \end{bmatrix} \tag{5.45}$$

となる．そして左辺の第 33 要素を計算すると，それは右辺の第 33 要素 $\cos\theta_5$ と一致するはずであるから，等式

$$\cos\theta_5 = \cos(\theta_2+\theta_3)\cos\theta + \sin(\theta_2+\theta_3)\sin\theta\cos(\rho-\theta_1) \tag{5.46}$$

を得る．これより θ_5 が求まる．同様に，左辺と右辺の第 31 要素と第 32 要素から，

$$\theta_4 = \mathrm{atan}\,2\{\sin\theta\sin(\rho-\theta_1),\ \cos(\theta_2+\theta_3)\sin\theta\cos(\rho-\theta_1) - \sin(\theta_2+\theta_3)\cos\theta\} \tag{5.47}$$

を得る．また，$\phi - \theta_6 = \beta$ は (5.43) 式の右から $\mathrm{rot}(\theta_2+\theta_3)$ を掛けて第 13 要素と第 23 要素を比較することにより，

$$\beta = \mathrm{atan}\,2\{\sin(\theta_2+\theta_3)\sin\theta_4,\ \sin(\theta_2+\theta_3)\cos\theta_4\cos\theta_5+\cos(\theta_2+\theta_3)\sin\theta_5\} \quad (5.48)$$

と求まる．最後に

$$\theta_6 = \psi - \beta \quad (5.49)$$

と求まった．なお，$|\cos\theta_5| \to 1$ のとき，上の計算精度は悪くなる．実際，$\sin\theta_5 = 0$ のとき，自由度が一つ落ち，その結果 θ_4 と θ_6 は線形従属の関係となるからである．

以上，手先の位置と姿勢を表す座標 $\boldsymbol{x}$ から関節座標 $\boldsymbol{q}$ への逆変換が求まったが，速度についての逆変換は (5.6) 式から求めることができる．また，加速度については，式

$$\ddot{\boldsymbol{x}} = \dot{J}(\boldsymbol{q})\dot{\boldsymbol{q}} + J(\boldsymbol{q})\ddot{\boldsymbol{q}} \quad (5.50)$$

が成立することから，

$$\ddot{\boldsymbol{q}} = J^{-1}(\boldsymbol{q})\left\{\ddot{\boldsymbol{x}} - \left(\sum_{i=1}^{n}\dot{q}_i\frac{\partial J}{\partial q_i}\right)\dot{\boldsymbol{q}}\right\} \quad (5.51)$$

として求まる．

5.3　逆動力学と高速計算トルク法

ある時間区間 $[0, T]$ にわたって，マニピュレータの動くべき軌道 $\boldsymbol{q}_d(t)$ が与えられたとき，これに追従する制御の問題を考える．4 章で述べたように，軌道の速度成分 $\dot{\boldsymbol{q}}_d(t)$ があまり大きくないときは，重力補償つきの線形フィードバック則

$$\boldsymbol{v} = D^{-1}\boldsymbol{g}(\boldsymbol{q}) - \bar{A}(\boldsymbol{q}-\boldsymbol{q}_d) - \bar{B}\dot{\boldsymbol{q}} \quad (5.52)$$

を用いても，実際の軌道は $\boldsymbol{q}_d$ から大きく離れることなく，近似的に $\boldsymbol{q}_d$ に追従できるものと思われる．与えた軌道の速度成分が大きいときは，制御則

$$\boldsymbol{v} = D^{-1}\boldsymbol{g}(\boldsymbol{q}) - \bar{A}(\boldsymbol{q}-\boldsymbol{q}_d) - \bar{B}(\dot{\boldsymbol{q}}-\dot{\boldsymbol{q}}_d) \quad (5.53)$$

も考えられる．しかし，いずれにしてもはやい動作には，これらのフィードバック則では精度の高い追従は実現できない．このことは 2 次の線形サーボ系に対してもいえることであって，ここに追従誤差を小さくするための何らかの工夫が必要になる．そのために考えられた方法の一つが逆ダイナミクス法であり，他に適応制御法と学習制御法がある．後者については 6 章と 7 章で述べることにして，ここでは前者の方法を説明しよう．

目標軌道 $\boldsymbol{q}_d(t)$ が与えられたと仮定しよう．この目標軌道に沿って，マニピュレータの運動方程式 ((3.90)式) の左辺のすべての項を計算し，これらの和に見

合う駆動入力を各関節サーボ系に与えることができれば，理論的には軌道追従が実現するはずである．この計算過程を逆動力学，その制御法を逆ダイナミクス法というが，現実には運動方程式の形が複雑であるため，その計算が実時間では不可能であると考えられていた．しかし，近年，マイクロプロセッサ技術の進展と高速アルゴリズムの発見によって，近い将来にはこの方式の実現が見通しできるようになっている．ここでは (3.40) 式の左辺を高速計算する二つの方法を述べる．

はじめに，(3.7) 式で定義される変換行列 T_j に対して，一般に等式

$$\ddot{T}_j = \sum_{k=1}^{j} \frac{\partial T_j}{\partial q_k} \ddot{q}_k + \sum_{k=1}^{j} \sum_{l=1}^{j} \frac{\partial^2 T_j}{\partial q_k \partial q_l} \dot{q}_k \dot{q}_l \tag{5.54}$$

が成立することに注意する．これを (3.37) 式に代入すると，

$$F_i = \sum_{j=i}^{n} \mathrm{trace}\left[\frac{\partial T_j}{\partial q_i} J_j \ddot{T}_j^{\top} \right] - \sum_{j=i}^{n} m_j \boldsymbol{g}^{\top} \frac{\partial T_j}{\partial q_i} \bar{\boldsymbol{r}}^{(j)}, \quad i=1, \cdots, n \tag{5.55}$$

と書ける．ここに右辺第1項の和が，$j=i$ から n までだけでよいのは，$j<i$ のとき T_j は q_i に無関係になるからである．さて，ここで

$$T_j^{(i)} = A_{i+1} A_{i+2} \cdots A_j, \ T_i^{(i)} = I, \qquad W_i = \sum_{j=i}^{n} T_j^{(i)} J_j \ddot{T}_j^{\top} = J_i \ddot{T}_i^{\top} + A_{i+1} W_{i+1},$$

$$\boldsymbol{w}_i = \sum_{j=i}^{n} m_j T_j^{(i)} \bar{\boldsymbol{r}}^{(j)} = m_i \bar{\boldsymbol{r}}^{(i)} + A_{i+1} \boldsymbol{w}_{i+1} \tag{5.56}$$

とおいてみる．このとき (5.55) 式は，

$$F_i = \mathrm{trace}\left[\frac{\partial T_i}{\partial q_i} W_i \right] - \boldsymbol{g}^{\top} \frac{\partial T_i}{\partial q_i} \boldsymbol{w}_i \tag{5.57}$$

と表されることに注目する．他方，(5.56) 式に出てくる $\ddot{T}_i$ が，次の漸化式に従うことは明らかである．

$$T_i = T_{i-1} A_i, \quad \dot{T}_i = \dot{T}_{i-1} A_i + T_{i-1} \frac{\partial A_i}{\partial q_i} \dot{q}_i,$$

$$\ddot{T}_i = \ddot{T}_{i-1} A_i + 2 \dot{T}_{i-1} \frac{\partial A_i}{\partial q_i} \dot{q}_i + T_{i-1} \frac{\partial^2 A_i}{\partial q_i^2} \dot{q}_i^2 + T_{i-1} \frac{\partial A_i}{\partial q_i} \ddot{q}_i \tag{5.58}$$

こうして $q_i, \dot{q}_i, \ddot{q}_i$ の目標値として $q_{di}, \dot{q}_{di}, \ddot{q}_{di}$ を用い，これに基づいて (5.58) 式を $i=1$ から n まで計算し，次いで (5.56) 式の $W_i, \boldsymbol{w}_i$ を $i=n$ から 1 まで逆順に計算し，その結果を (5.57) 式に代入することにより，駆動力あるいは駆動トルク $F_i (i=1, \cdots, n)$ を求める．なお，(5.57) 式で必要な $\partial T_i / \partial q_i$ は (5.58) 式の第 2 式の $\dot{q}_i$ の係数行列としてすでに登場しているので，ここで計算しておけば改めて計算する必要はない．この方法を逆漸化式ラグランジュ法と呼ぶ．

もう一つの方法は，逆漸化式ニュートン・オイラー法と呼ばれる．この方法は，

基底リンクから手先までの速度，加速度，角速度，角加速度を求め，次いで逆順に手先から基底リンクまでの外力と外部モーメントを求め，そしてリンク i に加えるべき駆動力を求めるものである．この方法の基本はオイラーの方程式にある．図 2.28 に基づいて示したように，基本座標系 (α) で観測したベクトルの変化率は，(2.98) 式で示されるように，

$$\dot{\boldsymbol{r}}=\boldsymbol{v}_{\beta P}+\boldsymbol{\omega}\times\boldsymbol{r} \tag{5.59}$$

と与えられる．このことは座標系 (β) で与えられた任意のベクトル

$$\boldsymbol{H}=H_x\boldsymbol{u}_x+H_y\boldsymbol{u}_y+H_z\boldsymbol{u}_z$$

についてもいえて，一般に式

$$\begin{aligned}\frac{\mathrm{d}}{\mathrm{d}t}\boldsymbol{H}&=\dot{H}_x\boldsymbol{u}_x+\dot{H}_y\boldsymbol{u}_y+\dot{H}_z\boldsymbol{u}_z+H_x\frac{\mathrm{d}}{\mathrm{d}t}\boldsymbol{u}_x+H_y\frac{\mathrm{d}}{\mathrm{d}t}\boldsymbol{u}_y+H_z\frac{\mathrm{d}}{\mathrm{d}t}\boldsymbol{u}_z\\&=\left(\frac{\partial\boldsymbol{H}}{\partial t}\right)_{\mathrm{rel}}+\boldsymbol{\omega}\times\boldsymbol{H}\end{aligned} \tag{5.60}$$

が成立する．これより (2.57) 式の主張は，式

$$\boldsymbol{T}_0=\left(\frac{\partial\boldsymbol{H}_0}{\partial t}\right)_{\mathrm{rel}}+\boldsymbol{\omega}\times\boldsymbol{H}_0 \tag{5.61}$$

が成立することを意味することになる．この式をオイラーの方程式という．さて，基底の基準座標系 O-$x_0y_0z_0$ に関して与えられたリンク i の角速度，角加速度のベクトルリンク i に固定した座標系で表示したものを，それぞれ $\boldsymbol{\omega}_i$, $\dot{\boldsymbol{\omega}}_i$ で表すと，

$$\boldsymbol{\omega}_i=\begin{cases}R_i^{\top}(\boldsymbol{\omega}_{i-1}+\dot{q}_iz_0) & \text{回転関節の場合（}R\text{ の場合）}\\ R_i^{\top}\boldsymbol{\omega}_{i-1} & \text{直動関節の場合（}P\text{ の場合）}\end{cases} \tag{5.62}$$

$$\dot{\boldsymbol{\omega}}_i=\begin{cases}R_i^{\top}\{\dot{\boldsymbol{\omega}}_{i-1}+\ddot{q}_iz_0+\boldsymbol{\omega}_{i-1}\times(\dot{q}_iz_0)\} & R\text{ の場合}\\ R_i^{\top}\dot{\boldsymbol{\omega}}_{i-1} & P\text{ の場合}\end{cases} \tag{5.63}$$

となることは容易にわかる．ここに，R_i は O_i-$x_iy_iz_i$ で表示されたベクトルを O_{i-1}-$x_{i-1}y_{i-1}z_{i-1}$ の表示に変換する回転行列で，4×4 行列 A_i の左上部の 3×3 主小行列に対応するものを表す．なお，回転行列は直交行列であるから，$R_i^{\top}=R_i^{-1}$ であることに注意されたい．また，$\boldsymbol{z}_0$ は

$$\boldsymbol{z}_0=(0,0,1)^{\top} \tag{5.64}$$

を表す．これはリンク i の手先側関節が回転関節の場合は，その回転軸に原点 O_i があり，回転軸が z_i 軸に一致することからくる．同様に，リンク i に固定した座標系 O_i-$x_iy_iz_i$ の原点の速度ベクトル $\boldsymbol{v}_i$ と加速度ベクトル $\dot{\boldsymbol{v}}_i$ は，

$$\boldsymbol{v}_i=\begin{cases}\boldsymbol{\omega}_i\times\boldsymbol{r}_i+R_i\boldsymbol{v}_{i-1} & R\text{ の場合}\\ R_i(\dot{q}_i\boldsymbol{z}_0+\boldsymbol{v}_{i-1})+\boldsymbol{\omega}_i\times\boldsymbol{r}_i & P\text{ の場合}\end{cases} \tag{5.65}$$

$$\dot{\boldsymbol{v}}_i=\begin{cases}\dot{\boldsymbol{\omega}}_i\times\boldsymbol{r}_i+\boldsymbol{\omega}_i\times(\boldsymbol{\omega}_i\times\boldsymbol{r}_i)+R_i\dot{\boldsymbol{v}}_{i-1} & R\text{ の場合}\\ R_i(\ddot{q}_iz_0+\dot{\boldsymbol{v}}_{i-1})+\dot{\boldsymbol{\omega}}_i\times\boldsymbol{r}_i+2\boldsymbol{\omega}_i\times(R_iz_0\dot{q}_i)\\ \quad+\boldsymbol{\omega}_i\times(\boldsymbol{\omega}_i\times\boldsymbol{r}_i) & P\text{ の場合}\end{cases} \tag{5.66}$$

となる((2.101)式参照)．ここに，$\boldsymbol{r}_i$ は $\overrightarrow{O_{i-1}O_i}$ を O_i-$x_iy_iz_i$ で表したときの座標系である．なお第 i 関節が直動軸のとき，そのスライド方向が z_i 軸に一致することから，(5.65)式の第2式が導かれることに注意されたい．

さて，(5.62)式から(5.66)式の運動が実現するためには，各リンクに力が働いているはずであるが，それらの外力を $\bar{\boldsymbol{f}}_i$，外部トルクを $\bar{\boldsymbol{\tau}}_i$ で表すと，ニュートンの方程式とオイラーの方程式から，

$$\bar{\boldsymbol{f}}_i=m_i\dot{\bar{\boldsymbol{v}}}_i,\quad \bar{\boldsymbol{\tau}}_i=H_i\dot{\boldsymbol{\omega}}_i+\boldsymbol{\omega}_i\times(H_i\boldsymbol{\omega}_i) \tag{5.67}$$

とならねばならない．ここに m_i はリンク i の質量，H_i はリンク i の O_i-$x_iy_iz_i$ 座標系でみた慣性テンソルとする．また，$\dot{\bar{\boldsymbol{v}}}_i$ はリンク i の質量中心の加速度であり，これは式

$$\dot{\bar{\boldsymbol{v}}}_i=\dot{\boldsymbol{\omega}}_i\times\boldsymbol{s}_i+\boldsymbol{\omega}_i\times(\boldsymbol{\omega}_i\times\boldsymbol{s}_i)+\dot{\boldsymbol{v}}_i \tag{5.68}$$

で計算できる．ここに，$\boldsymbol{s}_i$ はリンク i の質量中心を O_i-$x_iy_iz_i$ でみた位置ベクトルを表す．

以上の結果から，リンク$(i-1)$から i リンクに加えるべき力，あるいはトルクを求めることができるが，それらを $\boldsymbol{f}_i, \boldsymbol{\tau}_i$ で表すと，

$$\boldsymbol{f}_i=R_{i+1}\boldsymbol{f}_{i+1}+\bar{\boldsymbol{f}}_i,\quad \boldsymbol{\tau}_i=R_{i+1}\boldsymbol{\tau}_{i+1}+\bar{\boldsymbol{\tau}}_i+\boldsymbol{r}_i\times(R_{i+1}\boldsymbol{f}_{i+1})+(\boldsymbol{r}_i+\boldsymbol{s}_i)\times\bar{\boldsymbol{f}}_i \tag{5.69}$$

となる．こうしてリンク i に加えるべき駆動力が，

$$\tau_i=\begin{cases}\boldsymbol{\tau}_i^{\top}R_i^{\top}\boldsymbol{z}_0+\gamma_i\dot{q}_i & R\text{ の場合}\\ \boldsymbol{f}_i^{\top}R_i^{\top}\boldsymbol{z}_0+\gamma_i\dot{q}_i & P\text{ の場合}\end{cases} \tag{5.70}$$

と求まる．ここに，γ_i は粘性摩擦係数に相当する適当な値を選ぶ．

なお，(5.65)式と(5.66)式の初期条件は，

$$\boldsymbol{\omega}_0=\dot{\boldsymbol{\omega}}_0=\boldsymbol{0},\quad \boldsymbol{v}_0=0,\quad \dot{\boldsymbol{v}}_0=[0,0,g]^{\top},\quad g=9.806\,\mathrm{m/s^2} \tag{5.71}$$

と与え，(5.69)式の終端の $\boldsymbol{f}_{n+1}, \tau_{n+1}$ は手先の物理的条件から決められる．

一見すると，逆漸化式ラグランジュ法の方が計算量が多いことがわかるが，これを上手に変形すると後者のニュートン・オイラー法と同等の計算量に短縮できることも示されている．しかしながら，いずれにしても1サンプル当たりかなりの計算量となり，しかもサンプル周期は少なくとも1 ms以下であることが要求されるので，高速プロセッサを適切に用いたリアルタイム制御系の構成は高価につき，実用化にはいまだ至っていない．なお，これらの計算法に用いる慣性モーメントや質量中心の位置などの物理定数は正確に求め難く，計算結果の精度は必

ずしも高くはない．しかも実際のマニピュレータには摩擦，伝達系の損失やねじり，リンク要素の柔軟性などのダイナミクスには表せない効果があり，したがって，逆ダイナミクス法によってどれだけの高精度で軌道追従できるかどうかは，具体的にデータを出してみないかぎりにわかには判断できない．

マニピュレータの手先の経路と姿勢が作業座標で与えられたとき，すなわち目標の経路 (path) が $\boldsymbol{x}_d(t)$ と与えられたとき，これに追従する制御法としは 4.3 節や 4.4 節で述べた方法も考えられる．たとえば，(4.43) 式の $\boldsymbol{x}^0$ を $\boldsymbol{x}_d(t)$ で置き換えた制御法によれば，ある程度の追従性能が得られることはリアプノフ関数を用いた解析からも予想される．しかし，精度を上げるためにはこの場合も逆ダイナミクス法か学習制御法を用いることが必要になろう．しかし，前者の場合，上で述べた計算に加えて，リアルタイムで $\boldsymbol{f}^{-1}: \boldsymbol{x}_d(t) \to \boldsymbol{q}_d(t)$ の逆変換の計算を実行しなければならないことに注意しておきたい．

5.4 ロボットのパラメター同定

逆動力学に基づく高速トルク計算制御法では，アームのいくつかの物理パラメターが既知でかつ正確であることが暗黙に仮定されていた．これらには構造パラメター (リンク長，隣り合う関節軸間の位置ずれとねじれ角，関節の種類 (回転型または直動型))，リンクの慣性パラメター (質量，重心位置，慣性テンソル)，および駆動系パラメター (ゲイン，イナーシャ，粘性摩擦係数，クーロン摩擦力，歯車間の伝達誤差 (不感帯) など) がある．そのほかにも，各関節でのたわみ，歯車のバックラッシュやコンプライアンスがある．駆動系のモデル化はここでは論じないが，ロボット制御やシミュレーションを考えるときには重要であり，その中の重要な項目を図 5.10 にまとめて表しておく．構造パラメターは当

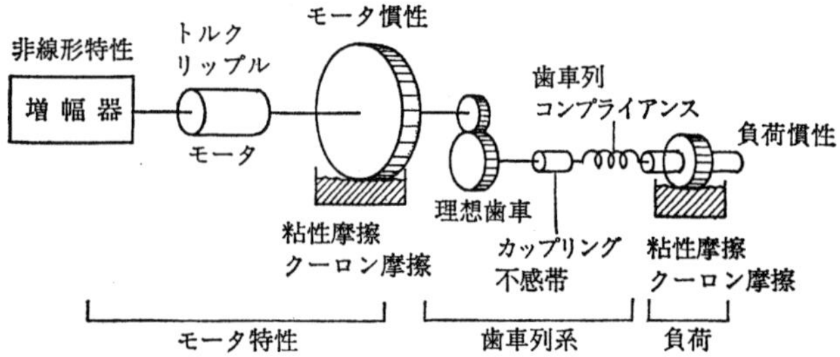

図 5.10　駆動系の動的モデルの種々の要素

然のこととしてロボットメーカーの設計データに記されているが，キャリブレーションにより精度よく決めることも可能である．慣性パラメターは各機構部品の設計データから計算したり，あるいはアームを各リンクに分解して直接測定されていて，メーカーから提供されるのが普通であるが，現実に組み込まれたときの値はいろいろな理由で正確ではない．たとえば，関節に直流モータが組み込まれているとき，ステータとロータは別々のリンクに属するとみなすべきだが，このような分解したモデル化は繁雑になってしまう．そこで，ステータとロータを一体化して動的モデルをつくることになり誤差が生じる．

他方，アームの運動を通じて，そのときの運動データとトルクあるいは力のデータから慣性パラメターを推定することも考えられる．この場合，慣性パラメターは動的モデルを一意に決定するだけの目的に対しては冗長になるのが一般的である．すなわち，一般には，運動データからすべての慣性パラメターを決定することはできない．しかし，動的モデルを決定する最小個数のパラメターの組(これを基底パラメターと呼ぶ)が存在することが明らかにされており，これらは運動データから推定可能である．この基底パラメターは慣性パラメターの線形結合であるが，1対1ではないので逆は成立しない．しかし，推定した基底パラメターの値に対して矛盾しないように慣性パラメター値を与えれば，動的モデルは一意的に決定できているので，運動シミュレーションや制御には本質的な違いは生じない．

ここでは回転関節からなるアームを考えよう．リンク i のアクチュエータで生成されるトルク(あるいは力) u_i を制御入力とすると，アームの動的モデルは

$$J_{0i}\ddot{\theta}_i+\sum_{j=1}^{n}R_{ij}(\boldsymbol{\theta})\ddot{\theta}_j+\sum_{j,k}\bar{R}_{ijk}(\boldsymbol{\theta})\dot{\theta}_j\dot{\theta}_k+B_i\dot{\theta}_i+g_i(\boldsymbol{\theta})+\mathrm{sign}(\dot{\theta}_i)f_{ci}=u_i \qquad (5.72)$$

と表される．左辺の最後の項はクーロン摩擦の項であり，他の残りの項はすべて(3.40)式にあり，それぞれの意味はそこで説明しているのでここでは省略する．(5.72)式に現れる係数をアームの運動を通じて推定するには種々の方法が提案されている．制御工学で開発されたシステムのパラメター同定の方法を直接適用し，すべてのパラメターを同時に推定することも考えられる．しかし，あるグループのパラメター値だけを独立に推定する簡単な運動を行わせ，得られた値に基づいてこのグループの関与の項をフィードフォワード補償により消去して，別の簡単な運動により別のグループのパラメター推定を行わせる逐次的な方法も考えられている．すなわち，静止の状態から入力を徐々に大きくしていき，アームが動き始めたときの入力値を測ることにより重力項を推定する．これを静止テス

トと呼ぼう．次いで，重力項を補償したうえで特定の関節 i だけを動かす定角速度テストを行って摩擦項を推定する．また，角加速度を種々の関節の組合せに応じて変えたテストを行って，残りの係数を順序よく決めていく．この詳細の手順は参考文献にゆずるが，このようなロボットのダイナミクスの物理的属性を配慮したパラメター同定の方が精度的にはよいデータが得られる．

5.5　順動力学と運動シミュレーション

ロボットの運動に関与する物理パラメターの数は非常に多いので，ロボットの機構と制御系の設計諸元を決定するには多くの時間と費用がかかる．もちろん，試作試験を繰り返すことになるが，この負担をいくらかでも軽減するために，ロボットの運動をシミュレートする計算機シミュレータが開発されている．その中の主プログラムはロボットの運動方程式を数値的に解く部分である．運動方程式が (3.80) 式のように書き下されていると，右辺の入力項を数値的に与えれば，あとは微分方程式を求積するルンゲ・クッタ法やオイラー法を適用することができる．しかし，これらの既存の求積サブルーチンを使うと，(3.80) 式の左辺の各項の係数の構成要素を逐一計算させねばならず，自由度が高くなると膨大な演算が必要となる．そこで，運動方程式を再帰的に生成する高速計算法を手がかりにして，運動の軌道生成を再帰的に求積する方法が考え出された．なお，入力トルクあるいは力を与えて運動の挙動を運動方程式から求めることを，ロボットの世界では，逆動力学に対比して順動力学と呼んでいる．ここでは，ウォーカー (M. W. Walker) とオーリン (D. E. Orin) が示した最も単純な考え方を述べておこう．

ロボットの運動方程式 (3.80) をここに再び書いておく．

$$R(\boldsymbol{q})\ddot{\boldsymbol{q}}+\frac{1}{2}\dot{R}(\boldsymbol{q})\dot{\boldsymbol{q}}+S(\boldsymbol{q},\dot{\boldsymbol{q}})\dot{\boldsymbol{q}}+\boldsymbol{g}(\boldsymbol{q})=\boldsymbol{\tau} \tag{5.73}$$

まず，関節変数ベクトル $\boldsymbol{q}$，速度ベクトル $\dot{\boldsymbol{q}}$，加速度ベクトル $\ddot{\boldsymbol{q}}$ を入力すれば，そのときに必要なトルクあるいは力を要素とするベクトル $\boldsymbol{\tau}=(\tau_1, \cdots, \tau_n)^{\mathrm{T}}$ を生成するサブルーチン SUB 1 $(\boldsymbol{q}, \dot{\boldsymbol{q}}, \ddot{\boldsymbol{q}}, \boldsymbol{\tau})$ を用意する．これには 5.3 節で述べた逆動力学の高速計算法を用いることができる．次いで，SUB 1 のコードで重力項と速度 $\dot{\boldsymbol{q}}$ の関与する項を省いたサブルーチン SUB 2 $(\boldsymbol{q}, \ddot{\boldsymbol{q}}, \boldsymbol{\tau})$ を用意する．言い換えると，SUB 2 $(\boldsymbol{q}, \ddot{\boldsymbol{q}}, \boldsymbol{\tau})$ は $\boldsymbol{q}$ と $\ddot{\boldsymbol{q}}$ を与えると，慣性項 $R(\boldsymbol{q})\ddot{\boldsymbol{q}}$ を生成するサブルーチンである．次いで，(5.73) 式の左辺の慣性項を除いた部分をまとめて

$$\boldsymbol{b}=\frac{1}{2}\dot{R}(\boldsymbol{q})\dot{\boldsymbol{q}}+S(\boldsymbol{q},\,\dot{\boldsymbol{q}})\dot{\boldsymbol{q}}+\boldsymbol{g}(\boldsymbol{q}) \tag{5.74}$$

とおき，これをバイアスベクトルと呼ぶことにする．この定義から．

$$R(\boldsymbol{q})\ddot{\boldsymbol{q}}=\boldsymbol{\tau}-\boldsymbol{b} \tag{5.75}$$

と書ける．さて，バイアスベクトルは (5.73) 式の左辺で $\ddot{\boldsymbol{q}}=\boldsymbol{0}$ とおいたことに相当するから，SUB 1($\boldsymbol{q}$, $\dot{\boldsymbol{q}}$, $\boldsymbol{0}$, $\boldsymbol{\tau}$) を呼び出すことによって $\boldsymbol{b}$ を求めることができる．次に $R(\boldsymbol{q})$ の計算法であるが，これは SUB 2($\boldsymbol{q}$, $\boldsymbol{e}_j$, $\boldsymbol{\tau}_j$) を呼び出すことによって求めることができる．ここに $\boldsymbol{e}_j$ は，第 j 成分が 1 で，他の成分はすべて 0 であるような n 次元ベクトル，$\boldsymbol{\tau}_j$ は $\boldsymbol{q}$ と $\ddot{\boldsymbol{q}}=\boldsymbol{e}_j$ を入力したときに SUB 2 で生成したトルクであり，これがとりもなおさず $R(\boldsymbol{q})$ の第 j 列を求めたことに相当する．こうして，SUB 2($\boldsymbol{q}$, $\boldsymbol{e}_j$, $\boldsymbol{\tau}_j$) を $j=1, 2, \cdots, n$ と呼び出して $R(\boldsymbol{q})$ を求めると，このときの加速度 $\ddot{\boldsymbol{q}}$ は (5.75) 式から決めることができる．加速度ベクトル $\ddot{\boldsymbol{q}}$ が決まれば，それを微小時間区間にわたって積分することにより，速度ベクトル $\dot{\boldsymbol{q}}$，位置ベクトル $\boldsymbol{q}$ を新しい値に置き換えることができ，こうして微小区間ごとに逐次求積することができる．なお，上の説明では駆動系や外力の項の計算は省略したが，実際には，駆動系で生成される慣性項とそれ以外の項をそれぞれ上述の運動系の慣性項とバイアス項に加えてやれば，同じようにして，(3.90) 式あるいは (5.72) 式の運動方程式の高速な数値求積法が求まるのである．

なお，ウォーカーとオーリンはこれ以外にも 3 通りの方法を示し，それぞれの方法の計算の複雑度を求めているが，詳細は原著論文 [11] を参照されたい．また，増田 [12, 13] も逆動力学と順動力学の両方にアッペルの方法に基づく高速計算法が可能であることを指摘するとともに，その複雑性を他の種々の方法と比較検討していることをつけ加えておく．

5.6　逆運動学による軌道追従計算

図 5.1 のような垂直多関節マニピュレータについて，手先軌道 $\boldsymbol{X}(t)=(x(t), y(t), z(t))^{\top}$ が与えられたとき，それを実現する関節軌道 $\boldsymbol{\theta}=(\theta_1(t), \theta_2(t), \theta_3(t))^{\top}$ を定める実用的な方法を述べよう．一般に $t=\tau$ のときの手先位置 $\boldsymbol{X}$ と関節位置 $\boldsymbol{\theta}$ が判明しているとしよう．いま $\boldsymbol{X}$ と $\boldsymbol{\theta}$ は非線形の関係 $\boldsymbol{X}=\boldsymbol{X}(\boldsymbol{\theta})$ をもつとする．そこで $\boldsymbol{X}(\tau)=\boldsymbol{X}\{\boldsymbol{\theta}(\tau)\}$ が成立しているとして，微小時間 Δt の経過後の手先位置 $\boldsymbol{X}(\tau+\Delta t)$ が与えられるとして，そのときの関節ベクトル $\boldsymbol{\theta}(\tau+\Delta t)$ を精度よく求めたい．そのため，まず，近似値 $\boldsymbol{\theta}_0(\tau+\Delta t)$ を次のように定める．

$$\boldsymbol{\theta}_0(\tau+\Delta t)=\boldsymbol{\theta}(\tau)+J^{-1}\{\boldsymbol{\theta}(\tau)\}\{\boldsymbol{X}(\tau+\Delta t)-\boldsymbol{X}(\tau)\} \tag{5.76}$$

ここに，$\boldsymbol{X}(\tau)=\boldsymbol{X}$, $\boldsymbol{\theta}(\tau)=\boldsymbol{\theta}$ であり，また，

$$J(\boldsymbol{\theta})=\begin{pmatrix} \dfrac{\partial x}{\partial\theta_1} & \dfrac{\partial x}{\partial\theta_2} & \dfrac{\partial x}{\partial\theta_3} \\ \dfrac{\partial y}{\partial\theta_1} & \dfrac{\partial y}{\partial\theta_2} & \dfrac{\partial y}{\partial\theta_3} \\ \dfrac{\partial z}{\partial\theta_1} & \dfrac{\partial z}{\partial\theta_2} & \dfrac{\partial z}{\partial\theta_3} \end{pmatrix} \tag{5.77}$$

であり，これをヤコビアン行列と呼ぶ．ここでは $J(\boldsymbol{\theta})$ が考えている時間区間では正則であり，したがってその逆行列 $J^{-1}(\boldsymbol{\theta})$ がいつでも計算できるとする．次いで，近似値 $\boldsymbol{\theta}_0(\tau+\Delta t)$ から出発して，次の繰返し計算式に基づいて $\{\boldsymbol{\theta}_k(t+\Delta t)\}$, $k=1, 2, \cdots$, を求め近似精度を高めることができる．

$$\boldsymbol{\theta}_{k+1}(\tau+\Delta t)=\boldsymbol{\theta}_k(\tau+\Delta t)-J^{-1}\{\boldsymbol{\theta}_k(\tau+\Delta t)\}[\boldsymbol{X}\{\boldsymbol{\theta}_k(\tau+\Delta t)\}-\boldsymbol{X}(\tau+\Delta t)] \tag{5.78}$$

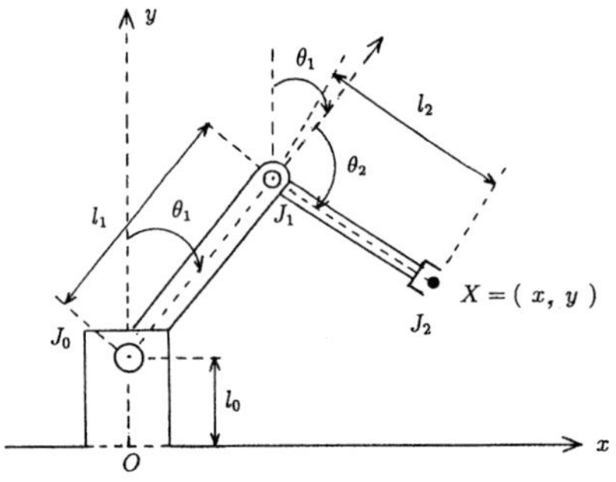

図 5.11　平面内で運動する 2 リンク (2 回転関節) ロボット

実際には，$\boldsymbol{X}\{\boldsymbol{\theta}_k(\tau+\Delta t)\}$ の値と $\boldsymbol{X}(\tau+\Delta t)$ の値を比較し，適当なベクトルノルムで測った誤差が指定したレベル $\varepsilon>0$ 以内に入ったら，繰返し計算を終了させることが必要であろう．

例として，図 5.11 の自由度 2 の場合を考えよう．$\boldsymbol{X}=(x, y)^\top$ と $\boldsymbol{\theta}=(\theta_1, \theta_2)^\top$ の関係 $\boldsymbol{X}(\boldsymbol{\theta})$ は次のように表される．

$$x=l_1\sin\theta_1+l_2\sin(\theta_1+\theta_2), \quad y=l_0+l_1\cos\theta_1+l_2\cos(\theta_1+\theta_2) \tag{5.79}$$

このとき，ヤコビアン行列は

$$J(\boldsymbol{\theta})=\begin{pmatrix} l_1\cos\theta_1+l_2\cos(\theta_1+\theta_2) & l_2\cos(\theta_1+\theta_2) \\ -l_1\sin\theta_1+l_2\sin(\theta_1+\theta_2) & -l_2\sin(\theta_1+\theta_2) \end{pmatrix} \tag{5.80}$$

と計算できる．この逆行列は

$$J^{-1}(\boldsymbol{\theta})=\frac{-1}{l_1l_2\sin\theta_2}\begin{pmatrix} -l_2\sin(\theta_1+\theta_2) & -l_2\cos(\theta_1+\theta_2) \\ l_2\sin(\theta_1+\theta_2)+l_1\sin\theta_1 & l_2\cos(\theta_1+\theta_2)+l_1\cos\theta_1 \end{pmatrix} \tag{5.81}$$

となる．ここに

$$\det J(\boldsymbol{\theta})=-l_1l_2\sin\theta_2 \tag{5.82}$$

となることを確かめられたい．$\boldsymbol{\theta}_0=\boldsymbol{\theta}_0(\tau+\Delta t)$ を (5.76) 式に従って定めたら，後は再帰的に

$$\boldsymbol{\theta}_{k+1}=\boldsymbol{\theta}_k-J^{-1}(\boldsymbol{\theta}_k)\{\boldsymbol{X}(\boldsymbol{\theta}_k)-\boldsymbol{X}(\tau+\Delta t)\} \tag{5.83}$$

によって近似精度を高めればよい．なお，この場合の逆運動学は実際には簡単に解くことができて，

$$\theta_2=\cos^{-1}\alpha, \quad \theta_1=\phi_1+\cos^{-1}\frac{\pm l_2\sqrt{1-\alpha^2}}{\sqrt{x^2+(y-l_0)^2}} \tag{5.84}$$

と定まる．ここに

$$\alpha=\frac{x^2+(y-l_0)^2-l_1^2-l_2^2}{2l_1l_2} \tag{5.85}$$

$$\phi_1=\tan^{-1}\frac{y-l_0}{x} \tag{5.86}$$

とおいた．

最後に，再帰式 (5.78) は非線形連立方程式 $\boldsymbol{X}(\boldsymbol{\theta})-\boldsymbol{X}(\tau+\Delta t)=\boldsymbol{0}$ を逐次的に近似解法するニュートン法にほかならないことに注意しておく [14].

6

ロボットの適応制御法

適応制御理論には方法論的に異なる二つの流れがある．一つがモデル参照型適応制御系 (Model Reference Adaptive Control System : MRACS) であり，他の一つが自己チューニング適応制御法 (Self-Tuning Adaptive Regulator : STR) である．それぞれの方式に基づく設計理論は，線形システムの範囲ではほぼ完成の域に達している．しかしながら，ロボットの場合はダイナミクスが非線形になり，関節変数間に動的干渉が存在するので，一般的な線形システムに対して開発されたこれらの手法をそのまま適用しても，うまくいくかどうか保証のかぎりではない．それでも，1979 年に適応制御の考え方がダボウスキィ (S. Dubowsky) によって初めてロボットに応用されてから 1986 年前後まで上述の MRACS と STR が無理やり応用された．しかし，1986，7 年になると，ロボットのダイナミクスの物理的構造を手がかりにして，ロボット特有のもっと強力な適応制御方式が提案され，その漸近的な軌道追従性が厳密に示されるに及び，ここに借り物でないロボット適応制御の理論が確立できたのである．

ここでは，ロボット特有の適応制御方式であるモデルベース適応制御法を説明し，その漸近的軌道追従性を明らかにする．

6.1 モデルベース適応制御

回転関節を含むロボットのダイナミクスは非線形になり，関節間に干渉が起こる．4.3 節で議論したように，産業用ロボットでは，関節アクチュエータに用いるモータの軸に取り付ける減速機のギア比を高くとり (たとえば $r=1/100\sim1/500$)，その結果，モータダイナミクスの中で負荷リンクの慣性行列からくる項の影響を r^2 倍に落とすことができ，全体のダイナミクスは線形近似できている．しかし，$r=1/200$ の減速機を使えば，定格回転速度が毎分数千回のモータの場合，負荷リンクの回転速度は毎秒 0.5 回転前後にまで落ちてしまい高速作業の実現が難しくなる．他方，減速比を落として，$r=1/20$ 前後にして，負荷リンクの回転速度を上げれば，遠心力やコリオリ力などの非線形項は，負荷リンクとモータ軸の慣性モーメントの比の上に掛け算して回転角速度の2乗が効いてくるので，非線形でかつ干渉のある項の効果が無視できないほど大きくなる．こうして，ロボットの手先軌道の追従性が非常に悪くなる．そこで，軌道追従性を確保するために考え出されたのが，モデルベース適応制御と繰返し学習制御であるが，本章では前者を述べる．

ロボットのダイナミクスは(3.90)式のように表されるが，ここではこれを以下のように再掲しておく．ただし，モータ軸の慣性モーメントの効果分である対角行列 J_0 は下の式では $R(\boldsymbol{q})$ の中にあらかじめ加算しておく．J_0 の影響は他の項には現れない．

$$\left\{R(\boldsymbol{q})\frac{\mathrm{d}}{\mathrm{d}t}+\frac{1}{2}\dot{R}(\boldsymbol{q})\right\}\dot{\boldsymbol{q}}+\{S(\boldsymbol{q},\,\dot{\boldsymbol{q}})+B\}\dot{\boldsymbol{q}}+\boldsymbol{g}(\boldsymbol{q})=D\boldsymbol{v} \tag{6.1}$$

ここでは，D の対角線要素はモータやドライバーの物理定数から決められる定数なので既知としよう．B や $R(\boldsymbol{q})$，$\boldsymbol{g}(\boldsymbol{q})$ の中に現れる慣性モーメントやリンク質量は正確にはわかっていないと考えよう．そして，これらの定数が(6.1)式の左辺に線形的に現れることに注目する．たとえば，図2.37に示した振子ロボットの場合，

$$\boldsymbol{\Theta}=(I_1,\,I_2,\,m_1,\,m_2)^{\top} \tag{6.2}$$

$$\begin{aligned}&Y(\boldsymbol{q},\,\dot{\boldsymbol{q}},\,\dot{\boldsymbol{q}},\,\ddot{\boldsymbol{q}})\\&=\begin{bmatrix}\ddot{q}_1 & \ddot{q}_1+\ddot{q}_2 & s_1 g\sin q_1 & \begin{array}{r}l_1^2\ddot{q}_1+l_1s_2\{(2\ddot{q}_1+\ddot{q}_2)\cos q_2-\dot{q}_2(2\dot{q}_1\\+\dot{q}_2)\sin q_2\}+g\{l_1\sin q_1+s_2\sin(q_1+q_2)\}\end{array}\\0 & \ddot{q}_1+\ddot{q}_2 & 0 & l_1s_2(\ddot{q}_1\cos q_2+\dot{q}_1^2\sin q_2)+s_2 g\sin(q_1+q_2)\end{bmatrix}\end{aligned} \tag{6.3}$$

とおけば，(2.151)式は

$$Y(\boldsymbol{q},\,\dot{\boldsymbol{q}},\,\dot{\boldsymbol{q}},\,\ddot{\boldsymbol{q}})\boldsymbol{\Theta}=(\tau_1,\,\tau_2)^{\top} \tag{6.4}$$

と表すことができる．(6.1)式の場合，対角行列 B の対角成分も未知パラメーターとして $\boldsymbol{\Theta}$ の後に付け，それらのパラメーターに応じる対角成分が $\dot{q}_i$ になる対角行列を Y の右に付ければ，(6.1)式も

$$Y(\boldsymbol{q},\,\dot{\boldsymbol{q}},\,\dot{\boldsymbol{q}},\,\ddot{\boldsymbol{q}})\boldsymbol{\Theta}=\left\{R(\boldsymbol{q})\frac{\mathrm{d}}{\mathrm{d}t}+\frac{1}{2}\dot{R}(\boldsymbol{q})+S(\boldsymbol{q},\,\dot{\boldsymbol{q}})+B\right\}\dot{\boldsymbol{q}}+\boldsymbol{g}(\boldsymbol{q})=D\boldsymbol{v} \tag{6.5}$$

と表すことができる．なお，Y の中に $\dot{\boldsymbol{q}}$ が二つ表記してあるが，2番目の $\dot{\boldsymbol{q}}$ は(6.5)式の{　}の右に出てくる $\dot{\boldsymbol{q}}$ を表し，他の $\dot{\boldsymbol{q}}$ と区別する．したがって，たとえば，

$$Y(\boldsymbol{q},\ \dot{\boldsymbol{q}},\ \dot{\boldsymbol{q}}_r,\ \ddot{\boldsymbol{q}}_r)\boldsymbol{\Theta}=R(\boldsymbol{q})\ddot{\boldsymbol{q}}_r+\left\{\frac{1}{2}\dot{R}(\boldsymbol{q})+S(\boldsymbol{q},\ \dot{\boldsymbol{q}})+B\right\}\dot{\boldsymbol{q}}_r+\boldsymbol{g}(\boldsymbol{q}) \tag{6.6}$$

と表すことを意味する．なお，このような行列 Y のことを回帰子 (regressor) と呼ぶ．

さて，理想の関節軌道 $\boldsymbol{q}_d(t)$ が与えられたとして，誤差軌道を

$$\Delta\boldsymbol{q}=\boldsymbol{q}-\boldsymbol{q}_d \tag{6.7}$$

と表そう．物理パラメター $\boldsymbol{\Theta}$ は未知なので，その推定量 $\hat{\boldsymbol{\Theta}}$ を計算できる形式で構成したいのだが，そのため，誤差

$$\Delta\boldsymbol{\Theta}=\hat{\boldsymbol{\Theta}}-\boldsymbol{\Theta} \tag{6.8}$$

を導入しよう．$\boldsymbol{\Theta}$ は定数ベクトルなので，

$$\Delta\dot{\boldsymbol{\Theta}}=\frac{\mathrm{d}\Delta\boldsymbol{\Theta}}{\mathrm{d}t}=\frac{\mathrm{d}\hat{\boldsymbol{\Theta}}}{\mathrm{d}t} \tag{6.9}$$

であることに注意しておく．そこで，

$$\hat{\boldsymbol{\Theta}}(t)=\hat{\boldsymbol{\Theta}}(0)-\int_0^t \Gamma^{-1}Y^{\mathrm{T}}(\boldsymbol{q},\ \dot{\boldsymbol{q}},\ \dot{\boldsymbol{q}}_r,\ \ddot{\boldsymbol{q}}_r)\boldsymbol{s}\,\mathrm{d}\tau \tag{6.10}$$

$$\boldsymbol{s}=\Delta\dot{\boldsymbol{q}}+\Lambda\Delta\boldsymbol{q},\qquad \dot{\boldsymbol{q}}_r=\dot{\boldsymbol{q}}_d-\Lambda\Delta\boldsymbol{q} \tag{6.11}$$

と設定してみる．ここに Λ，Γ は適当な正定対角行列とする．もし，$\{\boldsymbol{q},\ \dot{\boldsymbol{q}}\}$ が実時間測定できるとき，(6.10) 式の右辺は実時間計算可能であろう．そこで，制御入力を

$$\boldsymbol{v}=D^{-1}\{Y(\boldsymbol{q},\ \dot{\boldsymbol{q}},\ \dot{\boldsymbol{q}}_r,\ \ddot{\boldsymbol{q}}_r)\hat{\boldsymbol{\Theta}}-K\boldsymbol{s}\} \tag{6.12}$$

と設定してみよう．明らかに，$\ddot{\boldsymbol{q}}_r$ は $\ddot{\boldsymbol{q}}$ と異なり，加速度の実時間計算 $\ddot{\boldsymbol{q}}$ を含まず，与えられた $\dot{\boldsymbol{q}}_d,\ \ddot{\boldsymbol{q}}_d$，と速度の実時間測定値 $\dot{\boldsymbol{q}}$ のみから計算できる．

さて，(6.12) 式で定義した制御入力を (6.1) 式に代入したときの閉ループ系は

$$Y(\boldsymbol{q},\ \dot{\boldsymbol{q}},\ \dot{\boldsymbol{q}},\ \ddot{\boldsymbol{q}})\boldsymbol{\Theta}-Y(\boldsymbol{q},\ \dot{\boldsymbol{q}},\ \dot{\boldsymbol{q}}_r,\ \ddot{\boldsymbol{q}}_r)\hat{\boldsymbol{\Theta}}+K\boldsymbol{s}=\boldsymbol{0} \tag{6.13}$$

と表されるが，これは，また，

$$Y(\boldsymbol{q},\ \dot{\boldsymbol{q}},\ \dot{\boldsymbol{q}},\ \ddot{\boldsymbol{q}})\boldsymbol{\Theta}-Y(\boldsymbol{q},\ \dot{\boldsymbol{q}},\ \dot{\boldsymbol{q}}_r,\ \ddot{\boldsymbol{q}}_r)\boldsymbol{\Theta}+Y(\boldsymbol{q},\ \dot{\boldsymbol{q}},\ \dot{\boldsymbol{q}}_r,\ \ddot{\boldsymbol{q}}_r)(\boldsymbol{\Theta}-\hat{\boldsymbol{\Theta}})+K\boldsymbol{s}=\boldsymbol{0} \tag{6.14}$$

と書ける．そこで $\boldsymbol{s}=\dot{\boldsymbol{q}}-\dot{\boldsymbol{q}}_r$ と表されることに注目すると，(6.14) 式は

$$\overline{Y}(\boldsymbol{q},\ \dot{\boldsymbol{q}},\ \boldsymbol{s},\ \dot{\boldsymbol{s}})\boldsymbol{\Theta}-Y(\boldsymbol{q},\ \dot{\boldsymbol{q}},\ \dot{\boldsymbol{q}}_r,\ \ddot{\boldsymbol{q}}_r)\Delta\boldsymbol{\Theta}+K\boldsymbol{s}=\boldsymbol{0} \tag{6.15}$$

と表されることがわかる．ここに，左辺の第1項は

$$\overline{Y}(\boldsymbol{q},\ \dot{\boldsymbol{q}},\ \boldsymbol{s},\ \dot{\boldsymbol{s}})\boldsymbol{\Theta}=\left\{R(\boldsymbol{q})\frac{\mathrm{d}}{\mathrm{d}t}+\frac{1}{2}\dot{R}(\boldsymbol{q})+S(\boldsymbol{q},\ \dot{\boldsymbol{q}})+B\right\}\boldsymbol{s} \tag{6.16}$$

である．そこで，リアプノフ関数の候補として

$$V=\frac{1}{2}\boldsymbol{s}^{\top}R(\boldsymbol{q})\boldsymbol{s}+\frac{1}{2}\varDelta\boldsymbol{\Theta}^{\top}\Gamma\varDelta\boldsymbol{\Theta} \tag{6.17}$$

をとってみよう．これを時間微分すると

$$\dot{V}=\boldsymbol{s}^{\top}\left\{R(\boldsymbol{q})\dot{\boldsymbol{s}}+\frac{1}{2}\dot{R}(\boldsymbol{q})\boldsymbol{s}\right\}+\varDelta\boldsymbol{\Theta}^{\top}\Gamma\varDelta\boldsymbol{\Theta} \tag{6.18}$$

となる．$\varDelta\dot{\boldsymbol{\Theta}}=\mathrm{d}\hat{\boldsymbol{\Theta}}/\mathrm{d}t$ となることに注目しつつ，(6.10) と (6.15)，(6.16) 式を参照して，

$$\dot{V}=-\boldsymbol{s}^{\top}(B+K)\boldsymbol{s} \tag{6.19}$$

となることがわかる．V は非負定なので，明らかに

$$\int_0^{\infty}\|\boldsymbol{s}(t)\|^2\mathrm{d}t<\infty \tag{6.20}$$

である．つまり，$\boldsymbol{s}\in L^2(0,\infty)$ である．したがって，$\varDelta\boldsymbol{q}$ を従属変数ベクトルとする1次の連立微分方程式

$$\varDelta\dot{\boldsymbol{q}}+\Lambda\varDelta\boldsymbol{q}=\boldsymbol{s} \tag{6.21}$$

の解 $\varDelta\boldsymbol{q}(t)$ について考えると，強制項が $L^2(0,\infty)$ にあり，かつ $\boldsymbol{s}=\boldsymbol{0}$ のときの斉次微分方程式の固有値はすべて負になるので，$t\to\infty$ のとき $\varDelta\boldsymbol{q}(t)\to 0$ となることがわかる (付録D参照)．こうして，関節ベクトル $\boldsymbol{q}(t)$ が与えられた軌道 $\boldsymbol{q}_d(t)$ に漸近的に追従することが示された．

モデルベース適応制御法は (6.10) ～ (6.12) 式から構成され，その概略は図6.1のように表されよう．ここに，回帰子 Y の計算は自由度が大きくなると複雑になり，計算量はほぼ計算トルク法に匹敵する．しかも $\ddot{\boldsymbol{q}}_r$ には $\dot{\boldsymbol{q}}$ を含むので，Y は実時間計算しなければならない．そこで，(6.12) 式の Y の中味を ($\boldsymbol{q}_d$, $\dot{\boldsymbol{q}}_d$, $\dot{\boldsymbol{q}}_d$, $\ddot{\boldsymbol{q}}_d$) で置き換えた制御法

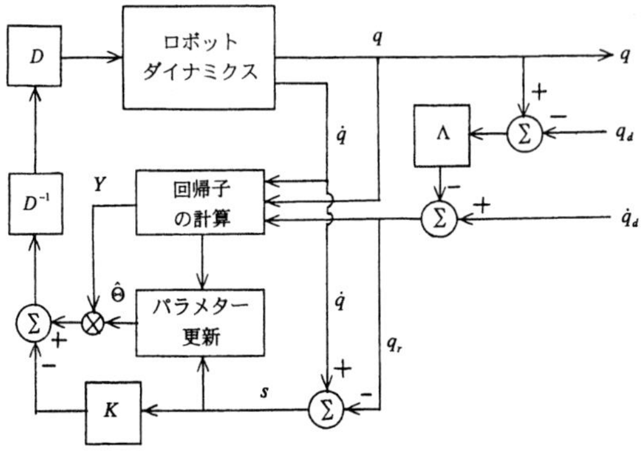

図 6.1 ロボットダイナミクスの特徴を考慮したモデルベース適応制御

$$\boldsymbol{v}=D^{-1}\{Y(\boldsymbol{q}_d,\ \dot{\boldsymbol{q}}_d,\ \dot{\boldsymbol{q}}_d,\ \ddot{\boldsymbol{q}}_d)\hat{\boldsymbol{\Theta}}-K\boldsymbol{s}\} \tag{6.22}$$

を考えつく．ここに $\hat{\Theta}$ も次のように計算する．

$$\hat{\boldsymbol{\Theta}}(t)=\hat{\boldsymbol{\Theta}}(0)-\int_0^t \Gamma^{-1}Y^{\mathrm{T}}(\boldsymbol{q}_d,\ \dot{\boldsymbol{q}}_d,\ \dot{\boldsymbol{q}}_d,\ \ddot{\boldsymbol{q}}_d)\boldsymbol{s}\mathrm{d}\tau \tag{6.23}$$

明らかに，この制御法の方法が実時間計算の負荷が軽く，あらかじめ与えられた $\boldsymbol{q}_d$ とそれらの微分に基づいて Y を計算しておくことができる．しかし，この簡便なモデルベース適応制御法について軌道追従性を示すには，(6.1) 式の理想の軌道を与える入力

$$\left\{R(\boldsymbol{q}_d)\frac{\mathrm{d}}{\mathrm{d}t}+\frac{1}{2}R(\boldsymbol{q}_d)\right\}\dot{\boldsymbol{q}}_d+\{S(\boldsymbol{q}_d,\ \dot{\boldsymbol{q}}_d)+B\}\dot{\boldsymbol{q}}_d+\boldsymbol{g}(\boldsymbol{q}_d)=D\boldsymbol{v}_d \tag{6.24}$$

と (6.1) 式との差について吟味しなければならない．

6.2　誤差ダイナミクスの受動性

さて，指定した関節軌道 $\boldsymbol{q}_d(t)$ をもつときのダイナミクスは (6.24) 式で表されるが，この左辺は回帰子を用いて

$$Y(\boldsymbol{q}_d,\ \dot{\boldsymbol{q}}_d,\ \dot{\boldsymbol{q}}_d,\ \ddot{\boldsymbol{q}}_d)\boldsymbol{\Theta}=\boldsymbol{u}_d \tag{6.25}$$

と書ける．ここに $D\boldsymbol{v}_d=\boldsymbol{u}_d$ とおき，D は既知なので，$\boldsymbol{v}, \boldsymbol{v}_d$ の代わりに $\boldsymbol{u}, \boldsymbol{u}_d$ を用いる．ここでは，(6.1) 式あるいは (6.5) 式について，SP-D フィードバック (4.7 節参照)

$$D\boldsymbol{v}=-K\boldsymbol{y}+\boldsymbol{u},\qquad \boldsymbol{y}=\Delta\dot{\boldsymbol{q}}+\alpha\boldsymbol{s}(\Delta\boldsymbol{q}) \tag{6.26}$$

を行ったときの閉ループダイナミクスに注目しよう．これを (6.1) 式に代入すると，

$$\left\{R(\boldsymbol{q})\frac{\mathrm{d}}{\mathrm{d}t}+\frac{1}{2}\dot{R}(\boldsymbol{q})+S(\boldsymbol{q},\ \dot{\boldsymbol{q}})+B\right\}\dot{\boldsymbol{q}}+\boldsymbol{g}(\boldsymbol{q})+K\boldsymbol{y}=Y(\boldsymbol{q},\ \dot{\boldsymbol{q}},\ \dot{\boldsymbol{q}},\ \ddot{\boldsymbol{q}})\boldsymbol{\Theta}+K\boldsymbol{y}=\boldsymbol{u} \tag{6.27}$$

と書ける．この左辺に $\boldsymbol{q}=\boldsymbol{q}_d$, $\dot{\boldsymbol{q}}=\dot{\boldsymbol{q}}_d$, $\ddot{\boldsymbol{q}}=\ddot{\boldsymbol{q}}_d$ を代入すれば，$\boldsymbol{y}=\boldsymbol{0}$ となるので $\boldsymbol{u}_d$ に一致する．そこで，(6.27) と (6.25) 式の差をとると

$$\left\{R(\boldsymbol{q})\frac{\mathrm{d}}{\mathrm{d}t}+\frac{1}{2}\dot{R}(\boldsymbol{q})+S(\boldsymbol{q},\ \dot{\boldsymbol{q}})+B\right\}\Delta\dot{\boldsymbol{q}}+K\boldsymbol{y}+\boldsymbol{h}(\Delta\boldsymbol{q},\ \Delta\dot{\boldsymbol{q}})=\Delta\boldsymbol{u} \tag{6.28}$$

となる．ここに，$\Delta\boldsymbol{u}=\boldsymbol{u}-\boldsymbol{u}_d$,

$$\begin{aligned}\boldsymbol{h}(\Delta\boldsymbol{q},\ \Delta\dot{\boldsymbol{q}})=&\{R(\boldsymbol{q}_d+\Delta\boldsymbol{q})-R(\boldsymbol{q}_d)\}\ddot{\boldsymbol{q}}_d+\left\{\frac{1}{2}\dot{R}(\boldsymbol{q}_d+\Delta\boldsymbol{q})-\frac{1}{2}\dot{R}(\boldsymbol{q}_d)\right.\\&\left.+S(\boldsymbol{q}_d+\Delta\boldsymbol{q}_1,\ \dot{\boldsymbol{q}}_d+\Delta\dot{\boldsymbol{q}})-S(\boldsymbol{q}_d,\ \dot{\boldsymbol{q}}_d)\right\}\dot{\boldsymbol{q}}_d+\boldsymbol{g}(\boldsymbol{q}_d+\Delta\boldsymbol{q})-\boldsymbol{g}(\boldsymbol{q}_d)\end{aligned}$$

(6.29)

である．ここでは，関節はすべて回転関節の場合を扱う．このとき，歪対称行列 $S(\boldsymbol{q},\dot{\boldsymbol{q}})$ の $\dot{\boldsymbol{q}}$ は $\boldsymbol{s}$ の中に線形に現れ，$S(\boldsymbol{q},\boldsymbol{0})=\boldsymbol{0}$ となるので，

$$S(\boldsymbol{q}_d+\Delta\boldsymbol{q},\ \dot{\boldsymbol{q}}_d+\Delta\dot{\boldsymbol{q}})-S(\boldsymbol{q}_d,\ \dot{\boldsymbol{q}}_d)=F_0(\Delta\boldsymbol{q};\ \boldsymbol{q}_d,\ \dot{\boldsymbol{q}}_d)\Delta\dot{\boldsymbol{q}}+\boldsymbol{e}_0(\Delta\boldsymbol{q};\ \boldsymbol{q}_d,\ \dot{\boldsymbol{q}}_d,\ \dot{\boldsymbol{q}}_d) \tag{6.30}$$

の形に表され，$\boldsymbol{e}_0$ は Δq の三角関数からなる．こうして，一般的に

$$\boldsymbol{h}(\Delta\boldsymbol{q},\ \Delta\dot{\boldsymbol{q}})=F(\Delta\boldsymbol{q};\ \boldsymbol{q}_d,\ \dot{\boldsymbol{q}}_d)\Delta\dot{\boldsymbol{q}}+\boldsymbol{e}(\Delta\boldsymbol{q};\ \boldsymbol{q}_d,\ \dot{\boldsymbol{q}}_d,\ \ddot{\boldsymbol{q}}_d) \tag{6.31}$$

のように表され，$\boldsymbol{e}$ は $\Delta\boldsymbol{q}$ について周期的な三角関数であり，行列 F は有界になる．飽和関数 $\boldsymbol{s}(\Delta\boldsymbol{q})$ は各 Δq_i が飽和領域にかからないときは Δq_i に線形的に依存するので，$\boldsymbol{q}_d$ とそれらの 2 階の微分はあらかじめ指定し，固定したまま考察を進めるかぎり，次の不等式を満足するような四つの定数 $\bar{c}_i\ (i=1,\cdots,4)$ が存在すると仮定してよい．

$$\boldsymbol{s}(\Delta\boldsymbol{q})^{\top}\boldsymbol{h}(\Delta\boldsymbol{q},\ \Delta\dot{\boldsymbol{q}})\geqq-\bar{c}_1\|\boldsymbol{s}(\Delta\boldsymbol{q})\|^2-\bar{c}_2\|\Delta\dot{\boldsymbol{q}}\|\cdot\|\boldsymbol{s}(\Delta\boldsymbol{q})\| \tag{6.32}$$

$$\Delta\dot{\boldsymbol{q}}^{\top}\boldsymbol{h}(\Delta\boldsymbol{q},\ \Delta\dot{\boldsymbol{q}})\geqq-\bar{c}_3\|\Delta\dot{\boldsymbol{q}}\|\cdot\|\boldsymbol{s}(\Delta\boldsymbol{q})\|-\bar{c}_4\|\Delta\dot{\boldsymbol{q}}\|^2 \tag{6.33}$$

そこで，SP-D 誤差出力 $\boldsymbol{y}$ と (6.28) 式に基づいて入力差信号 $\Delta\boldsymbol{u}$ との内積をとると，

$$\begin{aligned}\boldsymbol{y}^{\top}\Delta\boldsymbol{u}=&\frac{\mathrm{d}}{\mathrm{d}t}\left\{\frac{1}{2}\Delta\dot{\boldsymbol{q}}^{\top}R(\boldsymbol{q})\Delta\dot{\boldsymbol{q}}+\alpha\sum_{i=1}^{n}b_iS_i(\Delta q_i)\right\}+\alpha\boldsymbol{s}^{\top}(\Delta\boldsymbol{q})\left\{R(\boldsymbol{q})\Delta\ddot{\boldsymbol{q}}\right.\\&\left.+\frac{1}{2}\dot{R}(\boldsymbol{q})\Delta\dot{\boldsymbol{q}}+S(\boldsymbol{q},\ \dot{\boldsymbol{q}})\Delta\dot{\boldsymbol{q}}\right\}+\boldsymbol{y}^{\top}\boldsymbol{h}(\Delta\boldsymbol{q},\ \Delta\dot{\boldsymbol{q}})\end{aligned} \tag{6.34}$$

となる．右辺の最後の項は (6.32), (6.33) 式によって見積もることができる．右辺第 2 項は次のように見積もることができる．

$$\begin{aligned}&\alpha\boldsymbol{s}^{\top}(\Delta\boldsymbol{q})\left\{R(\boldsymbol{q})\Delta\ddot{\boldsymbol{q}}+\frac{1}{2}\dot{R}(\boldsymbol{q})\Delta\dot{\boldsymbol{q}}+S(\boldsymbol{q},\ \dot{\boldsymbol{q}})\Delta\dot{\boldsymbol{q}}\right\}\\&=\frac{\mathrm{d}}{\mathrm{d}t}\{\alpha\boldsymbol{s}^{\top}(\Delta\boldsymbol{q})R(\boldsymbol{q})\Delta\dot{\boldsymbol{q}}\}-\alpha\dot{\boldsymbol{s}}^{\top}(\Delta\boldsymbol{q})R(\boldsymbol{q})\Delta\dot{\boldsymbol{q}}\\&\quad-\alpha\boldsymbol{s}^{\top}(\Delta\boldsymbol{q})\left\{\frac{1}{2}\dot{R}(\boldsymbol{q})-S(\boldsymbol{q},\ \dot{\boldsymbol{q}})\right\}\Delta\dot{\boldsymbol{q}}\end{aligned} \tag{6.35}$$

右辺第 2 項は導関数 $\partial s_i(\xi)/\partial\xi$ が有界であるので，

$$\alpha\dot{\boldsymbol{s}}^{\top}(\Delta\boldsymbol{q})R(\boldsymbol{q})\Delta\dot{\boldsymbol{q}}\geqq-\alpha\bar{c}_5\|\Delta\dot{\boldsymbol{q}}\|^2 \tag{6.36}$$

となる定数 $\bar{c}_5>0$ が存在する．さらに，右辺第 3 項については，

$$\begin{aligned}&-\alpha\boldsymbol{s}^{\top}(\Delta\boldsymbol{q})\left\{\frac{1}{2}\dot{R}(\boldsymbol{q})-S(\boldsymbol{q},\ \dot{\boldsymbol{q}})\right\}\Delta\dot{\boldsymbol{q}}\\&=-\alpha\boldsymbol{s}^{\top}(\Delta\boldsymbol{q})\left\{\frac{1}{2}\sum_{i=1}^{n}R_i(\boldsymbol{q})(\dot{q}_i-\dot{q}_{di})+\frac{1}{2}\sum_{i=1}^{n}R_i(\boldsymbol{q})\dot{q}_{di}-S(\boldsymbol{q},\ \Delta\dot{\boldsymbol{q}})-S(\boldsymbol{q},\dot{\boldsymbol{q}}_d)\right\}\Delta\dot{\boldsymbol{q}}\end{aligned}$$

$$\geqq -\alpha\bar{c}_6\|\Delta\dot{\boldsymbol{q}}\|^2-\alpha\bar{c}_7\|\boldsymbol{s}(\Delta\boldsymbol{q})\|\cdot\|\Delta\dot{\boldsymbol{q}}\| \tag{6.37}$$

となるような正定数 $\bar{c}_6$, $\bar{c}_7$ が存在する．ここに $R_i=\partial R/\partial q_i$ とした．これらの(6.36)と(6.37)式を(6.35)式に代入し，これを再び(6.34)式に代入すれば，

$$\boldsymbol{y}^\top\Delta\boldsymbol{u}\geqq\frac{\mathrm{d}}{\mathrm{d}t}V+W \tag{6.38}$$

となる．ここに

$$V=\frac{1}{2}\Delta\dot{\boldsymbol{q}}^\top R(\boldsymbol{q})\Delta\dot{\boldsymbol{q}}+\alpha\sum_{i=1}^{n}b_iS_i(\Delta q_i)+\alpha\boldsymbol{s}^\top(\Delta\boldsymbol{q})R(\boldsymbol{q})\Delta\dot{\boldsymbol{q}} \tag{6.39}$$

$$\begin{aligned}W=&\Delta\dot{\boldsymbol{q}}[B-\{\bar{c}_4+\alpha(\bar{c}_5+\bar{c}_6)\}I]\Delta\dot{\boldsymbol{q}}-\{\bar{c}_3+\alpha(\bar{c}_2+\bar{c}_7)\}\|\boldsymbol{s}(\Delta\boldsymbol{q})\|\cdot\|\Delta\dot{\boldsymbol{q}}\|\\&-\alpha\bar{c}_1\|\boldsymbol{s}(\Delta\boldsymbol{q})\|^2+\boldsymbol{y}^\top K\boldsymbol{y}\end{aligned} \tag{6.40}$$

である．ここで，$R(\boldsymbol{q})$ の最大固有値はどのように $\boldsymbol{q}$ をとってもある値 λ_M を越えない．そこで

$$B>2\alpha\lambda_M C^{-1},\qquad B>4K \tag{6.41}$$

となるように，ダンピング成形ができていると仮定しよう．ここに C は(4.75)式を満たす c_i を対角成分にもつ対角行列とする．このとき，(4.75)式に注目して V を変形してみれば

$$\begin{aligned}V\geqq&\frac{1}{4}\Delta\dot{\boldsymbol{q}}^\top R(\boldsymbol{q})\Delta\dot{\boldsymbol{q}}+\sum_{i=1}^{n}\frac{1}{2}\alpha b_ic_i\{s_i(\Delta q_i)\}^2\\&+\frac{1}{4}\{\Delta\dot{\boldsymbol{q}}+2\alpha R(\boldsymbol{q})\boldsymbol{s}(\Delta\boldsymbol{q})\}^\top R^{-1}(\boldsymbol{q})\{\Delta\dot{\boldsymbol{q}}+2\alpha R(\boldsymbol{q})\boldsymbol{s}(\Delta\boldsymbol{q})\}\\&+\frac{\alpha}{2}\boldsymbol{s}^\top(\Delta\boldsymbol{q})\{BC-2\alpha R(\boldsymbol{q})\}\boldsymbol{s}(\Delta\boldsymbol{q})\end{aligned} \tag{6.42}$$

となり，明らかに $\{\Delta\dot{\boldsymbol{q}},\boldsymbol{s}(\Delta\boldsymbol{q})\}$ に関して正定である．さらに，対角行列 K の対角成分の最小値を k_0 で表したとき，それが不等式

$$k_0>\max\left[4\frac{\bar{c}_1}{\alpha},2\{\bar{c}_4+\alpha(\bar{c}_5+\bar{c}_6)\},\ \bar{c}_2+\bar{c}_7+\frac{\bar{c}_3}{\alpha}\right] \tag{6.43}$$

を満たすように K が選ばれたとするならば，

$$\begin{aligned}W\geqq&\Delta\dot{\boldsymbol{q}}\left(B-\frac{k_0}{2}I\right)\Delta\dot{\boldsymbol{q}}-\alpha k_0\|\boldsymbol{s}\|\cdot\|\Delta\dot{\boldsymbol{q}}\|-\frac{\alpha^2}{4}k_0\|\boldsymbol{s}\|^2+\boldsymbol{y}^\top K\boldsymbol{y}\\=&\frac{1}{2}\boldsymbol{y}^\top K\boldsymbol{y}+4\Delta\dot{\boldsymbol{q}}^\top K\Delta\dot{\boldsymbol{q}}-\alpha k_0\|\boldsymbol{s}\|\cdot\|\Delta\dot{\boldsymbol{q}}\|+\alpha\boldsymbol{s}^\top K\Delta\dot{\boldsymbol{q}}+\frac{\alpha^2}{4}\boldsymbol{s}^\top K\boldsymbol{s}\\=&\frac{1}{2}\boldsymbol{y}^\top K\boldsymbol{y}+2\left(\Delta\dot{\boldsymbol{q}}+\frac{\alpha}{4}\boldsymbol{s}\right)^\top K\left(\Delta\dot{\boldsymbol{q}}+\frac{\alpha}{4}\boldsymbol{s}\right)+2k_0\left(\|\Delta\dot{\boldsymbol{q}}\|-\frac{\alpha}{4}\|\boldsymbol{s}\|\right)^2\\&+2\Delta\dot{\boldsymbol{q}}^\top(K-k_0I)\Delta\dot{\boldsymbol{q}}+\frac{\alpha^2}{8}\boldsymbol{s}^\top(K-k_0I)\boldsymbol{s}\end{aligned}$$

$$\geqq \frac{1}{2}\boldsymbol{y}^{\mathrm{T}}K\boldsymbol{y} \geqq \frac{k_0}{2}\|\boldsymbol{y}\|^2 \tag{6.44}$$

となることがわかる.

結論として，対角線成分の最小値が (6.43) 式を満足するように K を選び，次いでダンピング成形が (6.41) 式を満足するようになされているならば，誤差ダイナミクス (6.28) と入出力対 $\{\boldsymbol{y}, \Delta\boldsymbol{u}\}$ は受動性を満足する．すなわち，不等式

$$\int_0^t \boldsymbol{y}^T(\tau)\Delta\boldsymbol{u}(\tau)\mathrm{d}\tau \geqq V(t) - V(0) + \frac{k_0}{2}\int_0^T \|\boldsymbol{y}(\tau)\|^2\mathrm{d}\tau \tag{6.45}$$

を満足する．これはまた，次章で定義するように，出力消散性を満たしていることを示している．

最後に，定数 $\alpha>0$ や定数行列 $K>0, B>0$ の選び方について検討しておこう．もし，(6.29) 式で定義した $\boldsymbol{h}(\Delta\boldsymbol{q}, \Delta\dot{\boldsymbol{q}})$ の中で重力項がないとき，慣性行列 $R(\boldsymbol{q})$ の負荷リンクからくる成分は内部慣性モーメントに比して r^2 (r=減速比) 倍となる．したがって，$r \leqq 1/10$ のとき，$\bar{c}_i$ ($i=1, \cdots, 7$) は，$\boldsymbol{q}_d$ や $\dot{\boldsymbol{q}}_d, \ddot{\boldsymbol{q}}_d$ が特別に大きな値をとらないかぎり，それほど大きくはならない．こうして，α をそれほど小さくしないかぎり，K や B は十分に選択範囲内に入る．なお，重力項の効果が大きいならば，(6.26) 式の位置フィードバックを付加して

$$D\boldsymbol{v} = -K\boldsymbol{y} - A\boldsymbol{s} + \boldsymbol{u} \tag{6.46}$$

を用いるとよい．

6.3　オフライン回帰子に基づく適応制御

6.1 節で導入した回帰子は関節角 $\boldsymbol{q}(t)$ と回転角速度 $\dot{\boldsymbol{q}}(t)$ を測定しながら，瞬時に計算されねばならない．ところで，与えられた関節軌道 $\boldsymbol{q}_d$ とその微分 $\dot{\boldsymbol{q}}_d$, $\ddot{\boldsymbol{q}}_d$ に基づいてあらかじめ計算しておくことのできる回帰子 $Y(\boldsymbol{q}_d, \dot{\boldsymbol{q}}_d, \dot{\boldsymbol{q}}_d, \ddot{\boldsymbol{q}}_d)$ を用いて制御入力が設計できると，実時間的計算の負荷を低減できる．そこで，制御入力を

$$\boldsymbol{u} = Y(\boldsymbol{q}_d, \dot{\boldsymbol{q}}_d, \dot{\boldsymbol{q}}_d, \ddot{\boldsymbol{q}}_d)\hat{\boldsymbol{\Theta}} - K\boldsymbol{y} \tag{6.47}$$

と定めよう (図 6.2 参照)．ここに $\hat{\boldsymbol{\Theta}}$ は未知パラメターベクトル $\boldsymbol{\Theta}$ の推定量であり，これも (6.10) 式に代えて

$$\hat{\boldsymbol{\Theta}}(t) = \hat{\boldsymbol{\Theta}}(0) - \int_0^t \Gamma^{-1} Y^T(\boldsymbol{q}_d, \dot{\boldsymbol{q}}_d, \dot{\boldsymbol{q}}_d, \ddot{\boldsymbol{q}}_d)\boldsymbol{y}(\tau)\mathrm{d}\tau \tag{6.48}$$

と計算する．オフラインで回帰子 $Y_d (= Y(\boldsymbol{q}_d, \dot{\boldsymbol{q}}_d, \dot{\boldsymbol{q}}_d, \ddot{\boldsymbol{q}}_d))$ を求めてメモリーに貯えておくことができれば，(6.47)，(6.48) 式に基づく制御法は簡単である．こ

の制御法によって漸近的な軌道追従が実現することは，前節で示した誤差ダイナミクス(6.28)に関する入出力対$\{\Delta\boldsymbol{u}, \boldsymbol{y}\}$が出力消散性を満足することを用いて，以下のように簡単に示すことができる．

(6.1)式に$D\boldsymbol{v}=\boldsymbol{u}=Y_d\hat{\boldsymbol{\Theta}}-K\boldsymbol{y}$((6.47)式)を代入すると，

$$\left\{R(\boldsymbol{q})\frac{\mathrm{d}}{\mathrm{d}t}+\frac{1}{2}\dot{R}(\boldsymbol{q})+S(\boldsymbol{q},\dot{\boldsymbol{q}})+B\right\}\dot{\boldsymbol{q}}+\boldsymbol{g}(\boldsymbol{q})+K\boldsymbol{y}-Y(\boldsymbol{q}_d,\dot{\boldsymbol{q}}_d,\dot{\boldsymbol{q}}_d,\ddot{\boldsymbol{q}}_d)\hat{\boldsymbol{\Theta}}=\boldsymbol{0} \tag{6.49}$$

となる．(6.27)と(6.25)式を参照し，$Y(\boldsymbol{q},\dot{\boldsymbol{q}},\dot{\boldsymbol{q}},\ddot{\boldsymbol{q}})=Y$と略記すると，上の式は次のように変形できる．

$$\begin{aligned}\boldsymbol{0}&=Y\boldsymbol{\Theta}+K\boldsymbol{y}-Y_d\hat{\boldsymbol{\Theta}}=(Y-Y_d)\boldsymbol{\Theta}+K\boldsymbol{y}+Y_d(\boldsymbol{\Theta}-\hat{\boldsymbol{\Theta}})\\&=\left[\left\{R(\boldsymbol{q})\frac{\mathrm{d}}{\mathrm{d}t}+\frac{1}{2}\dot{H}(\boldsymbol{q})+S(\boldsymbol{q},\dot{\boldsymbol{q}})+B\right\}\Delta\dot{\boldsymbol{q}}+K\boldsymbol{y}+\boldsymbol{h}(\Delta\boldsymbol{q},\Delta\dot{\boldsymbol{q}})\right]\\&\quad-Y(\boldsymbol{q}_d,\dot{\boldsymbol{q}}_d,\dot{\boldsymbol{q}}_d,\ddot{\boldsymbol{q}}_d)\Delta\boldsymbol{\Theta}\end{aligned} \tag{6.50}$$

右辺の括弧[　]の中は(6.28)式の左辺に一致することを確められたい．そこで，(6.50)式の両辺と$\boldsymbol{y}$との内積をとると，次の式

$$0\geqq\frac{\mathrm{d}}{\mathrm{d}t}V+\frac{k_0}{2}\|\boldsymbol{y}\|^2-\boldsymbol{y}^\top Y_d\Delta\boldsymbol{\Theta} \tag{6.51}$$

が成立していることがわかる．右辺の最後の項に現れる$-\boldsymbol{y}^\top Y_d$は，(6.48)式から$\Delta\dot{\hat{\boldsymbol{\Theta}}}^\top\Gamma$に一致するので，前節で議論したように，$\alpha$，$K$，$B$を適切に選ぶと，式

$$\frac{\mathrm{d}}{\mathrm{d}t}\left(V+\frac{1}{2}\Delta\boldsymbol{\Theta}^\top\Gamma\Delta\boldsymbol{\Theta}\right)\leqq-\frac{k_0}{2}\|\boldsymbol{y}\|^2 \tag{6.52}$$

が成立し，Vは$\{\Delta\boldsymbol{q}, \boldsymbol{s}(\Delta\boldsymbol{q})\}$に関して正定になる．こうして，$\boldsymbol{y}\in L^2(0,\infty)$となることが示された．そこで，$\boldsymbol{y}(t)$を強制項とする微分方程式

$$\Delta\dot{\boldsymbol{q}}+\alpha\boldsymbol{s}(\Delta\boldsymbol{q})=\boldsymbol{y}(t) \tag{6.53}$$

を考えると，(6.21)式について説明したことと本質的には同様の理由で，$t\to\infty$のとき$\Delta\boldsymbol{q}(t)\to 0$となることが示せる．さらに，微分方程式の解の連続性や微分可能性等の性質を詳しく吟味することにより，速度誤差軌道$\Delta\dot{\boldsymbol{q}}(t)$についても$t\to\infty$のときゼロベクトルに収束することを示すことができ

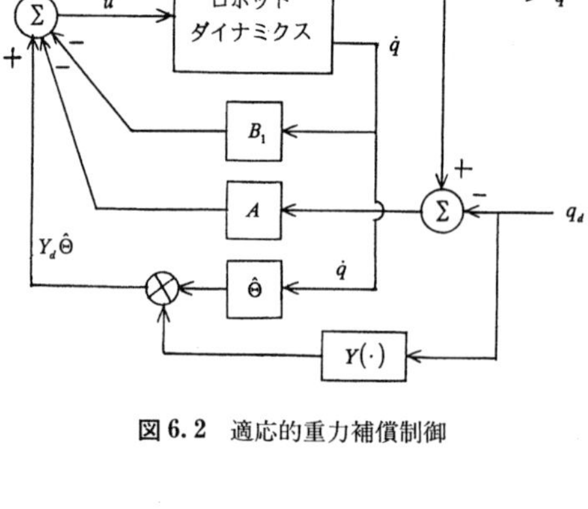

図 6.2　適応的重力補償制御

る．これらの詳細は付録Dにゆずる．

最後に，未知パラメターベクトルの推定量 $\hat{\boldsymbol{\Theta}}(t)$ が真の値 $\boldsymbol{\Theta}$ に収束するかどうかについて説明しておこう．ある関節軌道 $\boldsymbol{q}_d$ とその微分 $\dot{\boldsymbol{q}}_d$, $\ddot{\boldsymbol{q}}_d$ を与えても，$\hat{\boldsymbol{\Theta}}(t)$ は t をいくら大きくしても収束するとはかぎらない．一般には，運動方程式の中で最も効果の高いパラメターについて収束性がみられるが，方程式の中に記述しつくされていない動摩擦の非線形項や雑音などによって，効果の低いパラメターはなかなか収束しない．理論的には，しかし，オフライン回帰子から核関数を

$$K_d(t,\tau)=Y_d^{\mathrm{T}}(t)\,Y_d(\tau) \tag{6.54}$$

と定義し，これを用いて定義される行列

$$P(t+\delta,t)=\int_t^{t+\delta}K_d(\tau,\tau)\mathrm{d}\tau \tag{6.55}$$

について，もし任意の $t>0$ に対して正定数 $\delta>0$, $a>0$ が存在して

$$P(t+\delta,t)>aI>0 \tag{6.56}$$

となるとき，パラメターベクトルの推定量 $\hat{\boldsymbol{\Theta}}(t)$ は $t\to\infty$ のとき真の値 $\boldsymbol{\Theta}$ に収束することが示せる．(6.56) 式が任意の $t>0$ で成立するとき，関節軌道は “persistently excitating” であるといわれる．証明はそれほど難しくはないが，このことは理論的興味にとどまるので，参考文献(第4章の文献 [40] の pp. 129-131 を参照)にゆずる．

6.4 適応的重力補償

ロボットに指定の目標姿勢 $\boldsymbol{q}_d$ をとらせる位置制御法には，手先負荷の質量やリンク質量を既知として重力項 $\boldsymbol{g}(\boldsymbol{q}_d)$ を計算し，PD フィードバックと合わせてフィードフォワードするいわゆる重力補償つき制御法が有力であった．しかし，手先負荷の質量がわからないときは，この方法は適用できないので，PID 制御法や SP-D 制御法が有用になることを4章で紹介した．ところが，もっと簡便に，手先負荷が未知の場合の姿勢制御 (set-point control) に前節の方法を効果的に使うことができるのである．しかも，このような目標姿勢への位置決め制御には前節の方法は非常に簡単かつわかりやすいものとなり，その効果も高い．

ここでは，ロボットダイナミクスは

$$\left\{R(\boldsymbol{q})\frac{\mathrm{d}}{\mathrm{d}t}+\frac{1}{2}\dot{R}(\boldsymbol{q})+S(\boldsymbol{q},\dot{\boldsymbol{q}})+B_0\right\}\dot{\boldsymbol{q}}+\boldsymbol{g}(\boldsymbol{q})=\boldsymbol{u} \tag{6.57}$$

と表されるとしよう．ただし，重力項 $\boldsymbol{g}(\boldsymbol{q})$ にかかる手先負荷とリンクの質量は未知であり，これらを未知パラメターベクトル $\boldsymbol{\Theta}=(m_1, \cdots, m_r)^{\top}$ とおき，

$$\boldsymbol{g}(\boldsymbol{q})=Y(\boldsymbol{q})\boldsymbol{\Theta} \tag{6.58}$$

と表そう．そして，制御入力を

$$\boldsymbol{u}=-B_1\dot{\boldsymbol{q}}-A\Delta\boldsymbol{q}+Y_d\hat{\boldsymbol{\Theta}} \tag{6.59}$$

$$\hat{\boldsymbol{\Theta}}(t)=\hat{\boldsymbol{\Theta}}(0)-\int_0^t \Gamma^{-1}Y_d^{\top}\dot{\boldsymbol{q}}(\tau)\mathrm{d}\tau \tag{6.60}$$

と定めよう (図 6.2 参照)．ここに，$Y_d=Y(\boldsymbol{q}_d)$ と定義した定数行列であるが，これは前節で導入したオフライン回帰子 $Y(\boldsymbol{q}_d, \dot{\boldsymbol{q}}_d, \dot{\boldsymbol{q}}_d, \ddot{\boldsymbol{q}}_d)$ に一致することに注意されたい．なぜなら，ここでは $\dot{\boldsymbol{q}}_d=\ddot{\boldsymbol{q}}_d=\boldsymbol{0}$ であるからである．なお，図 3.6 の自由度 3 の垂直多関節マニピュレータの場合 (θ_i の代わりに q_i を用いていることに注意)，

$$\boldsymbol{\Theta}=\begin{pmatrix} m_2s_2 \\ m_3l_2 \\ m_3l_3 \end{pmatrix}g, \quad Y=\begin{pmatrix} 0 & 0 & 0 \\ \cos q_2 & \cos q_2 & \cos(q_2+q_3) \\ 0 & 0 & \cos(q_2+q_3) \end{pmatrix} \tag{6.61}$$

とおくことができよう．この $Y\boldsymbol{\Theta}$ が (3.62) 式の重力項 $\partial U/\partial\boldsymbol{q}$ と一致することを確かめられたい．(6.59) 式を (6.57) 式に代入すると

$$\left\{R(\boldsymbol{q})\frac{\mathrm{d}}{\mathrm{d}t}+\frac{1}{2}\dot{R}(\boldsymbol{q})+S(\boldsymbol{q}, \dot{\boldsymbol{q}})+B\right\}\dot{\boldsymbol{q}}+A\Delta\boldsymbol{q}+(Y-Y_d)\boldsymbol{\Theta}-Y_d\Delta\boldsymbol{\Theta}=\boldsymbol{0} \tag{6.62}$$

となる．ここに $B=B_0+B_1$, $\Delta\boldsymbol{\Theta}=\hat{\boldsymbol{\Theta}}-\boldsymbol{\Theta}$ とおいた．3.9 節や 4.3 節で議論したようにして，(6.62) 式と $\dot{\boldsymbol{q}}$ との内積をとると

$$\frac{\mathrm{d}}{\mathrm{d}t}\left(V+\frac{1}{2}\Delta\boldsymbol{\Theta}^{\top}\Gamma\Delta\boldsymbol{\Theta}\right)+W=0 \tag{6.63}$$

となることがわかる．ここに

$$V=\frac{1}{2}\{\dot{\boldsymbol{q}}^{\top}R(\boldsymbol{q})\dot{\boldsymbol{q}}+\Delta\boldsymbol{\Theta}^{\top}\Gamma\Delta\boldsymbol{\Theta}\}+\left\{\frac{1}{2}\Delta\boldsymbol{q}^{\top}A\Delta\boldsymbol{q}+U(\boldsymbol{q})-U(\boldsymbol{q}_d)-\Delta\boldsymbol{q}^{\top}\boldsymbol{g}(\boldsymbol{q}_d)\right\} \tag{6.64}$$

$$W=-\dot{\boldsymbol{q}}^{\top}B\dot{\boldsymbol{q}} \tag{6.65}$$

である．ゲイン行列 A を適当に選べば V は $(\Delta\boldsymbol{q}, \dot{\boldsymbol{q}})$ について正定になるので，$t\to\infty$ のとき $\dot{\boldsymbol{q}}(t)\to 0$ となることが示され，さらに LaSalle の不変定理から $t\to\infty$ のとき $\boldsymbol{q}(t)\to\boldsymbol{q}_d$ となることが示される．

6.5 力と位置のハイブリッド適応制御

4.9節の図4.21に示すように，手先が固定した環境の表面に拘束されているときの力と位置のハイブリッド制御を考えよう．運動方程式は(4.119)式のように表されるが，ここでは手先の粘性摩擦係数やヤコビアン行列 $J_x(\boldsymbol{q})$ の係数も未知として未知パラメターベクトル $\boldsymbol{\Theta}$ の中に入れ，

$$Y(\boldsymbol{q}, \dot{\boldsymbol{q}}, \dot{\boldsymbol{q}}, \ddot{\boldsymbol{q}})\,\boldsymbol{\Theta}=R(\boldsymbol{q})\ddot{\boldsymbol{q}}+\left\{\frac{1}{2}\dot{R}(\boldsymbol{q})+S(\boldsymbol{q}, \dot{\boldsymbol{q}})+B_0+\xi J_x^{\mathrm{T}}(\boldsymbol{q})J_x(\boldsymbol{q})\right\}\dot{\boldsymbol{q}}+\boldsymbol{g}(\boldsymbol{q})$$
$$=\boldsymbol{u} \tag{6.66}$$

と表そう．運動方程式(4.119)は

$$Y(\boldsymbol{q}, \dot{\boldsymbol{q}}, \dot{\boldsymbol{q}}, \ddot{\boldsymbol{q}})\boldsymbol{\Theta}=J_\phi^{\mathrm{T}}(\boldsymbol{q})f+\boldsymbol{u} \tag{6.67}$$

と書ける．ここで，理想の関節軌道 $\boldsymbol{q}_d(t)$ と手先拘束力 $f_d(t)$ が指示されたとして，$\{\boldsymbol{q}, f\}$ がこれらの値に漸近的に収束するような制御入力を設計する問題を考えよう．4.9節の議論を参考にすれば，

$$\boldsymbol{u}=-K\boldsymbol{z}-J_\phi^{\mathrm{T}}(\boldsymbol{q})(f_d-\eta\Delta F)+Y(\boldsymbol{q}, \dot{\boldsymbol{q}}, \boldsymbol{q}_r, \dot{\boldsymbol{q}}_r)\hat{\boldsymbol{\Theta}} \tag{6.68}$$

という制御入力が考えられよう．ここに

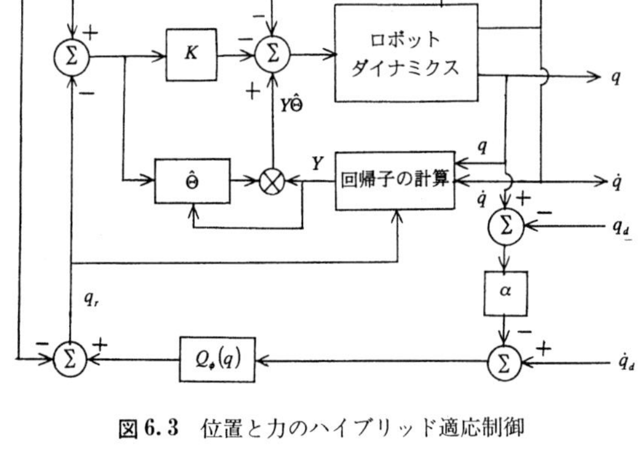

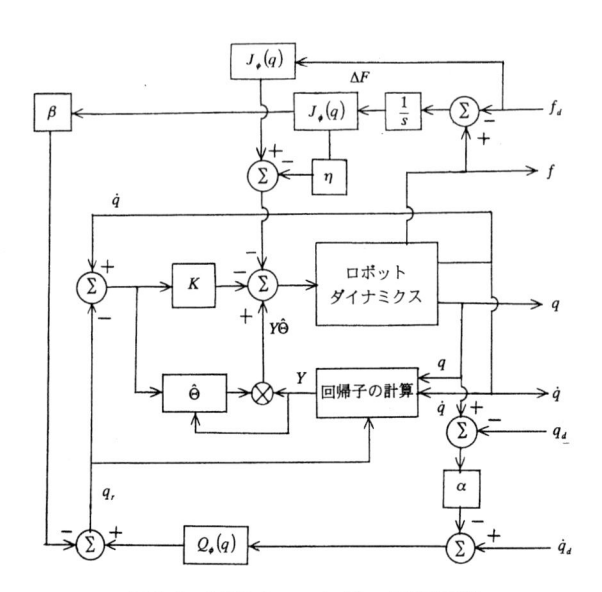

図6.3 位置と力のハイブリッド適応制御

$$\boldsymbol{z}=\dot{\boldsymbol{q}}-\boldsymbol{q}_r=Q_\phi(\Delta\dot{\boldsymbol{q}}+\alpha\Delta\boldsymbol{q})+\beta J_\phi^\top(\boldsymbol{q})\Delta F \tag{6.69}$$

$$\boldsymbol{q}_r=Q_\phi(\dot{\boldsymbol{q}}_d-\alpha\Delta\boldsymbol{q})-\beta J_\phi^\top(\boldsymbol{q})\Delta F \tag{6.70}$$

$$\Delta F=\int_0^t\{f(\tau)-f_d(\tau)\}\mathrm{d}\tau \tag{6.71}$$

$$\hat{\boldsymbol{\Theta}}(t)=\hat{\boldsymbol{\Theta}}(0)-\int_0^t\Gamma^{-1}Y(\boldsymbol{q},\dot{\boldsymbol{q}},\boldsymbol{q}_r,\dot{\boldsymbol{q}}_r)\boldsymbol{z}(\tau)\mathrm{d}\tau \tag{6.72}$$

である．ここでは，拘束力 (接触力) f は力センサによって測定できると仮定し，その測定値を用いてモーメンタム誤差 ΔF を計算し，内界センサによって $\boldsymbol{q}$ と $\dot{\boldsymbol{q}}$ の測定値を得て $\boldsymbol{q}_r(t)$, $\dot{\boldsymbol{q}}_r(t)$ を定めるとする．4.9 節で注意したように，Q_ϕ はベクトル $J_\phi^\top$ に直交する空間への正射影を表す行列であり，式

$$Q_\phi J_\phi^\top(\boldsymbol{q})=\boldsymbol{0},\qquad Q_\phi\dot{\boldsymbol{q}}=\dot{\boldsymbol{q}} \tag{6.73}$$

を満足している．(6.68) 式を (6.66) 式に代入すると，

$$\bar{Y}(\boldsymbol{q},\dot{\boldsymbol{q}},\boldsymbol{z},\dot{\boldsymbol{z}})\boldsymbol{\Theta}-Y(\boldsymbol{q},\dot{\boldsymbol{q}},\boldsymbol{q}_r,\dot{\boldsymbol{q}}_r)\Delta\boldsymbol{\Theta}+K\boldsymbol{z}=J_\phi^\top(\boldsymbol{q})(\Delta f+\eta\Delta F) \tag{6.74}$$

となる．ここに $\bar{Y}$ は回帰子 Y の中で重力項 $\boldsymbol{g}(\boldsymbol{q})$ に関する部分を除いたものを表す ((6.16) 式を参照)．(6.74) 式と $\boldsymbol{z}$ の内積をとると

$$\frac{\mathrm{d}}{\mathrm{d}t}V=-\boldsymbol{z}^\top\{B_0+K+\xi J_x^\top(\boldsymbol{q})J_x(\boldsymbol{q})\}\boldsymbol{z}-\beta\eta\Delta F^2 \tag{6.75}$$

となる．ここに

$$V=\frac{1}{2}\{\boldsymbol{z}^\top R(\dot{\boldsymbol{q}})\boldsymbol{z}+\Delta\boldsymbol{\Theta}^\top\Gamma\Delta\boldsymbol{\Theta}+\beta\Delta F^2\} \tag{6.76}$$

である．こうして，$\boldsymbol{z}$ が $L^2(0,\infty)$ に属することが示され，さらに $\boldsymbol{z}(t)$ は一様連続になるので，$t\to\infty$ のとき $\boldsymbol{z}(t)\to 0$ となることが示される．同様に，$t\to\infty$ のとき $\Delta F(t)\to 0$ となることもいえる．しかし，$\boldsymbol{z}(t)\to 0$ となっても，$\Delta\boldsymbol{q}(t)$ が $t\to\infty$ のとき収束することはすぐには結論できない．ここでは詳しい議論は文献にゆずり，$\{\boldsymbol{q}(t), f(t)\}$ の $\{\boldsymbol{q}_d(t), f_d(t)\}$ への追従性は肯定的であることだけを述べておこう (興味ある読者は第 4 章の文献 [40] の§4.4 を参照されたい)．

7

ロボットの学習制御

人間の文化は道具をつくり，使用することから始まった．これは，人類が他の動物に比して際立って多様かつ精妙な四肢運動の能力と熟練能力をもったからである．人間の手の動きは脳の働きの外界への表象であるといわれる．しかし，この運動能力は個人が成長の過程で長い時間をかけて習得したものである．人は運動能力や作業能力を学習によって獲得する．

この章では，繰返し学習制御が適用できるためには，システムが出力消散性 (output-dissipativity) と呼ぶ物理的属性をもてば十分であり，出力変数を上手に選ぶと，ロボットのダイナミクスは非線形ではあるがそのような十分条件を備えていることを明らかにする．なお，システムが線形のときは，これらの十分条件は必要条件にもなっている．

7.1 学習制御の前提条件

学習制御は従来の制御法と異なる．一口でいうと，繰返し練習することによって，与えられた理想の運動フォームを自動的に獲得する手法である．その前提条件は次のような公理系としてまとめることができる．

A_1) 1回の運動は短い時間 ($T>0$) で終わる．

A_2) その有限時間区間 $t\in[0, T]$ にわたって理想の運動軌道 $\boldsymbol{y}_d(t)$(これを出力ということもある) が先験的に与えられている．

A_3) 初期化は常に一定である．すなわち，これから行う試行の回数を第 k 回とすると，そのときの初期状態 $\boldsymbol{x}_k(0)$ は運動の開始の際，常に次のように同一状態に初期化される．

$$\boldsymbol{x}_k(0)=\boldsymbol{x}^0, \quad k=1, 2, \cdots \tag{7.1}$$

A_4) 対象系のダイナミクスは繰返し練習中は不変である．

A_5) 出力軌道 $\boldsymbol{y}_k(t)$ は測定できる．したがって，任意の k 回目の試行の際の誤差

$$\boldsymbol{e}_k(t)=\boldsymbol{y}_k(t)-\boldsymbol{y}_d(t) \tag{7.2}$$

は常に計算可能である．

A$_6$)　次回のアクチュエータ入力 $\boldsymbol{u}_{k+1}(t)$ は記憶のないなるべく簡単な再帰形式

$$\boldsymbol{u}_{k+1}(t)=\boldsymbol{F}\{\boldsymbol{u}_k(t), \boldsymbol{e}_k(t)\} \tag{7.3}$$

で構成されている．

公理系としては以上であるが，ほかに，試行を繰り返すごとに軌道が何らかの意味で改善できていることが暗黙の了解事項とされる．このことは，数学的にはある関数ノルム $\|\boldsymbol{f}\|$ があって，

$$\|\boldsymbol{e}_{k+1}\| \leqq \|\boldsymbol{e}_k\|, \qquad k=1, 2, \cdots \tag{7.4}$$

となること，あるいはもっと強い意味で，ある定数 $0 \leqq \rho < 1$ で不等式

$$\|\boldsymbol{e}_{k+1}\| \leqq \rho\|\boldsymbol{e}_k\|, \qquad k=1, 2, \cdots \tag{7.5}$$

が成立することを保証できることが要請される．なお，A$_6$) の条件は，入力信号のメモリを1セット用意しておけばよいことを意味する．なぜなら，k 回目の試行後，$\boldsymbol{u}_k(t)$ を記憶している場所に $\boldsymbol{u}_{k+1}(t)$ を置き換えてよいからである．また，関数 $\boldsymbol{F}(\boldsymbol{u}, \boldsymbol{e})$ の形は試行に無関係に一定で，しかもコンピュータ実装の観点からは簡単である方が望ましい．あとで述べるように，対象系がロボットのような機械系の場合，$\boldsymbol{y}_k(t)$ や $\boldsymbol{y}_d(t)$ を速度信号とすると，次の二つの学習則が考えられる（図 7.1，7.2 参照）．

$$\boldsymbol{u}_{k+1}(t)=\boldsymbol{u}_k(t)-\Gamma\frac{\mathrm{d}}{\mathrm{d}t}\boldsymbol{e}_k(t) \tag{7.6}$$

$$\boldsymbol{u}_{k+1}(t)=\boldsymbol{u}_k(t)-\boldsymbol{\Phi}\boldsymbol{e}_k(t) \tag{7.7}$$

前者をD型学習則，後者をP型学習則と呼ぶ．ここにDは "Differential"，Pは "Proportional" の頭文字である．

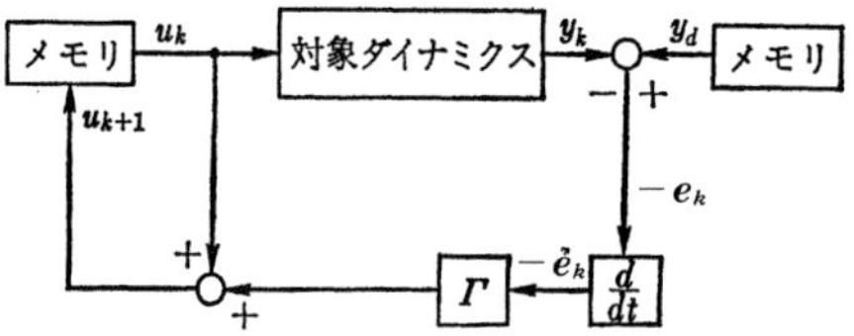

図 7.1　D型学習制御法

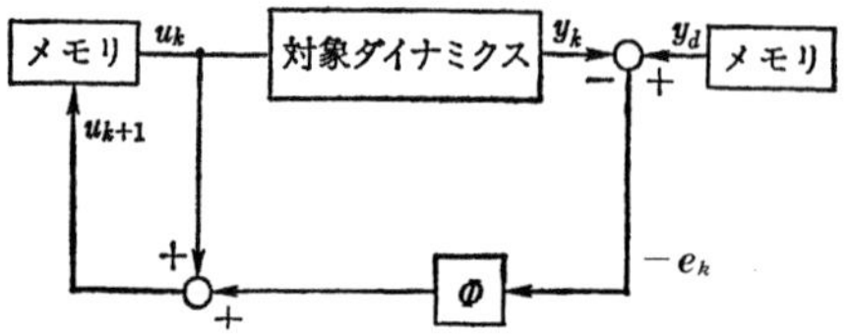

図 7.2　P型学習制御法

産業用ロボットは繰返しの位置決め精度に秀でているといわれる．それでも上述の公理 A$_3$)，A$_4$)，A$_5$) が完全に満足されるとはかぎらず，わずかでも誤差やゆらぎが伴うのが普通であろう．そこで，A$_3$)〜A$_5$) に代わって次の場合も考えておくことが

重要になる．

A$_3'$)　初期化が完全とはかぎらないが，その誤差はある許容範囲内にある．すなわち，ある $\varepsilon_1>0$ があって，次の条件を満足するとする．

$$\|\boldsymbol{x}_k(0)-\boldsymbol{x}^0\|\leqq\varepsilon_1 \tag{7.8}$$

なお，ベクトル $\boldsymbol{x}$ に対する記号 $\|\boldsymbol{x}\|$ は $\boldsymbol{x}$ のユークリッドノルムを表すとする．

A$_4'$)　対象系のダイナミクスに少しのゆらぎ $\eta_k(t)$ を許す．すなわち，ある $\varepsilon_2>0$ があって

$$\sup_{t\in[0,T]}\|\boldsymbol{\eta}_k(t)\|\triangleq\|\boldsymbol{\eta}_k\|_\infty<\varepsilon_2 \tag{7.9}$$

とする．

A$_5'$)　測定誤差 $\boldsymbol{\xi}_k$ が起こりえて，

$$\boldsymbol{e}_k(t)=\{\boldsymbol{y}_k(t)+\boldsymbol{\xi}_k(t)\}-\boldsymbol{y}_d(t) \tag{7.10}$$

となる．ただし，その大きさはある $\varepsilon_3>0$ があって，次の範囲内にあるとする．

$$\|\boldsymbol{\xi}_k\|_\infty\leqq\varepsilon_3 \tag{7.11}$$

前述の公理系 A$_1$)～A$_6$) のうち A$_3$)～A$_5$) をこの A$_3'$)～A$_5'$) で置き換えた公理系について，運動軌道 $\boldsymbol{y}_k(t)$ の一様有界性や $\boldsymbol{y}_d(t)$ への収束性を考えることをロバスト性問題と呼ぶ．

さて，ロボット作業のほとんどは有限時間区間で与えられたいくつかの運動の組合せから構成できるものが多い．しかし，中には，一回の試行で与える運動の軌道が短い時間区間というよりはかなり長く，整定するまで時間がかかるものもある．この場合，理想の軌道 $\boldsymbol{y}_d(t)$ は区間 $[0,\infty)$ で与えられるものとする．このときの公理系は

B$_1$)　1回の運動は区間 $[0,\infty)$ を要し，t が十分大きくなると，軌道は定常値に収束する．

B$_2$)　理想の軌道 $\boldsymbol{y}_d(t)$ は区間 $[0,\infty)$ で与えられ，$\boldsymbol{y}_d$ は微分可能，かつ $\boldsymbol{y}_d$ と $\dot{\boldsymbol{y}}_d$ はともに $L^2(0,\infty)$ と $C[0,\infty)$ に属するとする．ここに $C[0,\infty)$ は区間 $[0,\infty)$ で定義された連続関数の全体であり，ノルムは $\|\boldsymbol{y}_d\|_\infty=\sup_{t\in[0,\infty]}\|\boldsymbol{y}_d(t)\|$ と定義する．

B$_3$)＝A$_3$)，B$_4$)＝A$_4$)，B$_5$)＝A$_5$)，B$_6$)＝A$_6$)．

その他，ロボット作業の中には，理想の運動パターンが周期的に与えられるものがあろう．この場合，公理系は次のようになる．

C$_1$)　運動は連続的に続く．

C$_2$)　理想の運動 $\boldsymbol{y}_d(t)$ は周期 $T>0$ で周期的 $(\boldsymbol{y}_d(t)=\boldsymbol{y}_d(t+kT),\ k=1,2,\cdots)$ であり，$\boldsymbol{y}_d(t)$ は微分可能かつ $\dot{\boldsymbol{y}}_d\in C[0,T]$ とする．

C_3)　各周期では運動は周期的に続くので，初期化は行わない.

C_4)　$=A_4$)

C_5)　任意の周期 k における運動 $\boldsymbol{y}_k(t)=\boldsymbol{y}(t+kT)$ は $t\in[0, T]$ で測定でき，出力誤差

$$\boldsymbol{e}_k(t)=\boldsymbol{y}_k(t)-\boldsymbol{y}_d(t+kT) \tag{7.12}$$

は常に計算可能である.

C_6)　次の周期 $k+1$ の入力 $\boldsymbol{u}_{k+1}(t)$ は現在の周期 k の入力 $\boldsymbol{u}_k(t)$ と誤差 $\boldsymbol{e}_k(t)$ の再帰形

$$\boldsymbol{u}_{k+1}(t)=\boldsymbol{F}(\boldsymbol{u}_k(t), \boldsymbol{e}_k(t)) \tag{7.13}$$

で構成されている.

7.2　D 型学習制御（線形システム）

学習制御の制御則は，(7.6) 式ないし (7.7) 式のように適当なゲイン行列 Γ，$\boldsymbol{\Phi}$ を与えれば実装化は簡単である．これらのゲイン行列は対角型で十分であるが，それらの値を選ぶ範囲は広いとはいえ，選び方には議論の余地がある．しかしここでは，十分に広い範囲があることを理論的に保証することが関心事である．そのためには，(7.6) 式あるいは (7.7) 式の学習則を適用したとき，ロボットの運動の軌道が試行回数を増すごとに理想の軌道に近づいていくことを示す必要がある．学習の制御則を適用したとき，ロボットの学習が期待どおりに進むことを証明するために，理論的研究が必要になる．そこで，D 型の学習制御が成立することの本質をみるために，まず最も簡単な例を取り上げてみる.

図 7.3 のような電機子制御の直流サーボモータを考える．現実にロボットマニピュレータのそれぞれの関節軸はこのようなアクチュエータによってドライブされる．いま，電機子電圧 v を制御入力，回転角速度 y を出力とすれば，電機子回路のインダクタンスが十分小さいと仮定して，それらの間に次の関係が成立する.

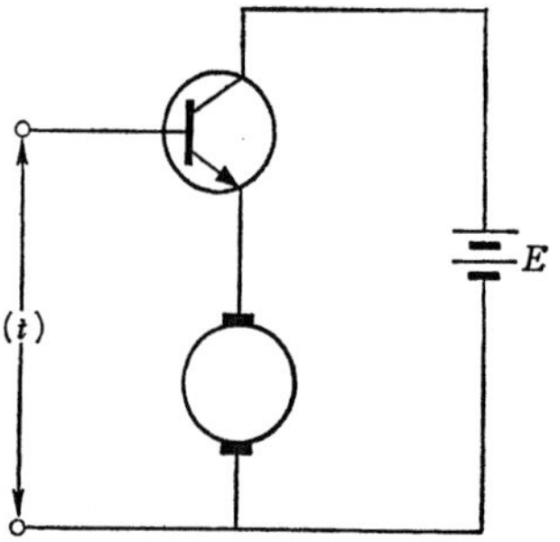

図 7.3　電圧制御型直流サーボモータ

$$T_m\frac{\mathrm{d}}{\mathrm{d}t}y(t)+y(t)=\frac{v(t)}{K} \tag{7.14}$$

ここに，K と T_m はそれぞれモータのトルク定数と時定数を表す．ここで角速度をタコジェネ

レータで測定し，フィードバックした速度制御のサーボ系を構成すると，それは図7.4のようになる．ここに A は増幅器のゲインを表し，B はタコジェネレータの角速度から電圧への変換定数である．このとき，図7.4の閉ループ系のダイナミクスは次のような微分方程式で表される．

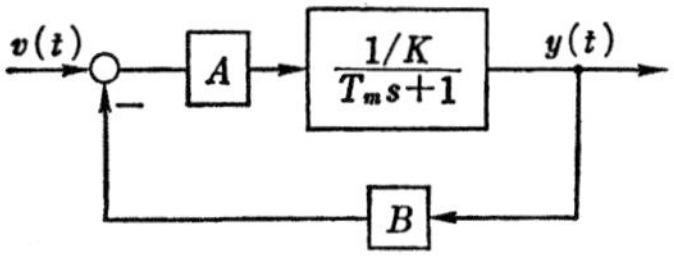

図7.4 直流サーボモータの速度制御サーボ

$$T_m\dot{y}+y=\frac{A(v-By)}{K} \tag{7.15}$$

ここに $\dot{y}=\mathrm{d}y/\mathrm{d}t$ とおいた．ここでさらに

$$a=\frac{1+AB/K}{T_m},\qquad b=\frac{A}{KT_m} \tag{7.16}$$

とおくと，(7.15)式は次のように書き換えられる．

$$\dot{y}+ay=bv \tag{7.17}$$

これは強制項のある1次の線形常微分方程式であり，教科書にあるように，その解は一般に

$$y(t)=e^{-at}y(0)+\int_0^t be^{-a(t-\tau)}v(\tau)\mathrm{d}\tau \tag{7.18}$$

と表される．

さて，(7.18)式で表されるダイナミクスに対して図7.1のD型学習制御を適用してみよう．理想の角速度 $y_d(t)$ が与えられたとして，いま，第 k 回目の試行の制御入力 $v_k(t)$ を与えると，出力の角速度 $y_k(t)$ は(7.18)式によって

$$y_k(t)=e^{-at}y_k(0)+\int_0^t be^{-a(t-\tau)}v_k(\tau)\mathrm{d}\tau \tag{7.19}$$

となるはずである．そして，次の第 $(k+1)$ 回目の制御入力は式

$$\begin{cases} e_k(t)=y_k(t)-y_d(t) & (7.20)\\ v_{k+1}(t)=v_k(t)-\gamma\dot{e}_k(t) & (7.21)\end{cases}$$

によって定まる．ここではさらに，試行ごとに初期条件は同一になるようにセットされるものと仮定しよう．つまり，

$$y_k(0)=y_d(0),\qquad k=1,2,\cdots \tag{7.22}$$

であることを仮定する．このとき，誤差の微分 $\dot{e}_k$ を支配する逐次式を求めるために，(7.19)~(7.22)式に注意しながら次の式が導けることに注目する．

$$\begin{aligned}\dot{y}_k-\dot{y}_{k-1}&=\frac{\mathrm{d}}{\mathrm{d}t}\int_0^t be^{-a(t-\tau)}\{v_k(\tau)-v_{k-1}(\tau)\}\mathrm{d}\tau\\ &=-\frac{\mathrm{d}}{\mathrm{d}t}\int_0^t \gamma be^{-a(t-\tau)}\dot{e}_{k-1}(\tau)\mathrm{d}\tau\end{aligned}$$

$$=-\gamma b\dot{e}_{k-1}(t)+\gamma ab\int_0^t e^{-a(t-\tau)}\dot{e}_{k-1}(\tau)\mathrm{d}\tau \tag{7.23}$$

これより，

$$\dot{e}_k=\dot{y}_k-\dot{y}_d=\dot{y}_{k-1}-\dot{y}_d-\gamma b\dot{e}_{k-1}+\gamma ab\int_0^t e^{-a(t-\tau)}\dot{e}_{k-1}(\tau)\mathrm{d}\tau$$

$$=(1-\gamma b)\dot{e}_{k-1}+\gamma ab\int_0^t e^{-a(t-\tau)}\dot{e}_{k-1}(\tau)\mathrm{d}\tau \tag{7.24}$$

となる．ここで次のような関数ノルムを導入しよう．

$$\|x\|_\lambda=\max_{t\in[0,T]}\left|e^{-\lambda t}x(t)\right| \tag{7.25}$$

ここに λ は適当に選ぶ正の定数である．そこで (7.24) 式の両辺に $e^{-\lambda t}$ を掛けて最大値をとると，

$$\|\dot{e}_k\|_\lambda\leqq(1-\gamma b)\|\dot{e}_{k-1}\|_\lambda+|\gamma ab|\max_{t\in[0,T]}\int_0^t e^{-(\lambda+a)(t-\tau)}e^{-\lambda\tau}|\dot{e}_{k-1}(\tau)|\mathrm{d}\tau$$

$$\leqq(1-\gamma b)\|\dot{e}_{k-1}\|_\lambda+|\gamma ab|\int_0^T e^{-(\lambda+a)(t-\tau)}\|\dot{e}_{k-1}\|_\lambda\mathrm{d}\tau$$

$$\leqq\left(|1-\gamma b|+\left|\frac{ab\gamma}{\lambda+a}\right|\right)\|\dot{e}_{k-1}\|_\lambda \tag{7.26}$$

となる．さて，上の式をよくみると，$\gamma b=1$ で $\lambda>0$ のとき，$a>0$ なので右辺の｛　｝の中は 1 より小さくなる．実際に a や b の値がわからなくても，γ として適当な値をとっておけば，

$$|1-\gamma b|<1 \tag{7.27}$$

となりうるが，このとき λ を適当に大きく選べば，

$$\rho=\left(|1-\gamma b|+\left|\frac{ab\gamma}{\lambda+a}\right|\right)<1 \tag{7.28}$$

とすることができる．このとき

$$\|\dot{e}_k\|_\lambda\leqq\rho\|\dot{e}_{k-1}\|_\lambda$$

となり，これは

$$\|\dot{e}_k\|_\lambda\leqq\rho^k\|\dot{e}_0\|_\lambda \tag{7.29}$$

を意味する．つまり，誤差の微分は試行ごとに，(7.25) 式のノルムの意味で指数関数的に小さくなっていくのである．しかも，(7.22) 式の初期条件から

$$\|e_k\|_\lambda=\max_{t\in[0,T]}\left|e^{-\lambda t}\int_0^t\dot{e}_k(\tau)\mathrm{d}\tau\right|\leqq\max_{t\in[0,T]}e^{-\lambda t}\int_0^t e^{\lambda\tau}\max_{\tau\in[0,T]}\left|e^{-\lambda\tau}\dot{e}_k(\tau)\right|\mathrm{d}\tau\leqq\frac{1}{\lambda}\|\dot{e}_k\|_\lambda \tag{7.30}$$

となり，$k\to\infty$ のとき $\|\dot{e}_k\|_\lambda\to 0$ なので，$\|e_k\|_\lambda\to 0$ である．こうして，誤差そのものも指数関数的に減少していくことが示された．

図7.5に，出力波形が与えられた理想波形にどのように近づいていくか，その様子を示しておく．これは，(7.17)式で$a=b=1.0$とし，学習のゲインを$\gamma=1.0$とした場合について計算機シミュレーションを行ってみた結果を示している．5回目ぐらいで出力波形は理想の波形にほとんど一致してくるのである．

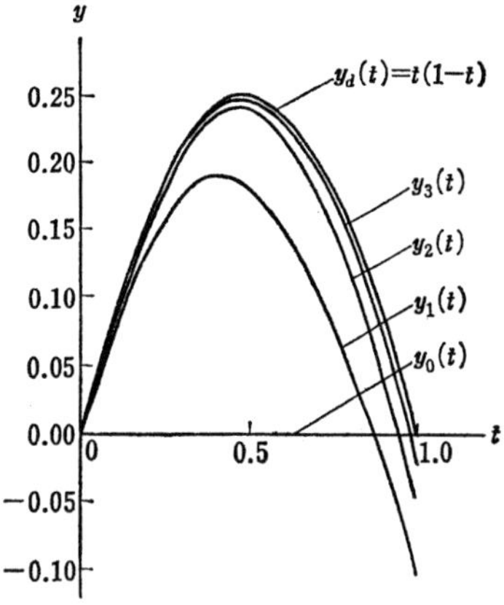

図7.5　PD型学習制御の収束の様子

このような収束性はダイナミクスが簡単であったから成立したのではない．実際，上述の議論は多入出力の線形システムに拡張できる．いま，対象のシステムは線形動的システム

$$\dot{\boldsymbol{x}}=A\boldsymbol{x}+B\boldsymbol{u}, \quad \boldsymbol{y}=C\boldsymbol{x} \tag{7.31}$$

に従うとしよう．ここに

$$\boldsymbol{x}\in R^n, \quad \boldsymbol{u}\in R^r, \quad \boldsymbol{y}\in R^r \tag{7.32}$$

とする．この場合も理想の出力軌道$\boldsymbol{y}_d(t)$は有限時間区間$[0, T]$で与えられており，また，初期条件も次のように同一にとるものとする．

$$\boldsymbol{x}_0(0)=\boldsymbol{x}_1(0)=\cdots=\boldsymbol{x}_k(0)=\cdots, \quad \boldsymbol{y}_k(0)=\boldsymbol{y}_d(0), \quad k=0, 1, \cdots \tag{7.33}$$

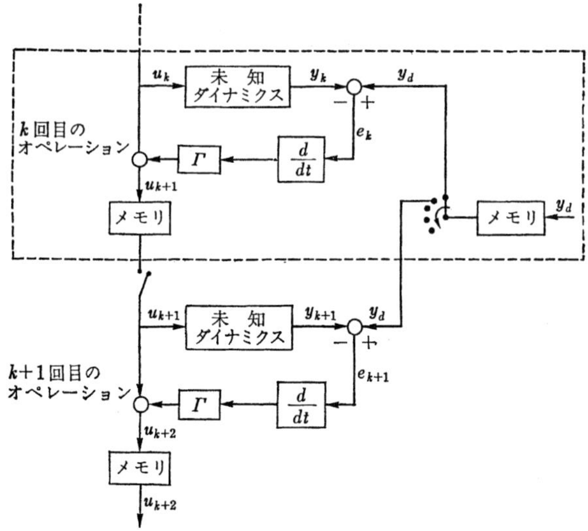

図7.6　一般的なD型学習制御法

このとき，学習のプロセスは式

$$\dot{\boldsymbol{x}}_k = A\boldsymbol{x}_k + B\boldsymbol{u}_k, \quad \boldsymbol{y}_k = C\boldsymbol{x}_k, \quad \boldsymbol{e}_k = \boldsymbol{y}_k - \boldsymbol{y}_d, \quad \boldsymbol{u}_{k+1} = \boldsymbol{u}_k - \Gamma \frac{\mathrm{d}}{\mathrm{d}t}\boldsymbol{e}_k \tag{7.34}$$

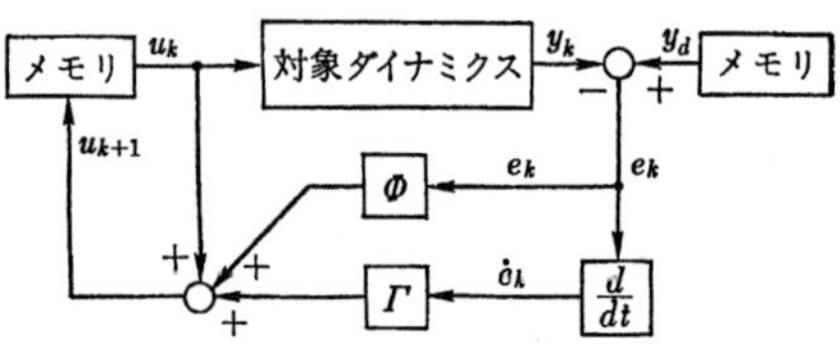

図 7.7　DP 型学習制御法

に従っている（図 7.6 参照）．このとき，次の結果が成立する．

【D 型学習制御の収束定理（線形系）**】**　理想出力 $\boldsymbol{y}_d(t)$ が微分可能，初期入力 $\boldsymbol{u}_0(t)$ が連続，かつ，

$$\|I_r - CB\Gamma\| < 1 \tag{7.35}$$

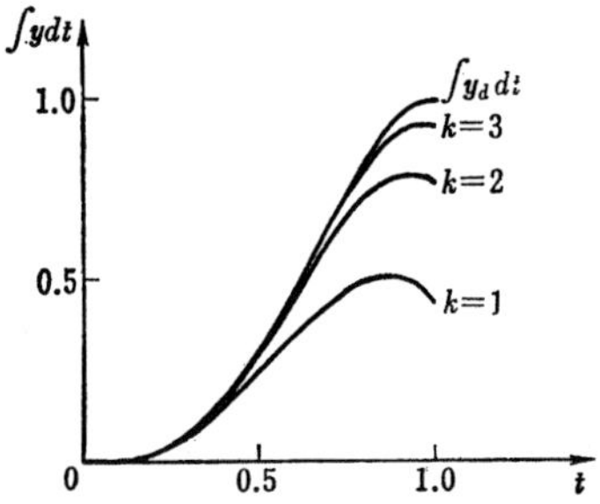

(a)　位置 $x_k(t) = \int_0^t y_k(\tau)\mathrm{d}\tau$ のプロット

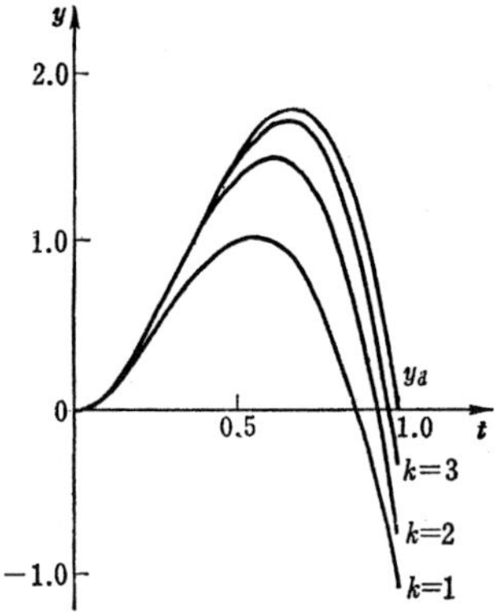

(b)　速度 $\dot{x}_k = y_k(t)$ のプロット

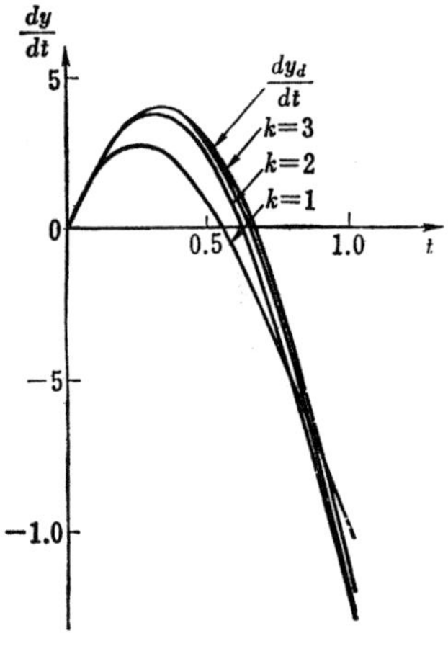

(c)　加速度 $\ddot{x}_k(t) = \dot{y}_k(t)$ のプロット

図 7.8　1 自由度系に対する D 型学習制御方式の収束の様子
$a_1 = a_2 = 1.0,\ b = 1.0,\ \Gamma = 1.0$ の場合．

ならば，任意の $t \in [0, T]$ に対して一様に

$$\lim_{k\to\infty} \boldsymbol{y}_k(t) = \boldsymbol{y}_d(t) \tag{7.36}$$

である．

証明は1次元の方法を多次元に素直に拡張するだけでよいので，ここでは述べない．また，DP型にした場合，学習則は（図7.7参照）

$$\boldsymbol{u}_{k+1} = \boldsymbol{u}_k - \left(\Gamma \frac{\mathrm{d}}{\mathrm{d}t} + \Phi\right)\boldsymbol{e}_k \tag{7.37}$$

に従うが，Γ が(7.35)式を満足するかぎり，同じ結論が導けることにも注意しておく．

1自由度の線形系の例として

$$\ddot{x} + a_1\dot{x} + a_2 x = bu, \quad y = \dot{x} \tag{7.38}$$

あるいは状態方程式で記述した系（ここに，$\boldsymbol{x} = (x, \dot{x})^{\mathrm{T}}$ とする）

$$\dot{\boldsymbol{x}} = \begin{bmatrix} 0 & 1 \\ -a_2 & -a_1 \end{bmatrix} \boldsymbol{x} + \begin{bmatrix} 0 \\ b \end{bmatrix} u, \quad y = [0 \quad 1]\boldsymbol{x} \tag{7.39}$$

に学習制御を行ったときの例を図7.8と図7.9に与える．ここでは

$$a_1 = 1.0, \quad a_2 = 1.0, \quad b = 1.0 \tag{7.40}$$

とし，図7.8では $\Gamma = 1.0$ としたが，このとき収束のための条件(7.35)式は

$$\|I_r - CB\Gamma\| = |1-1| = 0 < 1 \tag{7.41}$$

となる．また，図7.9では $\Gamma = 0.5$ としたが，このとき

$$\|I_r - CB\Gamma\| = |1-0.5| = 0.5 < 1 \tag{7.42}$$

となり，収束性の条件は満足するが，収束のスピードは $\Gamma = 1.0$ としたときより劣ることがみてとれる．

なお，(7.39)式の例で，出力を位置

$$y = [1 \quad 0]\boldsymbol{x} = x \tag{7.43}$$

にとったとき，(7.35)式の収束性の条件が成立しなくなることに注意されたい．

7.3　可学習性のための必要十分条件（線形系）

繰返し学習制御では理想の出力が与えられていることを前提とするので，それは教師あり学習の一種と考えられる．7.1節では三つのタイプの繰返し学習がありうることを述べたが，逆に，あるシステムについて，それが上述の三つのタイプのどれについても繰返し学習できるような，そのシステムがもつべき物理的属性が特徴づけられないだろうか．一般に，システムがパラメタライズされたとき

の教師あり学習は，山登り法あるいは勾配法と呼ばれる再帰形式

$$\boldsymbol{u}_{k+1}=\boldsymbol{u}_k-\Phi\frac{\partial E_k}{\partial \boldsymbol{u}_k} \tag{7.44}$$

を用いてパラメター更新する．ここに E_k は目標との差 $\Delta\boldsymbol{y}_k$ のノルムの 2 乗であり，$\boldsymbol{u}_k$ が k 回目の更新時のパラメター値を表すベクトルである．動的システムの場合，システムが有限個のパラメターで特徴づけられても，誤差ノルムの 2 乗 E_k は普通には出力誤差の関数ノルムに基づかざるを得ず，(7.44) 式の E_k の入力 $\boldsymbol{u}_k$ による偏微分は実行し難く，また，たとえ定式化できても測定や実時間

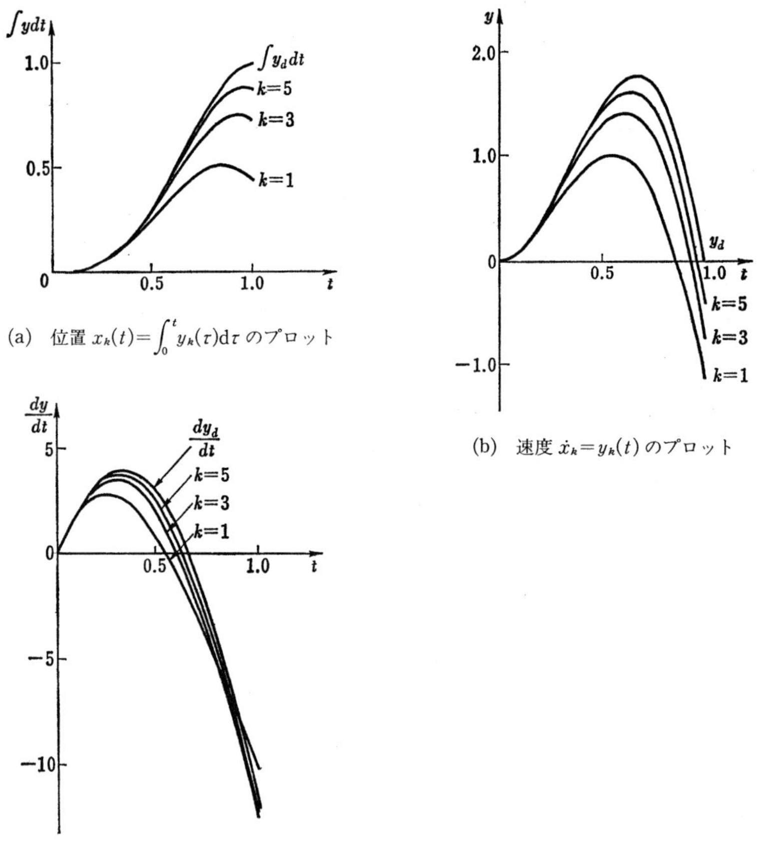

(a)　位置 $x_k(t)=\int_0^t y_k(\tau)\mathrm{d}\tau$ のプロット

(b)　速度 $\dot{x}_k=y_k(t)$ のプロット

(c)　加速度 $\ddot{x}_k(t)=\dot{y}_k(t)$ のプロット

図 7.9　1 自由度系に対する D 型学習制御方式の収束の様子
$a_1=a_2=1.0,\ b=1.0,\ \Gamma=0.5$ の場合．

計算が実行できないのが普通である．しかし，E_k を出力 $\boldsymbol{y}_k$ の 2 乗誤差とすれば，出力に関する偏微分は簡単であり，それは (7.7) 式の形式に帰着する．ここでは逆に，適当な $\boldsymbol{\Phi}>0$ を選んだ更新則 (7.7) によって，出力 $\boldsymbol{y}_k$ が理想の $\boldsymbol{y}_d$ に収束するような線形動的システムの満足すべき必要十分条件を導く．そこで，上述の種々のタイプの学習が可能になる条件を可学習性と名づけて厳密に定義し，他方，線形動的システムについて一般的に出力消散性を定義し，この二つの性質が可逆転性（次頁で定義）のもとで等価になることを示そう．また入出力伝達関数が厳密にプロパーなとき，これらは可逆転性のもとで強正実性と等価になる．また単にプロパーなとき，ある付帯条件をつければ，強正実性と強い意味の出力消散性や可学習性が互いに必要十分な関係（等価）になることも示すことができる．

さて，線形動的システム

$$\dot{\boldsymbol{x}}=A\boldsymbol{x}+B\boldsymbol{u}, \quad \boldsymbol{y}=C\boldsymbol{x}+D\boldsymbol{u} \tag{7.45}$$

を対象とする．ここでは，$\boldsymbol{u}$ と $\boldsymbol{y}$ の次元は同じであり，$\boldsymbol{x}$ の次元より大きくはなく，また，一般性を失うことなく B と C の階数は $\boldsymbol{u}, \boldsymbol{y}$ の次元と同数とする．(7.45) 式の係数行列の正確な値はわからなくてもよいとし，理想出力 $\boldsymbol{y}_d(t)$ が与えられたとしても，それを出力する入力 $\boldsymbol{u}_d(t)$ は計算によっては求めにくい場合を想定し，上述の三つのタイプの学習を考える．

【可学習性の定義】 (7.45) 式のシステムに対し，ある $\phi>0$ が存在し，任意の $0<\boldsymbol{\Phi}\leqq\phi I$ となる学習ゲイン行列 $\boldsymbol{\Phi}$ について，(7.7) 式の学習更新則が，公理系 $A_1)\sim A_6)$，$B_1)\sim B_6)$，$C_1)\sim C_6)$ のいずれの場合にも，$k\to\infty$ のとき収束するならば，すなわち，$\boldsymbol{y}_k(t)$ が $\boldsymbol{y}_d(t)$ かつ $\boldsymbol{u}_k(t)$ が $\boldsymbol{u}_d(t)$ に $L^2(0, T)$（$B_1)\sim B_6)$ のときは $L^2(0, \infty)$）のノルムの意味で収束するならば，システム (7.45) は可学習 (learnable) であるという．

ロボットのダイナミクスについて受動性を定義したように，線形動的システム (7.45) の入出対が任意の $t>0$ に対して不等式

$$\int_0^t \boldsymbol{u}^{\top}(\tau)\boldsymbol{y}(\tau)\mathrm{d}\tau \geqq -\gamma_0^2 \tag{7.46}$$

を満たすとき，システムは受動性を満足するという．ここに γ_0^2 はシステムの初期状態 $\boldsymbol{x}(0)$ についてのみ依存する量である．

【出力消散性の定義】 システム (7.45) に対して，ある $\gamma_0^2>0$ と $\gamma^2>0$ が存在して，任意の $t>0$ について

$$\int_0^t \boldsymbol{u}^{\top}(\tau)\boldsymbol{y}(\tau)\mathrm{d}\tau \geqq -\gamma_0^2+\gamma^2\int_0^t \|\boldsymbol{y}(\tau)\|^2\mathrm{d}\tau \tag{7.47}$$

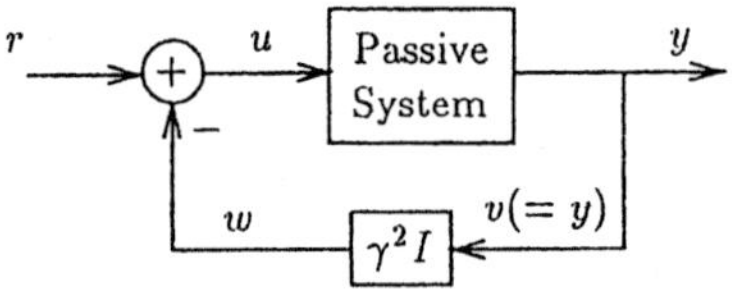

図 7.10　受動システムは，その出力を負帰還すると，出力消散性を満足する．

が満たされるなら，それは出力消散性 (output-dissipativity) を満足するという．

古典回路理論ではよく知られているように，システム (7.45) の受動性はその伝達関数行列 $G(s)=C(sI-A)^{-1}B+D$ の正実性と等価になる．伝達関数行列が厳密にプロパーのとき (すなわち $D=0$ のとき)，強正実性は出力消散性を意味する (後で述べる定理の特別ケースとなる)．なお，受動性を満足するシステムを直接負帰還すると，システムは出力消散性を満足する．実際，図 7.10 より，

$$\int_0^t \boldsymbol{u}^\top(\tau)\boldsymbol{y}(\tau)\mathrm{d}\tau=\int_0^t \{\boldsymbol{u}(\tau)+\gamma^2\boldsymbol{y}(\tau)\}^\top \boldsymbol{y}(\tau)\mathrm{d}\tau=-\gamma_0{}^2+\gamma^2\int_0^t \|\boldsymbol{y}(\tau)\|^2\mathrm{d}\tau \quad (7.48)$$

となり，これは出力消散性を示す．

その他，以下の議論で必要になる二つの定義を導入しておく．

【可逆転性の定義】　システム (7.45) が，次の二つの条件を満足するとき，それは可逆転 (invertible) であるという．i) 微分可能な任意の出力 $\boldsymbol{y}$ が，$\dot{\boldsymbol{y}}(t)$ とともに，$C[0,\infty)\cap L^2(0,\infty)$ に属するならば，これを出力とする入力 (これを $\boldsymbol{y}$ の逆転という) $\boldsymbol{u}(t)\in C[0,\infty)\cap L^2(0,\infty)$ と適切な初期値 $\boldsymbol{x}(0)=\boldsymbol{x}^0$ が存在する．ii) $C[0,\infty)\cap L^2(0,\infty)$ に属する $\boldsymbol{y}_k$ とその微分 $\dot{\boldsymbol{y}}_k$ が $k\to\infty$ のときそれぞれ $\boldsymbol{y}$, $\dot{\boldsymbol{y}}$ (ともに $C[0,\infty)\cap L^2(0,\infty)$ に属する) に L^2 のノルムで収束するならば，$\boldsymbol{y}_k$ の逆転 $\boldsymbol{u}_k$ も $\boldsymbol{y}$ の逆転 $\boldsymbol{u}$ に L^2 のノルムで収束する．

【付帯条件つき強正実性】　システム (7.45) について $G(s)=C(sI-A)^{-1}B+D$ が強正実，かつ，$D+D^T\geqq\gamma_1{}^2D^TD$ となるような $\gamma_1^2>0$ が存在するとき，$G(s)$ あるいはシステム (7.45) は付帯条件つき強正実であるという．

明らかに，(7.45) が単入力単出力のとき，あるいは $G(s)$ が厳密にプロパー ($D=0$) のとき，付帯条件は必要なくなる．

以上の準備の他に，さらに可学習性と出力消散性の意味を強めておこう．

【強可学習性の定義】　線形動的システム (7.45) は，可学習性を満足し，かつ理想出力 $\boldsymbol{y}_d(t)$ と初期入力 $\boldsymbol{u}_0(t)$ が，2 回以上連続的微分可能で，少なくとも 2 回までの微分がすべて $C[0,T]\cap L^2(0,T)$ に属するならば，学習更新則 (7.7) によって $\boldsymbol{u}_k(t)$ がある $\boldsymbol{u}_d(t)\in C[0,T)\cap L^2(0,T)$ に $L^2(0,T)$ のノルムの意味で収束するとき，強可学習性を満足するという．なお，公理系 B_1)～B_6) の場合は上述の区間 $[0,T]$ は $[0,\infty)$ で読み替える．

【強出力消散性の定義】　(7.45) 式のシステムが出力消散性を満足し，かつ可逆転であるならば，それは強出力消散性を満足するという．

初めに，次のような線形1自由度系を例にとって説明しよう（4.6節を参照）

$$M\ddot{x}+C\dot{x}+Kx=u, \qquad y=\dot{x} \tag{7.49}$$

入力と出力の積をとると，

$$yu=\dot{x}(M\ddot{x}+C\dot{x}+Kx)=\frac{\mathrm{d}}{\mathrm{d}t}\frac{1}{2}(M\dot{x}^2+Kx^2)+C\dot{x}^2 \tag{7.50}$$

となり，これを積分すると

$$\int_0^t y(\tau)u(\tau)\mathrm{d}\tau=E(t)-E(0)+\int_0^t C\{\dot{x}(\tau)\}^2\mathrm{d}\tau \tag{7.51}$$

となる．ここに $E=(M\dot{x}^2+Kx^2)/2$ とおいた．明らかに $C>0$ のとき入出力対 $\{u, y=\dot{x}\}$ は出力消散性を満足している．また，入出力伝達関数は，$G(s)=s/(Ms^2+Cs+K)$ となり，これは正実になる（4.6節参照）．しかし，これは強正実とはならない．また，$G(s)$ の逆転は

$$G^{-1}(s)=Ms+C+\frac{K}{s} \tag{7.52}$$

となり，これは正実であるが，強正実ではない．しかも，$G^{-1}(s)$ は積分項 K/s を並列に含むので，y と $\dot{y}$ が $C[0,\infty)$ および $L^2(0,\infty)$ に属しても，y の逆転は $C[0,\infty)$ あるいは $L^2(0,\infty)$ に属するとはかぎらず，可逆転性は成立しない．ところで，学習更新則 (7.7) に基づいて可学習性や強可学習性は成立するだろうか．

理想軌道 $y_d=\dot{x}_d$ が与えられたとして，第 k 回の試行時におけるダイナミクスは

$$M\ddot{x}_k+C\dot{x}_k+Kx_k=u_k \tag{7.53}$$

に従うとしよう．そして，

$$u_d(t)=M\dot{y}_d+Cy_d+K\int_0^t \dot{y}_d\mathrm{d}\tau \tag{7.54}$$

と置こう（このような理想入力がわからないで，繰返し学習で求めるのが本来の目的なのだが，ここでは存在することを仮定する）．このとき，(7.7) 式の両辺から u_d を引くと，

$$\Delta u_{k+1}=\Delta u_k-\Phi\Delta y_k \tag{7.55}$$

となり，また

$$M\Delta\ddot{x}_k+C\Delta\dot{x}_k+K\Delta x_k=\Delta u_k, \qquad \Delta y_k=C\Delta x_k \tag{7.56}$$

となる．上式についても式 (7.51) と同様な関係が成立することに注意されたい．

式 (7.55) の両辺のそれぞれについて 2 乗し，Φ^{-1} を掛けると

$$\Phi^{-1}\Delta u_{k+1}^2=\Phi^{-1}\Delta u_k{}^2-2\Delta y_k\Delta u_k+\Phi\Delta y_k{}^2 \tag{7.57}$$

となる．右辺第 2 項については，(7.51) 式と同様の関係が成立するので，これを代入して区間 $[0, T]$ で積分することにより，

$$\frac{\|\Delta u_{k+1}\|^2}{\Phi}\leqq\frac{\|\Delta u_k\|^2}{\Phi}-(2C-\Phi)\|\Delta y_k\|^2-2E_k(T)+2E_k(0) \tag{7.58}$$

ここに $E_k=(M\Delta\dot{x}_k{}^2+K\Delta x_k{}^2)/2$ とおいた．公理系 A_1)～A_6) の場合，初期設定により $E_k(0)=0$ となるので，

$$\|\Delta u_{k+1}\|^2\leqq\|\Delta u_k\|^2-\Phi(2C-\Phi)\|\Delta y_k\|^2 \tag{7.59}$$

となることが示された．ここに，関数ノルムは $L^2(0, T)$ のノルムを用いているが，明らかに数列 $\{\|\Delta u_k\|^2\}$ は単調非増加でかつ下に有界なのである値に収束する．このことは $\|\Delta y_k\|$ が $k\to\infty$ のとき 0 に収束することを意味する．こうして，可学習性が成立することがわかる．つまり，出力 y_k については，(7.7) 式の学習更新則のもとで確かに y_k は y_d に $L^2(0, T)$ の意味で収束する．しかも，初期入力 u_0 を，その微分 $\dot{u}_0$ とともに集合 $C[0, T]\cap L^2(0, T)$ の中にあるとすれば，$y_k(t)$ は $k\to\infty$ のとき $y_d(t)$ に一様収束することが示せる．しかし，入力 $u_k(t)$ は $u_d(t)$ に一様収束する (つまり $C[0, T]$ のノルムの意味で) かどうかは保証できないし，$L^2(0, T)$ ノルムの意味で収束できるかどうかも証明されていない．

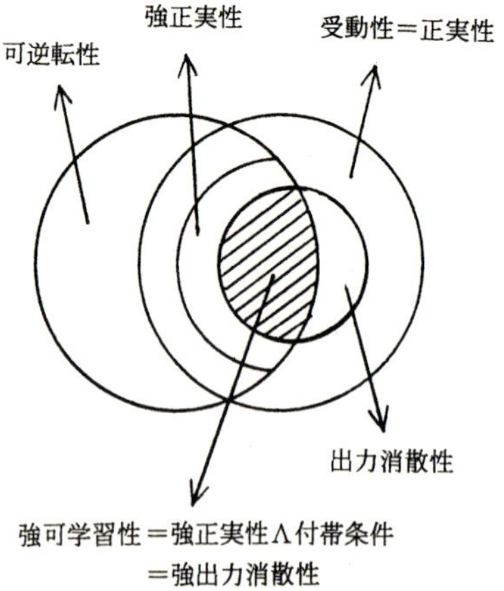

図 7.11　システムの物理的性質を特徴づける諸概念の間の包含関係

出力消散性の上に可逆転性が成立すればどうなるであろうか．たとえば，

$$M\ddot{x}+C\dot{x}+Kx=u,\ y=\dot{x}+\alpha x \tag{7.60}$$

ととってみよう．ただし α は $0<\alpha<C/M$ とする．このとき $G(s)=(s+\alpha)/(Ms^2+Cs+K)$ となり，これは強正実になる．しかも，可逆転になることは容易に確かめられる．実は可逆転になれば，もし，$k\to\infty$ のとき L^2 ノルムの意味で $\Delta y_k\to 0$ かつ $\Delta\dot{y}_k\to 0$ であれば Δu_k も 0 に L^2 収束し，こうして強可学習性が成立するのである．

【等価性の定理】　次の三つの性質，1) 強可学習性，2) 強出力消散性，3) 付帯条件つき強正実性，は互いに等価である (図 7.

11を参照).

証明は非常に微妙になるので，本書では，2)→1)の証明のみを与える(他の部分は文献[26]，[27]を参照されたい)．最初に公理系B1)~B6)について考える．いま，$\boldsymbol{y}_d$ は周期 $T>0$ で周期的であるとしよう．強出力消散性は可逆転性を意味するので，$\boldsymbol{u}_d(t)$ が存在し，$\boldsymbol{u}_d \in C[0, T]$ であり，かつ，$\boldsymbol{u}_d$ を入力したときの出力は $\boldsymbol{y}_d$，そのときのシステム(7.45)の状態変数を $\boldsymbol{x}_d$ とすれば，第 k 回の周期では，式

$$\begin{aligned}\Delta\dot{\boldsymbol{x}}_k &= A\Delta\boldsymbol{x}_k + B\Delta\boldsymbol{u}_k,\\ \Delta\boldsymbol{y}_k &= C\Delta\boldsymbol{x}_k + D\Delta\boldsymbol{u}_k\end{aligned} \tag{7.61}$$

が成立している．ここに $\boldsymbol{x}_k(t)=\boldsymbol{x}(t+kT)$ と書き，$\boldsymbol{y}_k, \boldsymbol{u}_k$ についても同様とする．また，$\Delta\boldsymbol{x}_k=\boldsymbol{x}_k-\boldsymbol{x}_d, \Delta\boldsymbol{y}_k=\boldsymbol{y}_k-\boldsymbol{y}_d, \Delta\boldsymbol{u}_k=\boldsymbol{u}_k-\boldsymbol{u}_d$ とする．また，学習更新則は

$$\Delta\boldsymbol{u}_{k+1}=\Delta\boldsymbol{u}_k-\Phi\Delta\boldsymbol{y}_k \tag{7.62}$$

と表すことができる．そこで

$$\|\Delta\boldsymbol{u}_k\|^2_{\Phi^{-1}}=\int_0^T \Delta\boldsymbol{u}_k^T(\tau)\Phi^{-1}\Delta\boldsymbol{u}_k(\tau)\mathrm{d}\tau \tag{7.63}$$

と表し，(7.62)式の左から Φ^{-1} を掛けたものに(7.62)式自身の左辺，右辺それぞれについて内積をとると，(7.58)式と同様に，

$$\|\Delta\boldsymbol{u}_{k+1}\|^2_{\Phi^{-1}}=\|\Delta\boldsymbol{u}_k\|^2_{\Phi^{-1}}+\|\Delta\boldsymbol{y}_k\|^2_{\Phi}-2\int_0^T \Delta\boldsymbol{u}_k^T\Delta\boldsymbol{y}_k\mathrm{d}t \tag{7.64}$$

が成立する．出力消散性は差に関するダイナミクス(7.61)についても同様に成立するので，

$$\int_0^T \Delta\boldsymbol{u}_k^T\Delta\boldsymbol{y}_k\mathrm{d}t \geqq E_k(T)-E_k(0)+\gamma^2\|\Delta\boldsymbol{y}_k\|^2 \tag{7.65}$$

となる．ここに $E_k=(1/2)\Delta\boldsymbol{x}_k^T X\Delta\boldsymbol{x}_k$, X は非負定行列であり，E はストーレジ関数と呼ばれる(第4.6節参照)．上式を(7.64)式に代入し，$E_k(0)=E_k$ とおき，$E_k(T)=E_{k+1}$ と表されることに注意すれば，次の式が得られることがわかる．

$$\|\Delta\boldsymbol{u}_{k+1}\|^2_{\Phi^{-1}}+2E_{k+1}\leqq\|\Delta\boldsymbol{u}_k\|^2_{\Phi^{-1}}+2E_k-\|\Delta\boldsymbol{y}_k\|^2_{(2\gamma^2 I-\Phi)} \tag{7.66}$$

もし，$0<\Phi<2\gamma^2 I$ であれば，数列 $\{\|\Delta\boldsymbol{u}_k\|^2_{\Phi^{-1}}+2E_k\}$ は単調非増加かつ下に有界なので，$k\to\infty$ のときある非負の値に収束する．このとき，$\|\Delta\boldsymbol{y}_k\|^2_{(\gamma^2 I-\Phi)}$ も $k\to\infty$ のとき0に収束し，これは $\boldsymbol{y}_k$ が $\boldsymbol{y}_d$ に $L^2(0, T)$ のノルムの意味で収束することを示している．こうして，可学習性が成立することが示された．次に，強可学習性を示すために，$\boldsymbol{y}_d$ が2回連続微分可能なことから $\dot{\boldsymbol{y}}_d$ を出力する入力 $\dot{\boldsymbol{u}}_d$ が

存在することに注目する．そのとき，$\dot{\boldsymbol{u}}_0$ は $C[0, T)\cap L^2(0, T)$ にあるとする．このとき，$\boldsymbol{z}_k=\varDelta\ddot{\boldsymbol{x}}_k$ とおき，繰返しを次のように行うとしよう．

$$\ddot{\boldsymbol{x}}_k=A\dot{\boldsymbol{x}}_k+B\varDelta\dot{\boldsymbol{u}}_k,\quad \varDelta\dot{\boldsymbol{y}}_k=C\dot{\boldsymbol{x}}_k+D\varDelta\dot{\boldsymbol{u}}_k,\quad \varDelta\dot{\boldsymbol{u}}_{k+1}=\varDelta\dot{\boldsymbol{u}}_k-\varPhi\varDelta\dot{\boldsymbol{y}}_k \tag{7.67}$$

そのとき，(7.66) 式の導出と同様にして，

$$\|\varDelta\dot{\boldsymbol{y}}_k\|^2_{(\gamma^2-\varPhi I)}\to 0 \tag{7.68}$$

となることが示せる．こうして，可逆転性から $k\to\infty$ のとき L^2 ノルムの意味で $\varDelta\boldsymbol{u}_k\to\boldsymbol{0}$ とならねばならない．こうして 2)→1) が証明できた．以上の証明は，公理系 B$_1$)〜B$_6$) についてであったが，公理系の A$_1$)〜A$_6$) や C$_1$)〜C$_6$) については，(7.66) 式において $E_k=0$ とできるので，同じように証明できる．

上で述べた (7.49) 式の例では，出力を $y=\dot{x}+\alpha x$ とすれば，

$$\begin{aligned}\int_0^t uy\,\mathrm{d}\tau&=\int_0^t(\dot{x}+\alpha x)(M\ddot{x}+C\dot{x}+Kx)\mathrm{d}t\\&=E(t)-E(0)+\int_0^t\{(C-\alpha M)\dot{x}^2+\alpha Kx^2\}\mathrm{d}t\end{aligned} \tag{7.69}$$

となる．ここに

$$E=\frac{1}{2}(M\dot{x}^2+Kx^2+\alpha Cx^2)+\alpha Mx\dot{x}=\frac{1}{2}\{M(\dot{x}+\alpha x)^2+(K+\alpha C-\alpha^2M)x^2\} \tag{7.70}$$

とおいた．明らかに，$0<\alpha<C/M$ のとき E は $(x,\dot{x})$ について正定になり，入出力対 $\{u, y\}$ は出力消散性を満足し，しかも，y_d が与えられれば $\dot{x}=x+\alpha y_d$ を解いて $x,\dot{x}$ が求まり，また，y_d が $C[0, T]$ に属すれば，$\ddot{x}$ もそうなるので，これらの $x,\dot{x},\ddot{x}$ を (7.60) 式に代入して入力 u を得ることができる．つまり，システム (7.60) は可逆転である．こうして，等価性の定理から，PI 型学習

$$u_{k+1}=u_k-\varPhi\{(\dot{x}_k-\dot{x}_d)+\alpha(x_k-x_d)\} \tag{7.71}$$

を組むと，y_d, u_d が十分に滑らかであれば，$u_k(t)$ は $u_d(t)$ に L^2 ノルムの意味で収束することが保証されるのである．

7.4 PI型学習制御(ロボットダイナミクス)

繰返し学習が適用できるシステムは，線形系の場合，正実性や受動性，出力消散性，および可逆転性，付帯条件などの性質によって特徴づけすることができた．次に，ロボットのダイナミクスを考えると，それは回転関節を含むとき一般に非線形になるので，フーリエ変換やラプラス変換は適用できず，入出力対を指定しても伝達関数は定義できない．したがって，ロボットダイナミクスの解析に

は正実性や強正実性の観点はありえないことになる．だが幸いにも，可逆転性をはじめ，受動性や出力消散性を検証することは可能である．

初めに，ロボットのダイナミクスについて可逆転性を吟味してみる．ここでは，SP-D フィードバックを行った次のようなダイナミクスを考えよう (4.7 節と 6.2 節の議論を参照).

$$\left\{R(\boldsymbol{q})\frac{\mathrm{d}}{\mathrm{d}t}+\frac{1}{2}\dot{R}(\boldsymbol{q})+S(\boldsymbol{q},\,\dot{\boldsymbol{q}})\right\}\dot{\boldsymbol{q}}+B\dot{\boldsymbol{q}}+\boldsymbol{g}(\boldsymbol{q})+A\boldsymbol{y}=\boldsymbol{u} \tag{7.72}$$

ここに，$\Delta\boldsymbol{q}=\boldsymbol{q}-\boldsymbol{q}_d$, $\Delta\dot{\boldsymbol{q}}=\dot{\boldsymbol{q}}-\dot{\boldsymbol{q}}_d$ とし，

$$\boldsymbol{y}=\Delta\dot{\boldsymbol{q}}+\alpha\boldsymbol{s}(\Delta\boldsymbol{q}) \tag{7.73}$$

とし，$\boldsymbol{q}_d$ は目標の関節ベクトル軌道，$\boldsymbol{s}(\Delta\boldsymbol{q})$ はその各成分 $s_i(\Delta\boldsymbol{q}_i)$ が図 4.13 のような Δq_i に関する飽和関数である．ここではさらに，$\boldsymbol{q}_d$, $\dot{\boldsymbol{q}}_d$, $\ddot{\boldsymbol{q}}_d$ はともに $C[0,\,T]\cap L^2(0,\,T)$ に属するとする ($T=\infty$ の場合もありうることに注意)．さて，任意の $\boldsymbol{y}_d(t)$ と $\dot{\boldsymbol{y}}_d(t)$ が与えられ，これらはともに $C[0,\,T]\cap L^2(0,\,T)$ にあるとして，微分方程式 (7.72) の解から出力される (7.73) 式について $\boldsymbol{y}=\boldsymbol{y}_d$ となるような入力 $\boldsymbol{u}_d\in C[0,\,T]\cap L^2(0,\,T)$ が存在するだろうか．この問いに答えるために，非線形の連立 1 次微分方程式

$$\Delta\dot{q}_i+\alpha s_i(\Delta q_i)=y_{id},\qquad i=1,\cdots,n \tag{7.74}$$

を考えよう．ただし，初期条件は $q_i(0)=q_{di}(0)$ とする．ここでは，飽和関数 $s_i(\xi)$ は十分滑らか (少なくとも連続 2 回微分可能) と仮定しておく．そのとき，$\dot{\boldsymbol{y}}_d\in C[0,\,T]\cap L^2(0,\,T)$ であるので，(7.74) 式の解 Δq_i は連続微分可能でしかも $\Delta\ddot{q}_i\in C[0,\,T]\cap L^2(0,\,T)$ となる．そこで，$\ddot{\boldsymbol{q}}=\Delta\ddot{\boldsymbol{q}}+\ddot{\boldsymbol{q}}_d$, $\dot{\boldsymbol{q}}=\Delta\dot{\boldsymbol{q}}+\dot{\boldsymbol{q}}_d$, $\boldsymbol{q}=\Delta\boldsymbol{q}+\boldsymbol{q}_d$ とおき，これらを (7.74) 式の左辺に代入することにより，出力が $\boldsymbol{y}=\boldsymbol{y}_d$ となるような $\boldsymbol{u}_d$ が求まる．しかも，このとき $\boldsymbol{u}_d\in C[0,\,T]\cap L^2(0,\,T)$ となることもわかる．こうして，出力を (7.73) 式で定義した (7.72) 式のダイナミクスは可逆転であることが示された．

上の議論で，出力誤差ベクトルを $\Delta\boldsymbol{y}=\boldsymbol{y}-\boldsymbol{y}_d$ で書くが，以下では $\boldsymbol{y}_d=\boldsymbol{0}$ のときのみを考えてよいので，

$$\Delta\boldsymbol{y}=\Delta\dot{\boldsymbol{q}}+\alpha\boldsymbol{s}(\Delta\boldsymbol{q}) \tag{7.75}$$

と定義しよう．このとき，

$$\boldsymbol{u}_d=R(\boldsymbol{q}_d)\ddot{\boldsymbol{q}}_d+\left\{\frac{1}{2}\dot{R}(\boldsymbol{q}_d)+S(\boldsymbol{q}_d,\,\dot{\boldsymbol{q}}_d)\right\}\dot{\boldsymbol{q}}_d+\boldsymbol{g}(\boldsymbol{q}_d) \tag{7.76}$$

となる．(7.76) と (7.72) 式の差をとることにより，

$$R(\boldsymbol{q})\Delta\ddot{\boldsymbol{q}}+\left\{\frac{1}{2}\dot{R}(\boldsymbol{q})+S(\boldsymbol{q},\dot{\boldsymbol{q}})+B\right\}\Delta\dot{\boldsymbol{q}}+A\Delta\boldsymbol{y}+\boldsymbol{g}(\boldsymbol{q})-\boldsymbol{g}(\boldsymbol{q}_d)+\boldsymbol{h}(\Delta\boldsymbol{q},\Delta\dot{\boldsymbol{q}})=\Delta\boldsymbol{u} \tag{7.77}$$

となる．ここに，$\boldsymbol{h}$ は $\Delta\boldsymbol{q},\Delta\dot{\boldsymbol{q}}$ に依存する非線形ベクトル値関数であり，6.2節の(6.29)式で定義したものである．さらに，$\dot{\boldsymbol{q}}_d$ や $\ddot{\boldsymbol{q}}_d$ が特別に大きな値をとらないかぎり，ロボットダイナミクスでは，$\alpha>0$ と $A>0$ と適当にとって，不等式

$$\int_0^T \Delta\boldsymbol{y}^\top\Delta\boldsymbol{u}\,\mathrm{d}\tau > V(t)-V(0)+\gamma^2\int_0^T\|\Delta\boldsymbol{y}\|^2\mathrm{d}\tau \tag{7.78}$$

が成立するような $\gamma^2>0$ とストーレジ関数 V が存在することを6.2節で示した．言い換えると，誤差ダイナミクス(7.77)は(7.73)の出力 $\Delta\boldsymbol{y}$ について出力消散性を満足するのである．

以上の準備のもとに，学習制御系を組んでみよう．時間区間 $[0, T]$ で理想の関節軌道 $\boldsymbol{q}_d(t), \dot{\boldsymbol{q}}_d(t)$ が与えられたとする．ただし，公理系 $\mathrm{B}_1)\sim\mathrm{B}_6)$ に基づく学習では，$\boldsymbol{q}_d$ は周期 $T>0$ で周期的，すなわち，$\boldsymbol{q}_d(t)=\boldsymbol{q}_d(t+T)$ とし，$\dot{\boldsymbol{q}}_d$, $\ddot{\boldsymbol{q}}_d$ も $C[0, T]$ に属し，また，公理系 $\mathrm{A}_1)\sim\mathrm{A}_6)$ と $\mathrm{C}_1)\sim\mathrm{C}_6)$ の場合は $\boldsymbol{q}_d, \dot{\boldsymbol{q}}_d, \ddot{\boldsymbol{q}}_d$ はすべて $C(0,\infty)\cap L^2(0,\infty)$ に属するとする．そして，学習の更新則を

$$\boldsymbol{u}_{k+1}=\boldsymbol{u}_k-\Phi\Delta\boldsymbol{y}_k \tag{7.79}$$

と設定しよう．ここに

$$\Delta\boldsymbol{y}_k=\Delta\dot{\boldsymbol{q}}_k+\alpha\boldsymbol{s}(\Delta\boldsymbol{q}_k) \tag{7.80}$$

であり，$\{\boldsymbol{q}_k, \dot{\boldsymbol{q}}_k\}$ は(7.72)式において $\boldsymbol{y}=\Delta\boldsymbol{y}$, $\boldsymbol{u}=\boldsymbol{u}_k$ としたときの解(状態変数)である．$\Delta\boldsymbol{y}$ は $\boldsymbol{y}_d$ をゼロにしたときの誤差出力とみなされることに注意．理想の入力は，(7.76)式として導出したように，確かに存在するので，これを(7.79)式の両辺から引くと

$$\Delta\boldsymbol{u}_{k+1}=\Delta\boldsymbol{u}_k-\Phi\Delta\boldsymbol{y}_k \tag{7.81}$$

となる．かくして，ゲイン行列 Φ を $0<\Phi<\gamma^2 I$ を満足するように選べば，前節の「等価性の定理」の証明とまったく同様にして，$\Delta\boldsymbol{y}_k$ は $k\to\infty$ のときに $L^2(0, T)$ のノルムの意味で収束することが示せる．特に，$\boldsymbol{u}_0$ と $\dot{\boldsymbol{q}}_d$ が2回連続微分可能であり，$\boldsymbol{u}_0, \boldsymbol{q}_d, \dot{\boldsymbol{q}}_d$ とともにそれら2回までの微分がすべて $C[0, T)\cap L^2(0, T)$ に属するならば，$k\to\infty$ のとき $\boldsymbol{u}_k$ は理想の入力 $\boldsymbol{u}_d$ に L^2 収束する．

最後に，理想の入力 $\boldsymbol{u}_d$ はその存在を理論的に仮定しただけであって，実際には，学習更新則(7.79)によって繰返し学習を行うことによって理想の $\boldsymbol{u}_d$ が段々と近似的に求まることに注意されたい．誤解なくいえば，繰返し学習は，理想の

出力を与える入力を，ダイナミクスを正確に知ることなく，試行を繰返すことによって求める実用的な制御法なのである．

7.5 拘束条件つきダイナミクスの学習制御

ロボットの手先効果器の先端が固定した対象面に点接触しつつ，スライドしているとき (図 4.21 参照) のダイナミクスは (4.119) 式で表された．そのとき，与えられた理想の関節軌道 $\boldsymbol{q}_d$, $\dot{\boldsymbol{q}}_d$, $\ddot{\boldsymbol{q}}_d$ (これらは $\Phi(\boldsymbol{x}(\boldsymbol{q}_d))=0$ を満足している) と接触力 $\boldsymbol{f}_d$ を実現するような制御入力 $\boldsymbol{u}_d$ を求め定めたい．そこで，制御入力を

$$\boldsymbol{u}=-b_1\Delta\dot{\boldsymbol{q}}-a_1\boldsymbol{s}(\Delta\boldsymbol{q})-J_\phi^\top(\boldsymbol{q}_d)f_d \tag{7.82}$$

と与えると，閉ループの運動方程式は次の微分方程式に従うことに注目しよう．

$$R(\boldsymbol{q})\ddot{\boldsymbol{q}}+\left\{B_0+\frac{1}{2}\dot{R}(\boldsymbol{q})+S(\boldsymbol{q},\ \dot{\boldsymbol{q}})+\xi(\|\dot{\boldsymbol{x}}\|)J_x^\top(\boldsymbol{q})J_x(\boldsymbol{q})\right\}\dot{\boldsymbol{q}}$$
$$+b_1\Delta\dot{\boldsymbol{q}}+a_1\boldsymbol{s}(\Delta\boldsymbol{q})-\{J_\phi^\top(\boldsymbol{q})-J_\Phi^\top(\boldsymbol{q}_d)\}f_d=J_\phi^\top(\boldsymbol{q})\Delta f+\boldsymbol{v} \tag{7.83}$$

このような閉ループダイナミクスの出力 $\{\boldsymbol{q},\ \dot{\boldsymbol{q}},\ f\}$ が所望の $\{\boldsymbol{q}_d,\ \dot{\boldsymbol{q}}_d,\ f_d\}$ に一致しているような入力が存在することは，これらを上式に代入することによって $\boldsymbol{v}=\boldsymbol{v}_d$ が定まることから明らかである．問題は，この理想の制御入力 $\boldsymbol{v}_d$ が繰返し学習制御によって求まるかどうかである．

さて，すでに 6.2 節で議論したように，$\Delta\boldsymbol{v}=\boldsymbol{v}-\boldsymbol{v}_d$ を入力とした誤差方程式について，出力

$$\Delta\boldsymbol{y}=Q_\phi(\boldsymbol{q})\{\Delta\dot{\boldsymbol{q}}+\alpha\boldsymbol{s}(\Delta\boldsymbol{q})\} \tag{7.84}$$

は $\Delta\boldsymbol{v}$ と対になって受動性を満足することがわかっている (第 4 章の文献 [40] を参照)．そこで，関節変数ベクトルと接触力について別々に学習更新則

$$\boldsymbol{u}_{k+1}=\boldsymbol{u}_k-\Phi Q_\phi(\boldsymbol{q}_k)\{\Delta\dot{\boldsymbol{q}}_k+\alpha\boldsymbol{s}(\Delta\boldsymbol{q}_k)\},\qquad \sigma_{k+1}=\sigma_k+\psi\Delta f_k \tag{7.85}$$

を組み，第 k 回の試行の際の制御入力としては

$$\boldsymbol{v}_k(t)=\boldsymbol{u}_k(t)+J_\phi^\top\{\boldsymbol{q}_k(t)\}\sigma_k(t) \tag{7.86}$$

を与えてみよう．ここに ψ は 0 と 1 の間のある定数とする．そのとき，次の結果が得られることが証明されている．

拘束条件下の学習制御：繰返し学習の公理系 A_1)～A_6) のもとで，学習更新則 (7.84)～(7.85) を用いると，$k\to\infty$ のとき関節変数ベクトル $\boldsymbol{q}_k(t)$ は $\boldsymbol{q}_d(t)$ に一様収束し，接触力 $f_k(t)$ は $f_d(t)$ に $L^2(0,\ T)$ のノルムの意味で収束する．

証明は非常に微妙，かつ，複雑になるので，本書では省略する．興味ある読者は参考文献 [25] の pp. 171-174 を参照されたい．

7.6 インピーダンス制御と学習

指先が固定した対象を一定の力で押しつける問題を4.10節で考察した．そのとき，変位と力の関係は普通には非線形になり，しかもその関係を表す非線形関数が未知であり，また，ツールの質量やモータの粘性摩擦係数が未知のとき，対象が一自由度系であっても，問題はそれほど単純でないことをみた．ここでは，押しつける力が周期的である場合，すなわち，

$$f_d(t)=f_d(t+T), \qquad T>0 \tag{7.87}$$

と指定され，これに追従するように図4.20の1自由度系を制御する問題を考えよう．この場合，第 k 周期の運動は

$$M\varDelta\ddot{x}_k+c\varDelta\dot{x}_k=-f_k+u_k \tag{7.88}$$

と表される．ここに，$\varDelta x_k(t)=\varDelta x(t+kT)$ は第 k 周期の手先柔軟材の最大変位を表すとし，$f_k=f(\varDelta x_k)$ である．また，この関数形 $f(\varDelta x)$ は未知とするが，$f(0)=0$，かつ $f(\varDelta x)$ は厳密に単調増大の関数であると仮定する．反力 $f_k(t)$ は力センサによって測定できるとし，したがって，力の差のモーメンタム

$$\varDelta F_k(t)=\int_0^t\{f_k(\tau)-f_d(\tau)\}\mathrm{d}\tau \tag{7.89}$$

は計算可能であり，その微分 $\varDelta\dot{F}_k$ は反力測定値 f_k と f_d の差 $\varDelta f_k$ に等しいものと設定する．ここでは，さらに，ツールの質量 M とモータとギアヘッドを合せた粘性摩擦係数 c も未知とし，それらの推定量を

$$\hat{M}_k(t)=\hat{M}_k(0)-\int_0^t\gamma_M^{-1}\dot{r}_k\varDelta y_k\mathrm{d}\tau \tag{7.90}$$

$$\hat{c}_k(t)=\hat{c}_k(0)-\int_0^t\gamma_c^{-1}r_k\varDelta y_k\mathrm{d}\tau \tag{7.91}$$

とする．ここに

$$r_k=-\alpha\varDelta x_k-\beta\varDelta F_k+w_k \tag{7.92}$$

$$\varDelta y_k=\varDelta\dot{x}_k-r_k \tag{7.93}$$

である．4.10節で論じたように，定数 α,β をうまく選んで，インピーダンス適合をはかっておく必要がある．(7.92)式の w_k が繰返し学習によって求めなければならないフィードフォワード項であり，制御入力は

$$u_k=f_d+\hat{M}_k\dot{r}_k+\hat{c}_kr_k-D\varDelta y_k \tag{7.94}$$

と定められる(4.10節参照)．これを(7.87)式に代入すると

$$M\varDelta\ddot{y}_k+(c+D)\varDelta y_k+(\varDelta M_k\dot{r}_k+\varDelta c_kr_k)=-\varDelta f_k \tag{7.95}$$

となる．ここで，

$$w_d = \Delta\dot{x}_d + \alpha\Delta x_d, \qquad \Delta x_d = f^{-1}(f_d) \tag{7.96}$$

と定義しよう．このとき，$\Delta w_k = w_k - w_d$, $\delta x_k = \Delta x_k - \Delta x_d$ とおけば，(7.92) 式は

$$r_k = \Delta\dot{x}_d - \alpha\delta x_k - \beta\Delta F_k + \Delta w_k \tag{7.97}$$

$$\Delta y_k = \delta\dot{x}_k + \alpha\delta x_k + \beta\Delta F_k - \Delta w_k \tag{7.98}$$

と書ける．なお，Δx_d や w_d は未知であり，実際にはこれらの値を繰返し学習によって決めたいのである．そこで，学習則を

$$w_{k+1} = w_k - \Phi\Delta f_k \tag{7.99}$$

と設定しよう．両辺から，未知ではあるが存在すると仮定できる w_d を引いて，式

$$\Delta w_{k+1} = \Delta w_k - \Phi\Delta f_k \tag{7.100}$$

を得る．問題は，誤差ダイナミクス (7.95) の Δf_k と Δy_k の間に受動性あるいは出力消散性が成立するかどうかである．4.10 節では Δx_d=const. の場合を扱い，そのときは確かに，対 $\{\Delta y, \Delta f\}$ の間に受動性が成立した．しかし，Δx_d が時変 (time-varying) のときは受動性は成立しない．それは，対 $\{\delta\dot{x}_k, \Delta f_k\}$ について受動性が成立しないからである．しかし，幸いにも，受動性そのものは成立しないが，非常に近い性質をもつ．詳しくは付録 E で述べるが，

$$\int_0^T \delta\dot{x}_k(t)\Delta f_k(t)\mathrm{d}t = E_k(T) - E_k(0) + V_k^{+} - V_k^{-1} \tag{7.101}$$

と表すことができる．ここに E_k は (E.4) 式で定義される δx_k に関して正定な関数であり，V_k^{+} と V_k^{-1} はそれぞれ $\delta x_k(t)$ の非負の値をとる汎関数である．(7.101) 式から Δw_k と (7.98) 式の内積をとり，(7.95) 式を参照すれば，式

$$\int_0^T \Delta w_k(t)\Delta f_k(t)\mathrm{d}t = W_k(T) - W_k(0) + V_k^{+} - V_k^{-} + \int_0^T \{(C+D)\Delta y_k^2(t) + \alpha\delta x_k(t)\Delta f_k(t)\}\mathrm{d}t \tag{7.102}$$

を得る．ここに

$$W_k = E_k + \frac{1}{2}(M\Delta y_k{}^2 + \gamma_M\Delta M_k{}^2 + \gamma_C\Delta c_k{}^2) \tag{7.103}$$

である．そこで，

$$N_k = \Phi^{-1}\|\Delta w_k\|^2 + 2\{W_k(0) + V_{k-1}^{+} + V_k^{-1}\} \tag{7.104}$$

と定義すれば，(7.100) と (7.102) 式より

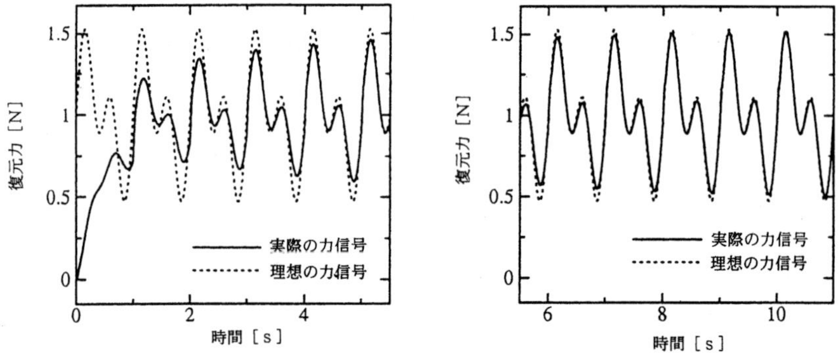

図 7.12　復元力 f は，繰返し学習によって，理想の周期的な力信号 f_d に収束する．

$$N_{k+1} \leqq N_k - \int_0^T [\{2(C+D) - \Phi\} \Delta y_k^2(t) + \alpha \delta x_k(t) \Delta f_k(t)] \mathrm{d}t \tag{7.105}$$

となる．ここに $V_{-1}^{+}=0$ とする．ここで，$0<\Phi<2(C+D)$ となるように Φ を選んでいたとすれば，$N_k \geqq 0$ なので，$k \to \infty$ のとき δx_k と Δy_k はそれぞれ $L^2(0, T)$ のノルムの意味で 0 に収束しなければならない．このことは，$k \to \infty$ のとき $f(\Delta x_k) \to f(\Delta x_d) = f_d$ となることを示す（$L^2(0, T)$ のノルムの意味で）．こうして，押しつけ力 $f(t)$ が時間経過にしたがって理想の周期的押しつけ力 $f_d(t)$ に収束していくことが示された．

最後に，理想的な押しつけ力を次のように与えたときの繰返し学習の様子を図 7.12 に示す．

$$f_d = f_{d0} + K_d \{\sin(2\pi t) + \sin(4\pi t)\}$$

ここに，$f_{d0}=1.0$ (N), $K_d=0.3$, $f(\Delta x)=K_e(\Delta x)^{3/2}$, $K_e=3500$, $M=0.3$ [kg], $c=0.3$ [m/s] として与えた．なお，制御パラメターは次のように設定した．

$$\alpha=40,\ \beta=0.3,\ D=24,\ \Phi=0.034,\ \gamma_M=0.1,\ \gamma_c=0.1,\ \hat{M}(0)=0.0,\ \hat{c}(0)=0.0$$

ここでは，$f(\Delta x)$ の形は未知としているが，図 7.12 から理想の押しつけ力に約 10 秒（10 周期）前後で収束する様子が読み取れる．

8

柔軟ロボットハンドの力学と制御

人間の手の器用さは類人猿と比べても際だつ．また，手は脳の出張所ともいわれる．ここでは，指先を柔軟材で覆った2本の指からなるロボットハンドが物体を操作する際の運動方程式を導き，受動性をはじめとする物理的原理に基づいて，器用な物体操作を行うためのセンソリーフィードバックの設計法を詳述しよう．なお，本章の議論のいくつかは双腕ロボットによる物体ハンドリングにも適用できることに注意しておく．

8.1 剛性接触によるピンチングの運動方程式

最初に図8.1に示すように，1自由度の指2本からなるハンドを考えよう．指先は半径 $r_i(i=1,2)$ の半球状の剛体とし，対象物体は直方体であり，運動は図示してある水平面に制限されており，重力の影響はないか（重力は水平面と直交する鉛直方向に働くので），無視できるものとする．左指の根元をピボット O とし，フレームに固定して O を原点とするカーテシアン座標系 (x, y) をとる．また，対象物体の質量中心を $O_{c.m}$ とし，物体に固定したカーテシアン座標系 (X, Y) をとる．また，指先の半球の中心を $O_{0i}(i=1, 2)$，O_{01} と O との長さを l_1，O_{02} と右指の根元のピボット O' との長さを l_2，O と O' の距離を L とする．また，指先と対象物体との接触点を $O_i(i=1, 2)$ で表す．点 O_i, O_{0i} のフ

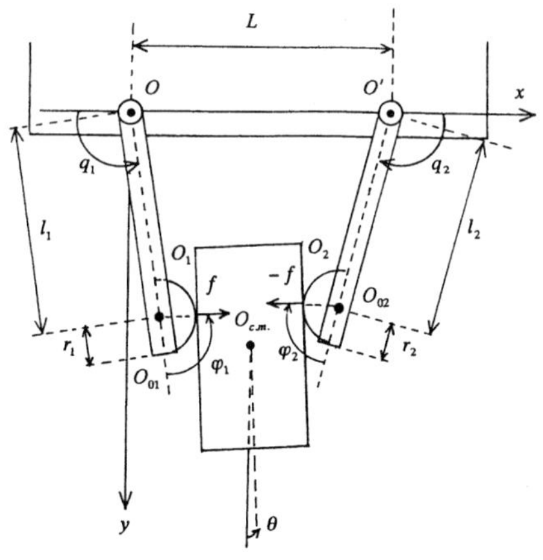

図8.1　1自由度の指2本が物体把持しているときの主要な物理変数と定数．物体と指の先端との接触は剛体接触かつ点接触と見なされる．

レーム座標系による表示を (x_i, y_i), (x_{0i}, y_{0i}) で表せば，明らかに次の幾何学的関係があることがわかる．

$$x_{01}=-l_1\cos q_1,\qquad y_{01}=l_1\sin q_1 \tag{8.1}$$

$$x_{02}=L+l_2\cos q_2,\qquad y_{02}=l_2\sin q_2 \tag{8.2}$$

$$x_1=x_{01}+r_1\cos\theta,\qquad y_1=y_{01}-r_1\sin\theta \tag{8.3}$$

$$x_2=x_{02}-r_2\cos\theta,\qquad y_2=y_{02}+r_2\sin\theta \tag{8.4}$$

ここに，q_1, q_2 は図 8.1 のように指の回転角度（ラジアン）を表し，両方とも正の符号をとるとし，θ は物体の傾き角で，y 軸から右まわりの方向に正の符号をとるとする．また，φ_1 を O から O_{01} に延ばした軸と O_{01} から O_1 に延ばした方向とのなす角とし，φ_2 も同様に定義し，$Y_i(i=1,2)$ を点 O_i の物体に固定した座標系の Y の値とすれば，式

$$Y_1=c_1-r_1\left(\phi_1-\frac{\pi}{2}\right)=c_1-r_1\left(\frac{\pi}{2}+\theta-q_1\right) \tag{8.5}$$

$$Y_2=c_2-r_2\left(\phi_2-\frac{\pi}{2}\right)=c_2-r_2\left(\frac{\pi}{2}-\theta-q_2\right) \tag{8.6}$$

が成立することがわかる．ここに，c_i は Y_i の $\phi_i=\pi/2$ のときの値を表すとする．他方，対象物体は Y 軸に関して対称であり，X 軸方向の幅を l とすれば，質量中心 $O_{c.m.}$ のフレーム座標は次のように表される．

$$x=x_1+\frac{l}{2}\cos\theta-Y_1\sin\theta=x_2-\frac{l}{2}\cos\theta-Y_2\sin\theta \tag{8.7}$$

$$y=y_1-\frac{l}{2}\sin\theta-Y_1\cos\theta=y_2+\frac{l}{2}\sin\theta-Y_2\cos\theta \tag{8.8}$$

(8.3), (8.4) の左の式に $\sin\theta$，右の式に $\cos\theta$ を乗じて加え合わせると，式

$$x_1\sin\theta+y_1\cos\theta=x_{01}\sin\theta+y_{01}\cos\theta \tag{8.9}$$

$$x_2\sin\theta+y_2\cos\theta=x_{02}\sin\theta+y_{02}\cos\theta \tag{8.10}$$

が成立することがわかる．そこで (8.7) 式に $\sin\theta$，(8.8) 式に $\cos\theta$ を乗じて加え合わせ，(8.9) と (8.10) 式を代入すると，

$$Y_1=(x_{01}-x)\sin\theta+(y_{01}-y)\cos\theta \tag{8.11}$$

$$Y_2=(x_{02}-x)\sin\theta+(y_{02}-y)\cos\theta \tag{8.12}$$

が成立することがわかる．上の二つの式の差をとると，

$$Y_1-Y_2=(x_{01}-x_{02})\sin\theta+(y_{01}-y_{02})\cos\theta \tag{8.13}$$

となる．

以上の準備のもとに，物体を把持しているときの 2 本の指と物体との全体システムの運動方程式を導こう．この系では重力を無視するのでポテンシャルエネル

ギは存在しないが，四つの拘束条件が存在する．まず，(8.7) と (8.8) 式から，幾何拘束

$$(x-x_{01})\cos\theta-(y-y_{01})\sin\theta-r_1-\frac{l}{2}=0 \tag{8.14}$$

$$(x-x_{02})\cos\theta-(y-y_{02})\sin\theta+r_2+\frac{l}{2}=0 \tag{8.15}$$

が存在する．これは，ピボット O から出て $O_{01}, O_1, O_{c.m.}, O_2, O_{02}, O'$ を経て O に帰るループが閉じていることからくる．次に，指先の半球が対象物体に対して転がり (rolling)，点接触の位置が変わりうることからくる．ここでは，スリップは起こらないとすれば，指先と対象物体の接触による拘束は (8.5)，(8.6) 式が (8.11)，(8.12) 式にそれぞれ一致しなければならないことによって表される．すなわち，

$$(x_{01}-x)\sin\theta+(y_{01}-y)\cos\theta=c_1-r_1\left(\frac{\pi}{2}+\theta-q_1\right) \tag{8.16}$$

$$(x_{02}-x)\sin\theta+(y_{02}-y)\cos\theta=c_2-r_2\left(\frac{\pi}{2}-\theta-q_2\right) \tag{8.17}$$

と表される．これら四つの拘束式に対して，ラグランジュの乗数 $f_1, f_2, \lambda_1, \lambda_2$ を導入し，次の二つのスカラ量を定義しよう．

$$\begin{aligned}Q=&f_1\left\{(x-x_{01})\cos\theta-(y-y_{01})\sin\theta-r_1-\frac{l}{2}\right\}\\&-f_2\left\{(x-x_{02})\cos\theta-(y-y_{02})\sin\theta+r_2+\frac{l}{2}\right\}\end{aligned} \tag{8.18}$$

$$\begin{aligned}S=&\lambda_1\left\{Y_1-c_1+r_1\left(\frac{\pi}{2}+\theta-q_1\right)\right\}\\&+\lambda_2\left\{Y_2-c_2+r_2\left(\frac{\pi}{2}-\theta-q_2\right)\right\}\end{aligned} \tag{8.19}$$

そして，全体系の一般化位置ベクトルを (q_1, q_2, x, y, θ)，一般化速度ベクトルを $(\dot{q}_1, \dot{q}_2, \dot{x}, \dot{y}, \dot{\theta})$ にとる．なお，以下では $\boldsymbol{q}=(q_1, q_2)^{\top}$，$\boldsymbol{z}=(x, y, \theta)^{\top}$ で表すこともある．系全体の運動エネルギは

$$K=\frac{1}{2}\left\{\sum_{i=1}^{2}I_i\dot{q}_i^2+M\dot{x}^2+M\dot{y}^2+I\dot{\theta}^2\right\} \tag{8.20}$$

と表される．ここに I，M は対象物体の慣性モーメント，質量を表し，$I_i(i=1, 2)$ は指の O（あるいは O'）まわりの慣性モーメントを示す．そこで，ラグランジアンを

$$L=K+Q+S \tag{8.21}$$

と定め，各指の制御入力トルクを u_i とおくと，変分原理は

$$\int_{t_0}^{t_1}\{\delta(K+Q+S)+u_1\delta q_1+u_2\delta q_2\}\mathrm{d}t=0 \tag{8.22}$$

と表される．これより，ラグランジュの運動方程式

$$I_i\ddot{q}_i-\left(\frac{\partial Q}{\partial q_i}\right)-\left(\frac{\partial S}{\partial q_i}\right)=u_i,\quad i=1,2 \tag{8.23}$$

$$M\ddot{x}-\left(\frac{\partial Q}{\partial x}\right)-\left(\frac{\partial S}{\partial x}\right)=0 \tag{8.24}$$

$$M\ddot{y}-\left(\frac{\partial Q}{\partial y}\right)-\left(\frac{\partial S}{\partial y}\right)=0 \tag{8.25}$$

$$I\ddot{\theta}-\left(\frac{\partial Q}{\partial \theta}\right)-\left(\frac{\partial S}{\partial \theta}\right)=0 \tag{8.26}$$

が求まる．(8.23) 式は指の運動方程式を表し，(8.24)〜(8.26) 式は物体の運動方程式を表す．ここで，Q や S の (q_1, q_2, x, y, θ) に関する偏微分を求めよう．(8.18) 式から

$$\frac{\partial Q}{\partial x_{01}}=-f_1\cos\theta \tag{8.27}$$

$$\frac{\partial Q}{\partial y_{01}}=f_1\sin\theta \tag{8.28}$$

$$\frac{\partial Q}{\partial x_{02}}=f_2\cos\theta \tag{8.29}$$

$$\frac{\partial Q}{\partial y_{02}}=-f_2\sin\theta \tag{8.30}$$

となる．したがって，

$$\frac{\partial Q}{\partial q_1}=J_{01}{}^{\top}\left(\frac{\partial Q}{\partial x_1},\frac{\partial Q}{\partial y_1}\right)^{\top}=-J_{01}{}^{\top}\begin{bmatrix}\cos\theta\\-\sin\theta\end{bmatrix}f_1 \tag{8.31}$$

$$\frac{\partial Q}{\partial q_2}=J_{02}{}^{\top}\left(\frac{\partial Q}{\partial x_2},\frac{\partial Q}{\partial y_2}\right)^{\top}=-J_{02}{}^{\top}\begin{bmatrix}\cos\theta\\-\sin\theta\end{bmatrix}f_2 \tag{8.32}$$

となる．ここに J_{0i} は $(x_{0i}, y_{0i})^{\top}$ の q_i による勾配ベクトル(ヤコビアンベクトルということもある)であり，

$$\begin{aligned}J_{0i}{}^{\top}&=\left(\frac{\partial x_{0i}}{\partial q_i},\frac{\partial y_{0i}}{\partial q_i}\right)\\&=l_i((-1)^{i-1}\sin q_i,\cos q_i)\end{aligned} \tag{8.33}$$

となる．他方，(8.11) と (8.12) 式を参照すれば

$$\frac{\partial Q}{\partial x}=(f_1-f_2)\cos\theta \tag{8.34}$$

$$\frac{\partial Q}{\partial y}=-(f_1-f_2)\sin\theta \tag{8.35}$$

$$\frac{\partial Q}{\partial \theta}=f_1Y_1-f_2Y_2 \tag{8.36}$$

となることも容易に確かめられる．次に，S の偏微分については，Y_1 と Y_2 がそれぞれ (8.11) と (8.12) 式で表されることを参照して，

$$-\frac{\partial S}{\partial q_i}=\lambda_i\left\{r_i-J_{0i}^{\top}\begin{pmatrix}\sin\theta\\ \cos\theta\end{pmatrix}\right\},\quad i=1,2 \tag{8.37}$$

$$-\frac{\partial S}{\partial x}=(\lambda_1+\lambda_2)\sin\theta \tag{8.38}$$

$$-\frac{\partial S}{\partial y}=(\lambda_1+\lambda_2)\cos\theta \tag{8.39}$$

$$-\frac{\partial S}{\partial \theta}=\frac{l}{2}(\lambda_1-\lambda_2) \tag{8.40}$$

となることが示される．以上の式を (8.23)～(8.26) 式に代入して，式

$$I_i\ddot{q}_i+(-1)^{i-1}J_{0i}^{\top}\begin{pmatrix}\cos\theta\\ -\sin\theta\end{pmatrix}f_i+\lambda_i\left\{r_i-J_{0i}^{\top}\begin{pmatrix}\sin\theta\\ \cos\theta\end{pmatrix}\right\}=u_i,\quad i=1,2 \tag{8.41}$$

$$M\ddot{x}-(f_1-f_2)\cos\theta+(\lambda_1+\lambda_2)\sin\theta=0 \tag{8.42}$$

$$M\ddot{y}+(f_1-f_2)\sin\theta+(\lambda_1+\lambda_2)\cos\theta=0 \tag{8.43}$$

$$I\ddot{\theta}-f_1Y_1+f_2Y_2+\frac{l}{2}(\lambda_1-\lambda_2)=0 \tag{8.44}$$

が成立する．

上のラグランジュの方程式をみると興味深いことがみえてくる．未定乗数 f_1, f_2 から定めた (8.41)～(8.44) 式の f_i は実際に指先と物体との接触力の大きさを表しており，その方向は図 8.1 の (x, y) 座標系でみるとベクトル $(\cos\theta, -\sin\theta)^{\top}$ の方向に生じることがわかる．この方向は物体の側面の法線方向に相当する．接触力 f_i は物体の運動方程式の (x, y) 方向の運動 (translational な運動) とともに，回転運動の (8.44) 式にも現れる．また，この力 f_i は物体の内力として働き，大きすぎると物体を破壊する恐れが出てくる．(8.44) 式の項 $f_1Y_1-f_2Y_2$ は物体に及ぼす点 $O_{c.m.}$ まわりの回転モーメントの差を表している．物体の (x, y) 方向の運動を止めるためには $\lambda_1+\lambda_2\to 0$ とならねばならず，また，同時に物体の回転を止めるためには $f_1Y_1-f_2Y_2\to 0$ でかつ $\lambda_1-\lambda_2\to 0$ とならねばならない．

なお，(8.5), (8.6) 式が (8.11), (8.12) 式にそれぞれ等しいことから起こる幾

何拘束力は，(8.41) 式の左辺第 3 項の一部 $\lambda_i(\sin\theta, \cos\theta)^{\top}$ として現れる．このベクトルとヤコビアンベクトル J_{0i} との内積の値が O あるいは O' まわりの回転モーメントとなって (8.41) 式に出現している．他方，物体に対しては，この拘束力は，translational 合力として $(\lambda_1+\lambda_2)(\sin\theta, \cos\theta)^{\top}$ として作用し，回転モーメントとしては差 $l(\lambda_1-\lambda_2)/2$ が作用する．これらが物体の運動方程式 (8.42)～(8.44) に正確に反映されていることを確認されたい．なお，これらの拘束力 f_i, λ_i は状態変数 $(q, z, \dot{q}, \dot{z})$ によって表すこともできるのであるが，このことは 8.6 節で述べる．

本節の最後で，(8.41)～(8.44) 式についても入出力対を $\{(u_1, u_2), (\dot{q}_1, \dot{q}_2)\}$ にとると，受動性が成立することが示せる．実際，(8.41) 式に $\dot{q}_i$ を掛け，(8.42)～(8.44) 式のそれぞれに $\dot{x}, \dot{y}, \dot{\theta}$ を掛けて加え合わせ，四つの拘束条件を考慮すると，

$$\dot{q}_1u_1+\dot{q}_2u_2=\frac{\mathrm{d}}{\mathrm{d}t}K \tag{8.45}$$

となり，

$$\int_0^t(\dot{q}_1u_1+\dot{q}_2u_2)\mathrm{d}\tau=K(t)-K(0)\geqq -K(0) \tag{8.46}$$

となることがわかる．

8.2 指定した内力をもつ安定把持

理想の接触力の大きさを f_d として，これを内力として物体を安定に把持する制御法はありうるだろうか．初めに，物体の回転角 θ が実時間測定できると仮定してみよう．現実には変位センサか実時間視覚によって θ の測定はそれほど困難ではない (詳細は 8.7 節で述べる)．当然ではあるが，各指の回転角 q_i はアクチュエータの回転軸に取り付けたエンコーダによって測定できるとする．このとき，物理量 Y_1-Y_2 は (8.13) 式に基づいて実時間で求まることになる．なお，(8.13) 式の x_{0i}, y_{0i} は各 q_i から (8.1), (8.2) 式によって求まることに注意されたい．そこで，フィードバック入力

$$u_i=-k_{vi}\dot{q}_i+(-1)^{i-1}f_d\left\{J_{0i}{}^{\top}\begin{pmatrix}\cos\theta\\ -\sin\theta\end{pmatrix}-\frac{r_i}{r_1+r_2}(Y_1-Y_2)\right\}+\Delta u_i,\quad i=1,2 \tag{8.47}$$

を考えよう．これを (8.43) 式に代入し，(8.46) 式を変形して，系全体の閉ルー

プ運動方程式

$$I_i\ddot{q}_i+k_{vi}\dot{q}_i+(-1)^{i-1}\left\{J_{0i}{}^{\top}\begin{pmatrix}\cos\theta\\-\sin\theta\end{pmatrix}\Delta f_i+\frac{r_if_d}{r_1+r_2}(Y_1-Y_2)\right\}$$

$$+\lambda_i\left\{r_i-J_{0i}{}^{\top}\begin{pmatrix}\sin\theta\\\cos\theta\end{pmatrix}\right\}=\Delta u_i,\quad i=1,2 \tag{8.48}$$

$$M\ddot{x}-(\Delta f_1-\Delta f_2)\cos\theta+(\lambda_1+\lambda_2)\sin\theta=0 \tag{8.49}$$

$$M\ddot{y}+(\Delta f_1-\Delta f_2)\sin\theta+(\lambda_1+\lambda_2)\cos\theta=0 \tag{8.50}$$

$$I\ddot{\theta}-\Delta f_1Y_1+\Delta f_2Y_2-f_d(Y_1-Y_2)+\frac{l}{2}(\lambda_1-\lambda_2)=0 \tag{8.51}$$

を得る．

さて，閉ループ(8.48)と(8.41)，(8.41)と(8.44)式を比較し，(8.46)式を思い出してみよう．そこで(8.48)式に $\dot{q}_i$ を掛け，(8.49)～(8.51)式に $\dot{x}, \dot{y}, \dot{\theta}$ を掛けて加え合わせると

$$\dot{q}_1\Delta u_1+\dot{q}_2\Delta u_2=\frac{\mathrm{d}}{\mathrm{d}t}K+\frac{f_d}{r_1+r_2}(Y_1-Y_2)\{r_1\dot{q}_1-r_2\dot{q}_2-(r_1+r_2)\dot{\theta}\}$$

$$+k_{v1}\dot{q}_1{}^2+k_{v2}\dot{q}_2{}^2 \tag{8.52}$$

となることがわかる．そこで(8.5)，(8.6)式をみると，式

$$\dot{Y}_1-\dot{Y}_2=-(r_1+r_2)\dot{\theta}+r_1\dot{q}_1-r_2\dot{q}_2 \tag{8.53}$$

が成立していることがわかる．これを(8.52)式に代入すると，式

$$\int_0^t(\dot{q}_1\Delta u_1+\dot{q}_2\Delta u_2)\mathrm{d}\tau=W(t)-W(0)+\int_0^t\sum_{i=1}^{2}k_{vi}\dot{q}_i{}^2\mathrm{d}\tau \tag{8.54}$$

が成立する．ここに

$$W=K+\frac{1}{2}\cdot\frac{f_d}{r_1+r_2}(Y_1-Y_2)^2 \tag{8.55}$$

とおいた．

(8.54)式は，閉ループの運動方程式(8.48)～(8.51)について，入出力対 $\{(\Delta u_1, \Delta u_2), (\dot{q}_1, \dot{q}_2)\}$ が受動性を満足していることを示している．K は速度ベクトル $(\dot{\boldsymbol{q}}, \dot{\boldsymbol{z}})$ について正定であるが，W は位置ベクトル $(\boldsymbol{q}, \boldsymbol{z})$ については正定ではない．ところで位置ベクトル $(\boldsymbol{q}, \boldsymbol{z})$ については表面的には四つの拘束条件がついており，したがって，この幾何拘束条件のもとでは W は正定になるように思える．そこで，$\Delta u_1=\Delta u_2=0$ のとき，(8.48)～(8.51)式について

$$\dot{W}=-\sum_{i=1}^{2}k_{vi}\dot{q}_i{}^2 \tag{8.56}$$

が成立し，LaSalle の不変定理(4.3節参照)から，$t\to\infty$ のとき $\dot{q}_i(t)\to 0(i=1,$

2)，と推論できそうに思える．しかし，四つの拘束式と Y_1-Y_2 が与えられたとき，状態変数のすべてが一意に決まるとは限らず（Y_i，$c_i(i=1,2)$ のどちらかが与えられると決まる），しかも，閉ループの運動方程式には Δf_i をはじめ，幾何拘束からくる拘束力 λ_1, λ_2 が入っており，$t\to\infty$ のとき，Y_1-Y_2 や Δf_i および $\lambda_1+\lambda_2, \lambda_1-\lambda_2$ がゼロに収束するかどうか，理論的に示すにはかなりの議論を必要とする．これ以上の詳細は既発表の論文にゆずる（4.4節の柔軟指に関する議論と同様の考え方で証明できる）．

8.3　柔軟指によるピンチ動作の運動方程式

2本の指が物体を把持しているとき，指先と物体の側面との接触が剛性的な点接触であれば，内力 f は1点への集中力として物体に働き，ダメージを与える危険が生じる．これを避けるべく，内力を小さく抑えようとすると，物体の側面の接平面方向に働く力（(8.43)式の左辺第3項の一部に現れている力 $\lambda_i(\sin\theta, \cos\theta)^\top$ が幾何拘束によって起こる点 O_i における接線力となる）が指先と物体側面の間の接線方向にある静止摩擦に勝って，スリップが起こりうることになる．物体側面の接線方向に動く拘束力が大きくなってもスリップが起こらないようにするには，指先を柔軟材料で覆えばよいことはすぐに気づく．図8.2のように，指先を変形する柔軟材で覆うと，接線方向の静摩擦が大きくとれるので（その値は法線方向の力 f_i が大きくなるほど大きくなる），スリップは起こりにくくなる．しかし，系全体の運動方程式はより複雑になりそうである．この節では，まず，図8.3に示すように，半球の柔軟材の先端の半月状の変形によって起こる分

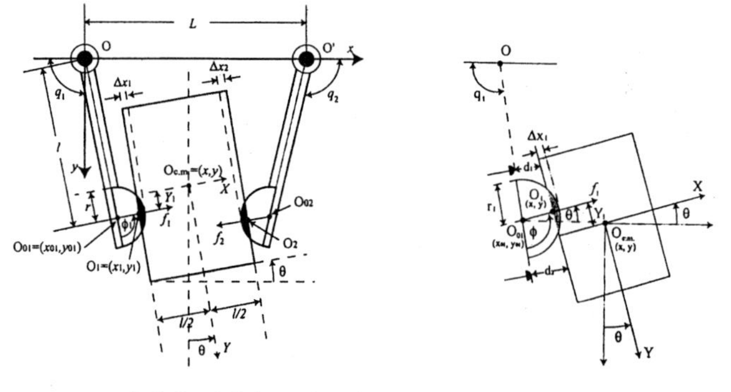

図8.2　自由度1の指2本からなるロボットハンド
指先は変形する柔軟材料で覆われている．

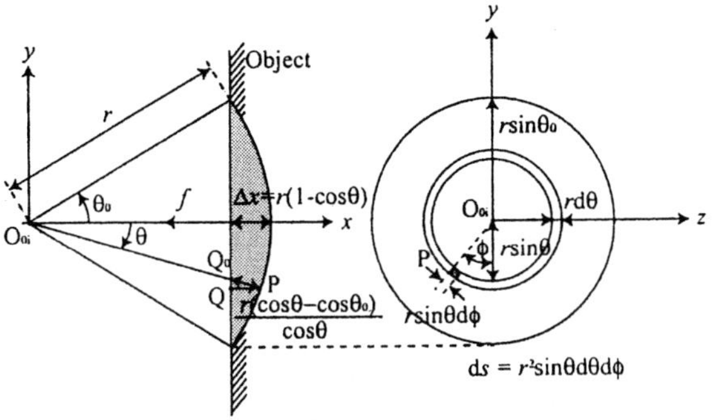

図 8.3　柔軟指先の斜線部に生ずる応力分布の集中定数化

布的な圧力が曲率中心に向かう力の総和と曲率中心まわりのモーメントの総和を集中定数化によって求めよう.

図 8.3 に示したように，半球状の指先の変形全体が半月状の灰色部分で表されるとしよう．この変形の一部 $\overline{PQ_0}$ の微小部分が曲率中心 O_{0i} に向かって起こす復元力は，

$$k\mathrm{d}s\cdot\frac{r(\cos\theta-\cos\theta_0)}{\cos\theta} \tag{8.57}$$

となる．ここに k は柔軟材料の単位面積当たりの弾性係数であり，微小面積は $\mathrm{d}s=r^2\sin\theta\mathrm{d}\theta\mathrm{d}\phi$ に等しく，また，$r(\cos\theta-\cos\theta_0)/\cos\theta$ は PQ_0 の長さ $\overline{PQ_0}$ に等しい．(8.57) 式の圧力は図 8.3 の x 軸方向には $\cos\theta(=\overline{PQ}/\overline{PQ_0})$ を乗じた部分が働くので，結局，(8.57) 式に $\cos\theta$ を掛けて θ に関して $[0, \theta_0]$ で積分し，

$$f=\int_0^{\theta_0}\int_0^{2\pi}r^3k\sin\theta(\cos\theta-\cos\theta_0)\mathrm{d}\theta\mathrm{d}\phi=\pi r^3k(1-\cos\theta_0)^2=\pi rk\Delta x^2 \tag{8.58}$$

を得る．このことは，分布した復元力 (圧力) の総和 f は最大歪 Δx の 2 乗で効くことを示している．他方，図 8.3 の微小部 $\mathrm{d}s$ の復元力が及ぼす Q_{0i} まわりのモーメントは，

$$\overrightarrow{Q_{0i}P}\times k\overrightarrow{PQ}\mathrm{d}s \tag{8.59}$$

と表される．ここに $\overrightarrow{PQ}$ は x 軸方向と一致するので，このモーメントの x 成分 M_x はゼロである．また，y 軸と z 軸の成分は

$$M_y=\int_0^{2\pi}k(-\sin\theta)\int_0^{\theta_0}\cos\phi\cdot r(\cos\theta_0-\cos\theta)r^2\sin\theta\mathrm{d}\theta\mathrm{d}\phi=0 \tag{8.60}$$

$$M_z=r^3k\int_0^{2\pi}\int_0^{\theta_0}\sin\phi\sin^2\theta(\cos\theta_0-\cos\theta)\mathrm{d}\theta\mathrm{d}\phi=0 \tag{8.61}$$

となる．結論すれば，柔軟材料の変形が及ぼす曲率中心 O_{0i} まわりのモーメントはゼロであると考えてよい．

さて，柔らかい指先をもつ2本の指が物体を把持しているときの運動方程式を導こう．図8.2に示すように，(8.3)と(8.4)式を除いて，(8.1)から(8.17)式はそのまま成立することが確かめられる．ただし，(8.3)と(8.4)式は次のように変わる．

$$x_1=x_{01}+(r_1-\varDelta x_1)\cos\theta,\quad y_1=y_{01}-(r_1-\varDelta x_1)\sin\theta \tag{8.62}$$

$$x_2=x_{02}-(r_2-\varDelta x_2)\cos\theta,\quad y_2=y_{02}+(r_2-\varDelta x_2)\sin\theta \tag{8.63}$$

ここに，$\varDelta x_1$ と $\varDelta x_2$ はそれぞれの指の指先の最大変形量を表すが，これらが物理変数となりうるので，今度は拘束式(8.16)と(8.17)から定義したスカラ量 Q はラグランジアンに入れる必要はない(入れてはならない)．その代わりに，復元力 $f_i(\varDelta x_i)(=\pi r_i k\varDelta x_i^2)$ を生成する源と考えることのできるポテンシャルエネルギ

$$P=\sum_{i=1}^{2}\int_0^{\varDelta x_i} f_i(\xi)\mathrm{d}\xi \tag{8.64}$$

をラグランジアンに入れる必要がある．こうして，$L=K-P+S$ となり，変分原理は，(8.22)式と入れ換えて，

$$\int_{t_0}^{t_1}\{\delta(K-P+S)+u_1\delta q_1+u_2\delta q_2\}\mathrm{d}t=0 \tag{8.65}$$

となる．これより，ラグランジュの運動方程式は次のようになる．

$$I_i\ddot{q}_i+\left(\frac{\partial P}{\partial q_i}\right)-\left(\frac{\partial S}{\partial q_i}\right)=u_i,\quad i=1,2 \tag{8.66}$$

$$M\ddot{x}+\left(\frac{\partial P}{\partial x}\right)-\left(\frac{\partial S}{\partial x}\right)=0 \tag{8.67}$$

$$M\ddot{y}+\left(\frac{\partial P}{\partial y}\right)-\left(\frac{\partial S}{\partial y}\right)=0 \tag{8.68}$$

$$I\ddot{\theta}+\left(\frac{\partial P}{\partial \theta}\right)-\left(\frac{\partial S}{\partial \theta}\right)=0 \tag{8.69}$$

ところで，(8.62)式の左側の式に $\cos\theta$ を掛け，右側の式に $\sin\theta$ を掛けて引くと式

$$(x_1-x_{01})\cos\theta-(y_1-y_{01})\sin\theta=r_1-\varDelta x_1 \tag{8.70}$$

を得るが，(8.63)式にも同様にすると，式

$$(x_2-x_{02})\cos\theta-(y_2-y_{02})\sin\theta=-(r_2-\varDelta x_2) \tag{8.71}$$

を得る．また，(8.7)，(8.8)式についても同様にして，

$$(x-x_1)\cos\theta-(y-y_1)\sin\theta=\frac{l}{2} \tag{8.72}$$

$$(x-x_2)\cos\theta-(y-y_2)\sin\theta=\frac{l}{2} \tag{8.73}$$

を得る．(8.70)，(8.71) 式に (8.72)，(8.73) 式をそれぞれ加えると

$$\varDelta x_1=-(x-x_{01})\cos\theta+(y-y_{01})\sin\theta+r_1+\frac{l}{2} \tag{8.74}$$

$$\varDelta x_2=(x-x_{02})\cos\theta-(y-y_{02})\sin\theta+r_2+\frac{l}{2} \tag{8.75}$$

となることに注目しよう．そこで，ポテンシャル P の各変数 q_1, q_2, x, y, θ に関する偏微分をとると

$$\frac{\partial P}{\partial q_i}=f_i(\varDelta x_i)\frac{\partial \varDelta x_i}{\partial q_i}=(-1)^{i-1}J_{0i}{}^{\top}\begin{pmatrix}\cos\theta\\-\sin\theta\end{pmatrix} \tag{8.76}$$

$$\frac{\partial P}{\partial x}=\sum_{i=1}^{2}f_i(\varDelta x_i)\frac{\partial \varDelta x_i}{\partial x}=-\{f_1(\varDelta x_1)-f_2(\varDelta x_2)\}\cos\theta \tag{8.77}$$

$$\frac{\partial P}{\partial y}=\{f_1(\varDelta x_1)-f_2(\varDelta x_2)\}\sin\theta \tag{8.78}$$

$$\begin{aligned}\frac{\partial P}{\partial \theta}&=f_1(\varDelta x_1)\{(x-x_{01})\sin\theta+(y-y_{01})\cos\theta\}\\&\quad-f_2(\varDelta x_2)\{(x-x_{02})\sin\theta-(y-y_{02})\cos\theta\}\\&=-f_1(\varDelta x_1)Y_1+f_2(\varDelta x_2)Y_2\end{aligned} \tag{8.79}$$

となることがわかる．(8.79) 式の最後の等式は (8.11)，(8.12) 式から得られることに注意しておく．なお，S の偏微分については，(8.42) 式とは異なり，次のようになることに注意されたい．

$$\begin{aligned}-\frac{\partial S}{\partial \theta}&=-\lambda_1\left(r_1+\frac{\partial Y_1}{\partial \theta}\right)+\lambda_2\left(r_2+\frac{\partial Y_2}{\partial \theta}\right)\\&=-\lambda_1 r_1+\lambda_2 r_2-\lambda_1\{(x_{01}-x)\cos\theta-(y_{01}-y)\sin\theta\}\\&\quad-\lambda_2\{(x_{02}-x)\cos\theta-(y_{02}-y)\sin\theta\}\\&=-\lambda_1 r_1+\lambda_2 r_2-\lambda_1\{(x_1-x)\cos\theta-(y_1-y)\sin\theta-(r_1-\varDelta x_1)\}\\&\quad-\lambda_2\{r_2-\varDelta x_2+(x_2-x)\cos\theta-(y_2-y)\sin\theta\}\\&=-\lambda_1\varDelta x_1+\lambda_2\varDelta x_2-\lambda_1\{(x_1-x)\cos\theta-(y_1-y)\sin\theta\}\\&\quad-\lambda_2\{(x_2-x)\cos\theta-(y_2-y)\sin\theta\}\\&=\left(\frac{l}{2}-\varDelta x_1\right)\lambda_1-\left(\frac{l}{2}-\varDelta x_2\right)\lambda_2\end{aligned} \tag{8.80}$$

こうして，(8.76)～(8.80) 式を (8.66)～(8.69) 式の該当する項に代入して，柔軟指 2 本が物体をピンチングしているときの運動方程式が次のように求まる．

$$I_i\ddot{q}_i+(-1)^{i-1}J_{0i}{}^{\top}\begin{pmatrix}\cos\theta\\-\sin\theta\end{pmatrix}f_i+\lambda_i\left\{r_i-J_{0i}{}^{\top}\begin{pmatrix}\sin\theta\\\cos\theta\end{pmatrix}\right\}=u_i,\quad i=1,2 \tag{8.81}$$

$$M\ddot{x}-(f_1-f_2)\cos\theta+(\lambda_1+\lambda_2)\sin\theta=0 \tag{8.82}$$

$$M\ddot{y}+(f_1-f_2)\sin\theta+(\lambda_1+\lambda_2)\cos\theta=0 \tag{8.83}$$

$$I\ddot{\theta}-f_1Y_1+f_2Y_2+\left(\frac{l}{2}-\Delta x_1\right)\lambda_1-\left(\frac{l}{2}-\Delta x_2\right)\lambda_2=0 \tag{8.84}$$

これらの運動方程式と剛体指の運動方程式(8.43)〜(8.46)を比較してみよう．接触力 f_1 と f_2 がそれぞれ Δx_1 と Δx_2 に関係して決まるので，柔軟指のダイナミクスの方がより複雑になっていることがわかる．さらに，θ に関する運動方程式の指先と物体の拘束によって起こるモーメントも(8.46)式とは異なることにも注意されたい．ここでは，指先の半球の半径 r_i に比して，対象物体の幅は大きく，$r_i<l/2$ と仮定しておこう．なお，柔軟指のダイナミクスは $\Delta x_1=\Delta x_2=0$ のとき，見かけ上は剛体指のダイナミクスに一致するが，前者では $f_1=f_2=0$ であるが，後者では f_i は0になるとは限らない．このように柔軟指のダイナミクスは一見複雑であるが，それゆえに色々な制御ループがこの複雑なダイナミクスの中に秘められている．たとえば，受動性は

$$\int_0^t(\dot{q}_1u_1+\dot{q}_2u_2)\mathrm{d}\tau=E(t)-E(0) \tag{8.85}$$

となって成立することが確められる(詳細は文献[9][10]を参照)．ここに

$$E=K+P \tag{8.86}$$

であり，これは全エネルギを表す．

8.4　モーメントフィードバックに基づく動的安定把持

柔軟指の場合についても，(8.47)式と同じフィードバック則が有効になるように思える．(8.47)式を(8.81)式に代入すると，閉ループの運動方程式

$$I_i\ddot{q}_i+k_{vi}\dot{q}_i+(-1)^{i-1}\left\{J_{0i}{}^{\top}\begin{pmatrix}\cos\theta\\-\sin\theta\end{pmatrix}\Delta f_i+\frac{r_if_d}{r_1+r_2}(Y_1-Y_2)\right\}$$
$$+\lambda_i\left\{r_i-J_{0i}{}^{\top}\begin{pmatrix}\sin\theta\\\cos\theta\end{pmatrix}\right\}=\Delta u_i,\quad i=1,2 \tag{8.87}$$

$$M\ddot{x}-(\Delta f_1-\Delta f_2)\cos\theta+(\lambda_1+\lambda_2)\sin\theta=0 \tag{8.88}$$

$$M\ddot{y}+(\Delta f_1-\Delta f_2)\sin\theta+(\lambda_1+\lambda_2)\cos\theta=0 \tag{8.89}$$

$$I\ddot{\theta}-\Delta f_1Y_1+\Delta f_2Y_2-f_d(Y_1-Y_2)+\left(\frac{l}{2}-\Delta x_1\right)\lambda_1-\left(\frac{l}{2}-\Delta x_2\right)\lambda_2=0 \tag{8.90}$$

を得る．なお，物体の運動方程式(8.88)～(8.90)は(8.82)～(8.84)式と同じであるが，後の便宜のために書き改めてあることに注意されたい．この場合も，(8.87)～(8.90)式に $\dot{q}_i$, $\dot{x}$, $\dot{y}$, $\dot{\theta}$ を掛けて加え合わせることにより，(8.55)式と同様に，

$$\int_0^t (\dot{q}_1 \varDelta u_1 + \dot{q}_2 \varDelta u_2)\mathrm{d}\tau = \bar{E}(t) - \bar{E}(0) + \int_0^t \sum_{i=1}^{2} k_{vi}\dot{q}_i^2 \mathrm{d}\tau \tag{8.91}$$

となることが示される．ここに

$$\bar{E} = K + \varDelta P + \frac{1}{2}\cdot\frac{f_d}{r_1 + r_2}(Y_1 - Y_2)^2 \tag{8.92}$$

である．ただし，$\varDelta P$ は(8.64)式と異なり，次のように定義されることに注意．

$$\varDelta P = \sum_{i=1}^{2}\int_0^{\delta x_i}\{f_i(\varDelta x_{di} + \xi) - f_i(\varDelta x_{di})\}\mathrm{d}\xi \tag{8.93}$$

ここに $\delta x_i = \varDelta x_i - \varDelta x_{di}$, $\varDelta x_{di} = f_i^{-1}(f_d)$ である．$\varDelta P$ は δx_1, δx_2 について正定になることを確かめられたい(図 8.4 参照)．

図 8.2 のシステムの物理変数は q_1, q_2, x, y, θ の五つがあることに注意しておこう．ここに $\varDelta x_1$, $\varDelta x_2$ は(8.70)，(8.71)式に基づいて，これら五つの変数から導けるので，独立ではない．他方，(8.5)，(8.6)式と(8.11)，(8.12)式の等置からくる幾何拘束が存在するので，図 8.2 のシステムの自由度は 3 となる．他方，(8.92)式で表される $\bar{E}$ は位置変数 $\varDelta x_1$, $\varDelta x_2$, $Y_1 - Y_2$ に関して正定になっている．このことは，$\bar{E}$ が状態変数 $(q, z, \dot{q}, \dot{z})$ と二つの幾何拘束式のもとで正定になることを示している．したがって，$\varDelta u_1 = \varDelta u_2 = 0$ のときの(8.87)～(8.90)式について，

$$\frac{\mathrm{d}}{\mathrm{d}t}\bar{E} = -\sum_{i=1}^{2} k_{vi}\dot{q}_i^2$$

が成立し，$\bar{E}$ はリアプノフ関数となることが示された．その結果，LaSalle の不変定理から，$t \to \infty$ のとき $\dot{q} \to 0$, $\dot{z} \to 0$, $\varDelta f_i \to 0$ $(i=1, 2)$, $Y_1 - Y_2 \to 0$ となり，動的な意味で安定把持が実現できることが結論できそうである．しかし，ここでも拘束力 λ_i の挙動については精密な議論をしていないので，これ以上の詳細は 8.6 節にゆずる．

8.5　自由度数と操作能力

可動関節が一つの指を 2 本用いて安定把持が可能になることを述べたが，このままでは物体の姿勢や位置は制御できない．そこで，関節を複数個もつ多自由度

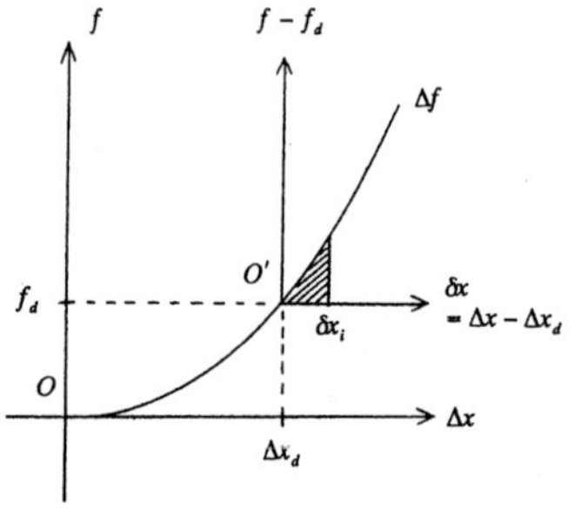

図 8.4
座標 $(\Delta x_d, f_d)$ を改めて原点にとると，$\delta x \Delta f \geqq 0$ となる．Δf の 0 から δx_i までの積分は斜線部の面積になる．

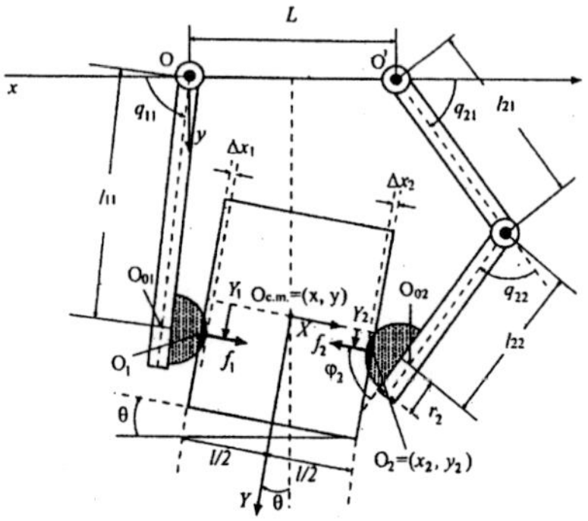

図 8.5　自由度配分 (2, 1) の指からなるハンド

表 8.1

合　計 自由度	自由度 配　分	安定 把持	姿勢 制御	位置 制御 (x)	位置 制御 (y)
2	1，1	○	×	×	×
3	1，2 or 2，1	○	○	×	×
4	2，2	○	○	○ or ×	× or ○
5	2，3 or 3，2	○	○	○	○
6	3，3	○	○	○	○

の柔軟指 2 本をもつ多指ハンドのダイナミクスと物体操作能力を考えよう．たとえば，図 8.5 では各指への自由度配分が (2, 1) の多指ハンド，図 8.6 は自由度配分が (2, 2) の多指ハンドを表す．これらのハンドの運動はすべて平面内に限定されているとしよう．物体操作能力については，結論から先にいえば，表 8.1 のようになる．たとえば，図 8.5 に示すような左指が 1 自由度，右指が 2 自由度の多指ハンドでは，動的安定把持を実現したうえで物体の回転角 θ を所望の角度 θ_d に姿勢制御することのできるセンサフィードバック信号がみつかる．表 8.1 に示すように，図 8.6 のような自由度配分が (2, 2) の場合，動的安定把持を実現したうえに，物体の回転角 θ と質量中心の x 座標かあるいは y 座標のどちらかの値をそれぞれ所望の値 θ_d, x_d（あるいは y_d）に制御することのできるセンサフィードバック信号がみつかる．これらの結論を導くためには，まず，指が多自由度に

なるときの運動方程式を求めておかねばならない．

図 8.5 のように自由度配分が (2, 2) の場合，指の運動方程式は

$$R_i(\boldsymbol{q}_i)\ddot{\boldsymbol{q}}_i+\frac{1}{2}\dot{R}_i(\boldsymbol{q}_i)\dot{\boldsymbol{q}}_i+S_i(\boldsymbol{q}_i,\dot{\boldsymbol{q}}_i)\dot{\boldsymbol{q}}_i+(-1)^{i-1}J_{0i}{}^{\top}\begin{pmatrix}\cos\theta\\-\sin\theta\end{pmatrix}f_i$$

$$+\lambda_i\left\{r_i\begin{pmatrix}1\\1\end{pmatrix}-J_{0i}{}^{\top}\begin{pmatrix}\sin\theta\\\cos\theta\end{pmatrix}\right\}=\boldsymbol{u}_i,\quad i=1,2 \tag{8.94}$$

となる．ここに $R_i(\boldsymbol{q}_i)$ は指の慣性行列を表し，$\dot{R}_i$ や S_i の意味は第 3 章で述べた通りである．また，2×2 の行列 J_{0i} は指先の曲率中心 O_{0i} のカーテシアン座標 (x_{0i}, y_{0i}) の関節座標 $\boldsymbol{q}_i=(q_{i1}, q_{i2})^{\top}$ によるヤコビアン行列である．(8.94) 式と (8.81) 式が異なるもう一つの重要な点は $\lambda_i r_i$ が関係した項である．このことは，面接触による拘束が

$$Y_i=c_i-r_i\{\pi/2+(-1)^{i-1}\theta-q_{i1}-q_{i2}\},\quad i=1,2 \tag{8.95}$$

となることからくる．この場合，ラグランジアンに入るスカラ量 S は次のようになる．

$$S=\sum_{i=1}^{2}\lambda_i[Y_i-c_i+r_i\{\pi/2+(-1)^{i-1}\theta-q_{i1}-q_{i2}\}] \tag{8.96}$$

S の関節変数 (q_{i1}, q_{i2}) による勾配ベクトル (gradient) が (8.94) 式の左辺の最後に現れることを確かめられたい．物体の運動方程式は (8.88)～(8.90) 式とまったく変わらないことも確認されたい．なお，指の自由度配分が (1, 2) の場合，自由度 2 の指の運動方程式は (8.94) 式の形になり，自由度 1 の指の運動方程式は (8.81) 式の形式に従う．もういうまでもないが，図 8.6 のように，人間の拇指

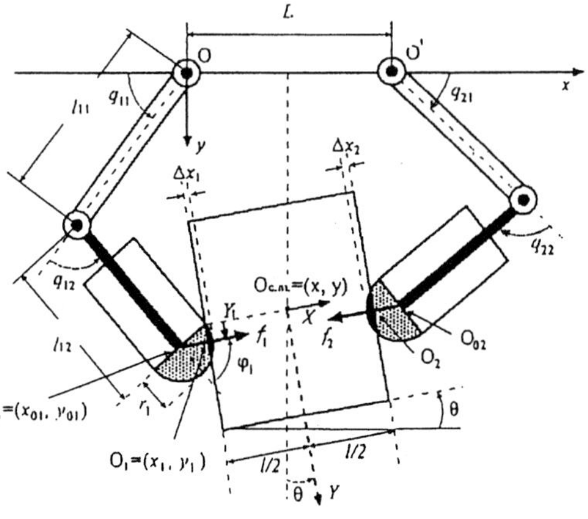

図 8.6　自由度 2 の指 2 本からなるロボットハンド

と人差指に似せた自由度配分が(2, 3)の多指ハンドの場合，自由度3の指の運動方程式は(8.94)式において $r_i(1,1)^\top$ を $r_i(1,1,1)^\top$ で置き換えたものになる．

8.6 重ね合せの原理と作業分解

柔軟多指ハンドは，可動関節が十分な個数ほどあると，物体の安定把持だけでなく，物体の操作も可能になる．このことを示すために，まず物体の回転角 θ は何らかの手段で測定でき(詳細は次節で述べる)，関節角 q_{ij} は内界センサ(普通は光エンコーダ)によって測定されていると仮定しておく．そのとき，x_{0i}, y_{0i} は，たとえば図8.5の場合，

$$x_{01}=-l_{11}\cos q_{11}-l_{12}\cos(q_{11}+q_{12}),\quad y_{01}=l_{11}\sin q_{11}+l_{12}\sin(q_{11}+q_{12}) \tag{8.97}$$

$$x_{02}=L+l_{21}\cos q_{21}+l_{22}\cos(q_{21}+q_{22}),\quad y_{02}=l_{21}\sin q_{21}+l_{22}\sin(q_{21}+q_{22}) \tag{8.98}$$

と表されることから，内界センサの測定データから実時間計算可能である．さらに，(8.13)式より，θ の測定値を用いて物理量 Y_1-Y_2 が実時間計算できる(サーボサイクル以内，たとえば1ms以内)．しかも，ヤコビアン行列 J_{0i} も q_{ij} の三角関数で表されるので実時間計算でき，こうしてフィードバック信号

$$\boldsymbol{u}_i=-k_{vi}\dot{\boldsymbol{q}}_i+(-1)^{i-1}f_d\left\{J_{0i}{}^\top\begin{pmatrix}\cos\theta\\-\sin\theta\end{pmatrix}-\frac{r_i}{r_1+r_2}(Y_1-Y_2)\boldsymbol{e}_i\right\}+\varDelta\boldsymbol{u}_i,\qquad i=1,2 \tag{8.99}$$

が得られる((8.47)式を参照)．ここに，$\boldsymbol{e}_i$ は指 i の関節が1つのときは単位スカラ量，関節数が2のときは $\boldsymbol{e}_i=(1,1)^\top$，3のときは $\boldsymbol{e}_i=(1,1,1)^\top$ とする．また，$\dot{\boldsymbol{q}}_i$ の各成分 $\dot{q}_{ij}$ は光エンコーダによって十分な精度で測った角度 q_{ij} から低域通過の数値微分フィルタを介して十分な精度で求まるとする．そこで，物体の所望の回転角を θ_d として，物体の姿勢を制御するフィードバック信号をみつけたい．物体の姿勢を司る運動方程式は，直接的には(8.84)式で表されるが，ここには制御入力はないので，指の関節入力を介して間接的にしか制御できない．問題は指の運動方程式(8.94)が非線形であり，しかも種々の物理変数が介在するので，目標との誤差 $\varDelta\theta=\theta-\theta_d$ を単純に線形フィードバックしただけでは目的が達成できないことにある．したがって，次善の策として考えられるのは $\varDelta\theta$ にかかる係数行列の選び方であるが，この問題は筆者らによって探索され(文献[9]~[10])，最も簡単なフィードバック信号として次の形式が見い出されている．

$$\varDelta\boldsymbol{u}_i=(-1)^i\frac{\beta\varDelta\theta+\alpha\dot{\theta}}{l-\varDelta x_1-\varDelta x_2}\left\{J_{0i}{}^\top\begin{pmatrix}\sin\theta\\\cos\theta\end{pmatrix}-r_i\boldsymbol{e}_i\right\},\qquad i=1,2 \tag{8.100}$$

ここに，$\alpha \geqq 0$，$\beta > 0$ は定数であるが，α はゼロと設定してもよい．(8.100) 式のカッコ｛ ｝の中は指の運動方程式 (8.94) の λ_i が掛かるカッコ｛ ｝の中味と同じであることに注意されたい．つまり，(8.99) 式は面接触の拘束力から由来する指の関節まわりのモーメントを微妙に調節することを意味している．ただし，(8.100) 式の全体には非線形のゲイン $(l-\Delta x_1-\Delta x_2)^{-1}$ が掛かっている．理論的にはこの非線形ゲインをはずすわけにはいかないことが後でわかる．なお，このゲインの計算に必要な $\Delta x_1+\Delta x_2$ と物体の幅 l との差は q_{ij} と θ の測定データから計算できることを確かめておこう．実際，(8.74) と (8.75) 式の和をとることにより，

$$\Delta x_1+\Delta x_2-l=(x_{01}-x_{02})\cos\theta-(y_{01}-y_{02})\sin\theta+r_1+r_2 \tag{8.101}$$

となる．

さて，$\Delta \boldsymbol{u}_i$ を (8.99) 式の $\boldsymbol{u}_i$ に加え，この $\boldsymbol{u}_i$ を (8.94) 式に代入すると，全体の閉ループシステムは次のダイナミクスに従う．

$$\begin{aligned}&\left\{R_i(\boldsymbol{q}_i)\frac{\mathrm{d}}{\mathrm{d}t}+\frac{1}{2}\dot{R}_i(\boldsymbol{q}_i)\right\}\dot{\boldsymbol{q}}_i+\{S_i(\boldsymbol{q}_i,\dot{\boldsymbol{q}}_i)+k_{vi}I\}\dot{\boldsymbol{q}}_i\\
&\quad+(-1)^{i-1}\left\{J_{0i}^{\top}\begin{pmatrix}\cos\theta\\-\sin\theta\end{pmatrix}\Delta f_i+\frac{r_i f_d}{r_1+r_2}(Y_1-Y_2)\boldsymbol{e}_i\right\}\\
&\quad+\{\lambda_i+(-1)^{i-1}\zeta^{-1}(\beta\Delta\theta+\alpha\dot{\theta})\}\left\{J_{0i}^{\top}\begin{pmatrix}\sin\theta\\\cos\theta\end{pmatrix}-r_i\boldsymbol{e}_i\right\}=0,\quad i=1,2\end{aligned} \tag{8.102}$$

ここに $\zeta=l-(\Delta x_1+\Delta x_2)$ とおいた．なお，物体の運動方程式は (8.88)～(8.90) 式のように表されることに注意しておく．

ここで，(8.102) 式と $\dot{\boldsymbol{q}}_i$ の内積をとり，また，(8.88)～(8.90) 式に $\dot{x}$, $\dot{y}$, $\dot{\theta}$ を掛け，これらの和をとると，(8.91)，(8.92) 式の導出と同様に

$$\frac{\mathrm{d}}{\mathrm{d}t}\bar{E}+\sum_{i=1}^{2}(-1)^{i-1}\zeta^{-1}(\beta\Delta\theta+\alpha\dot{\theta})\dot{\boldsymbol{q}}_i^{\top}\left\{J_{0i}^{\top}\begin{pmatrix}\sin\theta\\\cos\theta\end{pmatrix}-r_i\boldsymbol{e}_i\right\}+\sum_{i=1}^{2}k_{vi}\|\dot{\boldsymbol{q}}_i\|^2=0 \tag{8.103}$$

となることがわかる．左辺の第 2 項の $\dot{\boldsymbol{q}}_i$ とカッコ｛ ｝との内積は

$$\dot{\boldsymbol{q}}_i^{\top}\left\{J_{0i}^{\top}\begin{pmatrix}\sin\theta\\\cos\theta\end{pmatrix}-r_i\boldsymbol{e}_i\right\}=(\dot{x}_{0i},\dot{y}_{0i})\begin{pmatrix}\sin\theta\\\cos\theta\end{pmatrix}-r_i(\dot{q}_{i1}+\dot{q}_{i2}) \tag{8.104}$$

となるが，右辺の $i=1$ と $i=2$ の差は (8.13)，(8.95)，(8.101) 式より

$$\begin{aligned}&(\dot{x}_{01}-\dot{x}_{02})\sin\theta+(\dot{y}_{01}-\dot{y}_{02})\cos\theta-r_1(\dot{q}_{11}+\dot{q}_{12})+r_2(\dot{q}_{21}+\dot{q}_{22})\\
&\quad=\dot{Y}_1-\dot{Y}_2-\{(x_{01}-x_{02})\cos\theta-(y_{01}-y_{02})\sin\theta\}\dot{\theta}-r_1(\dot{q}_{11}+\dot{q}_{12})+r_2(\dot{q}_{21}+\dot{q}_{22})\\
&\quad=-(r_1+r_2)\dot{\theta}+(r_1+r_2+l-\Delta x_1-\Delta x_2)\dot{\theta}=(l-\Delta x_1-\Delta x_2)\dot{\theta}\end{aligned} \tag{8.105}$$

となる．この結果を (8.103) 式に代入して，

$$\frac{\mathrm{d}}{\mathrm{d}t}V = -\alpha\dot{\theta}^2 - \sum_{i=1}^{2} k_{vi}\|\dot{q}_i\|^2 \tag{8.106}$$

を得る．ここに V は次のように定義される．

$$V = K + \Delta P + \frac{1}{2}\cdot\frac{f_d}{r_1 + r_2}(Y_1 - Y_2)^2 + \frac{\beta}{2}\Delta\theta^2 \tag{8.107}$$

ここで図 8.5 のように自由度配分が (2, 2) の 2 本の指が対象物を把持しているときの自由度を考察してみよう．見かけ上 $(q_{11}, q_{12}, q_{21}, q_{22}, x, y, \theta)$ の 7 個の位置変数があるが，面接触からくる幾何拘束が二つあるので，自由度は 5 である．ところで (8.107) 式で定義された V は速度の変数 $(\dot{\boldsymbol{q}}_1, \dot{\boldsymbol{q}}_2, \dot{\boldsymbol{z}})$ については正定であるが，位置変数については四つの変数 $(\delta x_1, \delta x_2, Y_1 - Y_2, \Delta\theta)$ についてのみ正定であるにすぎない．つまり，V は拘束条件を考慮しても自由度分を満たす変数については正定ではないのである．したがって，その時間微分 $\dot{V}$ が (8.106) 式のように非正値をとっても，V はリアプノフ関数とはなりえていないのである．言い換えると，LaSalle の不変定理はこの場合には適用できず，動的な意味における安定把持はこのままでは結論できない．この問題点を克服するには少し高度で微妙な数学的議論が必要になるが，それは付録 C，および付録 B2) にゆずって，ここではそこで得られる結論のみを掲げておこう．

【結果 1】　閉ループの運動方程式 (8.94)，(8.88)～(8.90)，および面接触の拘束式

$$S_1 = Y_1 - c_1 + r_1(\pi/2 + \theta - q_{11} - q_{12}) = 0 \tag{8.108}$$

$$S_2 = Y_2 - c_2 + r_2(\pi/2 - \theta - q_{21} - q_{22}) = 0 \tag{8.109}$$

とその時間微分のもとで，ラグランジュ乗数 λ_1, λ_2 は状態変数 $(\boldsymbol{q}_1, \boldsymbol{q}_2, \boldsymbol{z}, \dot{\boldsymbol{q}}_1, \dot{\boldsymbol{q}}_2, \dot{\boldsymbol{z}})$ によって表される．ただし，上式の Y_1, Y_2 は (8.11)，(8.12) 式で計算するものとする．

【結果 2】　同じ閉ループの運動方程式と上述の拘束式のもとで，$t=0$ の初期状態変数が式

$$V(0) < \min_{i=1,2}\left\{\Delta x_{di} f_d - \int_0^{\Delta x_{di}} f_i(\xi)\mathrm{d}\xi\right\} \tag{8.110}$$

を満足すれば，$t \to \infty$ のとき $\ddot{\boldsymbol{q}}_1(t), \ddot{\boldsymbol{q}}_2(t), \ddot{\boldsymbol{z}}(t), \dot{\boldsymbol{q}}_1(t), \dot{\boldsymbol{q}}_2(t), \dot{\boldsymbol{z}}(t)$ はすべてゼロベクトルに収束する．

この二つの結果を全システムの運動方程式 (8.94)，(8.88)～(8.90) に適用すると，それらの定常項（慣性項と速度 $\dot{\boldsymbol{q}}_1, \dot{\boldsymbol{q}}_2, \dot{\boldsymbol{z}}$ が入った項を除く）も $t \to \infty$ のときゼロに収束する．しかも，(8.88) と (8.89) 式から

$$M(\ddot{x}\cos\theta - \ddot{y}\sin\theta) - (\Delta f_1 - \Delta f_2) = 0 \tag{8.111}$$

$$M(\ddot{x}\sin\theta+\ddot{y}\cos\theta)+(\lambda_1+\lambda_2)=0 \tag{8.112}$$

となることが確認できる．この二つの式に結果2を当てはめると，$t\to\infty$ のとき，$\Delta f_1-\Delta f_2\to 0$, $\lambda_1+\lambda_2\to 0$ となる．そこで，t を大きくしたときの Δf_2 を Δf_1, λ_2 を $-\lambda_1$ で置き換え，(8.94) と (8.90) 式の定常項のみを書き表すと，次のようになる．

$$\begin{bmatrix} J_{01}{}^{\top}\begin{pmatrix}\cos\theta\\ -\sin\theta\end{pmatrix} & \dfrac{r_1 f_d}{r_1+r_2}\boldsymbol{e}_1 & J_{01}{}^{\top}\begin{pmatrix}\sin\theta\\ \cos\theta\end{pmatrix}-r_1\boldsymbol{e}_1 & 0 \\ -J_{02}{}^{\top}\begin{pmatrix}\cos\theta\\ -\sin\theta\end{pmatrix} & -\dfrac{r_2 f_d}{r_1+r_2}\boldsymbol{e}_2 & -J_{02}{}^{\top}\begin{pmatrix}\sin\theta\\ \cos\theta\end{pmatrix}+r_2\boldsymbol{e}_2 & 0 \\ 0 & -f_1 & 0 & l-\Delta x_1-\Delta x_2 \end{bmatrix}\begin{bmatrix}\Delta f_1\\ Y_1-Y_2\\ \lambda_1+(\beta\Delta\theta+\alpha\Delta\dot{\theta})/\zeta\\ \lambda_1\end{bmatrix}$$
$$\to 0 \quad \text{as} \quad t\to\infty \tag{8.113}$$

この係数行列は 5×4 であり，四つの列ベクトルは，$J_{0i}{}^{\top}$ が正則かつ $|\theta|$ があまり大きくならない (たとえば $\pi/4$ 以下) であるかぎり，独立である．したがって，$t\to\infty$ のとき，$\Delta f_1\to 0$, $Y_1-Y_2\to 0$, $\lambda_1\to 0$, $\beta\Delta\theta+\alpha\Delta\dot{\theta}\to 0$ となることが示された．また，$t\to\infty$ のとき，$\beta\Delta\theta+\alpha\Delta\dot{\theta}\to 0$ は $\alpha\geqq 0$ であるかぎり $\Delta\theta\to 0$ を意味するので，こうして，安定把持が成立した上に対象物体の姿勢制御が達成されたことになる (図 8.7 参照)．

上で述べたことは，自由度配分が (1, 2) あるいは (2, 1) の場合にも成立することはすでに明らかであろう．こうして，表 8.1 の上から二つの欄について，証明が終わった．ところで，自由度配分が (2.2) のとき，(8.113) 式にみるように，もう 1 自由度の余裕が残っている．この 1 自由度分を物体の質量中心 (x, y) の

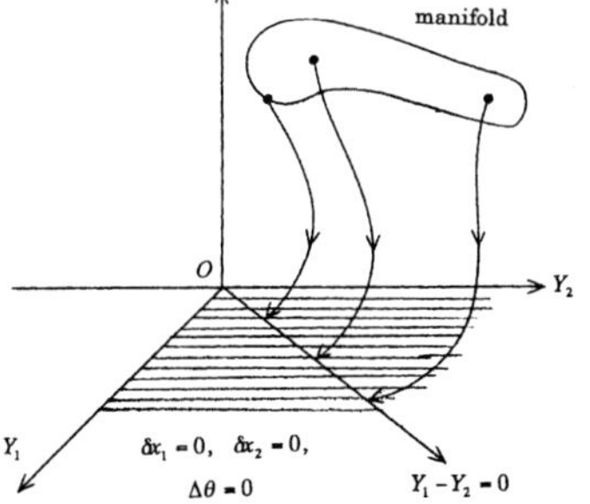

図 8.7

自由度配分 (2, 2) のハンドで (8.100) と (8.101) 式のフィードバックを行うと，運動は 5 次元多様体から出発して 1 次元多様体 $Y_1-Y_2=0$ に収束していく．

位置決めの制御に使えないだろうか．質量中心の位置 (x, y) を直接測定するには，実時間視覚を使えばよいかもしれないが，できればすでに測定されている q_{ij} と θ，および物体の幾何形状の知識を借りて制御入力信号を組んでみたい．ここでは，指先の形状と材料は同じであり，したがって $r_1=r_2=r$ かつ $f_1(\Delta x)=f_2(\Delta x)$ と仮定する．そして，人の拇指と人差指に相等する自由度配分 (2, 3) の指を考えよう (図 8.8 と図 8.9 参照)．このとき，(8.95) 式は次のようになる．

$$Y_1=c_1-r(\pi/2+\theta-q_{11}-q_{12}) \tag{8.114}$$

$$Y_2=c_2-r(\pi/2-\theta-q_{20}-q_{21}-q_{22}) \tag{8.115}$$

そこで，次のような二つの入力信号を考えよう．

$$\boldsymbol{u}_{xi}=\gamma\left\{r(\sin\theta_d)\boldsymbol{e}_i-\left(\frac{\partial x_{0i}}{\partial \boldsymbol{q}_i}\right)^{\top}\right\}(x'-x_d) \tag{8.116}$$

$$\boldsymbol{u}_{yi}=\gamma\left\{r(\cos\theta_d)\boldsymbol{e}_i-\left(\frac{\partial y_{0i}}{\partial \boldsymbol{q}_i}\right)^{\top}\right\}(y'-y_d) \tag{8.117}$$

ここに，(x_d, y_d) は質量中心の目標座標であり，$\boldsymbol{e}_1=(1,1)^{\top}$, $\boldsymbol{e}_2=(1,1,1)^{\top}$, x' と y' は次のように定義される．

$$x'=\frac{x_{01}+x_{02}}{2}-\frac{Y_1+Y_2}{2}\sin\theta_d \tag{8.118}$$

$$y'=\frac{y_{01}+y_{02}}{2}-\frac{Y_1+Y_2}{2}\cos\theta_d \tag{8.119}$$

このとき，x と x'，y と y' の関係は (8.62) 式と (8.7)，(8.8) 式から導かれる等式

$$x=\frac{x_1+x_2}{2}-\frac{Y_1+Y_2}{2}\sin\theta \tag{8.120}$$

$$y=\frac{y_1+y_2}{2}-\frac{Y_1+Y_2}{2}\cos\theta \tag{8.121}$$

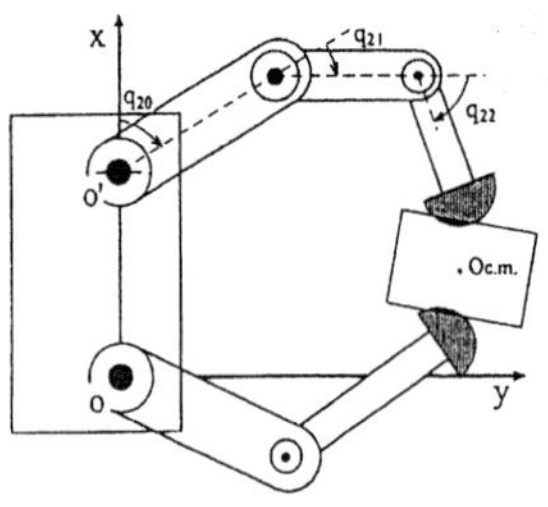

図 8.8　拇指と人差指によるピンチ動作を自由度配分 (2, 3) の 2 本指でモデル化する

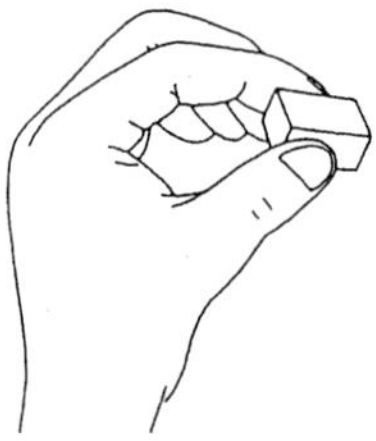

図 8.9　人差指と拇指によるピンチング動作

から,

$$x=x'-\frac{1}{2}(\Delta x_1-\Delta x_2)\cos\theta-\frac{Y_1+Y_2}{2}(\sin\theta-\sin\theta_d) \tag{8.122}$$

$$y=y'-\frac{1}{2}(\Delta x_1-\Delta x_2)\sin\theta-\frac{Y_1+Y_2}{2}(\cos\theta-\cos\theta_d) \tag{8.123}$$

と表されることがわかる．そこで，$\dot{\boldsymbol{q}}_i$ と (8.116), (8.117) 式との内積をそれぞれとると，

$$-\sum_{i=1}^{2}\dot{\boldsymbol{q}}_i{}^{\top}\boldsymbol{u}_{xi}=\frac{\mathrm{d}}{\mathrm{d}t}\left\{\frac{\gamma}{2}(x'-x_d)^2\right\} \tag{8.124}$$

$$-\sum_{i=1}^{2}\dot{\boldsymbol{q}}_i{}^{\top}\boldsymbol{u}_{yi}=\frac{\mathrm{d}}{\mathrm{d}t}\left\{\frac{\gamma}{2}(y'-y_d)^2\right\} \tag{8.125}$$

となる．

さて，(8.99) 式の入力 $\boldsymbol{u}_i$ ($\Delta\boldsymbol{u}_i$ は (8.100) 式にとる) に $\boldsymbol{u}_{xi}+\boldsymbol{u}_{yi}$ を加えて，

$$\bar{\boldsymbol{u}}_i=\boldsymbol{u}_i+\boldsymbol{u}_{xi}+\boldsymbol{u}_{yi},\qquad i=1,2 \tag{8.126}$$

を制御入力としてみよう．このとき，全体システムの閉ループ微分方程式について，

$$\frac{\mathrm{d}}{\mathrm{d}t}\bar{V}=-\alpha\dot{\theta}^2-\sum_{i=1}^{2}k_{vi}\|\dot{\boldsymbol{q}}_i\|^2 \tag{8.127}$$

が成立する．ここに $\bar{V}$ は (8.107) 式の V に加えて，

$$\bar{V}=V+\frac{\gamma}{2}\{(x'-x_d)^2+(y'-y_d)^2\} \tag{8.128}$$

となっていることがわかる．このとき，前に述べた結果 1, 2 が同様に成立し，定常項を書き出してみると，次のようになることがわかる．

$$\begin{bmatrix} J_{01}{}^{\top}\begin{pmatrix}\cos\theta\\ -\sin\theta\end{pmatrix} & \dfrac{r_1 f_d}{r_1+r_2}\boldsymbol{e}_1 & J_{01}{}^{\top}\begin{pmatrix}\sin\theta\\ \cos\theta\end{pmatrix}-r_1\boldsymbol{e}_1 & 0 \\ -J_{02}{}^{\top}\begin{pmatrix}\cos\theta\\ -\sin\theta\end{pmatrix} & -\dfrac{r_2 f_d}{r_1+r_2}\boldsymbol{e}_2 & -J_{02}{}^{\top}\begin{pmatrix}\sin\theta\\ \cos\theta\end{pmatrix}+r_2\boldsymbol{e}_2 & 0 \\ 0 & -f_1 & 0 & l-\Delta x_1-\Delta x_2 \\ r(\sin\theta_d)\boldsymbol{e}_1-\left(\dfrac{\partial x_{01}}{\partial\boldsymbol{q}_1}\right)^{\top} & r(\cos\theta_d)\boldsymbol{e}_1-\left(\dfrac{\partial y_{01}}{\partial\boldsymbol{q}_1}\right)^{\top} & & \\ r(\sin\theta_d)\boldsymbol{e}_2-\left(\dfrac{\partial x_{02}}{\partial\boldsymbol{q}_2}\right)^{\top} & r(\cos\theta_d)\boldsymbol{e}_2-\left(\dfrac{\partial y_{02}}{\partial\boldsymbol{q}_2}\right)^{\top} & & \\ 0 & 0 & & \end{bmatrix}\begin{bmatrix}\Delta f_1\\ Y_1-Y_2\\ \lambda_1+(\beta\Delta\theta+\alpha\Delta\dot{\theta})/\zeta\\ \lambda_1\\ -\gamma(x'-x_d)\\ -\gamma(y'-y_d)\end{bmatrix}$$

ここに λ_2 の代わりに $-\lambda_1$, f_2 の代わりに f_1 を入れていることに注意されたい(結果2参照). 係数行列は 6×6 になり，その6個の列ベクトルは $\theta=\theta_d$ かつ $x=x_d$, $y=y_d$ の近傍で独立と見なしうる. その結果，$t\to\infty$ のとき，$x'\to x_d$ かつ $y'\to y_d$ となり，また $\lambda_1\to0$, $\lambda_2\to0$, $Y_1-Y_2\to0$, $\Delta f_1\to0$, $\Delta f_2\to0$ となる. その結果，$x'\to x, y'\to y$ となり，こうして $t\to\infty$ のとき $x\to x_d, y\to y_d$ となることが示された(図8.10参照).

以上の結果から柔軟指の対について自由度配分と作業性能をまとめた表8.1の一番下の欄が証明された. また，上の議論から自由度配分が(2, 2)の作業性能が表8.1のようになることも十分に理解されよう. さらに考えてみれば，物体を把持し，操作しているときの柔軟指の運動方程式は非線形であり，かつ複雑であるにもかかわらず，制御入力信号は安定把持，姿勢制御，質量中心の x 座標，同 y 座標の信号を加え合わせてよい，という興味ある結論が得られている. 換言すれば，目標作業を安定把持，姿勢，質量中心の x 座標，同 y 座標のようにうまく素過程に分解すれば，それぞれに応じた制御入力信号がみつかり，これらを重ね合わせて全体の制御入力信号とすることができる. すなわち，制御入力信号の設計に重ね合せの原理が成立するのである. ただし，そのとき，安定把持の入力信号は他の制御入力信号の何よりも優先されねばならない. こうして，制御入力信号は図8.11のような線形和をとることができ，これを重ね合せの原理と呼び，この重ね合せの原理が成立するために全体作業を細く素過程に分解することを作業分解と呼ぶことができるのである.

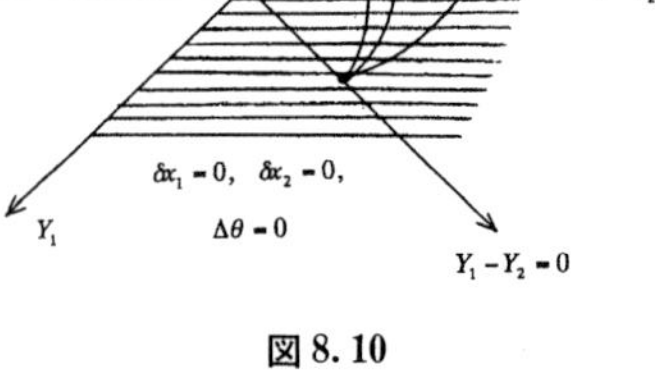

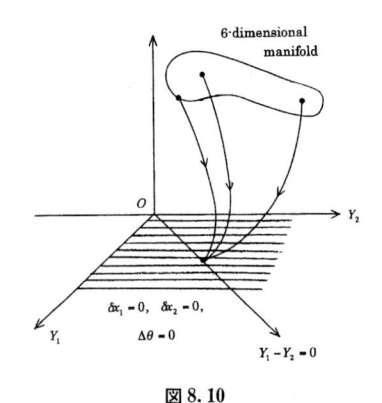

図 8.10
自由度配分(2, 3)のとき，安定把持と物体の回転角，質量中心のフィードバックを行うと，運動は位置座標系の1点に収束する.

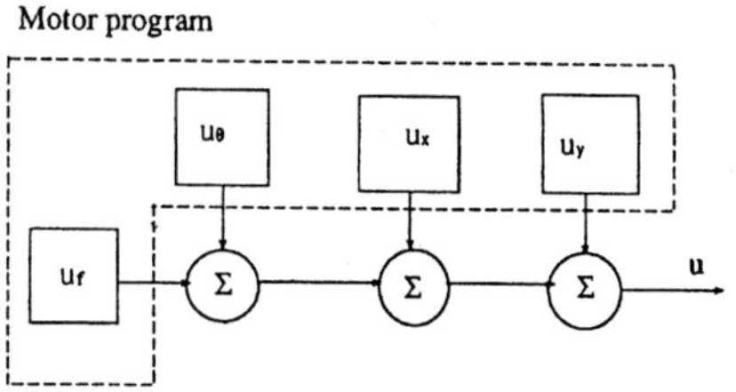

図 8.11　フィードバック信号の線形重ね合せの原理

最後に，(8.116)や(8.117)式の計算に必要な Y_1-Y_2 は，(8.114)，(8.115)式を用いて計算すれば，q_{ij} のみを用いて算出できそうであるが，そのとき c_1, c_2 の値が必要になる．これは，物体把持をする瞬間に決まるので，結局は視覚センサを必要とせざるを得ないように思える．また，Y_1+Y_2 を(8.11)式に基づいて計算すれば，(x, y) の測定データが必要になり，いずれにしても物体の質量中心の制御には視覚センサが必要不可欠になるであろう．

最後に，柔軟ハンドを2次元平面の任意点に移動させうるスカラ型ロボットに装着すれば，物体の質量中心はロボットアーム側で制御すればよいことに注意しておく．

8.7　センサフィードバックのシミュレーションと実験

自由度配分を(2, 3)とした2本指による物体の安定把持とセンサフィードバックのシミュレーション結果を示しておこう．シミュレーションにはCSM法(Constraint Stabilization Method)と呼ぶ方法を用いるが，詳細は，参考文献[11]にゆずる．ここでは，物理定数として表8.2a, bに掲げた指と物体について，$\alpha=0$ としたときのシミュレーション結果を図8.12〜図8.17に示す．なお，制御入力に用いた定数は表8.3に示すが，$\gamma=\gamma_x=\gamma_y=300$ は(8.116)式のゲイン γ を表す．この方法では，二つの面接触からくる拘束式をそれぞれ応答速度が高く(立ち上り時間が短い)かつダンピング係数の高い線形2次微分方程式の解で精度よく近似するので，合計では10個(指については5個，対象物体は3個，拘束式は2個)の2次の連立非線形常微分方程式を数値解法させることに相当する．

これらの図からわかるように，Y_1-Y_2 の値が0近くになり，安定把持が実現するのは0.4秒前

表8.2a　リンクパラメター

	Mass [kg]	Length [m]	I [kgm²]	s [m]
link 11	0.3	0.08	0.00016	0.04
link 12	0.25	0.07	0.0000102	0.035
link 20	0.163	0.05	0.0000034	0.025
link 21	0.163	0.05	0.0000034	0.025
link 22	0.163	0.05	0.0000034	0.025

表8.2b　対象物体の物理パラメター

Mass [kg]	Width [m]	I [kgm²]
0.3	0.05	0.00025

表8.3　制御入力に関するパラメター

kv_i	α	β	γ
0.17	0.35	0.85	100
f_d [N]	θ_d [rad]	x_d [m]	y_d [m]
1	0.0	0.0395	0.07

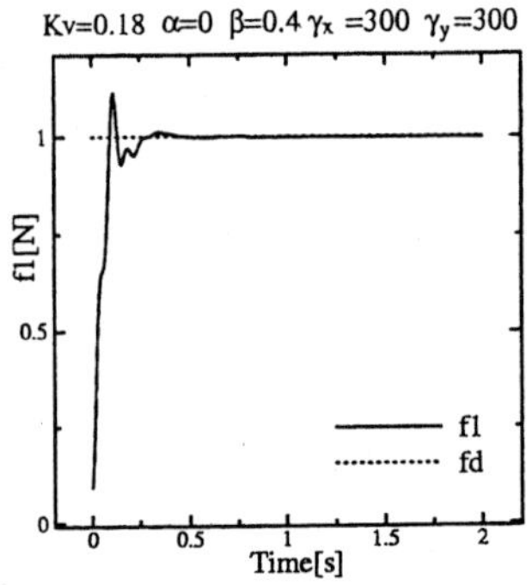

図 8.12　自由度 2 の指と物体との接触から生じる物体内力 f_1

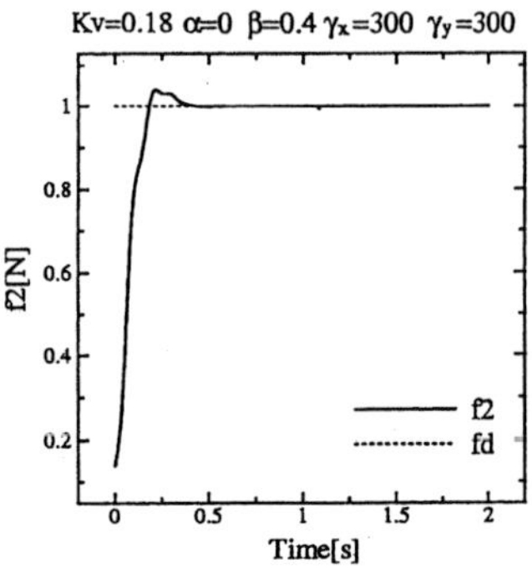

図 8.13　自由度 3 の指と物体との接触力 f_2

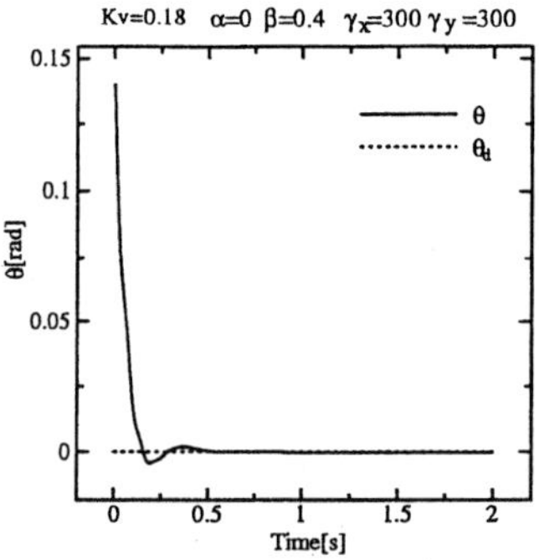

図 8.14　把持された物体の回転角 θ

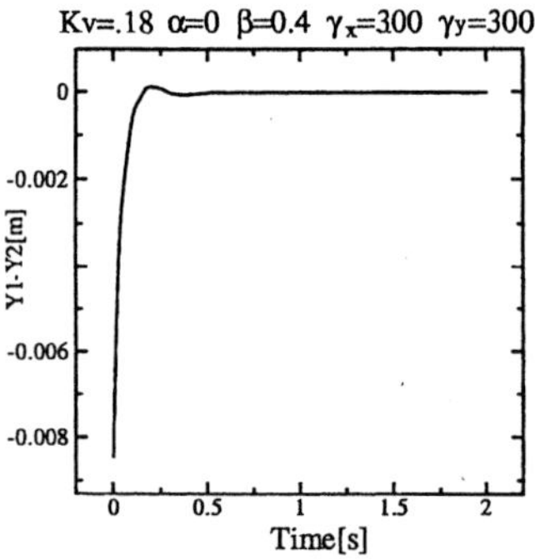

図 8.15　物体の回転モーメントの差を代表する Y_1-Y_2 の収束の様子

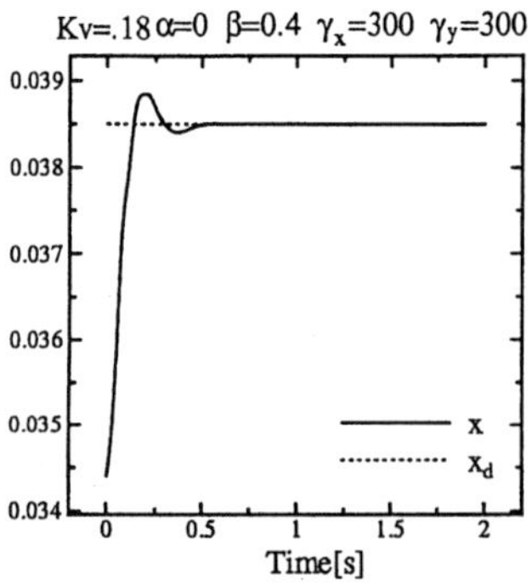

図 8.16　物体の質量中心の座標 x の収束の様子

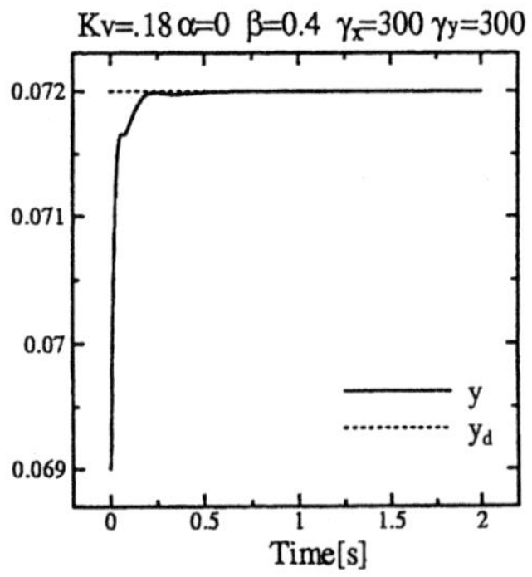

図 8.17　物体の質量中心の座標 y

後であるが，次いで，物体の姿勢角は 0.6 秒で目標値に達し，最後に物体の重心位置が目標値に 0.7 秒前後で収束する．

最後に，実時間センサフィードバックを実行可能にするセンシング法について考えておこう．柔軟材料の変位や復元力を測定するには触覚センサが考えられるが，21 世紀に入った現時点でも，適正価格でかつ実用的なものは実現していない．復元力 f_i の測定には力センサの利用も考えられ得るが，実装は容易ではない．もちろん，フレームに固定したカメラから撮った対象物体のイメージを処理して，物体の回転角 θ や指先の変形量 Δx_i を実時間測定することは現実的に可能になりつつある．しかし，物体の回転角 θ が測定できれば，後は内界センサと既知の物理定数から Y_1-Y_2 をはじめ，Δx_i も計算可能である．ここでは θ の測定法の一例を図 8.18 に示す．光ファイバーと集光レンズを埋めこんだマイクロ距離センサを二つ，距離 d だけ離して図示した位置に装着し，指の最終リンクと物体との距離を 2 点で測り，それらを l_1, l_2 とすれば，回転角は明らかに

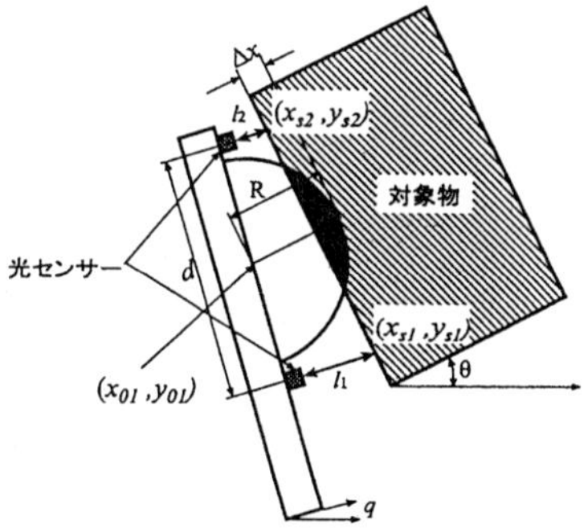

図 8.18 対象物の回転角 θ と指先の最大変形量の測定法

$$\theta = q + \arctan\frac{l_1 - l_2}{d} \tag{8.129}$$

と求まる．さらに，θ と q_{ij} のすべてが求まれば，指先の曲率中心 (x_{01}, y_{01}) と対象物と指先との面接触の中心 (x_1, y_1) も求まるので（二つのセンサの中心位置の間の真中に指先の曲率中心があるとして），最大変形量 Δx_1 は

$$\Delta x_1 = R - \sqrt{(x_1 - x_{01})^2 + (y_1 - y_{01})^2} \tag{8.130}$$

と求まる．

付　　録

A. 変分法の基礎

ロボットの運動方程式はラグランジュの方程式で表される．これは変分法の考え方で導出されるオイラーの微分方程式にほかならない．ここでは本書で必要になる変分法の基礎概念とオイラーの微分方程式の導出法を述べる．

一般に，独立変数 x と従属変数 $y(x)$，その微分 $y'(x)$ に関する積分

$$J[y]=\int_a^b F(x, y, y')\mathrm{d}x \tag{A.1}$$

を y に関する汎関数と呼ぶ．ここに，従属変数 y については区間 $[a, b]$ の境界 $x=a, b$ で

$$y(a)=A, \quad y(b)=B \tag{A.2}$$

となるものすべてを考え，その中で $J[y]$ を最小にする関数 $y(x)=y^*(x)$ をみつけたい．たとえば，図 A.1 に示すように，平面上の点 A から点 B を結ぶ曲線 $y(x)$ の長さは汎関数

$$J[y]=\int_a^b \sqrt{1+y'(x)^2}\mathrm{d}x \tag{A.3}$$

で与えられる．この汎関数 $J[y]$ を最小にする曲線 $y(x)$ は明らかに点 A と B を結ぶ直線でなければならないが，この答が変分法によって導ける．また，図 A.2 に示すように，重力場のもとで，垂直平面上の点 A から点 B に質量 m をもつ

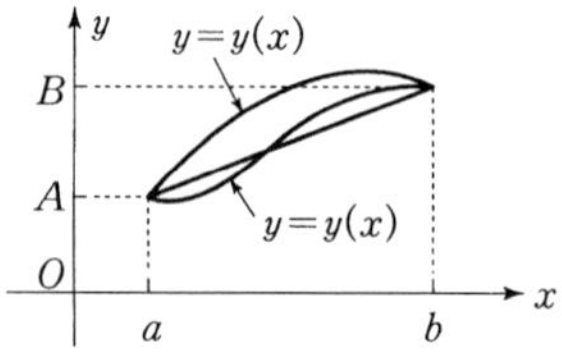

図 A.1

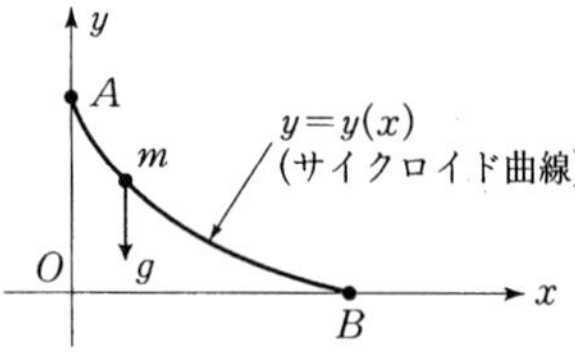

図 A.2

質点が重力だけの作用を受けて最短時間で降下できる曲線 $y(x)$ はサイクロイドになることが知られている．また，長さ l の単一曲線のうちで，その囲む面積が最大になる閉曲線は円であることが，変分法によって確かめられる．

上では区間 $[a, b]$ 上で定義された曲線 $y(x)$ のすべてを考えると述べたが，きちんとした議論をするためには，考える曲線全体の集合を定義しておく必要がある．まず，区間 $[a, b]$ で定義された連続関数 $y(x)$ の全体の集合を $C[a, b]$ で表そう．そして，各関数 $y(x)$ に対して数値

$$\|y\| = \max_{a \leq x \leq b} |y(x)| \tag{A.4}$$

を対応させ，これを y のノルムと呼ぶことにする．よく知られているように，このノルムの導入によって $C[a, b]$ は線形ノルム空間になる．

次に，区間 $[a, b]$ 上で定義される連続関数 $y(x)$ で，しかもその微分 $y'(x)$ も連続関数になるもの全体の集合を $D_1[a, b]$ で表す．集合 $D_1[a, b]$ の任意の要素 $y(x)$ に対してノルム

$$\|y\|_1 = \max_{a \leq x \leq b} |y(x)| + \max_{a \leq x \leq b} |y'(x)| \tag{A.5}$$

を導入すると，$D_1[a, b]$ も線形ノルム空間になる． $C[a, b]$ や $D_1[a, b]$ は関数空間でもある．

次に汎関数について連続性の概念を定義しよう．

【汎関数の連続性】　任意の $\varepsilon > 0$ に対して，ある $\delta > 0$ が存在し，$D_1[a, b]$ 中にある y_0 と任意の y_1 について $\|y_1 - y_0\|_1 < \delta$ であれば $|J[y_1] - J[y_0]| < \varepsilon$ となるとき，$J[y]$ は y_0 において連続であるという．

【線形汎関数】　線形ノルム空間 $D_1[a, b]$ の各要素 $h(x)$ に対して数値 $\varphi[h]$ を定める汎関数が次の三つの条件を満足するとき，$\varphi[h]$ を線形汎関数という．

1) 任意の実数 α と任意の $h \in D_1[a, b]$ に対して $\varphi[\alpha h] = \alpha\varphi[h]$.
2) 任意の $h_1, h_2 \in D_1[a, b]$ に対して $\varphi[h_1 + h_2] = \varphi[h_1] + \varphi[h_2]$.
3) 任意の $h \in D_1[a, b]$ について $\varphi[h]$ は h で連続.

たとえば，$\alpha(x)$ を $C[a, b]$ の任意の要素とすれば，

$$\varphi[h] = \int_a^b \alpha(x) h'(x) \mathrm{d}x \tag{A.6}$$

は，$D_1[a, b]$ 上の線形汎関数である．

次に汎関数の変分を定義しよう．一般に，ある汎関数 $J[y]$ とある $y \in D_1[a, b]$ に対して，種々の $h \in D_1[a, b]$ を考え，$y + h$ と y における汎関数の差（図 A.3 を参照）

$$\Delta J[h]=J[y+h]-J[y] \qquad (A.7)$$

を考える．y を変えないとすれば，$\Delta J[h]$ は $h(x)$ の一般には非線形の汎関数となるが，これを特に汎関数の増分という．また，$h(x)$ のことを増分関数という．

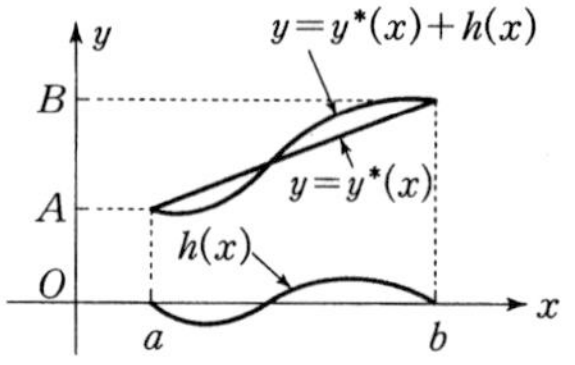

図 A.3

【変分の定義】　汎関数 $J[y]$ の増分 $\Delta J[h]$ の主線形項（$\Delta J[h]$ と高々1位の無限小（h のノルム $\|h\|_1$ に関して）しか離れていない線形汎関数 $\varphi[h]$ があり，これをこう呼ぶ）を汎関数 $J[h]$ の変分という．すなわち，

$$\Delta J[h]=\varphi[h]+\varepsilon(\|h\|_1)\cdot\|h\|_1 \qquad (A.8)$$

と表され，$\|h\|_1\to 0$ のとき $\varepsilon(\|h\|_1)\to 0$ である．この変分 $\varphi[h]$ を $\delta J[h]$ と書くこともある．

さて，現実に意味のある変分問題の多くでは，汎関数の変分は現実に存在する．たとえば，(A.3) 式の場合，被積分関数はテーラー展開によって

$$\sqrt{1+(y'+h')^2}=\sqrt{1+(y')^2}+\{1+(y')^2\}^{-1/2}y'h'+O(\|h\|_1^2) \qquad (A.9)$$

と表される．ここに，$O(\delta)$ は δ のオーダーを表し，$\delta\to 0$ のとき $O(\delta)/\delta$ は有限な値にとどまることを示す．したがって，(A.3) 式の汎関数の増分は

$$\begin{aligned}\Delta J(h)&=J[y+h]-J[y]\\&=\int_a^b\{\sqrt{1+(y'+h')^2}-\sqrt{1+(y')^2}\}\mathrm{d}x\\&=\int_a^b[\{1+y'(x)^2\}^{-1/2}y'(x)]h'(x)\mathrm{d}x+O(\|h\|_1^2) \qquad (A.10)\end{aligned}$$

となり，変分は右辺の積分項に相当する．この積分は (A.6) 式の形をしており，線形汎関数になることがわかる．

まず，次の定理を示しておこう．

【定理 1】　変分は，もし存在するならば，一意である．

［証明］　初めに，$\varphi[h]$ が線形汎関数であれば，$\|h\|_1\to 0$ のとき $\varphi[h]/\|h\|_1\to 0$ となるならば，$\varphi[h]=0$（恒等的に 0）でなければならないことを示す．実際，恒等的にゼロではない関数 $h_0\in D_1[a,b]$ に対して $\varphi[h_0]\neq 0$ となったとしよう．そこで $h_n=h_0/n$, $\varphi[h_0]/\|h_0\|_1=\lambda$ とおけば，$n\to\infty$ のとき $\|h_n\|_1\to 0$ であるが，

$$\lim_{n\to\infty}\frac{\varphi[h_n]}{\|h_n\|_1}=\lim_{n\to\infty}\frac{n\varphi[h_0]}{n\|h_0\|_1}=\lambda\neq 0 \qquad (A.11)$$

となって，仮定に反し，矛盾する．次に，異なる変分が二つあったと仮定してみ

よう．すなわち，二つの式

$$\Delta J[h]=\varphi_1[h]+\varepsilon_1\cdot\|h\|_1 \quad (A.12)$$

$$\Delta J[h]=\varphi_2[h]+\varepsilon_2\cdot\|h\|_1 \quad (A.13)$$

が成立し，$\|h\|_1\to 0$ のとき $\varepsilon_1\to 0,\ \varepsilon_2\to 0$ とする．(A.12) 式と (A.13) 式の差をとれば，

$$\varphi_1[h]-\varphi_2[h]=\varepsilon_2\|h\|_1-\varepsilon_1\|h\|_1 \quad (A.14)$$

となり，左辺は線形汎関数となる．このとき，$\{\varphi_1[h]-\varphi_2[h]\}/\|h\|_1$ は $\varepsilon_2-\varepsilon_1$ に等しく，したがって $\|h\|_1\to 0$ のときゼロに収束し，このことは証明の冒頭で述べたことから $\varphi_1[h]-\varphi_2[h]=0$ でなければならない．こうして，φ_1 と φ_2 が異なるとしたことに矛盾する．

汎関数の極大，極小の定義をしておこう．ある $y^*\in D_1[a,b]$ と $\varepsilon>0$ があって，不等式 $\|y-y^*\|<\varepsilon$ を満足するすべての $y\in D_1[a,b]$ に対して $J[y]-J[y^*]$ が符号を変えないとき，$J[y]$ は y^* において極値をとるという．また，$J[y]-J[y^*]\geqq 0$ であるとき，$J[y]$ は y^* で極小であるといい，不等号が反対向きのとき極大であるという．

【定理 2】　汎関数 $J[y]$ が $y=y^*$ において極値をとる必要条件は，その変分(それがもし存在するならば)が $y=y^*$ においてゼロになることである．すなわち，すべての許容関数 h (変分問題において $y(a)=A,\ y(b)=B$ という境界条件をつけているとき，増分関数 h については $h(a)=0,\ h(b)=0$ となる $h\in D_1[a,b]$ を考え，これを許容関数という) に対して，式

$$\delta J[h]=0 \quad (A.15)$$

が成立する．

［証明］　$J[y]$ が $y=y^*$ で極小値をとる場合を考える．そのとき，$\|h\|_1$ が十分小さいすべての h に対して

$$J[y^*+h]-J[y^*]\geqq 0 \quad (A.16)$$

である．他方，変分の定義から

$$J[y^*+h]-J[y^*]=\delta J[h]+\varepsilon\cdot\|h\|_1 \quad (A.17)$$

となる．ここに $\|h\|_1\to 0$ のとき $\varepsilon\to 0$ である．もし，$\delta J[h]\neq 0$ ならば，十分小さい h に関して

$$\delta J[h]+\varepsilon\cdot\|h\|_1 \quad (A.18)$$

の符号は $\delta J[h]$ の符号と同じである．ところで，$\delta J[h]$ は線形であるから

$$\delta J[-h]=-\delta J[h]$$

となり，したがって (A.17) 式の値は任意に小さい h に関して正にも負にもする

ことができる．これは $J[y]$ が y^* で極小値をとることに矛盾する．

ここでやっと準備が整ったので，変分の基本問題を述べ，オイラーの微分方程式を導こう．

基本問題： $F(x, y, z)$ は各変数 x, y, z について連続，かつ，1回と2回の連続な偏導関数をもつ関数とする．このとき，条件式(A.2)を満足し，連続な導関数 $y'(x)$ をもつ関数 $y(x)$ のすべてのうちで，汎関数

$$J[y]=\int_a^b F\{x, y(x), y'(x)\}\mathrm{d}x \tag{A.19}$$

が極値をとるもの $y=y^*(x)$ を見い出せ．

基本問題を一般的に考察するために，関数 $y(x)$ に対して増分 $h(x)$ をとろう．そのとき，関数 $y(x)+h(x)$ も境界条件(A.2)を満足するためには

$$h(a)=h(b)=0 \tag{A.20}$$

でなければならない．このような条件をもつ増分 $h(x)\in D_1[a, b]$ を許容関数と呼ぶ．そこで，テーラー展開を用いて増分を計算すると

$$\begin{aligned}\Delta J[h]&=J[y+h]-J[y]=\int_a^b\{F(x, y+h, y'+h')-F(x, y, h)\}\mathrm{d}x\\&=\int_a^b\{F_y(x, y, y')h+F_{y'}(x, y, y')h'\}\mathrm{d}x+\cdots\end{aligned} \tag{A.21}$$

となる．ここに F_y や $F_{y'}$ はそれぞれ y や y' に関する偏導関数を表す．右辺の点々は h および h' に関する1次より高次の項を表している．積分の項は明らかに増分 ΔJ の主線形項(変分 $\delta J[h]$)である．したがって，定理2より，$J[y]$ が $y=y(x)$ で極値をとるための必要条件は

$$\delta J[h]=\int_a^b(F_y h+F_{y'}h')\mathrm{d}x=0 \tag{A.22}$$

となる．つまり，上式が $y=y^*(x)$ において任意の許容関数 $h(x)$ に対して成立しなければならない．このことから次の定理が示せる．

【定理3】 境界条件(A.2)を満足し，連続な1次の導関数をもつ関数 $y(x)$ の全体で定義された汎関数(A.19)が $y=y(x)$ で極値をとるための必要条件は，$y(x)$ がオイラーの微分方程式

$$F_y-\frac{\mathrm{d}}{\mathrm{d}x}F_{y'}=0, \quad x\in[a, b] \tag{A.23}$$

を満足することである．

これを証明する前に，(A.22)式を部分積分を使って次のように変形しておこう．

$$\int_a^b (F_y h + F_{y'} h')\mathrm{d}x = F_{y'} h|_a^b + \int_a^b \left(F_y - \frac{\mathrm{d}}{\mathrm{d}x} F_{y'} \right) h \mathrm{d}x \tag{A.24}$$

右辺の第1項は $h(a)=h(b)=0$ であることから0となり，結局，式

$$\delta J[h] = \int_a^b \left(F_y - \frac{\mathrm{d}}{\mathrm{d}x} F_{y'} \right) h \mathrm{d}x = 0 \tag{A.25}$$

が任意の許容関数 $h(x)$ に対して成立しなければならない．(A.25) 式における h の任意性からただちにオイラーの微分方程式 (A.23) を結論してよさそうである．しかし，$h(x)$ は完全に任意ではなく，また，$F_{y'}$ が x について微分可能になるかどうかも議論していない．厳密にいえば，(A.25) 式から (A.23) 式を結論するのは早すぎるのである．そこで，必要な三つの補助定理を述べよう．

【補助定理 1】 $\alpha(x) \in C[a, b]$ が $h(a)=h(b)=0$ を満足する任意の関数 $h \in C[a, b]$ に対して式

$$\int_a^b \alpha(x) h(x) \mathrm{d}x = 0 \tag{A.26}$$

を満たせば，$\alpha(x)=0$ である．

[証明] ある $c \in [a, b]$ で $\alpha(c) \neq 0$ としよう．一般性を失わずに $\alpha(c)>0$ と仮定してみよう．そのとき，ある $\varepsilon>0$ があって $x \in [c-\varepsilon, c+\varepsilon]$ で $\alpha(x)>0$ となる．そこで，区間 $[c-\varepsilon, c+\varepsilon]$ で $h(x)=(x-c+\varepsilon)(c+\varepsilon-x)$，その外で $h(x)=0$ とすれば，$h(x) \in C[a, b]$ となり，明らかに

$$\int_a^b \alpha(x) h(x) \mathrm{d}x = \int_{c-\varepsilon}^{c+\varepsilon} \alpha(x)(x-c+\varepsilon)(c+\varepsilon-x) \mathrm{d}x > 0 \tag{A.27}$$

となり，矛盾が生じる．

【補助定理 2】 $\alpha(x) \in C[a, b]$ が条件 $h(a)=h(b)=0$ を満足する任意の $h(x) \in D_1[a, b]$ に対して式

$$\int_a^b \alpha(x) h'(x) \mathrm{d}x = 0 \tag{A.28}$$

を満足すれば，$\alpha(x)=c$ (定数) である．

[証明] まず，

$$c = \frac{1}{b-a} \int_a^b \alpha(x) \mathrm{d}x \tag{A.29}$$

とおくと，

$$\int_a^b \{\alpha(x) - c\} \mathrm{d}x = 0 \tag{A.30}$$

となることに注目しよう．次に，任意の $f(x) \in C[a, b]$ をとり，その直流部を β として

$$f(x)=g(x)+\beta \tag{A.31}$$

と表そう．ここに $g(x)\in C[a, b]$ かつ

$$\int_a^b g(x)\mathrm{d}x=0 \tag{A.32}$$

である．そのとき

$$\int_a^b \{\alpha(x)-c\}f(x)\mathrm{d}x=\int_a^b \{\alpha(x)-c\}g(x)\mathrm{d}x+\beta\int_a^b \{\alpha(x)-c\}\mathrm{d}x \tag{A.33}$$

となる．右辺の第2項は(A.30)式より0である．また，$g(x)$ は関数

$$h(x)=\int_a^x g(z)\mathrm{d}z \tag{A.34}$$

の導関数，すなわち，$g(x)=h'(x)$ であり，かつ $h(a)=h(b)=0$ となるので，(A.28)式より(A.33)式の右辺第1項も0になる．かくして，任意の $f(x)\in C[a, b]$ に対して

$$\int_a^b \{\alpha(x)-c\}f(x)\mathrm{d}x=0 \tag{A.35}$$

となることが示された．そこで特に $f(x)=\alpha(x)-c$ とおくと，

$$\int_a^b \{\alpha(x)-c\}^2\mathrm{d}x=0 \tag{A.36}$$

となり，これより $\alpha(x)=c$ でなければならない．

【補助定理3】　$C[a, b]$ に属する関数 $\alpha(x), \beta(x)$ が(A.20)式を満足する任意の $h(x)\in D_1[a, b]$ に対して式

$$\int_a^b \{\alpha(x)h(x)+\beta(x)h'(x)\}\mathrm{d}x=0 \tag{A.37}$$

を満たすならば，$\beta(x)$ は微分可能であり，区間 $[a, b]$ で

$$\alpha(x)-\beta'(x)=0 \tag{A.38}$$

となる．

［証明］　$\alpha(x)$ の不定積分を

$$A(x)=\int_a^x \alpha(z)\mathrm{d}z \tag{A.39}$$

で表すと，部分積分によって

$$\int_a^b \alpha(x)h(x)\mathrm{d}x=-\int_a^b A(x)h'(x)\mathrm{d}x \tag{A.40}$$

となる．これを(A.37)式に代入すると

$$\int_a^b \{-A(x)+\beta(x)\}h'(x)\mathrm{d}x \tag{A.41}$$

となる．したがって，補助定理2より

$$\beta(x)-A(x)=\text{const.} \tag{A.42}$$

である．$A(x)$ は微分可能なので，こうして $\beta(x)$ は微分可能となり，(A.42) 式を微分して結論の (A.38) 式を得る．

ここで定理 3 の証明に戻ろう．(A.22) 式が (A.20) 式を満足する任意の $h(x) \in D_1[a, b]$ で成立することから，補助定理 3 が適用できて，微分方程式

$$F_y-\frac{\mathrm{d}}{\mathrm{d}x}F_{y'}=0, \quad x\in[a, b] \tag{A.43}$$

が成立することが証明された．この式をオイラーの微分方程式と呼ぶ，あるいは単にオイラーの方程式と呼ぶ．

(A.3) 式の汎関数を最小にする曲線を求める問題 (図 A.1 を参照) では，

$$F(x, y, y')=\sqrt{1+y'(x)^2} \tag{A.44}$$

となり，$F_y=0$ となる．これを (A.40) 式のオイラーの方程式に代入すると，$F_{y'}$ は一定でなければならないことがわかる．しかも，

$$F_{y'}=\{1+(y')^2\}^{-1/2}y' \tag{A.45}$$

となるので，$y'(x)=\text{const.}$ とならねばならない．こうして，図 A.1 に示すように，点 $y(a)=A$ と点 $y(b)=B$ を結ぶ曲線の中で最短距離をもつものはこの 2 点を結ぶ直線でなければならないことが示された．

ロボットのダイナミクスの導出の際に適用するオイラーの微分方程式では，独立変数 x は時刻 t になり，曲線 $y(x)$ は時間関数 $q(t)$，$x(t)$ などになることに注意されたい．

B. 拘束力の求め方

B_1)　運動方程式 (8.41)〜(8.44) について，$(f_1, f_2, \lambda_1, \lambda_2)$ が状態変数 $\boldsymbol{q}=(q_1, q_2, x, y, \theta)^{\top}$，$\dot{\boldsymbol{q}}$ によって表されることを示す．

ここでは，

$$Q_1=(x-x_{01})\cos\theta-(y-y_{01})\sin\theta-r_1-l/2 \tag{B.1}$$

$$Q_2=-(x-x_{02})\cos\theta+(y-y_{02})\sin\theta-r_2-l/2 \tag{B.2}$$

$$S_1=Y_1-c_1+r_1(\pi/2+\theta-q_1) \tag{B.3}$$

$$S_2=Y_2-c_2+r_2(\pi/2-\theta-q_2) \tag{B.4}$$

とおくと，ラグランジアンの式 (8.21) は

$$L=K+f_1Q_1+f_2Q_2+\lambda_1S_1+\lambda_2S_2 \tag{B.5}$$

と書ける．拘束条件は

$$Q_1=0, \quad Q_2=0, \quad S_1=0, \quad S_2=0 \tag{B.6}$$

であり，これらの時間微分，そのまた時間微分も 0 である．(8.41)～(8.44) 式は次のように書ける．

$$D\ddot{\boldsymbol{q}}+A\boldsymbol{\lambda}=B\boldsymbol{u} \tag{B.7}$$

ここに，

$$D=\mathrm{diag}(I_1, I_2, M, M, I) \tag{B.8}$$

$$\boldsymbol{q}-(q_1, q_2, x, y, \theta)^\top, \quad \boldsymbol{\lambda}=(f_1, f_2, \lambda_1, \lambda_2)^\top \tag{B.9}$$

$$B=\begin{pmatrix}1 & 0 & 0 & 0 & 0\\ 0 & 1 & 0 & 0 & 0\end{pmatrix}^\top, \quad \boldsymbol{u}=(u_1, u_2)^\top \tag{B.10}$$

$$A^\top=-\begin{pmatrix} \dfrac{\partial Q_1}{\partial q_1} & 0 & \dfrac{\partial Q_1}{\partial x} & \dfrac{\partial Q_1}{\partial y} & \dfrac{\partial Q_1}{\partial \theta} \\ 0 & \dfrac{\partial Q_2}{\partial q_2} & \dfrac{\partial Q_2}{\partial x} & \dfrac{\partial Q_2}{\partial y} & \dfrac{\partial Q_2}{\partial \theta} \\ \dfrac{\partial S_1}{\partial q_1} & 0 & \dfrac{\partial S_1}{\partial x} & \dfrac{\partial S_1}{\partial y} & \dfrac{\partial S_1}{\partial \theta} \\ 0 & \dfrac{\partial S_2}{\partial q_2} & \dfrac{\partial S_2}{\partial x} & \dfrac{\partial S_2}{\partial y} & \dfrac{\partial S_2}{\partial \theta} \end{pmatrix}$$

$$=\begin{pmatrix} \eta_1 & 0 & -\cos\theta & \sin\theta & -Y_1 \\ 0 & -\eta_2 & \cos\theta & -\sin\theta & Y_2 \\ p_1 & 0 & \sin\theta & \cos\theta & l/2 \\ 0 & p_2 & \sin\theta & \cos\theta & -l/2 \end{pmatrix} \tag{B.11}$$

$$\eta_i=J_{0i}^\top\begin{pmatrix}\cos\theta \\ -\sin\theta\end{pmatrix}, \quad p_i=r_i-J_{0i}^\top\begin{pmatrix}\sin\theta \\ \cos\theta\end{pmatrix}, \quad i=1, 2 \tag{B.12}$$

とおいた．行列 A の階数は 4 になることは容易に確めることができる．拘束条件 (B.6) の時間微分は

$$A^\top\dot{\boldsymbol{q}}=0 \tag{B.13}$$

と表すことができる．この微分は，また，

$$A^\top\ddot{\boldsymbol{q}}+\dot{A}^\top\dot{\boldsymbol{q}}=0 \tag{B.14}$$

と表すことができる．したがって，(B.7) 式の左から D^{-1} を掛け，続いて $A^\top$ を掛けることにより，式

$$A^\top\ddot{q}+A^\top D^{-1}A\boldsymbol{\lambda}=A^\top D^{-1}B\boldsymbol{u} \tag{B.15}$$

を得る．(B.14) 式を上式に代入して，式

$$(A^\top D^{-1}A)\boldsymbol{\lambda}=A^\top D^{-1}B\boldsymbol{u}+\dot{A}^\top\dot{\boldsymbol{q}} \tag{B.16}$$

を得る．5×4 行列 A の階数は 4 なので，$(A^\top D^{-1}A)$ は正則となり，λ は

$$\boldsymbol{\lambda}=(A^{\top}D^{-1}A)^{-1}(A^{\top}D^{-1}B\boldsymbol{u}+\dot{A}^{\top}\dot{\boldsymbol{q}}) \tag{B.17}$$

と表される．$\boldsymbol{u}$ は状態変数 $\boldsymbol{q}, \dot{\boldsymbol{q}}$ の変数からなるフィードバックで構成されるとき，$\boldsymbol{\lambda}$ は状態変数 $\boldsymbol{q}, \dot{\boldsymbol{q}}$ によって表されることが示された．

B₂) 指の閉ループダイナミクス (8.87) と物体のダイナミクス (8.88)～(8.90) のもとで，面接触から起こる拘束力の対 $(\lambda_1, \lambda_2)^{\top}$ が状態変数ベクトル $\boldsymbol{q}=(q_1, q_2, \boldsymbol{z}^{\top})^{\top}$, $\dot{\boldsymbol{q}}=(\dot{q}_1, \dot{q}_2, \dot{\boldsymbol{z}}^{\top})^{\top}$ で表されることを示そう．これらのダイナミクスは，まとめて

$$D(\boldsymbol{q})\ddot{\boldsymbol{q}}+A\boldsymbol{\lambda}+\boldsymbol{h}(\boldsymbol{q}, \dot{\boldsymbol{q}})=\boldsymbol{0} \tag{B.18}$$

と表される．ここに

$$D(q)=\begin{pmatrix} I_1 & 0 & 0 \\ 0 & I_2 & 0 \\ 0 & 0 & J \end{pmatrix}, \quad J=\mathrm{diag}(M, M, I),$$

$$A=\begin{pmatrix} \dfrac{\partial S_1}{\partial q_1} & 0 & \dfrac{\partial S_1}{\partial \boldsymbol{z}} \\ 0 & \dfrac{\partial S_2}{\partial q_2} & \dfrac{\partial S_2}{\partial \boldsymbol{z}} \end{pmatrix} \tag{B.19}$$

と定義され，$\boldsymbol{h}(\boldsymbol{q}, \dot{\boldsymbol{q}})$ は残りの項を一まとめにした．明らかに，$\boldsymbol{h}(\boldsymbol{q}, \dot{\boldsymbol{q}})$ は状態変数のみから表されている．拘束条件は $S_i=0, \dot{S}_i=0, \ddot{S}_i=0\ (i=1, 2)$ から，

$$A^{\top}\dot{\boldsymbol{q}}=\boldsymbol{0}, \quad A^{\top}\ddot{\boldsymbol{q}}+\dot{A}^{\top}\dot{\boldsymbol{q}}=\boldsymbol{0} \tag{B.20}$$

となる．そこで，(B.18) 式の左から $A^{\top}D^{-1}(\boldsymbol{q})$ を掛け，(B.20) 式の右側の式を代入すると，

$$-\dot{A}^{\top}\dot{\boldsymbol{q}}+\{A^{\top}D^{-1}(\boldsymbol{q})A\}\boldsymbol{\lambda}+A^{\top}\boldsymbol{h}=\boldsymbol{0} \tag{B.21}$$

となる．明らかに A は full rank になるので，$(A^{\top}D^{-1}A)$ は逆転可能であり，こうして $\boldsymbol{\lambda}$ は状態変数 $(\boldsymbol{q}, \dot{\boldsymbol{q}})$ によって表されることが示された．

C. 8.6 節の結果 2 の証明

まず，位置に関する 7 個の変数 $\boldsymbol{q}=(q_{11}, q_{12}, q_{21}, q_{22}, x, y, \theta)^{\top}$ とその微分 $\dot{\boldsymbol{q}}$ ($\boldsymbol{q}$ と $\dot{\boldsymbol{q}}$ とで状態変数を構成) が，$t=0$ のとき，条件 (8.111) を満足することの物理的背景を説明しておこう．(8.110) 式の { } の中は，図 C.1 のように，斜線を引いた部分の面積を表す．すなわち，$V(0)$ が条件 (C.1) を満足することは，K, ΔP, (Y_1-Y_2) と $\Delta\theta$ の 2 次形式の初期値の全体の和が図 C.1 の斜線部の面積を越えてはないことを表す．そこで，(8.106) 式に注目しよう．これより

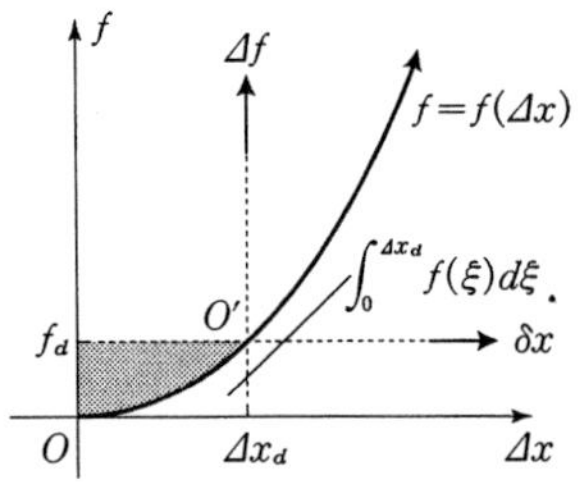

図 C.1

$$0 \leqq V(t) \leqq V(0) \qquad \text{(C.1)}$$

となる．(8.107) 式の各項はすべて非負なので，特に，ΔP の値は $V(0)$ を越えない．ΔP は (8.93) 式で定義され，これは中心を Δx_{di} にずらして図 C.1 と同様の積分をとることを表すので，(C.1) 式は $\Delta x_i(t)$ が 0 に到達してはならないことを意味する．言い換えると，両指の先端が把持物体から離れることはないことを示している．さらに，(C.1) 式から $|Y_1 - Y_2|$, $|\Delta\theta|$ は大きくなることはなく，また，(8.106) 式から

$$\sum_{i=1}^{2} k_{vi} \int_0^\infty \|\dot{\boldsymbol{q}}_i(t)\|^2 \mathrm{d}t \leqq V(0) \qquad \text{(C.2)}$$

となるので，$\boldsymbol{q}_i(t)$ も $\boldsymbol{q}_i(0)$ から大きく離れることはないと予想される．しかし，このことや Y_i の個々と質量中心 (x, y) が大きくは移動しないことを厳密に証明するには，$t \to \infty$ のとき $\dot{\boldsymbol{q}}(t)$ が 0 に指数関数的に収束することを示す必要がある．それには，多様体上の安定性の概念を導入するなど，詳細な議論が必要になるので，この議論は第 8 章の文献 [15]～[17] にゆずる．ただし，$\dot{\boldsymbol{q}}(t)$ の有界性は $K(t) \leq V(0)$ であることから明らかに成立する．さらに付録 B の B_2) から (λ_1, λ_2) も有界になる．こうして閉ループダイナミクスから $\ddot{\boldsymbol{q}}$ も有界になり，したがって $\dot{\boldsymbol{q}}$ は一様連続になる．特に $\dot{\boldsymbol{q}}_1$, $\dot{\boldsymbol{q}}_2$ は一様連続になり，しかも $L^2(0, \infty)$ に属するので，第 4 章の文献 [40] の p. 258 で述べてあるように，$t \to \infty$ のとき $\dot{\boldsymbol{q}}_1(t) \to 0$, $\dot{\boldsymbol{q}}_2(t) \to 0$ となる．したがって，(8.1)，(8.2) 式から $t \to \infty$ のとき $\dot{x}_{0i} \to 0$, $\dot{y}_{0i} \to 0 (i=1, 2)$ となり，こうして (8.105) 式より，$t \to \infty$ のとき $\dot{\theta} \to 0$ となる．なお，$\ddot{\boldsymbol{q}}_1$, $\ddot{\boldsymbol{q}}_2$, $\ddot{\theta}$ は一様連続であり，かつ，$\dot{\boldsymbol{q}}_1$, $\dot{\boldsymbol{q}}_2$, $\dot{\theta}$ が $t \to \infty$ のときすべて 0 に収束するので，$\ddot{\boldsymbol{q}}_1$, $\ddot{\boldsymbol{q}}_2$, $\ddot{\theta}$ もゼロに収束する．さて，一方，(8.108)，(8.109) 式より $t \to \infty$ のとき $\dot{Y}_1 \to 0$, $\dot{Y}_2 \to 0$ となるが，このことから，(8.11)，(8.12) 式を時間微分して，$t \to \infty$ のとき，

$$s = \dot{x} \sin\theta + \dot{y} \cos\theta \to 0 \qquad \text{(C.3)}$$

となることがわかる．ここで，

$$r = \dot{x} \cos\theta - \dot{y} \sin\theta \qquad \text{(C.4)}$$

とおこう．(8.89)，(8.90) 式あるいは (8.112)，(8.113) 式は

$$M\dot{r} - M\dot{\theta}s - (\Delta f_1 - \Delta f_2) = 0 \qquad \text{(C.5)}$$

$$M\dot{s} + M\dot{\theta}r + (\lambda_1 + \lambda_2) = 0 \qquad \text{(C.6)}$$

と書ける．明らかに $\dot{s}$ は一様連続であり，しかも $t \to \infty$ のとき $s \to 0$ なので，

$\dot{s} \to 0$ でなければならない．このことは，(C.6) 式から，$t \to \infty$ のとき $\lambda_1 + \lambda_2 \to 0$ となることを意味する．他方，$\Delta f_1 - \Delta f_2$ については $t \to \infty$ のとき 0 に収束するかどうか未だ確認されていない．そこで (8.102) と (8.90) 式をみると，$\dot{\boldsymbol{q}}_i$ と $\dot{\theta}$ および $\ddot{\boldsymbol{q}}_i$ と $\ddot{\theta}$ は 0 に収束し，Y_1 や $Y_2, \Delta\theta$ は定数に近づくので，未だ判然としない部分だけを取り出してみると次のようになる (第 1 行と第 2 行が (8.103) 式，第 3 行が (8.91) 式に対応).

$$\begin{bmatrix} J_{01}^{\top}\begin{pmatrix} \cos\theta \\ -\sin\theta \end{pmatrix} & \mathbf{0} & r_1\boldsymbol{e}_1 - J_{01}^{\top}\begin{pmatrix} \sin\theta \\ \cos\theta \end{pmatrix} \\ \mathbf{0} & -J_{02}^{\top}\begin{pmatrix} \cos\theta \\ -\sin\theta \end{pmatrix} & -r_2\boldsymbol{e}_2 - J_{02}^{\top}\begin{pmatrix} \sin\theta \\ \cos\theta \end{pmatrix} \\ -Y_1 & Y_2 & l - \Delta x_1 - \Delta x_2 \end{bmatrix} \begin{pmatrix} \Delta f_1 \\ \Delta f_2 \\ \lambda_1 \end{pmatrix} \tag{C.7}$$

ここに，λ_2 の代わりに $-\lambda_1$ を入れている．係数行列は $t \to \infty$ のとき定数行列に収束し，$Y_1 - Y_2$ もそれほど大きくは変動しないので，考えている運動範囲ではこの係数行列は正則である．この結果，$(\Delta f_1, \Delta f_2, \lambda)$ はすべて $t \to \infty$ のとき定数に収束しなければならない．これは，また，$(\Delta x_1, \Delta x_2)$ が定数に収束することを示し，そして，$(\Delta\dot{x}_1, \Delta\dot{x}_2)$ が 0 に収束することを示す．かくして，(8.74), (8.75) 式を時間微分することにより，$r(=\dot{x}\cos\theta - \dot{y}\sin\theta) \to 0$ となることが示された．このことは $\dot{r} \to 0$ を意味し，これはまた，(C.5) 式から，$\Delta f_1 - \Delta f_2 \to 0$ となることを意味する．かくして，$\dot{s} \to 0$ と $\dot{r} \to 0$ より，$\ddot{x} \to 0, \ddot{y} \to 0$ となり，$s \to 0, r \to 0$ より $\dot{x} \to 0, \dot{y} \to 0$ となることが示され，証明は完了した．

D. 1 次の非線形微分方程式の解の収束性

D_1)　初めに，$\boldsymbol{y}(t) \in L^2(0, \infty)$ のとき，$\boldsymbol{y}(t)$ を強制項とするベクトル微分方程式

$$\Delta\dot{\boldsymbol{q}} + \alpha\boldsymbol{s}(\Delta\boldsymbol{q}) = \boldsymbol{y}(t) \tag{D.1}$$

の解が $t \to \infty$ のとき $\Delta\boldsymbol{q}(t) \to 0$ となることを証明する．ここでは $\boldsymbol{s}(\Delta\boldsymbol{q})$ の各成分が $s_i(\Delta q_i)$ で表されているので，スカラ値をとる非線形微分方程式

$$\dot{x}(t) + \alpha s\{x(t)\} = y(t) \tag{D.2}$$

の解 $x(t)$ が $t \to \infty$ のとき 0 に収束することを示せばよいことに注意しておく．(D.2) 式の両辺のそれぞれの 2 乗をとって区間 $[t_0, t_1]$ で積分すると，

$$2\alpha[S\{x(t_1)\} - S\{x(t_0)\}] = \int_{t_0}^{t_1}[y^2(t) - \dot{x}^2(t) - \alpha^2 s^2\{x(t)\}]\mathrm{d}t \tag{D.3}$$

となる．$S(x)$ は $s(x)$ の積分（図4.14参照）なので，$S(x) \geqq 0$ である．したがって，

$$\int_{t_0}^{t_1}[\dot{x}^2(t)+\alpha^2 s^2\{x(t)\}]\mathrm{d}t \leqq 2\alpha S\{x(t_0)\}+\int_{t_0}^{t_1} y^2(t)\mathrm{d}t \tag{D.4}$$

となり，特に $t_0=0, t_1 \to \infty$ とすることにより，

$$\|\dot{x}\|^2 \leqq 2\alpha S\{x(0)\}+\|y\|^2 \tag{D.5}$$

$$\|s^2(x)\| \leqq [2\alpha S\{x(0)\}+\|y\|^2]/\alpha^2 \tag{D.6}$$

となり $\dot{x} \in L^2(0, \infty), s(x) \in L^2(0, \infty)$ となる．さらに(D.3)式より，$2\alpha S\{x(t_1)\}$ は任意の $t_1 \in [0, \infty]$ で(D.5)式の右辺を越えない．これは $x(t_1)$ も有界であることを意味する．$s(x)$ は x の絶対値が小さいとき x について線形的（図4.13）なので，x が有界のとき，不等式

$$S(x) \leqq K s^2(x) \tag{D.7}$$

を満たすような K がとれる（K は $x(0)$ に依存しはするが）．そして，$s\{x(t)\} \in L^2(0, \infty)$ であるから，(D.7)式は $S\{x(t)\} \in L^1(0, \infty)$ を意味する．さらに，$\dot{x}(t)$ や $s\{x(t)\}, y(t)$ が $L^2(0, \infty)$ に属することから，任意に与えた $\varepsilon>0$ に対してある有限な $T>0$ が存在し，

$$\int_T^\infty y^2(t)\mathrm{d}t \leqq \alpha\varepsilon, \quad \int_T^\infty[\dot{x}^2(t)+\alpha^2 s^2\{x(t)\}]\mathrm{d}t \leqq \alpha\varepsilon \tag{D.8}$$

となり，(D.3)と(D.8)式より，任意の $t_0, t_1>T$ に対して，

$$2\alpha|S\{x(t_1)\}-S\{x(t_0)\}| \leqq \alpha\varepsilon+\alpha\varepsilon \tag{D.9}$$

となる．つまり，任意の $t_0, t_1>T$ に対して

$$|S\{x(t_1)\}-S\{x(t_0)\}| \leqq \varepsilon \tag{D.10}$$

となり，$S\{x(t)\}$ は一様連続になることが示された．こうして，$S\{x(t)\}$ は $L^1(0, \infty)$ に属し，かつ一様連続であることから，第4章の文献[40]のAppendix Cより，$t \to \infty$ のとき $s\{x(t)\} \to 0$ となること，すなわち，$t \to \infty$ のとき $x(t) \to 0$ となることが示された．

D_2）上では，$t \to \infty$ のとき $\Delta\boldsymbol{q}(t) \to 0$ となることを示した．次に，(6.52)式から V と $\Delta\boldsymbol{\Theta}$ が有界になることに注意しよう．しかも，V は $\{\Delta\dot{\boldsymbol{q}}, \boldsymbol{s}(\Delta\boldsymbol{q})\}$ について正定なので，$\Delta\dot{\boldsymbol{q}}(t)$ と $\Delta\boldsymbol{q}(t)$ は有界になる．こうして(6.49)式から $\ddot{\boldsymbol{q}}(t)$ は有界，したがって $\Delta\ddot{\boldsymbol{q}}(t)$ は有界になる．このことから $\Delta\dot{\boldsymbol{q}}(t)$ は一様連続になる．そして，$\boldsymbol{y} \in L^2(0, \infty)$ であるから，$\boldsymbol{y}^\top\boldsymbol{y}$ を区間 $[0, \infty]$ で積分すれば，$\Delta\boldsymbol{q}(t) \to 0$ となることに注意して，

$$\|\boldsymbol{y}\|^2=\|\Delta\dot{\boldsymbol{q}}\|^2+\alpha^2\|\boldsymbol{s}(\Delta\boldsymbol{q})\|^2-2\alpha\sum_{i=1}^n S_i\{\Delta q_i(0)\}$$

となることがわかる．この結果，$\Delta\dot{\boldsymbol{q}} \in L^2(0, \infty)$ となり，こうして第4章の文献

[40] の Appendix C より，$t \to \infty$ のとき $\Delta\dot{\boldsymbol{q}}(t) \to 0$ となることが示された．

E.　局所的な受動性

ここでは，本文で用いた suffix の k を省く．まず，部分積分によって次の二つの式が成立することに注目する．

$$\int_0^T \delta\dot{x}\{f(\Delta x_d+\delta x)-f(\Delta x_d)\}\mathrm{d}t=\delta x\{f(\Delta x_d+\delta x)-f(\Delta x_d)\}|_0^T - \int_0^T \delta x\{f_x(\Delta x_d+\delta x)(\Delta\dot{x}_d+\delta\dot{x})-f_x(\Delta x_d)\Delta\dot{x}_d\}\mathrm{d}t \quad (\mathrm{E}.1)$$

$$-\int_0^T \delta x f_x(\Delta x_d+\delta x)\delta\dot{x}\mathrm{d}t=-\frac{1}{2}(\delta x)^2 f_x(\Delta x_d+\delta x)|_0^T+\int_0^T \frac{1}{2}(\delta x)^2 \dot{f}_x(\Delta x)\mathrm{d}t \quad (\mathrm{E}.2)$$

ここに $f_x=\mathrm{d}f/\mathrm{d}x$ とおいた．ここでは $x>0$ のとき，$f_{xx}=\mathrm{d}^2f/\mathrm{d}x^2>0$ であると仮定する．(E.2) 式を (E.1) 式に代入すると，次のようになる．

$$\int_0^T \delta\dot{x}\{f(\Delta x_d+\delta x)-f(\Delta x_d)\}\mathrm{d}t=E(T)-E(0)+V^+-V^- \quad (\mathrm{E}.3)$$

ここに，

$$E=\delta x^2\left\{\frac{f(\Delta x_d+\delta x)-f(\Delta x_d)}{\delta x}-\frac{f_x(\Delta x_d+\delta x)}{2}\right\} \quad (\mathrm{E}.4)$$

$$V^+=\int_J \frac{1}{2}(\delta x)^2 \dot{f}_x(\Delta x)\mathrm{d}t-\int_I \delta x\{f_x(\Delta x_d+\delta x)-f_x(\Delta x_d)\}\Delta\dot{x}_d\mathrm{d}t \quad (\mathrm{E}.5)$$

$$V^-=-\int_{J^c} \frac{1}{2}(\delta x)^2 \dot{f}_x(\Delta x)\mathrm{d}t+\int_{J^c} \delta x\{f_x(\Delta x_d+\delta x)-f_x(\Delta x_d)\}\Delta\dot{x}_d\mathrm{d}t \quad (\mathrm{E}.6)$$

であり，$I=\{t\in[0,\ T]:\Delta\dot{x}_d<0\}$, $I^c=[0,\ T]-I$, $J=\{t\in[0,\ T]:\dot{f}_x(\Delta x)>0\}$, $J^c=[0,\ T]-J$ と定義した．関数 $f(\Delta x)$ の性質から，E が δx に関して正定になるような範囲，すなわち，$0<b_0<\Delta x_d+\delta x<b_1$ を満足するすべての δx について E が正になるような下界 b_0 と上界 b_1 が存在する．また，定義から明らかに $V^+\geqq 0$ であり，$V^-\geqq 0$ である．

F.　オフセットがある垂直多関節ロボット

図 F.1 は PUMA ロボットの第 4 関節中心 (手首部) までのメカニズムを図示したものである．このメカニズムに関するリンクパラメターは表 F.1 のようになる．図 3.1 と図 F.1 を比較してみるとわかるように，表 F.1 と表 3.1 の相違は d_i の欄にオフセット量 $(-d_2, d_3)$ が現れることである．その結果，ダイナミ

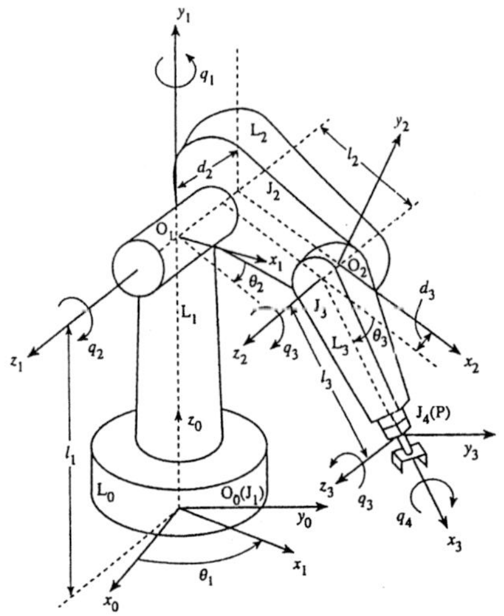

図 F.1 垂直多関節型ロボット PUMA 560 の Denavit-Hartenberg パラメータ

表 F.1 PUMA ロボット (図 F.1) のパラメター表

i	θ_i	d_i	a_i	α_i
1	θ_1	l_1	0	$\pi/2$
2	θ_2	$-d_2$	l_2	0
3	θ_3	d_3	l_3	0

クスも (3.63) 式とは少し異なる．特に，r_{11}, $r_{12}(=r_{21})$, $r_{31}(=r_{13})$ が異なって，次のようになる．

$$r'_{11}=r_{11}+m_2d_2{}^2+m_3(d_3-d_2)^2 \tag{F.1}$$

$$r'_{12}=r'_{21}=r_{12}+m_2s_2d_2\sin\theta_2+m_3(d_2-d_3)\{s_3\sin(\theta_2+\theta_3)+l_2\sin\theta_2\} \tag{F.2}$$

$$r'_{13}=r'_{31}=r_{13}+m_3s_3(d_2-d_3)\sin(\theta_2+\theta_3) \tag{F.3}$$

なお，r_{22}, $r_{32}(=r_{23})$, r_{33} は (3.63) 式のそれぞれと変わらないことに注意しておく．当然ではあるが，オフセットがないとき，すなわち，$d_2=d_3=0$ のとき，$r'_{11}=r_{11}$, $r'_{12}=r_{12}$, $r'_{13}=r_{13}$ となることを確かめられたい．

参 考 文 献

第1章

ロボット (robot) という言葉はチェコスロバキアの作家チャペックによる造語である [1]．産業用ロボットの発展の歴史や，1.2節と1.3節のロボットの機構全般については，日本産業用ロボット工業会が編集した書物 [2] が詳しい．

[1] K. Capek : *R.U.R.* (*Rossum's Universal Robots*), Doubleday & Co., 1923.

[2] 渡辺　茂監修，日本産業用ロボット工業会編：産業用ロボットの技術，日刊工業新聞社，1979.

[3] J. J. E. Slotine and W. Li : On the adaptive control of robot manipulators, *Int. J. Robotics Research,* **6**, pp. 49-59, 1987.

[4] M. Takegaki and S. Arimoto : A new feedback method for dynamic control of manipulators, *Trans. ASME J. Dynamic Systems, Measurement, and Control*, **103**, pp. 119-125, 1981.

[5] S. Arimoto and F. Miyazaki : Stability and robustness of PID feedback control for robot manipulators of sensory capability, *Robotics Research, 1st Int. Symp.* (M. Brady and R. P. Paul eds.), MIT Press, pp. 783-799, 1984.

[6] D. E. Koditschek : Natural motion of robot arms, *Proc. 23rd IEEE Conf. Decision and Control*, Las Vegas, NV, pp. 733-735, 1984.

第2章

本章では，運動学と動力学の基礎事項をロボットのそれに相応するようにまとめた．そのため初等力学と機械力学に関するたくさんの書物にふれたが，ここではおもに参照したテキストをあげておく．

[1] 西山敏之，小谷恒之，大塚穎三他編：物理学への道 上，学術図書出版社，1972.

[2] J. L. Meriam : *Dynamics*, John Wiley, 1966.

[3] S. H. Crandall, D. C. Karnopp, E. F. Kurtz and D. C. Pridmore-Brown : *Dynamics of Mechanical and Electromechanical Systems*, McGraw-Hill, 1968.

第3章

4×4変換行列の方法はDenavitとHartenberg [1] による．この考え方を一般的に応用して書かれたロボットの運動と力学に関する教科書に [2] と [3] がある．PDフィードバックやPIDフィードバックの安定性の問題は第1章の文献 [4]，[5] で初めて取り扱われた．直接駆動(DD)方式のロボットの機構設計は浅田 [4]～[6] が提案し，詳しい解析を与えている．なお，この議論を含む浅田と Slotine によるロボットの教科書 [7] も紹介しておく．

[1] J. Denavit and R. S. Hartenberg : A kinematic notation for lower-pair mechanisms based on matrices, *ASME J. Applied Mechanics*, **22**, pp. 215-221, 1955.

[2] R. Paul : *Robot Manipulators ; Mathematics, Programming, and Control*, MIT Press, 1981, 吉川恒夫訳：ロボットマニピュレータ，コロナ社，1984.

[3] P. Vukobratovic : *Scientific Fundamentales of Robotics 1 and 2*, Springer, 1982.

[4] H. Asada and T. Kanade : Design of direct-drive manipulator arms, *ASME J. Vibration, Acoustics, Stress and Reliability in Design*, **105**, No. 3, pp. 312-316, 1983.

[5] H. Asada and K. Youcef-Toumi : Analysis and design of a direct-drive robot arm with a five-bar-link parallel drive mechanism, *ASME J. Dynamic Systems, Measurement, and Control*, **106**, No. 3, pp. 225-230, 1984.

[6] 浅田春比古：非干渉一定慣性アームの設計理論，計測自動制御学会論文集，**23**, No. 1, pp. 155-162, 1987.

[7] H. Asada and J. J. Slotine : *Robot Analysis and Control*, John Wiley, 1986.

第 4 章

リアプノフの安定論と LaSalle の定理については，文献 [1]～[3] を参照した．PD フィードバックと PID フィードバックの安定性については第 1 章で述べた文献 [4]，[5] のほかに，筆者らによる詳しい研究 [4]～[6] をあげておく．また，PD フィードバックの効果を確かめたシミュレーションとしては文献 [7] を指摘しておく．なお，PD や PID はセンサフィードバックの考え方の一つであるが，これらが人工ポテンシャルを想定することによって自然に導入できることは文献 [8]，[9] で議論されている．線形システムの受動性概念は電気回路理論からもたらされたが，インピーダンス関数の正実性と受動性が等価になることは，最終的には Brune [10] や Bott と Duffin [11] が示した 2 端子集中定数回路の回路網合成法によって証明されたことになる．定理 4.1 は Anderson [12] によるが，詳しい解説は [13]～[15] を参照されたい．4.7 節の主要なアイデアと結果は筆者による [16] [17]．関節の柔軟性が重要な影響を及ぼすことを指摘したのは文献 [18] [19] であるが，これに基づいて，柔軟関節のロボットの制御の問題の困難さを Spong [20] [21] は種々の角度から解析している．柔軟関節の制御にオブザーバを提唱したのは川崎重工のグループ [22] であるが，もっと詳しい研究をイタリアの研究者が続けていた [23]～[25]．なお，これらの研究の延長線上で，後に，関節速度ベクトルは直接測定することなく，線形オブザーバで代替できることが示されたが [26] [27]，それは本質的には二つの受動システムの線形フィードバック接続が再び受動的になる性質に基づくことも指摘されている [28]．力と位置のハイブリッド制御の考え方は Raibert と Craig [29] による．コンプライアンス制御あるいはインピーダンス制御の考え方の源はそれぞれ文献 [30]，[31]，[32] にある．なお，ハイブリッド制御の考え方は動的な安定解析の観点から統一的に扱えることが文献 [33]～[36] によって示された．こうして，幾何学的拘束下にあるロボットの位置と力の制御が，4.9 節にまとめたように，ラグランジュ乗数の入った運動方程式の安定性の問題として定式化できることになった．なお，4.10 節で述べたインピーダンス制御に関する問題設定は文献 [37] [38] によるが，インピーダンス適合に関する (4.144) 式の条件は論文としては未発表のまま，本書で初めて述べた．4.11 節は文献［39］によるが，拙著［40］にも解説されている．

［1］ J. P. LaSalle : Some extension of Liapunov's second method, *IRE Trans. Circuit Theory*, **CT-7**, pp. 520-527, 1960.

［2］ J. P. LaSalle : The extent of asymptotic stability, *Proc. Nat. Acad. Sci. U.S.A.*, **46**, pp. 363-365, 1960.

［3］ T. Yoshizawa : *Stability Theory by Liapunov's Second Method*, The Mathematical Society of Japan, Tokyo, 1966.

［4］ S. Arimoto and F. Miyazaki : Asymptotic stability of feedback control laws for robot manipulators, *Proc. 1st IFAC Symp. Robot Control*, Barcelona, Spain, Nov. 6-8, pp. 447-452, 1985.

［5］ S. Arimoto and F. Miyazaki : Stability and robustness of PD feedback control with gravity compensation for robot manipulator, *Robotics ; Theory and Applications* (The Winter Annual Meeting of ASME, Anaheim, California, Dec. 1986) (F. W. Paul and D. Youcef-Toumi eds.), pp. 67-72, 1986.

［6］ S. Arimoto, T. Naniwa, and H. Suzuki : Asymptotic stability and robustness of PID local feedback for position control of robot manipulators, *Proc. Int. Conf. Automation, Robotics and Computer Vision* (ICARCV'90), Singapore, Sept. 18-21, pp. 382-386, 1990.

［7］ M. Tarokh : Simulation analysis of dynamics and decentralized control of robot manipulators, *SIMULATION*, **53**, No. 4, pp. 169-176, 1989.

［8］ F. Miyazaki, S. Arimoto, M. Takegaki, and Y. Maeda : Sensory feedback based on the artificial potential for robot manipulators, *Proc. 9th IFAC Congress*, Budapest, Hungary, **08.2/A-1**, pp. 27-32, 1984.

［9］ F. Miyazaki and S. Arimoto : Sensory feedback for robot manipulators, *J. Robotic Systems*, **2**, pp. 53-71, 1985.

［10］ O. Brune : Synthesis of a finite two terminal network whose driving-point impedance is a prescribed function of frequency, *Math. and Phys.*, **10**, pp. 191-236, 1931.

［11］ R. Bott and R.J. Duffin : Impedance synthesis without use of transformers, *J. Appl. Phys.*, **20**, p. 816, 1949.

［12］ B.D.O. Anderson : A system theory criterion for positive real matrices, *SIAM J. Control*, **5**, pp. 171-182, 1967.

［13］ 有本　卓：線形システム理論，産業図書，1974.

［14］ 高橋進一，有本　卓：回路網とシステム理論，コロナ社，1974.

［15］ 有本　卓：システム制御の数理，岩波講座応用数学，岩波書店，1993.

［16］ S. Arimoto : A class of quasi-natural potentials and hyper-stable PID servo-loops for nonlinear robotic systems, 計測自動制御学会論文集, **30**, pp. 1005-1012, 1994.

［17］ S. Arimoto : Fundamental problems of robot control : Part 1. Innovation in the realm of robot servo-loops, *Robotica*, **13**, pp. 19-27, 1995.

［18］ L. M. Sweet and M. C. Good : Re-definition of the robot motion control problem : Effects of plant dynamics, drive system constraints, and user requirements, *Proc.*

23rd IEEE Conf. Decision and Control, Las Vegas, NV, pp. 724-731, 1984.

[19] L. M. Sweet and M. C. Good : Re-definition of the robot motion control problem, *IEEE Control Systems Magazine*, **5**, No. 3, pp. 18-25, 1985.

[20] M. W. Spong : Modeling and control of elastic joint robots, *ASME J. Dynamic Systems, Measurement, and Control*, **109**, pp. 310-319, 1986.

[21] M. W. Spong : On the force control problem for flexible joint robots, *IEEE Trans. Automatic Control*, **AC-34**, No. 1, pp. 107-111, 1989.

[22] 和田多加夫, 西　義和, 宇野知之, 久保貞夫：オブザーバを用いたロボットアームの防振制御の開発, 川崎重工技報, **93**, pp. 42-50, 1986.

[23] S. Nicosia, P. Tomei, and A. Tornambe : A nonlinear observer for elastic robots, *IEEE J. Robotics and Automation*, **4**, No. 1, pp. 45-52, 1988.

[24] S. Nicosia and A. Tornambe : High-gain observers in the state and parameter estimation of robots having elastic joints, *System and Control Letters*, **13**, pp. 331-337, 1989.

[25] P. Tomei : An observer for flexible joint robots, *IEEE Trans. Automatic Control*, **AC-35**, 1990.

[26] H. Berghuis and H. Nijmeijer : Global regulation of robots using only position measurements, *Systems and Control Letters*, **21**, pp. 289-293, 1993.

[27] R. Kelly : A simple set-point robot controller by using only position measurements, *Proc. 12th IFAC World Congress*, Sydney, vol. 6, pp. 173-176, 1993.

[28] S. Arimoto : A class of linear velocity observers for nonlinear mechanical systems, *Proc. 1st Asian Control Conf.*, Tokyo, pp. 633-636, 1994.

[29] W. H. Raibert and J. J. Craig : Hybrid position/force control of manipulators, *ASME J. Dynamic Systems, Measurement, and Control*, **103**, No. 2, pp. 126-133, 1981.

[30] D. E. Whitney : Quasi-static assembley of compliantly supported rigid parts, *ASME J. Dynamic Systems, Measurement, and Control*, **104**, No. 1, pp. 65-77, 1982.

[31] N. Hogan : Impedance control : An approach to manipulation Part 1, 2, and 3, *ASME J. Dynamic Systems, Measurement, and Control*, **107**, No. 1, pp. 1-24, 1985.

[32] M. T. Mason : Compliance and force control for computer controlled manipulators, *IEEE Trans. Systems, Man, and Cybernetics*, **SMC-11**, No. 6, pp. 418-432, 1981.

[33] J. K. Mills and A. A. Goldenberg : Force and position control of manipulators during constrained motion tasks, *IEEE Trans. Robotics and Automation*, **5**, No. 1, pp. 30-46, 1989.

[34] J. K. Mills and A. A. Goldenberg : Global connective stability of a class of robotic manipulators, *Automatica*, **24**, No. 6, pp. 835-839, 1988.

[35] N. H. McClamroch and D. Wang : Feedback stabilization and tracking of constrained manipulators, *IEEE Trans. Automatic Control*, **AC-33**, No. 5, pp. 419-426, 1988.

[36] T. Yabuta, A. J. Chona, and G. Beni : On the asymptotic stability of the hybrid/force control scheme for robot manipulators, *Proc. IEEE Conf. Robotics and Automation*, Philadelphia, PA, pp. 338-343, 1988.

[37] S. Arimoto, H.-Y. Han, C. C. Cheah, and S. Kawamura : Extension of impedance matching to nonlinear dynamics of robotic systems, *Systems and Control Letters*, **36**, pp. 109-119, 1999.

[38] 有本 卓：インピーダンス・マッチングの拡張と手先技量，信号処理 (*J. Signal Processing*), **2**, pp. 180-186, 1998.

[39] S. Arimoto : Nonlinear position-dependent circuits : A language for describing motions of nonlinear mechanical systems, *IUTAM Symp. Interaction between Dynamics and Control in Advanced Mechanical Systems* (D. H. van Campen ed.), Kluwer, pp. 1-8, 1997.

[40] S. Arimoto : *Control Theory of Nonlinear Mechanical Systems : A Passivity-based and Circuit-theoretic Approach*, Oxford Univ. Press, 1996.

第5章

分解制御法 (RMRC) は Whitney [1] が提唱した．逆運動学や逆動力学の考え方は暗黙のうちに意識されていたが，具体的な計算にとりかかったのは高瀬 [2] が初めてか．特定の PUMA 560 については Featherstone [3] [4] と Elgazzar [5] の詳しい計算結果が知られている．逆動力学の高速計算は Hollerbach [6] と Luh ら [7] が独立に示した．ロボットのパラメター同定の研究は日本で始まったが，ここでは詳細な考察を展開している MIT グループの論文 [9] と書物 [10] をあげておく．順動力学の高速計算法は Walker と Orin [11] が示したが，増田ら [12] はアッペル法に基づく計算法を提案するとともに，種々の方法の計算複雑性を比較検討している [13]．非線形連立方程式の解法に関するニュートン法については，拙著 [14] を参照した．

[1] D. E. Whitney : Resolved motion rate control of manipulators and human protheses, *IEEE Trans. Man-Machine Systems*, **MMS-10**, pp. 47-53, 1969.

[2] 高瀬国克：マニピュレータの運動成分の一般的分解とその制御，計測自動制御学会論文集，**12**, No. 3, pp. 300-306, 1976.

[3] R. Featherstone : Position and velocity transformations between robot end-effector coordinates and joint angles, *Int. J. Robotics Research*, **2**, pp. 35-45, 1083.

[4] R. Featherstone : Calculation of robot joint rates and actuator torques from end effector velocities and applied forces, *Mechanism and Machine Theory*, **18**, No. 3, pp. 193-198, 1983.

[5] S. Elgazzar : Efficient kinematic transformations for the PUMA 560 Robot, *IEEE J. Robotics and Automation*, **RA-1**, No. 3, pp. 142-151, 1985.

[6] J. M. Hollerbach : A recursive Lagrangian formulation of manipulator dynamics and a comparative study of dynamics formulation complexity, *IEEE Trans. Systems, Man, and Cybernetics*, **SMC-10-11**, pp. 730-736, 1980.

[7] J.Y.S. Luh, M. W. Walker, and R.P.C. Paul : On-line computational scheme for mechanical manipulators, *ASME J. Dynamic, Systems, Measurement, and Control*, **102-2**, pp. 69-76, 1980.

[8] C.S.G. Lee : Robot arm kinematics, dynamics and control, *IEEE J. Computer*, **15**, No.

12, pp. 62-80, 1982.
[9] C. G. Atkeson, C. H. An, and J. M. Hollerbach : Estimation of inertial parameters of manipulator links and loads, *Int. J. Robotics Research*, **5**, No. 3, pp. 101-119, 1986.
[10] C. H. An, C. G. Atkeson, and J. M. Hollerback : *Model-based Control of a Robot Manipulator*, MIT Press, 1988.
[11] M. W. Walker and D. E. Orin : Efficient dynamic computer simulation of robotic mechanisms, *ASME J. Dynamic Systems, Measurement, and Control*, **104**, No. 3, pp. 205-211, 1982.
[12] 増田隆広，二川暁美，有本　卓，宮崎文夫：アッペル法による閉ループ力学系の運動解析，日本ロボット学会誌，**4**，No. 1，pp. 9-15，1986.
[13] 増田隆広：ロボットのダイナミクスシミュレーションに関する研究，大阪大学博士論文，1989.
[14] 有本　卓：数値解析 (1)，コロナ社，1981.

第6章

ロボットに適応制御の考え方を導入したのは Dubowsky と Desforges [1] が最初である．そこではロボットのダイナミクスの相互干渉性は無視して，各自由度のダイナミクスを 2 次の線形系とみて各軸に独立に MRACS を適用した．竹垣，有本 [2]，[3] はこれを干渉のある多軸系に拡張するとともに，参照モデルが必ずしも必要でないことを示唆したが，パラメター調節の収束性は線形化したモデルに対してしか証明しなかった．ロボットの非線形ダイナミクスに対する MRACS の証明は Balestrino et al. [4] による．STR の適用は Koivo と Guo [5] が最初である．ロボットのダイナミクスの特徴づけに基づく機械系特有の適用制御法は Slotine と Li [6]，[7] による．なお，同様の考え方は Craig [8] も独立に着想している．回帰子の計算がオフラインでよいことは Sadegh と Horowitz [9] が初めて示した．受動性に基づく方法は筆者の著作 (次章の文献 [25]) で述べられている．モデルベース適応制御を手先拘束に拡張したのは筆者らのグループであった [10]～[14].

[1] S. Dubowsky and D. T. Desforges : The application of model reference adaptive control to robotic manipulators, *ASME J. Dynamic Systems, Measurement, and Control*, **101**, pp. 193-200, 1979.
[2] M. Takegaki and S. Arimoto : An adaptive trajectory control of manipulators, *Int. J. Control*, **34**, No. 7, pp. 219-230, 1981.
[3] S. Arimoto and M. Takegaki : An adaptive method for trajectory control of manipulators, *Proc. 8th IFAC Congress*, pp. 43-48, 1981.
[4] A. Balestrino, G. D. Maria and L. Sciavicco : An adaptive model following control for robot manipulators, *ASME J. Dynamic Systems, Measurement, and Control*, **105**, pp. 143-151, 1983.
[5] A. J. Koivo and T. H. Guo : Adaptive linear controller for robotic manipulators, *IEEE Trans. Automatic Control*, **AC-28**, No. 2, pp. 162-171, 1983.
[6] J. J. Slotine and W. Li : On the adaptive control of robot manipulators, *Int. J. Robotics Research*, **6**, pp. 49-59, 1987.

[7] J. J. Slotine and W. Li : Adaptive manipulator control : A case study, *IEEE Trans. Automatic Control*, **AC-33**, No. 11, pp. 995-1003, 1988.

[8] J. J. Craig : *Adaptive Control of Mechanical Manipulators*, Addison-Wesley, 1988.

[9] N. Sadegh and R. Horowitz : Stability and robustness of adaptive controllers for robotic manipulators, *Int. J. Robotics Research*, **9**, pp. 74-92, 1990.

[10] S. Arimoto, Y. H. Liu, and V. Parra-Vega : Design of model-based adaptive controllers for robot manipulators under geometric constraints, *Proc. 1992 Japan-USA Symp. Flexible Automation*, San Francisco, California, July 13-15, pp. 615-621, 1992.

[11] S. Arimoto, Y. H. Liu, and T. Naniwa : Model-based adaptive hybrid control for geometrically constrained robots, *Proc. 1993 IEEE Int. Conf. Robotics and Automation*, Atlanta, May 2-7, pp. 618-623, 1993.

[12] L. L. Whitcomb, S. Arimoto, T. Naniwa, and F. Ozaki : Adaptive model-based hybrid control of geometrically constrained robot arms, *IEEE Trans. Robotics and Automation*, **13**, No. 1, pp. 105-116, 1997.

[13] 浪花智英，有本　卓，L. L. Whitcomb，劉　雲輝：手先拘束下にあるマニピュレータに対するModel-based適応制御，計測自動制御学会論文集，**31**，No. 1，pp. 22-30，1995.

[14] 浪花智英，有本　卓：複数マニピュレータの協調制御に対する学習制御とModel-based適応制御，計測自動制御学会論文集，**32**，No. 5，pp. 706-713，1996.

第7章

繰返し試行を用いてロボットの軌道追従の性能向上をはかる素朴なアイデアは，内山 [1] による．速度軌道に対して誤差の微分をとって入力修正するD型学習のアイデアは筆者らのグループによるが（[2]～[7]），これによって初めて軌道追従の収束性が証明された．その結果，ロボットを含む機械系に対する学習制御の枠組みが初めて構成され，適用範囲の拡大も進んだ [8]～[13]．なお，微分をとる演算で生ずる誤差対策に高次のディジタルフィルターを用いるアイデア [14] も提案されたが，微分をとらないP型学習制御の収束性は実験では確認されていたものの，理論的な証明は線形化モデルに対して1986年になってやっと示されたにすぎない [15]～[18]．本改訂版では割愛したが（前版では7.5節と7.6節），初期設定誤差やダイナミクスのゆらぎ，および測定誤差に対するロバスト性の問題と，繰返し学習の際に重要な軌道の一様有界性は，それぞれ，文献 [19] と [20] で提起された．D型学習制御法の場合，これらの問題はいままでの方法の拡張で解決できるが [19]，[21]，P型学習制御法の場合は解決できないとみられていた [21]．しかし，学習則の中に忘却係数を導入することでこれら二つの問題も解決されている [22]～[24]．その結果，非線形モデルに対しても，D型学習制御法が選択的学習によって収束することが示されるようになった [23]，[24]．本改訂版で新たに設けた7.3節の基本となる考え方は拙著 [25] に詳しいが学習可能なシステムの属性を特徴づける試みは最近になって行われた [26]，[27]．また，7.4節や7.5節で議論したように，ロボットの運動学習の能力が出力受動性の観点から理解されるようになったのは1990年度の後半からである [25]，[28]～[31]．7.6節の原点は文献 [32] にある．

[1] 内山　勝：試行による人工の手の高速パターン形成，計測自動制御学会論文集，**14**，

No. 6, pp. 94-100, 1978.

[2] S. Arimoto, S. Kawamura and F. Miyazaki : Bettering operation of robots by learning, *J. Robotic Systems*, **1**, No. 2, pp. 123-140, 1984.

[3] S. Arimoto, S. Kawamura and F. Miyazaki : Can mechanical robots learn by themselves? *Robotics Research; The 2nd International Symposium* (H. Hanafusa and H. Inoue eds.), MIT Press, pp. 127-134, 1985.

[4] S. Arimoto, S. Kawamura and F. Miyazaki : Bettering operation of dynamic systems by learning; A new control theory for servomechanism or Mechatronics systems, *Proc. 23rd IEEE Conf. Decision and Control*, Las Vegas, NV, pp. 1064-1069, 1984.

[5] 川村貞夫，宮崎文夫，有本　卓：学習制御方式のシステム論的考察，計測自動制御学会論文集，**21**，No. 5，pp. 445-450，1985.

[6] 川村貞夫，宮崎文夫，有本　卓：動的システムの学習的制御法 (betterment process) の提案，計測自動制御学会論文集，**22**，No. 1，pp. 56-62，1986.

[7] S. Kawamura, F. Miyazaki and S. Arimoto : Iterative learning control for robotic systems, *Proc. IECON '85*, Tokyo, pp. 393-398, 1985.

[8] S. Kawamura, F. Miyazaki and S. Arimoto : Hybrid position/force control of manipulators based on learning method, *Proc. ICAR '85*, Tokyo, pp. 235-242, 1985.

[9] F. Miyazaki, S. Kawamura, M. Matsumori and S. Arimoto : Extension of learning control scheme to a class of robot systems with elasticity, *Proc. Japan-USA Symp. Flexible Automation*, Osaka, pp. 235-242, 1986.

[10] F. Miyazaki, S. Kawamura, M. Matsumori and S. Arimoto : Learning control scheme for a class of robot systems with elasticity, *Proc. 25th IEEE Conf. Decision and Control*, Athens, Greece, pp. 74-79, 1986.

[11] S. Arimoto, S. Kawamura, F. Miyazaki and S. Tamaki : Learning control theory for dynamical systems, *Proc. 24th Conf. Decision and Control*, Ft. Lauderdale, Florida, pp. 1375-1380, 1985.

[12] S. Kawamura, F. Miyazaki and S. Arimoto : Applications of learning method for dynamic control of robot manipulators, *ibid*., pp. 1381-1386, 1985.

[13] 川村貞夫，松森正史，松村成影，宮崎文夫，有本　卓：学習方式による位置と力のハイブリッド制御，日本ロボット学会誌，**5**，No. 2，pp. 109-120，1987.

[14] C.G. Atkeson and J. McIntyre : Robot trajectory learning through practice, *Proc. IEEE Int. Conf. Robotics and Automation*, San Francisco, pp. 1737-1742, 1985.

[15] S. Arimoto : Mathematical theory of learning with applications to robot control, *Adaptive and Learning Systems* (K. S. Narendra ed.), Plenum, pp. 379-388, 1986.

[16] 有本　卓，玉城史郎，川村貞夫，宮崎文夫：線形時変メカニカルシステムに対する学習制御系の収束性，システムと制御，**30**，No. 4，pp. 255-262，1986.

[17] 川村貞夫，宮崎文夫，有本 卓：ロボットマニピュレータの運動学習制御，計測自動制御学会論文集，**22**，No. 4，pp. 443-450，1986.

[18] S. Kawamura, F. Miyazaki and S. Arimoto : Realization of robot motion based on a learning method, *IEEE Trans. Systems, Man, and Cybernetics*, **SMC-18**, No. 1, pp.

126-134, 1988.

[19] S. Arimoto, S. Kawamura and F. Miyazaki : Convergence, stability, and robustness of learning control schemes for robot manipulators, *Recent Trends in Robotics, Modeling, Control, and Education* (M. J. Jamshidi, L.Y.S. Luh and M. Shahinpoor eds.), Elsevier, pp. 307-316, 1986.

[20] P. Bondi, G. Casalino and L. Gambardella : On the iterative learning control theory for robotic manipulators, *IEEE J. Robotics and Automation*, **4**, No. 1, pp. 14-22, 1988.

[21] G. Heinzinger, D. Fenwick, B. Paden and F. Miyazaki : Robust learning control, *Proc. 28th IEEE Conf. Decision and Control*, Tampa, Florida, Dec. 13-15, 1989.

[22] S. Arimoto : Robustness of learning control for robot manipulators, *Proc. 1990 IEEE Int. Conf. Robotics and Automation*, Cincinnati, Ohio, pp. 1528-1533, 1990.

[23] S. Arimoto : Learning control theory for robotic motion, *Int. J. Adaptive Control and Signal Processing*, **4**, No. 6, pp. 543-564, 1990.

[24] S. Arimoto, T. Naniwa and H. Suzuki : Robustness of P-type learning control with a forgetting factor for robotic motions, *Proc. 29th IEEE Conf. Decision and Control*, Honolulu, Hawaii, Dec. 5-7, pp. 2640-2645, 1990.

[25] S. Arimoto : *Control Theory of Nonlinear Mechanical Systems : A Passivity-based and Circuit-theoretic Approach*, Oxford Univ. Press, 1996.

[26] S. Arimoto and T. Naniwa : Equivalence relations between learnability, output-dissipativity and strict positive realness, *Int. J. Control*, **73**, No. 10, pp. 824-831, 2000.

[27] S. Arimoto and T. Naniwa : Corrections and further comments to 'Equivalence relations between learnability, output-dissipativity and strict positive realness', *Int. J. Control*, **74**, pp. 1481-1482, 2001.

[28] S. Arimoto and T. Naniwa : Learning control for robot motion under geometric endpoint constraint, *Robotica*, **12**, No. 2, pp. 102-108, 1994.

[29] T. Naniwa and S. Arimoto : Learning control for robot tasks under geometric endpoint constraints, *IEEE Trans. Robotics and Automation*, **11**, pp. 432-441, 1995.

[30] T. Naniwa, S. Arimoto, and K. Wada : A learning control method for coordination of multiple manipulators handling a geometrically constrained object, *Advanced Robotics*, **13**, No. 2, pp. 139-152, 1999.

[31] S. Arimoto : A circuit-theoretic analysis of robot dynamics and control, *Control in Robotics and Automation* (B. K. Ghosh, N. Xi, and T. J. Tarn eds.), Academic Press, pp. 269-284, 1998.

[32] S. Arimoto, P.T.A. Nguyen, and T. Naniwa : Learning of robot tasks on the basis of passivity and impedance concepts, *Robotics and Autonomous Systems*, **32**, pp. 79-87, 2000.

第8章

複数指からなるハンドの研究は Hanafusa と Asada [1] から始まる．人間型ハンドとして設計製作された最初のものは“Jacobson hand” [2] と思われるが，それ以後，様々なハンドが設計され，研究された．これらの研究の歴史とレビューについてはサーベイ論文として出版された Shimoga [3] に詳しい．ハンドの運動学の研究は Fearing [4] に始まると思われるが，当時，すでに物体把持や操作の観点からハンド設計を論じた書 [5] が Cutkovsky によって出版されていた．転がりを考慮した解析は Cole ら [6] が最初かもしれないが，複数指ハンドの運動学と動力学に関する研究は，点接触の場合についてであるが，Murray ら [7] の書物に詳しい．この書物とともに，ハンドの研究の多くは把持のための運動計画 [7] や静的な安定把持の研究 [3]，[8] に終始していたことが Shimoga の解説からも読み取れる．本書で述べた柔軟指先をもつ複数指ハンドについて，運動方程式を導き，解析を試みた研究は筆書らの論文 [9] が最初であろうと思うが（調べた限りでは），ここではまた感覚フィードバックに基づく動的安定把持が初めて解析された．すぐ後には，感覚フィードバック信号に関する重ね合せの原理 [10]～[12] が見い出されている．また，柔軟指に基づくピンチングのシミュレーション結果と最初の安定把持実験はそれぞれ文献 [13]，[14] で報告された．安定性と収束性に関する厳密な議論は文献 [15]～[17] を参照されたい．

[1] H. Hanafusa and H. Asada : Stable prehension by a robot hand with elastic fingers, *Proc. 7th Int. Symp. Industrial Robots*, Tokyo, pp. 361-368, 1977.

[2] S. C. Jacobson, E. K. Iverson, D. F. Knutti, R. T. Johnson, and K. B. Biggers : Design of the Utah/MIT dexterous hand, *Proc. 1986 IEEE Int. Conf. Robotics and Automation*, San Francisco, pp. 1520-1532, April 1986.

[3] K. B. Shimoga : Robot grasp synthesis algorithms : A survey, *Int. J. Robotics Research*, **15**, No. 3, pp. 230-266, 1996.

[4] R. S. Fearing : Simplified grasping and manipulation with dexterous robot hands, *IEEE J. Robotics and Automation*, **2**, No. 4, pp. 188-195, 1986.

[5] M. R. Cutkovsky : *Robotic Grasping and Fine Manipulation*, Kluwer Academic, 1985.

[6] A. Cole, J. Hauser, and S. Sastry : Kinematics and control of multi-fingered hands with rolling contacts, *IEEE Trans. Automatic Control*, **AC-34**, No. 4, pp. 398-404, 1989.

[7] R. M. Murray, Z. Li, and S. S. Sastry : *A Mathematical Introduction to Robotic Manipulation*, CRC Press, 1994.

[8] V. Nguyen : Constructing stable grasps, *Int. J. Robotics Research*, **8**, No. 1, pp. 26-37, 1989.

[9] S. Arimoto, P.T.A. Nguyen, H.-Y. Han, and Z. Doulgeri : Dynamics and control of a set of dual fingers with soft tips, *Robotica*, **18**, No. 1, pp. 71-80, 2000.

[10] S. Arimoto, K. Tahara, M. Yamaguchi, P.T.A. Nguyen, and H.-Y. Han : Principles of superposition for controlling pinch motions by means of robot fingers with soft tips, *Robotica*, **19**, No. 1, pp. 21-28, 2001.

[11] S. Arimoto and P.T.A. Nguyen : Principle of Superposition for realizing dexterous pinching motions of a pair of robot fingers with soft-tips, *IEICE Trans. Fundamentals*, **E84-A**, No. 1, pp. 39-47, 2001.

[12] S. Arimoto : Reduction of complexity in learning dexterous multi- fingered motions : A theoretical exploration into a future problem C.E. Shannon raised, *Communica-*

tions Information and Systems, **1**, No. 1, pp. 1-14, 2001.

[13] P.T.A. Nguyen, S. Arimoto, and H.-Y. Han : Computer simulation of dynamics of dual fingers with soft-tips grasping an object, *Proc. 2001 Japan-USA Symp. Flexible Automation*, Ann-Arbor, Michigan, pp. 1039-1046, July 2000.

[14] S. Arimoto, M. Yamaguchi, H.-Y. Han, K. Tahara, and P.T.A. Nguyen : Sensory feedback for stable pinching by means of a pair of soft fingers, *Proc. 32nd Int. Symp. Robotics*, Seoul, Korea, pp. 772-777, April 2001.

[15] S. Arimoto : Can Newtonian mechanics explicate why and how babies (or robots) acquire dexterous hand motion? *Proc. of 8th IEEE Int. Conf. on Methods and Models in Automation and Robotics*, Szczecin, Poland, pp. 129-136, Sept. 2002.

[16] S. Arimoto, J.-H. Bae, and K. Tahara : Dynamic stable pinching by a pair of robot fingers, *Proc. of the 2nd IFAC Conf. on Mechatronic Systems*, Berkeley, California, pp. 731-736, Dec. 2002.

[17] S. Arimoto, K. Tahara, J.-H. Bae, and M. Yoshida : A stability theory of a manifold : concurrent realization of grasp and orientation control of an object by a pair of robot fingers, *Robotica*, **21**, No. 1, 2003.

索　引

ア　行

カ　行

サ 行

ハ　行

マ　行

著者略歴

有本　卓（ありもと　すぐる）

1936年　広島に生まれる
1959年　京都大学理学部数学科卒業
1973年　大阪大学基礎工学部教授
1988年　東京大学工学部計数工学科教授
現　在　立命館大学理工学部ロボティクス学科教授
　　　　工学博士

システム制御情報ライブラリー1
新版 ロボットの力学と制御　　定価はカバーに表示

1990年11月10日　初版第1刷
2001年3月20日　第9刷
2002年3月25日　新版第1刷
2010年8月25日　第5刷

編　者　システム制御情報学会
著　者　有本　卓
発行者　朝倉邦造
発行所　株式会社 朝倉書店
東京都新宿区新小川町 6-29
郵便番号　162-8707
電　話　03(3260)0141
FAX　03(3260)0180
http://www.asakura.co.jp

〈検印省略〉

平河工業社・渡辺製本

ISBN 978-4-254-20945-7　C 3350　　Printed in Japan